"十三五"国家重点出版物出版规划项目
现代机械工程系列精品教材

机械制图及数字化表达

张京英　杨　薇　佟献英　主编
董国耀　主审

机 械 工 业 出 版 社

本书将传统的制图理论教学与现代设计技术手段有机结合，使传统的理论教学与计算机二维及三维设计软件的教学内容相辅相成，既巩固了理论知识，又加强了实践教学，使有些单调和晦涩难懂的传统教学内容生"动"起来，使二维图样"立"起来，激发学生的学习兴趣，培养学生对工程的热爱。本书名称突出了这种内容融合式的教学理念和课程特色。

本书主要内容包括制图的基本知识、AutoCAD 计算机绘图基础、正投影基础、计算机三维几何建模、基本立体的投影与相交、组合体的视图、轴测图、机件的图样画法、标准件和常用件、零件图和装配图。本书可以作为高等工科院校机械类专业的制图教材，也可供有关工程设计技术人员参考。

本书属于新形态教材，以二维码的形式链接了三维模型、绘图演示、真实加工场景等类型的视频，便于学生学习。

图书在版编目（CIP）数据

机械制图及数字化表达/张京英，杨薇，佟献英主编. —北京：机械工业出版社，2021.11

"十三五"国家重点出版物出版规划项目　现代机械工程系列精品教材
ISBN 978-7-111-69714-5

Ⅰ.①机…　Ⅱ.①张…　②杨…　③佟…　Ⅲ.①机械制图-高等学校-教材　Ⅳ.①TH126

中国版本图书馆 CIP 数据核字（2021）第 245105 号

机械工业出版社（北京市百万庄大街 22 号　邮政编码 100037）
策划编辑：徐鲁融　舒　恬　责任编辑：徐鲁融　舒　恬
责任校对：陈　越　刘雅娜　封面设计：张　静
责任印制：常天培
北京机工印刷厂有限公司印刷
2022 年 8 月第 1 版第 1 次印刷
184mm×260mm · 29.25 印张 · 724 千字
标准书号：ISBN 978-7-111-69714-5
定价：84.80 元

电话服务　　　　　　　　　　网络服务
客服电话：010-88361066　　机　工　官　网：www.cmpbook.com
　　　　　010-88379833　　机　工　官　博：weibo.com/cmp1952
　　　　　010-68326294　　金　书　网：www.golden-book.com
封底无防伪标均为盗版　机工教育服务网：www.cmpedu.com

前　言

　　近年来，工程图学课程的教学理念发生了深刻变革，教学体系、教学内容和教学模式也发生了一系列的变化。特别是在教育部高等学校工程图学课程教学指导分委员会2019年修订的《高等学校工程图学课程教学基本要求》中，"课程的基本内容与要求"明确指出学生要掌握徒手绘图、尺规绘图、计算机二维绘图和三维形体建模的方法。计算机绘图已经成为工程图学课程中必须掌握的内容。

　　本书在传统机械制图教学内容的基础上，从业界需求和教学基本要求出发，结合近年来机械制图教学改革实践经验，增大了计算机二维绘图和三维形体建模方法的内容比重，增加了徒手绘图训练内容，将传统工程图学教学内容与计算机二维绘图与三维形体建模内容有机结合，加强学生空间思维能力的训练及图学素质和工程意识的培养。

　　本书有以下主要特点：

　　1. 融合式地引入计算机二维绘图和三维形体建模的内容

　　本书以传统机械制图教学内容为主线，整合相关知识点，融合式地引入计算机二维绘图软件 AutoCAD 和三维机械设计软件 Inventor 的教学内容，使传统教学内容与先进的成图与信息建模技术有机结合，相辅相成。

　　绘图软件的教学内容更注重绘图思路和方法的普适性，弱化软件版本的差异性。

　　2. 采用与制图相关的现行国家标准

　　全书贯彻了现行《技术制图》和《机械制图》国家标准及有关的技术标准。

　　3. 本书为新形态教材

　　本书部分例题和图样配有解题过程或三维模型，可扫描二维码观看。同时，本书作为一本教材，可与中国大学 MOOC 中的《工程图基础及数字化构型》和《机械制图及数字化表达》在线开放课程配套使用，该课程为国家一流本科线上课程，内容丰富，并会根据需要实时更新。

　　本书以教育部高等学校工程图学课程教学指导分委员会2019年修订的《高等学校工程图学课程教学基本要求》为依据，充分考虑现代加工制造技术的发展对本课程的要求，吸取兄弟院校制图课程教学改革的经验，凝结了编者多年来制图课程教学改革的研究及实践经验编写而成，适于高等院校机械类及近机械类各专业使用，亦可作为高等教育自学考试的专业教材。同期出版的《机械制图及数字化表达习题集》可与本书配套使用。

本书由北京理工大学张京英、杨薇、佟献英任主编，北京理工大学董国耀教授主审。

编写人员及分工为（按章节顺序）：张彤编写第1章、第9章9.1~9.6节，张京英编写第2章、第7章、第8章8.1~8.7节、第9章9.7节、第10章10.6节、第11章11.1~11.6节、附录，杨薇编写第3章、第4章部分内容、第5章、第6章6.5节、第8章8.8节、第10章10.7节、第11章11.7节，田春来编写第4章部分内容、第11章11.8节，佟献英编写第6章6.1~6.4节、第10章10.1~10.5节。全书由张京英和杨薇统稿。

本书的编写得到了原装备技术学院陈梅的支持和帮助，学生程向群和陈其灯等绘制了部分插图，胡喆熙、徐国轩、王梓潼和曾沛崑参与了部分建模工作，在此一并表示感谢。

限于编者水平，书中难免会出现疏漏和不妥之处，敬请读者批评指正。

编　者
2020年8月于北京

目 录

第1章

制图的基本知识

　　工程图样是现代工业生产中必不可少的技术资料，工程技术人员均应熟悉和掌握有关制图的基本知识和技能。本章将着重介绍国家标准有关制图的规定，简略介绍绘图工具的使用及几何作图方法，重点介绍平面图形的基本画法、尺寸标注，并介绍徒手图的画法。

1.1　国家标准有关制图的规定

　　标准，是为了在一定的范围内获得最佳秩序，经协商一致制定并由公认机构批准，共同使用的和重复使用的一种规范性文件。国家标准机构依据国际标准化组织制定的国际标准，制定并颁布了国家标准，简称"国标"，代号"GB"。标准分为四级：国家、行业、地方、企业，其中国家标准和行业标准有强制型（GB）和推荐型（GB/T）两种。此外，自1998年起我国还启用了 GB/Z（国家标准化指导性技术文件）。

　　本节摘录了《技术制图》和《机械制图》国家标准中有关绘图的基本规定，在绘制工程图样时，必须严格遵守这些规定。

1.1.1　图纸幅面和图框格式（GB/T 14689—2008）

1. 图纸幅面
　　图纸幅面是指图纸宽度和长度组成的图面大小。绘制图样时，应优先采用表 1-1 中规定的图纸幅面尺寸。图纸幅面代号分别为 A0、A1、A2、A3、A4 五种。

表 1-1　图纸幅面　　　　　　　　（单位：mm）

幅面代号	A0	A1	A2	A3	A4
$B \times L$	841×1189	594×841	420×594	297×420	210×297
e	20			10	
c	10			5	
a	25				

　　必要时，可以按规定加长图纸的幅面。幅面的尺寸由基本幅面的短边成整数倍增加后得

出。如图 1-1 所示，粗实线为表 1-1 中的基本幅面（第一选择）；细实线为规定的加长幅面（第二选择）；细虚线为加长幅面的第三选择。

2. 图框格式

图框是指图纸上为限定绘图区域所画的线框，必须用粗实线绘制。其格式分为留有装订边和不留装订边两种，每种图框格式又分为 X 型和 Y 型两类，如图 1-2 所示，其尺寸规定见表 1-1。同一产品的图样只能采用一种图框格式。

加长幅面的图框尺寸按所选用基本幅面大一号的图框尺寸确定，例如图 1-1 中图幅为 A3×4 的图框尺寸，按 A2 的图框尺寸确定，即 e 为 10（或 c 为 10）。

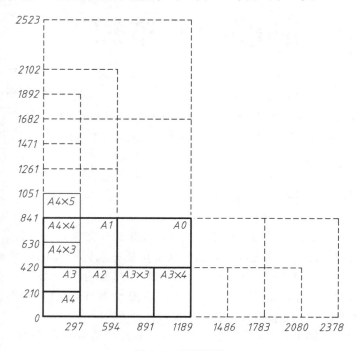

图 1-1　图纸幅面

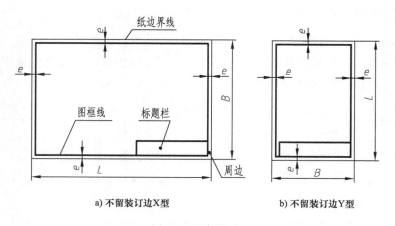

a) 不留装订边 X 型　　　b) 不留装订边 Y 型

图 1-2　图框格式

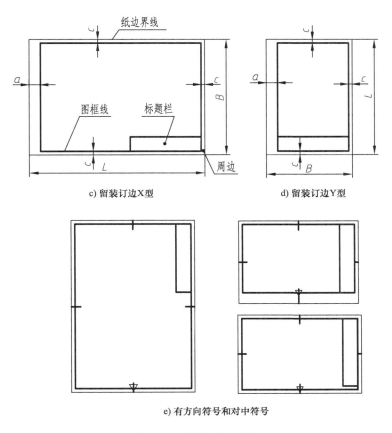

c) 留装订边X型   d) 留装订边Y型

e) 有方向符号和对中符号

图 1-2   图框格式（续）

1.1.2　标题栏和明细栏

1. 标题栏（GB/T 10609.1—2008）

每张图纸上都必须画有标题栏。标题栏由名称及代号区、签字区、更改区和其他区等组成，位于图纸的右下角。标题栏的基本要求、内容、格式和尺寸要遵守 GB/T 10609.1—2008 的规定，该标准的附录列举了一个图例，作为标题栏的统一推荐形式，如图 1-3 所示。

当标题栏的长边置于水平方向且与图纸的长边平行时，构成 X 型图纸；若标题栏的长边与图纸的长边垂直时，则构成 Y 型图纸。印制图纸时，一般将 A0～A3 图幅印刷为 X 型图纸，A4 图幅印刷为 Y 型图纸，如图 1-2 所示。

采用 X 型图纸与 Y 型图纸时，一般看图的方向与看标题栏的方向一致。有时为了充分利用已印刷好的图纸，允许将 X 型图纸的短边或 Y 型图纸的长边置于水平位置使用，但必须用方向符号指示看图方向，方向符号是用细实线绘制的等边三角形，放置在图纸下端对中符号处，如图 1-2e 所示。此时，标题栏的填写方法仍按常规处理，与图样中的尺寸标注、文字说明无直接关系。

为使图样复制和缩微摄影时方便定位，对图 1-1 和表 1-1 中的各种幅面图纸，均应在各边中点处分别用粗实线绘制对中符号，自周边深入图框内约 5mm，如图 1-2e 所示。

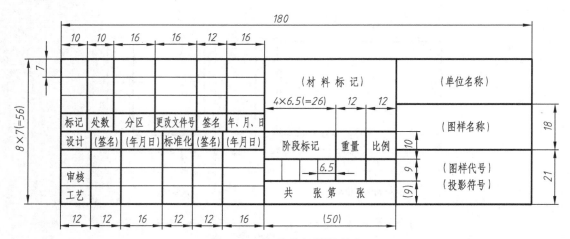

图 1-3 国标推荐标题栏形式

2. 明细栏（GB/T 10609.2—2009）

装配图中一般应有明细栏，一般配置在标题栏的上方。明细栏由序号、代号、名称、数量、材料、重量、备注等内容组成。装配图中的明细栏由 GB/T 10609.2—2009 规定，其格式和尺寸如图 1-4 所示。

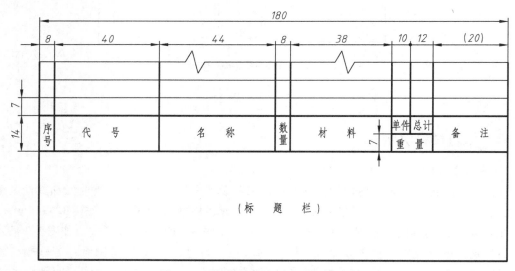

图 1-4 国标推荐装配图中明细栏形式

为了简化尺规作业练习，本教材对零件图标题栏和装配图的标题栏、明细栏进行了简化，推荐零件图的标题栏采用图 1-5 所示形式，装配图的标题栏、明细栏采用图 1-6 所示形式。

1.1.3 比例（GB/T 14690—1993）

图样的比例是指图样中机件要素的线性尺寸与实物相应要素的线性尺寸之比。线性尺寸是能用直线表达的尺寸，如直线长度、圆的直径等。

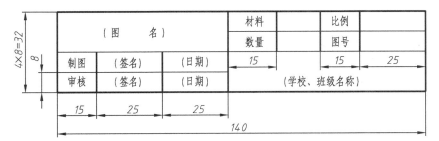

图 1-5　练习推荐零件图标题栏形式

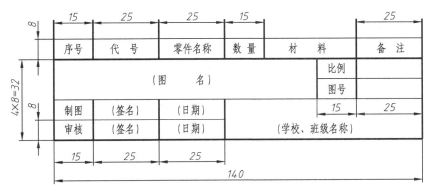

图 1-6　练习推荐装配图标题栏、明细栏形式

　　图样比例分为原值比例、放大比例、缩小比例三种。绘制图样时，应根据实际需要按表 1-2 中规定的系列选取适当的比例。机械图样应尽量按机件的实际大小（1:1）画图，以便能直接从图样上看出机件的真实大小。必要时，亦允许采用表 1-3 所列比例。

　　绘制同一机件的各个视图时应采用相同的比例，并在标题栏的比例一栏中标明。当某个视图需要采用不同的比例时，必须另行标注。应注意，不论采用何种比例绘图，尺寸数值均按原值注出，如图 1-7 所示。

表 1-2　标准比例系列

种类	比例		
原值比例	1:1		
放大比例	5:1 $5 \times 10^{n}:1$	2:1 $2 \times 10^{n}:1$	$1 \times 10^{n}:1$
缩小比例	1:2 $1:2 \times 10^{n}$	1:5 $1:5 \times 10^{n}$	1:10 $1:1 \times 10^{n}$

注：n 为正整数。

表 1-3　比例系列

种类	比例				
放大比例	4:1 $4 \times 10^{n}:1$	2.5:1 $2.5 \times 10^{n}:1$			
缩小比例	1:1.5 $1:1.5 \times 10^{n}$	1:2.5 $1:2.5 \times 10^{n}$	1:3 $1:3 \times 10^{n}$	1:4 $1:4 \times 10^{n}$	1:6 $1:6 \times 10^{n}$

注：n 为正整数。

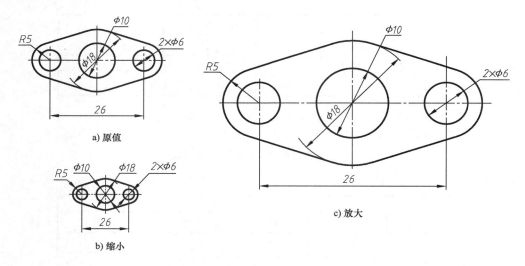

图 1-7 比例

1.1.4 字体（GB/T 14691—1993）

图样中的字体书写必须做到：字体工整、笔画清楚、间隔均匀、排列整齐。

字体高度（用 h 表示，单位为 mm）的公称尺寸系列为：1.8，2.5，3.5，5，7，10，14，20。字体号数代表字体高度，如 5 号字体代表字高为 5mm。如需书写更大的字，其字体高度应按 $1:\sqrt{2}$ 的比率递增。

1. 汉字

汉字应写成长仿宋体字，并采用中华人民共和国国务院正式公布推行的《汉字简化方案》中规定的简化字。汉字的高度 h 不应小于 3.5mm，其字宽一般为 $h/\sqrt{2}$。

长仿宋体汉字的书写要领是：横平竖直、注意起落、结构匀称、填满方格。其基本笔画有点、横、竖、撇、捺、挑、钩、折八种。

汉字书写示例：

10号字

字体工整　笔划清楚　间隔均匀　排列整齐

7号字

横平竖直注意起落结构均匀填满方格

5号字

技术制图　机械电子　汽车航空　船舶港口　土木建筑　矿山井坑　纺织服装

2. 数字和字母

数字和字母分为 A 型和 B 型。A 型字体的笔画宽度（d）为字高（h）的 1/14；B 型字体的笔画宽度 d 为字高 h 的 1/10。数字和字母均可写成斜体或直体，斜体字字头向右倾斜，与水平线成约 75°角。在同一张图样上，只允许选用一种型式的字体。

阿拉伯数字书写示例：

A 型斜体　　0112314151617189

B 型直体　　0123456789

字母书写示例：

A 型大写斜体

$ABCDEFGHKLMNOPQRSTUVWXYZ$

A 型小写斜体

$abcdefghijklmnopqrstuvwxyz$

3. 图样中书写规定与示例

1）用作指数、分数、极限偏差、注脚等的数字及字母，一般应采用小一号的字体。
书写示例：

$$10^3 \quad S^{-1} \quad D_1 \quad T_d \quad \phi20^{+0.010}_{-0.023} \quad 7°^{+1°}_{-2°} \quad \frac{3}{5}$$

2）图样中的数学符号、物理量符号、计量单位符号及其他符号、代号，应分别符合相应规定。
书写示例：

$$l/mm \quad m/kg \quad 460r/min \quad 220V \quad 5M\Omega \quad 380kPa$$

3）其他应用示例：

$$10Js5(\pm0.003) \quad M24-6h \quad \phi25\frac{H6}{m5} \quad \frac{II}{2:1} \quad \frac{A\frown}{5:1} \quad \sqrt{}^{Ra\ 6.3} \quad R8 \quad 5\%$$

1.1.5　图线（GB/T 17450—1998，GB/T 4457.4—2002）

国家标准规定了技术制图所用图线的名称、型式、结构、标记及画法规则。它适用于各种技术图样，如机械、电气、土木工程图样等。

1. 线型

国家标准规定了绘制各种技术图样的 15 种基本线型，以及线型的变形和相互组合。机械制图用线型有 9 种。

表 1-4 和图 1-8 给出了机械制图中常用的几种线型的名称、画法和应用。

表 1-4　线型的名称、画法及应用

名称	图示	应用
粗实线	——————	可见轮廓线、螺纹牙顶线和齿轮齿顶线、螺纹终止线等
细实线	——————	尺寸线及尺寸界线、指引线与基准线、剖面线与过渡线、重合断面轮廓线、螺纹的牙底线和齿轮的齿根线等
波浪线	～～～～	断裂边界线、视图和剖视的分界线等
双折线	——/\/\——	断裂边界线、视图和剖视的分界线等
细虚线	— — — —	不可见轮廓线
细点画线	— · — · —	对称中心线、轴线、齿轮的分度圆等
粗点画线	▬ · ▬ · ▬	有特殊要求的线或表面的表示线
细双点画线	— ·· — ·· —	假想轮廓线、极限位置轮廓线等

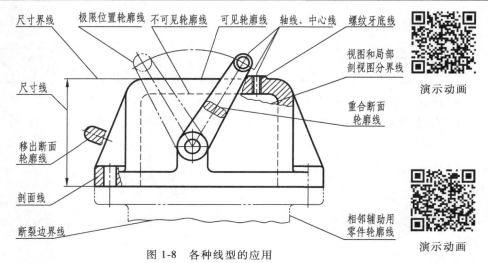

图 1-8　各种线型的应用

2. 图线宽度

《技术制图》国家标准规定了 9 种图线宽度，用 d 表示。绘制工程图样时所有线型宽度应在下面数字系列（单位为 mm）中选择：0.13，0.18，0.25，0.35，0.5，0.7，1，1.4，2。数字代表线宽，如 0.5 号线代表粗实线线宽为 0.5mm。

同一张图样中，相同线型的宽度应一致，如有特殊需要，线宽应按 $\sqrt{2}$ 的倍数派生。《技术制图》国家标准规定图线宽度的比例关系为：粗线：中粗线：细线＝4：2：1。

《机械制图》国家标准规定了 7 种线宽，数字系列（单位为 mm）为：0.25，0.35，0.5，0.7，1，1.4，2。机械图样一般采用两种线宽，其比例关系为：粗线：细线＝2：1，粗线宽度 d 优先采用 0.5 和 0.7。

为了保证图样清晰易读，便于复制，图样上尽量避免出现线宽小于 0.18mm 的图线。另外，标准还规定因绘图工具偏差引起的线宽误差不得大于 ±0.1d。

3. 图线的画法

虚线、点画线、双点画线的线段长度和间隔应各自大致相等，一般在图样中要显得匀称协调，建议采用图 1-9 所示的图线规格。

另外，应注意如下事项。

1）虚线、点画线、双点画线应恰当交于画线处，而不是点或间隔处，如图 1-10a 所示。当圆的半径较小时，允许用细实线代替细点画线。如图 1-10b 所示。

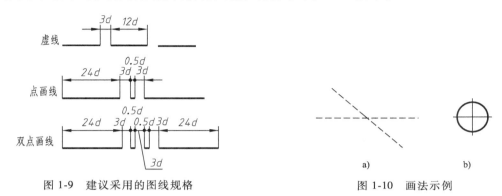

图 1-9　建议采用的图线规格　　　　　　图 1-10　画法示例

2）虚线与实线在延长线上相接时，虚线应留出间隙，如图 1-11 所示。

3）虚线圆弧与实线相切时，虚线圆弧应留出间隙。

4）画圆的中心线时，圆心应是长画的交点，点画线两端应超出轮廓 2~5mm。

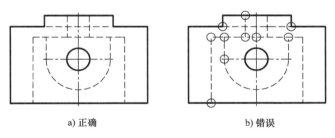

a) 正确　　　　　　　　　b) 错误

图 1-11　各种图线相交、相接的画法

1.1.6　剖面符号（GB/T 4457.5—2013）

在剖视图和断面图中，应根据零件的不同材料，采用表 1-5 中所规定的剖面符号。

表 1-5　剖面符号

材料	符号	材料	符号
金属材料 （已有规定剖面 符号者除外）		木质胶合板 （不分层数）	
线圈绕组元件		基础周围的泥土	
转子、电枢、变压器 和电抗器等叠钢片		混凝土	

（续）

材料	符号	材料	符号
非金属材料 （已有规定剖面 符号者除外）		钢筋混凝土	
型砂、填砂、粉末 冶金砂轮、陶瓷刀片、 硬质合金刀片等		砖	
玻璃及供观察用 的其他透明材料		格网 （筛网、过滤网等）	
木材　纵剖面		液体	
木材　横剖面			

注：1. 剖面符号仅表示材料类型，材料的名称和代号必须另行注明。

2. 叠钢片的剖面线方向，应与束装中叠钢片的方向一致。

3. 液面用细实线绘制。

1.1.7 尺寸注法（GB/T 4458.4—2003）

在图样中，除需表达零件的结构形状外，还需标注尺寸，以确定零件的大小。因此，尺寸也是图样的重要组成部分，尺寸标注是否正确、合理，会直接影响图样的质量。为了便于交流，GB/T 4458.4—2003 对尺寸标注的基本方法做了一系列规定，在绘图过程中必须严格遵守。

1. 基本规则

1）机件的真实大小应以图样上所标注的尺寸数值为依据，与图形的大小和绘图的准确度无关。

2）图样中（包括技术要求和其他说明）的尺寸，以 mm 为单位时，不需标注单位符号（或名称）；如采用其他单位，则应注明相应单位符号。

3）图样中所标注的尺寸，为该图样所示机件的最后完工尺寸，否则应另加说明。

4）机件的每一尺寸，一般只标注一次，并应标注在反映该结构最清晰的图形上。

2. 尺寸要素

1）尺寸界线　尺寸界线表示所注尺寸的起止范围，用细实线绘制，并应由图形的轮廓线、轴线或对称中心线引出。也可以直接利用轮廓线、轴线或对称中心线作为尺寸界线（如图 1-12a 所示）。尺寸界线应超出尺寸线约 2~3mm。尺寸界线一般应与尺寸线垂直，必要时才允许倾斜。见表 1-7 中光滑过渡处的标注。

2）尺寸线　尺寸线用细实线绘制。标注线性尺寸时，尺寸线必须与所标注的线段平行，相同方向的各尺寸线之间的距离要均匀，间隔应大于 5mm。尺寸线不能用图上的其他图线所代替，也不能与其他图线重合或画在其延长线上，并应尽量避免与其他的尺寸线或尺寸界线相交叉。如图 1-12a 所示标注。

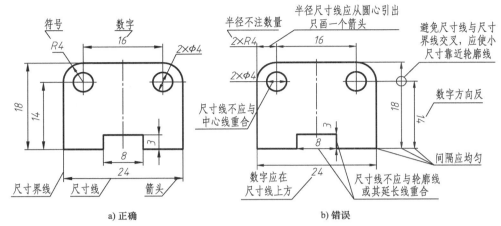

图 1-12　尺寸注法

尺寸线终端可以有以下两种形式。

箭头：箭头的形式如图 1-13a 所示，适用于各种类型的图样，其中 d 为粗实线的宽度。

斜线：斜线用细实线绘制，画法如图 1-13b 所示，其中 h 表示字体高度。当尺寸线的终端采用斜线时，尺寸线与尺寸界线必须垂直。

一般情况下，同一张图样中只能采用一种尺寸线终端形式。当采用箭头时，在位置不够的情况下，允许用圆点或斜线代替箭头，见表 1-7 中狭小部位的示例。

3）尺寸数字　线性尺寸的数字一般注写在尺寸线的上方。也允许注写在尺寸线的中断处。线性尺寸数字的书写方向应按图 1-14 所示进行注写，并尽可能避免在图 1-14 所示 30°范围内注写尺寸，无法避免时，可按图 1-15 所示形式标注。

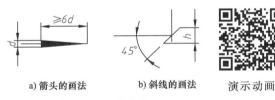

a) 箭头的画法　　b) 斜线的画法　　演示动画

图 1-13　尺寸线终端

图 1-14　尺寸数字的注写方向　　演示动画　　图 1-15　引出标注

技术图样中用符号区分不同类型尺寸，见表 1-6。

表 1-6 不同类型尺寸符号

类型	符号	类型	符号
直径	ϕ	正方形	□
半径	R	深度	↓
球直径	$S\phi$	沉孔或锪平	⊔
球半径	SR	埋头孔	∨
板状零件厚度	t	弧长	⌒
均布	EQS	斜度	∠
45°倒角	C	锥度	◁

3. 标注示例

表 1-7 列出了国标规定的尺寸标注的示例。

表 1-7 尺寸标注示例

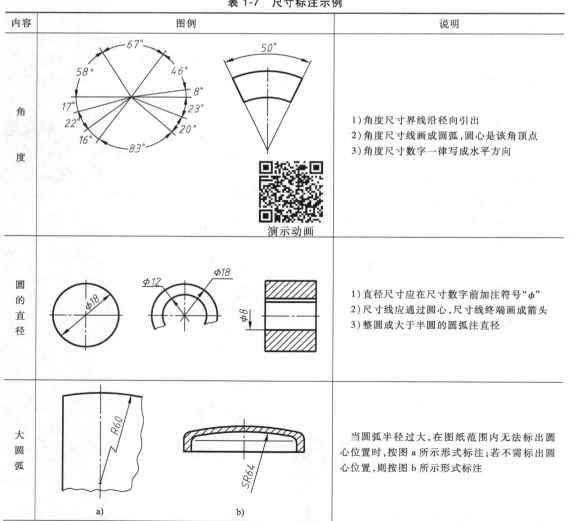

内容	图例	说明
角度	（图例：角度标注，演示动画）	1）角度尺寸界线沿径向引出 2）角度尺寸线画成圆弧，圆心是该角顶点 3）角度尺寸数字一律写成水平方向
圆的直径	（图例：圆的直径标注 $\phi18$、$\phi12$、$\phi18$、$\phi8$）	1）直径尺寸应在尺寸数字前加注符号"ϕ" 2）尺寸线应通过圆心，尺寸线终端画成箭头 3）整圆或大于半圆的圆弧注直径
大圆弧	（图例 a）R60；b）SR64）	当圆弧半径过大，在图纸范围内无法标出圆心位置时，按图 a 所示形式标注；若不需标出圆心位置，则按图 b 所示形式标注

内容	图例	说明
圆弧半径	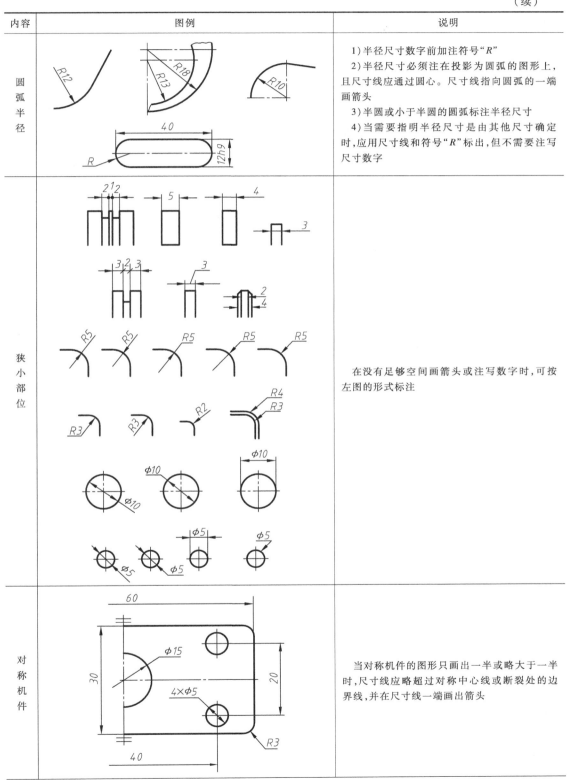	1）半径尺寸数字前加注符号"R" 2）半径尺寸必须注在投影为圆弧的图形上，且尺寸线应通过圆心。尺寸线指向圆弧的一端画箭头 3）半圆或小于半圆的圆弧标注半径尺寸 4）当需要指明半径尺寸是由其他尺寸确定时，应用尺寸线和符号"R"标出，但不需要注写尺寸数字
狭小部位		在没有足够空间画箭头或注写数字时，可按左图的形式标注
对称机件		当对称机件的图形只画出一半或略大于一半时，尺寸线应略超过对称中心线或断裂处的边界线，并在尺寸线一端画出箭头

（续）

内容	图例	说明
正方形结构	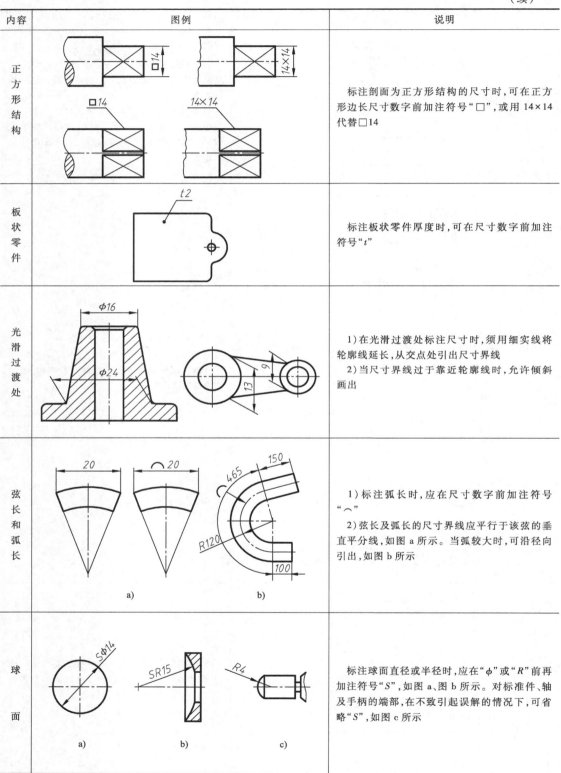	标注剖面为正方形结构的尺寸时，可在正方形边长尺寸数字前加注符号"□"，或用14×14代替□14
板状零件		标注板状零件厚度时，可在尺寸数字前加注符号"t"
光滑过渡处		1）在光滑过渡处标注尺寸时，须用细实线将轮廓线延长，从交点处引出尺寸界线 2）当尺寸界线过于靠近轮廓线时，允许倾斜画出
弦长和弧长		1）标注弧长时，应在尺寸数字前加注符号"⌒" 2）弦长及弧长的尺寸界线应平行于该弦的垂直平分线，如图 a 所示。当弧较大时，可沿径向引出，如图 b 所示
球面		标注球面直径或半径时，应在"ϕ"或"R"前再加注符号"S"，如图 a、图 b 所示。对标准件、轴及手柄的端部，在不致引起误解的情况下，可省略"S"，如图 c 所示

（续）

内容	图例	说明
斜度和锥度		1）斜度和锥度的标注，其符号应与斜度、锥度的方向一致 2）符号的线宽为 $h/10$，画法如图 a 所示（h 为字高） 3）必要时，在标注锥度的同时，在括号内注出其角度值，如图 b 所示

1.2　几何作图

　　绘制机械图样时，经常遇到正多边形、斜度和锥度、圆弧连接及非圆曲线等几何作图问题。本节重点介绍使用尺规绘图工具，按几何原理和国标规定的线型、字体、尺寸注法等绘制机械图样中常见几何图形的方法。有关尺规绘图工具的正确使用方法参见附录 A。

1.2.1　正多边形作图

1. 正六边形

【例 1-1】 已知正六边形对角线长度，作正六边形。

作图步骤：

1）画水平、竖直对称中心线，取 1、4 两点间距离等于对角线长，如图 1-16a 所示。

2）过点 1、O、4 分别作同方向的 60°斜线，如图 1-16b 所示。

3）过点 1、4 作另一方向的 60°斜线，并与步骤 2）画的斜线交于点 2、5，如图 1-16c 所示。

4）过点 2、5 分别作水平线即得所求，如图 1-16d 所示。

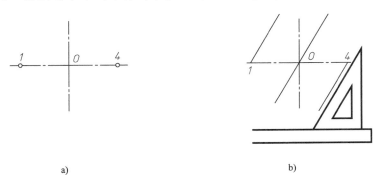

a)　　　　　　　　　　　　　　　　　b)

图 1-16　正六边形作图

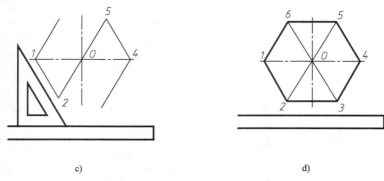

c)　　　　　　　　　　　　　　　d)

图 1-16　正六边形作图（续）

2. 圆内接正多边形

【例 1-2】　已知正五边形外接圆直径，作正五边形（图 1-17a）。

　　作图步骤：

1）将直径 AB 等分成与所求的正多边形边数相同的份数（如作正五边形，则将直径 AB 分成五等份）。

2）分别以 A、B 为圆心、AB 长为半径作圆弧并相交于点 C。

3）连接点 C、2 并延长，交圆周于点 D（作任意边数的多边形都要通过点 2）。

4）用弦长 AD 将圆周五等分。

5）依次连接各分点得正五边形，如图 1-17a 所示。

用同样方法可做出正七边形，如图 1-17b 所示。

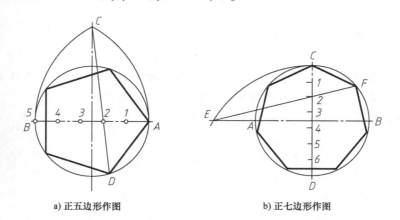

演示动画

a) 正五边形作图　　　　　　　　b) 正七边形作图

图 1-17　圆内接正多边形作图

1.2.2　斜度和锥度

斜度和锥度的符号和标注方法见表 1-7。

1. 斜度

斜度是指一直线（或平面）相对另一直线（或平面）的倾斜程度。其大小用倾斜角的

正切值表示（图 1-18），并把比值写成 1：n 的形式。即

$$斜度 = \tan\alpha = H/L = 1：n$$

斜度线的作图方法如图 1-19b、c 所示。

（1）图 1-19b 的作图步骤

1）自点 C 作 AB 的垂线。

2）在 AC 上截取 CD（长度任定），过点 D 作 AB 的平行线，并截取 DE = 5CD 得点 E。

3）连线 CE 即得所作的斜度线。

（2）图 1-19c 的作图步骤

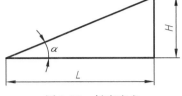

图 1-18　斜度定义

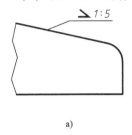

a)

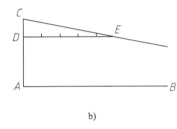

b)

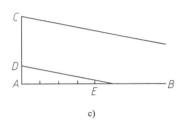

c)

图 1-19　斜度的作图

1）自点 C 作 AB 的垂线。

2）在 AC 和 AB 上分别截取 AD：AE = 1：5，得斜度方向线 DE。

3）过点 C 作 DE 的平行线，即得所求斜度线。

2. 锥度

锥度是正圆锥底圆直径与圆锥高度之比，或正圆锥台两底圆直径之差与圆锥台高度之比，如图 1-20 所示，即

$$锥度 = 2\tan(\alpha/2) = D/L = (D-d)/l$$

锥度也写成 1：n 的形式。锥度的作图方法如图 1-21 所示，作图步骤如下。

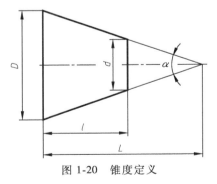

图 1-20　锥度定义

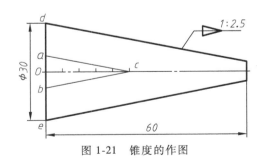

图 1-21　锥度的作图

1）以圆锥台大端为底、以任定长度为高作 ab：oc = 1：2.5 的等腰三角形。

2）过圆锥台大端（φ30）两端点 d、e 分别作三角形两腰的平行线，即求得锥度线。

1.2.3　圆弧连接

画图时，经常需要用一段圆弧光滑地连接相邻两条已知线段。例如在图 1-22 中，用圆

弧 $R8$ 及 $R18$ 分别连接两条直线，用圆弧 $R12$ 及 $R18$ 分别连接一条直线和一段圆弧，用圆弧 $R10$ 连接两段圆弧。

这种用已知半径的圆弧光滑连接相邻两条已知线段（直线或圆弧）的作图方法，称为圆弧连接。这段已知半径的圆弧称为连接弧，光滑连接就是平面几何中的相切。要做到光滑连接，必须准确地求出连接圆弧的圆心和切点，这是圆弧连接的作图要点。

1. 圆弧连接的几何原理

（1）圆弧与直线连接　如图 1-23a 所示，连接圆弧 R_1 圆心 O 的轨迹是与已知直线相距 R_1（连接圆弧半径）且平行于已知直线的一条直线，切点 a 和圆心 O 的连线与已知直线垂直（切点 a 即垂足）。

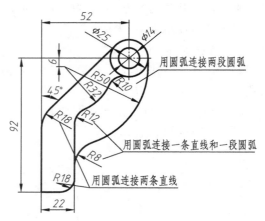

图 1-22　圆弧连接的三种情况

（2）圆弧与圆弧连接　半径为 R_2 的连接圆弧，圆心 O 的轨迹是已知圆弧（半径为 R_1）的同心圆。外切时，轨迹圆的半径为两圆弧半径之和，即 $R = R_1 + R_2$，如图 1-23b 所示；内切时，轨迹圆为两圆弧半径之差，即 $R = R_1 - R_2$，如图 1-23c 所示。切点 a 与两圆弧的圆心 O、O_1 位于同一条直线上。

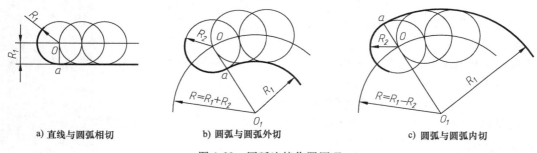

a) 直线与圆弧相切　　　　b) 圆弧与圆弧外切　　　　c) 圆弧与圆弧内切

图 1-23　圆弧连接作图原理

2. 圆弧连接的作图方法

圆弧连接的作图方法见表 1-8。

表 1-8　圆弧连接的作图方法

条件	作图方法
用圆弧 R_2 连接两条已知直线	作两条直线分别平行于两条已知直线（距离为 R_2），其交点即为圆心 O，自点 O 向两已知直线分别作垂线，垂足即是切点 a、b

演示动画

条件	作图方法
用圆弧 R_2 连接一条已知直线与圆弧 R_1（圆心为 O_1）	作直线平行于已知直线（距离为 R_2），作半径为 R 的圆弧（内切连接时 $R=R_1-R_2$，外切连接时 $R=R_1+R_2$），其与所作直线的交点即为连接圆弧的圆心 O，自点 O 向已知直线作垂线，垂足即为切点 a，直线 OO_1 与已知圆弧的交点即切点 b 演示动画
用圆弧 R_2 连接两段已知圆弧（其圆心分别为 O_a、O_b）	作圆弧 R_a 和 R_b（其大小由内切或外切确定），其交点即为连接圆弧的圆心 O，直线 OO_a、OO_b 分别与已知圆弧的交点即是切点 演示动画　　演示动画　　演示动画

1.2.4 椭圆

已知长轴 AB、短轴 CD，常用的作椭圆的方法如图 1-24 所示，图 1-24a 所示为四心圆法（近似画法），图 1-24b 所示为同心圆法（准确画法）。

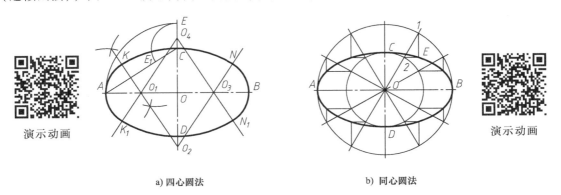

演示动画　　　　　a) 四心圆法　　　　　b) 同心圆法　　　　　演示动画

图 1-24　椭圆的画法

（1）四心圆法　图 1-24a 所示四心圆法的作图步骤如下。

1）连接点 A、C，以点 O 为圆心、OA 为半径画弧与 DC 延长线交于点 E，以点 C 为圆心、CE 为半径画弧与 AC 交于点 E_1。

2）作 AE_1 的垂直平分线与长短轴分别交于点 O_1、O_2，再作对称点 O_3、O_4；点 O_1、O_2、O_3、O_4 即为四个圆心。

3）分别作圆心连线 O_1O_4、O_2O_3、O_3O_4 并延长。

4）分别以点 O_1、O_3 为圆心、O_1A 或 O_3B 为半径画小圆弧 $\overset{\frown}{K_1AK}$ 和 $\overset{\frown}{NBN_1}$；分别以点 O_2、O_4 为圆心、O_2C 或 O_4D 为半径画大圆弧 $\overset{\frown}{KCN}$ 和 $\overset{\frown}{N_1DK_1}$（切点 K、K_1、N_1、N 分别位于相应的圆心连线上），即完成近似椭圆的作图。

（2）同心圆法　图 1-24b 所示同心圆法作图步骤如下。

1）以点 O 为圆心、OA 和 OC 为半径分别画辅助圆。

2）作若干直径与两辅助圆相交（图 1-24b 所示作了六条直径）。

3）过一条直径与大辅助圆的交点（如点 1）作平行于短轴（CD）的直线，再过该直径和小辅助圆的交点（如点 2）作平行于长轴（AB）的直线，两直线的交点 E 即为椭圆上的一个点。

4）以同样的方法作出若干点，然后用曲线板光滑连接各交点，即得所求的准确椭圆。

1.3　平面图形尺寸分析及画法

平面图形通常由一个或几个封闭图形组成，而封闭图形又由若干线段（直线、圆弧等）组成，相邻线段彼此相交或相切。画图时要能根据图中尺寸，确定画图步骤；在标注尺寸时，需根据线段间的关系，分析需要标注什么尺寸。要正确绘制一个平面图形，必须掌握平面图形的尺寸分析和线段分析。

1.3.1　平面图形尺寸标注的要求

标注平面图形的尺寸时，要求做到正确、完整。正确是指应严格按照国家标准规定注写。完整是指尺寸不多余、不遗漏。当利用全部所注尺寸能绘制出整个图形时，则尺寸标注是完整的。若利用全部所标注的尺寸仍不能绘出平面图形中的某些形状，则尺寸有遗漏。

作图中用不上的尺寸则是多余尺寸，如图 1-25 中的尺寸 L、M、S 是多余尺寸。

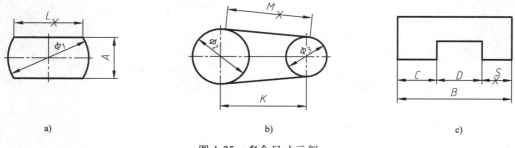

a)　　　　　　　　　　　　　　b)　　　　　　　　　　　　　　c)

图 1-25　多余尺寸示例

1.3.2　平面图形尺寸分析

尺寸按其在平面图形中所起的作用，可分为定形尺寸和定位尺寸两类。要想确定平面图形中线段的上下、左右的相对位置，必须引入在机械制图中称为尺寸基准的概念。

1. 尺寸基准

确定平面图形尺寸位置的几何元素称为尺寸基准，简称基准。它们可以是点或直线，如对称图形的对称中心线、圆的中心线等。

一个平面图形至少有两个方向的尺寸基准，以直角坐标或极坐标方式标注。图 1-26a、b 所示图形是以轮廓直线为基准，图 1-26c 所示图形是以两条对称中心线为基准，图 1-26d 所示图形是以圆的中心线为基准，图 1-26e 所示图形是以对称中心线和水平方向轮廓直线为基准，图 1-26f 所示图形是以水平轮廓直线和圆心为基准。

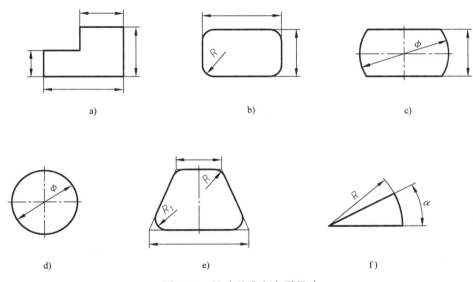

图 1-26　尺寸基准和定形尺寸

2. 定形尺寸

确定平面图形形状和大小的尺寸称为定形尺寸。如图 1-26a 中用直线尺寸确定长、宽方向上的形状及大小，图 1-26b~f 中用半径 R、直径 ϕ 确定圆弧、圆的形状及其大小。

3. 定位尺寸

确定各图形与基准间相对位置的尺寸称为定位尺寸。两个图形间一般在两个方向上分别标注两个定位尺寸。如图 1-27a 中，圆相对外轮廓的定位尺寸是 L_1 和 H_1，矩形相对外轮廓的定位尺寸是 L_2 和 H_2；图 1-27b 中，圆的定位尺寸是 α 和 R。若两个图形的基准重合，则定位尺寸为零，便省略标注。如图 1-27c 中，两个同心圆均位于外轮廓的上下方向的对称中心线上，故仅标注一个定位尺寸 L_1；图 1-27d 中，对四个直径相同的均布的圆，只需标注一个定位尺寸 ϕ；图 1-27e、f 中，两个图形的对称中心线重合，定位尺寸不标注。

1.3.3　平面图形的线段分析

平面图形中的线段，在一般情况下可按所标注的定位尺寸数量将其分为三类：已知线

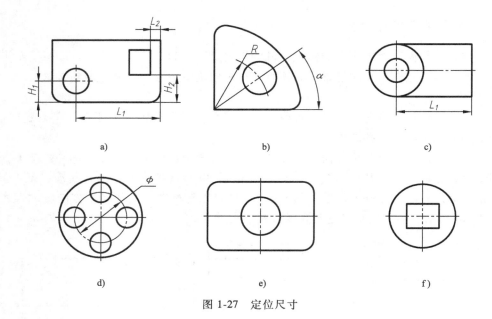

图 1-27 定位尺寸

段、中间线段和连接线段。

1. 已知线段

具有完整的定形和定位尺寸的线段称为已知线段，根据所给定的尺寸就能把线段画出。如图 1-22 中 $\phi14$ 圆、$\phi25$ 圆为已知线段。

2. 中间线段

具有定形尺寸，而定位尺寸不完整的线段称为中间线段。作图时，只有根据它与一端相邻线段的连接关系，才能确定其位置，如图 1-22 中 $R50$ 圆弧、$R32$ 圆弧、45°斜线均为中间线段。

3. 连接线段

只有定形尺寸，而没有定位尺寸的线段称为连接线段。作图时，只有根据它与两端相邻线段的连接关系，才能用作图方法确定其位置，如图 1-22 中的 $R10$ 圆弧、$R12$ 圆弧、左侧 $R18$ 圆弧、$R8$ 圆弧、右侧 $R18$ 圆弧均为连接线段。

1.3.4 平面图形的尺寸标注

标注平面图形尺寸时，应分清线段种类。除了注出定形尺寸外，对已知线段，必须直接注出全部定位尺寸；对中间线段，仅需直接注出一个定位尺寸；对连接线段，不必直接标注定位尺寸。

1. 图形分解法

首先将平面图形分解为一个基本图形和几个子图形。其次确定基本图形的尺寸基准，标注其定形尺寸。再依次确定各子图形的基准，标注定位、定形尺寸。

对图 1-28 所示平面图形，将其分解为基本图形 A 和子图形 B、C。基本图形 A 的尺寸基准是水平和竖直方向的细点画线，标注定形尺寸 $\phi20$、$R10$、$\phi12$ 和定位尺寸 25。子图形 B 的基准是倾斜方向的细点画线和圆心 O，定位尺寸是 45° 和 28，定形尺寸是 $\phi14$ 和 $\phi22$。因

为子图形 *C* 的基准与基本图形 *A* 一致，故定位尺寸省略，定形尺寸为 26，因外轮廓与 *φ*20 圆相切，故总长度省略。

图 1-29 中的基本图形为外轮廓图形，其基准为对称中心线，定形尺寸为 30、32、*R*5（该尺寸为连接圆弧半径）；子图形 *φ*12 圆的定形尺寸即 *φ*12，定位尺寸均为零；子图形 4 个 *φ*8 圆的定形尺寸（即 4×*φ*8），定位尺寸为 18、20。

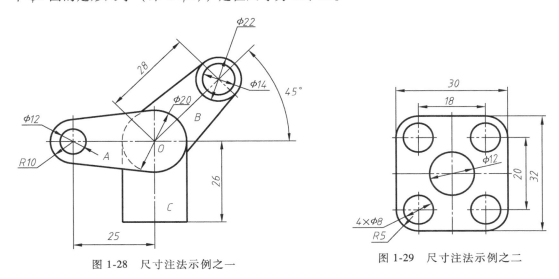

图 1-28　尺寸注法示例之一　　　　　　　　图 1-29　尺寸注法示例之二

2. 特征尺寸法

将平面图形尺寸分为两类特征尺寸：一类为直线尺寸，包括水平、竖直、倾斜方向的尺寸；另一类是圆弧和角度尺寸。按两类尺寸分别标注。例如，图 1-28 中尺寸标注的顺序是：可先标注直线尺寸，分别为水平方向尺寸 25、竖直方向尺寸 26、倾斜方向尺寸 28；再标注圆弧尺寸 *R*10、*φ*12、*φ*20、*φ*14、*φ*22 和角度 45°。

特征尺寸法的特点是将定形和定位尺寸一起标注。用这种方法还可方便地计数一个平面图形所需标注尺寸的数量。其方法是先计数各直线方向的尺寸数，再计数圆弧和角度尺寸数，最后累加即得尺寸总数。计数某方向的直线尺寸时，首先应判定尺寸起点和终点数 *N*（包括对称尺寸的对称中心线、非对称尺寸的尺寸界线），然后减去 1 即为该方向上应标注的尺寸数。

例如，图 1-28 中沿水平方向的 *N*＝2，即 *φ*12 和 *φ*20 圆的圆心，则应标注一个尺寸。

当图形对称时，应以半个图形计数。例如，图 1-29 所示图形左右对称，计数左（或右）半个图形，*N*＝3，即 *φ*12、*φ*8 圆的圆心和左（或右）侧轮廓线，则应标注两个尺寸，即 18、30。

用该方法可计数出图 1-28 所示图形应注 9 个尺寸（沿水平、竖直、倾斜方向的直线尺寸各一个，圆弧尺寸 5 个，角度尺寸 1 个），图 1-29 所示图形应标注 7 个尺寸。

3. 尺寸标注中几个注意的问题

要做到正确、完整地标注平面图形尺寸，必须通过反复实践和理解，掌握规律。有些尺寸注法容易出错，应当引起注意。这里再进一步分析一下图 1-25 中的尺寸 *L*、*M*、*S* 为什么是多余的，或者说是不合理甚至是错误的。

1）标注最便于作图、可直接用以作图的尺寸。

图 1-25a 所示图形可直接用尺寸 ϕ_1 和 A 作出，应标注这两个尺寸，尺寸 L 是多余的。若标注尺寸 L 而不注尺寸 A，尺寸 L 所表示的线段不能直接画出，必须利用 L 被竖直对称中心线平分的关系通过辅助作图作出，显然作图较繁，所以标注尺寸 A 而不注 L 是合理的。图 1-30a 中尺寸 B 和 C 都是多余尺寸，标注这种尺寸是错误的。图 1-30b 是正确的。

2）不标注切线的长度尺寸。

图 1-25b 中尺寸 M 是公切线段的长度，它是由 ϕ_2、ϕ_3 两圆的圆心距离 K 确定的，不应标注。图 1-31 中的尺寸 L 和 R_A、R_B 都不应标注。

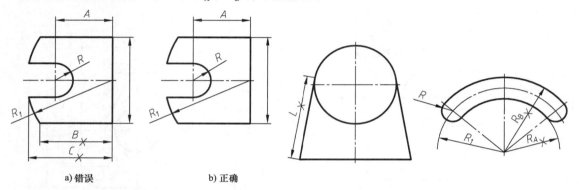

a) 错误	b) 正确

图 1-30 多余尺寸示例之一　　　　　　图 1-31 多余尺寸示例之二

3）不要标注封闭尺寸。

图 1-25c 中的尺寸 S 是由尺寸 B、C、D 确定的，尺寸 S 是多余的，尺寸 B、C、D、S 构成封闭尺寸。标注封闭尺寸是错误的。

4）总长、总宽尺寸的处理。

一般情况下应标注总长、总宽尺寸，如图 1-32 中的尺寸 40、24（该图的尺寸未注全）。

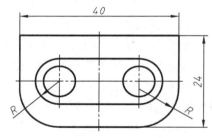

图 1-32 总长、总宽尺寸示例

当图形的一端为圆或圆弧时，往往不注总长、总宽尺寸，如图 1-33 所示。

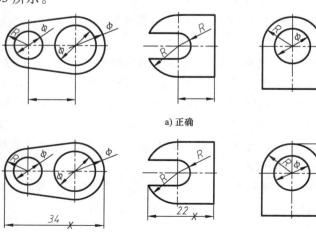

a) 正确

b) 错误

图 1-33 尺寸注法示例

图 1-34 表示了几种尺寸注法的正误对比。

其一，$\phi 10$ 圆及 $\phi 20$ 圆弧的尺寸应注 ϕ，不能注 R。

其二，相同的孔或槽注数量，如 $2\times\phi 5$，其他相同的结构（如 $R5$）不注数量。

其三，对称尺寸 $R5$ 只注一边，对称尺寸 30 不能只注一半。

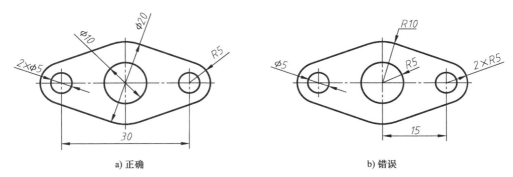

图 1-34　尺寸注法示例

4. 平面图形尺寸标注示例

图 1-35 是一些常见平面图形尺寸标注示例。

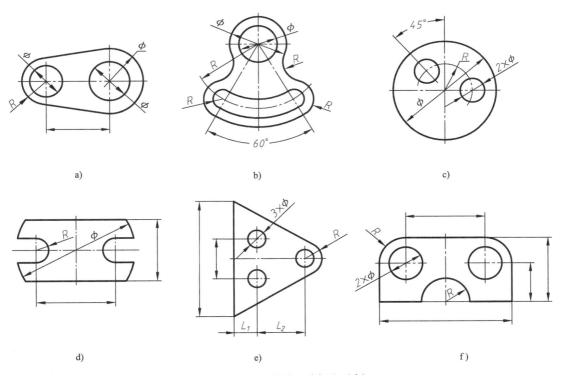

图 1-35　平面图形尺寸标注示例

在图 1-35e 所示图形的水平方向上，有两个连续标注的尺寸 L_1、L_2，即有两个尺寸基准。实际上，在一个图形的同一个尺寸方向上有多个基准的情况很多，因此在同一尺寸方向上有两个或两个以上基准时，取一个主要基准，其余分别称为第 I、第 II······辅助基准。

1.3.5　平面图形的画法

下面以图 1-36 所示拨钩为例，讲解平面图形的作图步骤。

（1）绘图前的准备工作　备齐绘图工具和仪器，削好铅笔；选定图纸的图幅和绘制比例，并在图板上固定图纸。

（2）画底稿　底稿一般用 H 或 2H 铅笔轻轻绘制，图 1-36 所示的拨钩可按以下顺序绘制，并遵循先主体后细部的原则。

1）分析图形，确定已知线段、中间线段和连接线段。从圆弧种类分析，圆弧 $R25$、$R52$、$R10$ 和圆 $\phi12$ 为已知圆弧，圆弧 $R12$ 为中间圆弧，圆弧 $R3$ 是连接圆弧，两条公切线是连接直线。

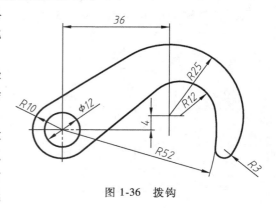

图 1-36　拨钩

2）画出已知圆（圆弧）的中心线、基准线，按一定比例在图纸的适当位置画出基准线和定位线，画出已知线段和已知圆弧，如图 1-37a 所示。

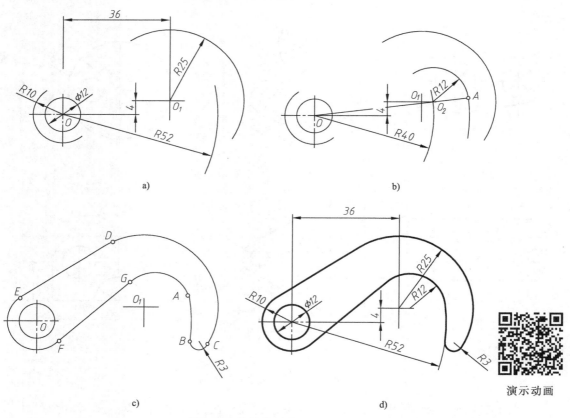

演示动画

图 1-37　拨钩作图步骤

3）画中间圆弧 $R12$（与 $R52$ 圆弧内切）：以点 O 为圆心、40（52-12＝40）为半径作圆弧，并与过点 O_1 的水平线相交，交点 O_2 为圆弧 $R12$ 的圆心；连接 OO_2，其延长线与圆弧 $R52$ 的交点 A 即为切点；以点 O_2 为圆心画出圆弧 $R12$，如图 1-37b 所示。

4）画连接圆弧 $R3$（与圆弧 $R52$ 外切、与圆弧 $R25$ 内切），如图 1-37c 所示。

5）画两条直线段（圆弧 $R10$、$R25$ 的公切线 ED，以及圆弧 $R10$、$R12$ 的公切线 FG），如图 1-37c 所示。

（3）描深全图，标注尺寸　画好底稿并检查无误后，按国家标准的线型要求，整理线型、加粗轮廓线，如图 1-37d 所示。

（4）填写标题栏，完成全图　将零件信息等填入标题，完成全图，此处略。

1.4　徒手图

1.4.1　徒手图的概念

徒手图也称草图，是不借助仪器，多用铅笔以徒手的方法绘制的图样。由于草图绘制迅速简便，有很大的实用价值，常用于创意设计、测绘零件和技术交流中。徒手图不要求按照国标规定的比例绘制，但要求正确目测实物形状及大小，基本上把握住形体各部分间的比例关系。对于中小型物体，可利用铅笔作为测量工具，直接从物体上量出各部分尺寸，画在草图上，尺寸不要求非常精确，如图 1-38 所示。判断形体间比例的正确方法应是从整体到局部，再由局部返回整体，进行相互比较的观察。如一个物体的长、宽、高之比为 4∶3∶2，画此物体时，就要保持物体自身的这种比例。

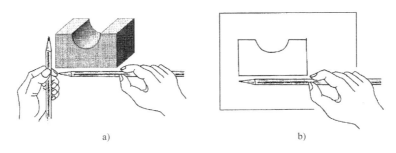

a)   b)

图 1-38　测绘徒手图

徒手图不是潦草的图，除比例一项外，其余必须遵守国标规定，要求做到图线清晰，粗细分明、字体工整等。

为便于控制尺寸大小，经常在网格纸上画徒手图。网格纸不要固定在图板上，为了作图方便，可任意转动或移动。

1.4.2　徒手图的绘制

1. 画直线

横线应自左向右画出，竖线应自上而下画出，眼视终点，手腕和小指对纸面的压力不要太大，如图 1-39 所示。

a)   b)

图 1-39　画直线

2. 画圆

确定圆心位置，画出对称中心线后，可根据半径大小用目测的方法在中心线上定出四点，然后过四点画圆，如图 1-40a 所示。当圆的直径较大时，可过圆心增画两条 45°的斜线，再在两条斜线上定四个点，然后过八点画圆，如图图 1-40b 所示。

a)   b)

图 1-40　画圆

3. 画椭圆

画椭圆时可用四点或八点，一定要注意对称性，如图 1-41 所示。

4. 画圆角

画圆角时先用目测的方法在角平分线上选取圆心的位置，过圆心向两边引垂线定出圆弧与两边的切点，然后画弧，如图 1-42 所示。

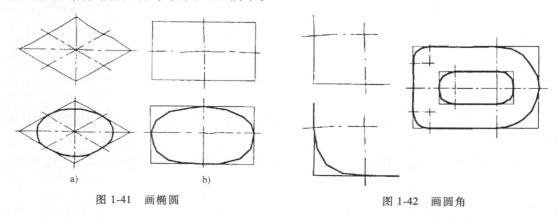

a)   b)

图 1-41　画椭圆　　　　　　　　　　　图 1-42　画圆角

5. 画平面图形

徒手画平面图形时，应先目测图形总的长宽比例，考虑图形的整体和各组成部分的比例是否协调。初学徒手绘图时，最好先在网格纸上训练，这样，图形各部分之间的比例可借助网格数的比例确定，熟练后可在空白纸上画图。图 1-43 为平面图形徒手画图示例。

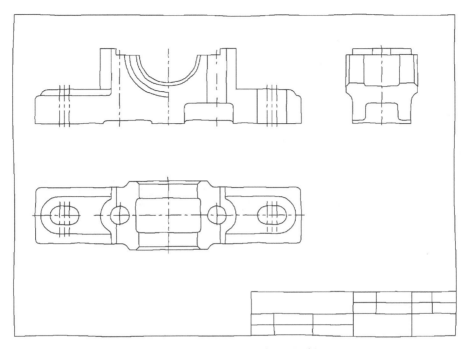

图 1-43　平面图形徒手画图示例

本 章 小 结

本章介绍了《技术制图》和《机械制图》国家标准中关于图幅、图框格式、常用比例、字体、图线、尺寸标注等基本内容。

在学习本章之后，应能够正确地对平面图形进行尺寸和线段分析，正确选择基准，完整、规范地标注尺寸；掌握两线段连接圆弧的圆心和切点共线的几何关系，能准确求出切点及圆心，按照已知线段、中间线段、连接线段的顺序光滑连接；了解徒手图的概念和基本作图方法。

第 2 章

AutoCAD计算机绘图基础

AutoCAD（Autodesk Computer Aided Design）是由 Autodesk 公司开发，并于 1982 年上市的自动计算机辅助设计软件，主要用于二维绘图和基本三维设计。由于无需编程，即可实现制图功能，该软件已经成为国际上广为流行的绘图工具。AutoCAD 具有良好的用户界面，通过交互菜单或命令行方式便可以进行各种操作，使非计算机专业人员也能很快地学会使用。AutoCAD 具有广泛的适应性，它可以在安装不同操作系统的微型计算机和工作站上运行，广泛应用于机械设计、工程制图、土木建筑、装饰装潢、电子工业、服装加工等众多领域。

本教材以 AutoCAD 2019 为例，简要介绍运用 AutoCAD 软件绘制工程图样的方法，以及 GB/T 14665—2012《机械工程　CAD 制图规则》的相关内容。

为了便于学习，本章重点介绍 AutoCAD 的基本操作，并以绘制平面图形为例介绍 AutoCAD 绘图的一般操作流程。有关绘制剖视图和零件图的内容将在后续相关章节介绍。

AutoCAD 软件几乎每年都会推出新版本，新版本除了优化操作界面、提升软件功能外，其基本命令、图标菜单、绘图的思路和操作方法是基本相同的。AutoCAD2015 版本之后，界面变化不大，可选择适当的版本参考学习。

2.1　AutoCAD 基本操作

2.1.1　AutoCAD 绘图环境

1. 启动 AutoCAD

在 AutoCAD 安装完成后，可在 Windows 环境桌面上，直接在 AutoCAD 的快捷方式图标上双击鼠标左键，打开 AutoCAD 应用程序。

2. 样板文件

在默认情况下，AutoCAD 启动后，将使用 acadiso. dwt 样板，提供以 mm 为单位的绘图环境，若要使用寸制单位绘制图形，请使用 acad. dwt 样板。

在主界面的最上方是快速访问工具栏，用鼠标左键单击"新建"按钮（图 2-1a），或采用如图 2-1b 所示方法，系统将弹出"选择样板"对话框，如图 2-2 所示。AutoCAD 默认选择 acadiso. dwt 样板文件，单击"打开"按钮，即可进入 AutoCAD 绘图环境。

样板文件的扩展名为 .dwt，文件位于 AutoCAD 文件夹中的 Template 文件夹中。样板文件中包含预定义的图层、线型、文字样式、标注样式等内容。可使用 AutoCAD 默认的样板文件，也可创建自定义样板文件。

需要说明的是，AutoCAD 根据已定义样板文件绘制出的图形文件扩展名为 .dwg。保存默认图形的文件名为 Drawing1. dwg。可以将任何图形文件（.dwg）另存为图形样板文件（.dwt）。在选择"另存为"命令时，可在"图形另存为"对话框中选择要保存的文件类型为"图形样板 .dwt"，文件保存在 AutoCAD 文件夹中的 Template 文件夹中，并且文件名可重新定义，如图 2-3 所示。也可打开现有图形样板文件（.dwt）进行修改，然后重新将其保存，必要时应使用不同的文件名。用户可根据工作需要创建自己的图形样板文件，在熟悉其他功能之后，添加更多的设置。

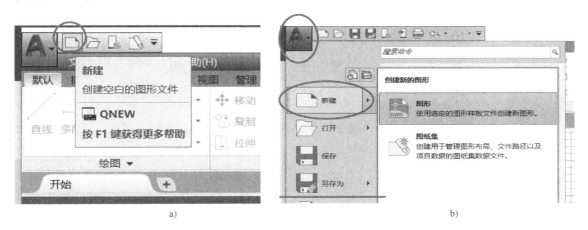

a)   b)

图 2-1   AutoCAD 快速访问工具栏

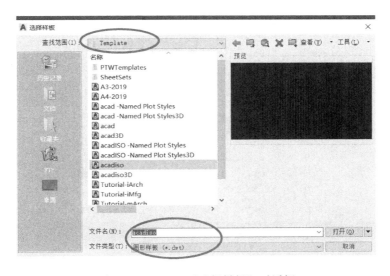

图 2-2   AutoCAD "选择样板" 对话框

图 2-3 将 . dwg 图形文件另存为"图形样板 . dwt"文件

3. 界面介绍

AutoCAD 主界面如图 2-4 所示,主要由以下几部分组成。

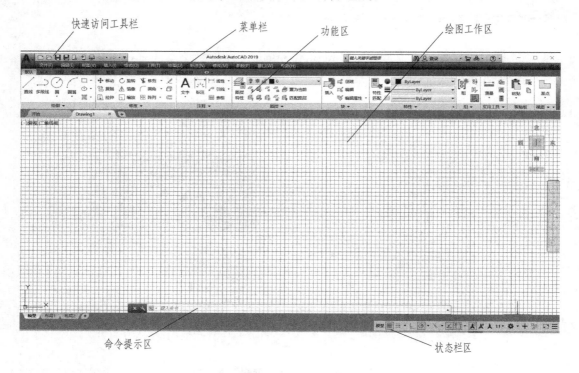

图 2-4 AutoCAD 主界面

（1）**快速访问工具栏**　位于主界面的最顶部。将光标移至某一图标菜单上时，系统即可显示相应的命令，用鼠标左键单击某一图标按钮，即可使系统执行相应命令，如图 2-1a 所示。

（2）**菜单栏**　位于主界面的顶部，快速访问工具栏下方。AutoCAD 2019 默认菜单栏是隐藏的，用鼠标左键单击快速访问工具栏右侧倒三角图标，并选择"显示菜单栏"选项，即可打开菜单栏，如图 2-5 所示。

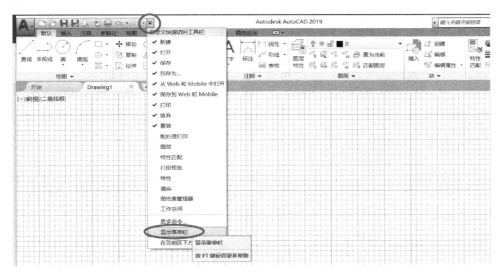

图 2-5　AutoCAD 显示菜单栏操作

（3）**功能区**　位于主界面的顶部，默认状态下位于快速访问工具栏下方。在显示菜单栏时，功能区位于菜单栏下方。系统提供默认选项卡，将常用的命令集成在默认选项卡中。不同类型的命令分门别类地分布于不同的面板中，如绘图面板、修改面板、注释面板等。功能区可以以四种不同的方式显示。单击图 2-6 所示三角按钮，可切换显示方式。

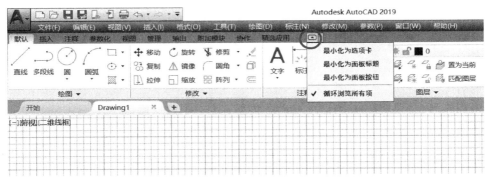

图 2-6　AutoCAD 功能区切换四种显示方式操作

（4）**绘图工作区**　位于主界面的中间区域。绘图工作区的左下角是系统的坐标原点。水平向右为 X 方向的正向，竖直向上为 Y 方向的正向，如图 2-4 所示。

（5）**命令提示区**　位于主界面的底部。有时，在进入主界面时，命令提示区是浮动的，可将光标放在命令提示区左侧，按住鼠标左键不松手将其拖动到主界面的下方后再松开鼠标左键，即可以将命令提示区固定在界面底部，如图 2-4 所示。

（6）**状态栏区**　位于主界面的最底部。状态栏区提供了若干辅助绘图工具，有打开、关闭两种状态，亮色是打开的，用鼠标左键单击某一图标即可切换打开或关闭状态。光标悬停在某一图标上，系统即可显示其功能及状态，如图 2-4 所示。

2.1.2　AutoCAD 命令及参数的输入

1. 命令的主要输入方式

（1）**键入命令**　绘图软件的核心部分是命令提示区，其可显示提示、选项和消息。当命令行提示区出现图 2-7a 所示的"键入命令"提示时，可直接从键盘输入命令，按<Enter>键或空格键确认所需执行的命令。许多熟悉命令的长期使用者更喜欢使用此方法。

需要注意的是，当键入部分命令时，系统会自动调用相应程序。当系统提供了多个可能的命令时，可单击鼠标左键选择需要执行的命令，如图 2-7b 所示。将光标悬停在所选命令图标上，系统即可显示命令名称及执行命令的操作指导，如图 2-7b 所示。同时，按<F1>键还可联机得到 AutoCAD 用户手册中更多的操作指导帮助。

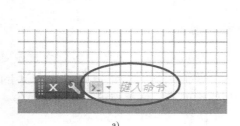

a)

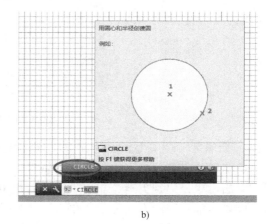

b)

图 2-7　键入命令

（2）**下拉菜单输入命令**　可通过菜单栏的下拉菜单输入命令，如图 2-8 所示。

（3）**功能区选项卡输入命令**　将光标悬停在功能区所选的命令图标上，系统即可显示该命令的名称及执行命令的操作指导。单击相应的命令图标后，下方命令提示区则提示需进一步输入相应参数，如图 2-9 所示。这种方式更直观、快速、便捷。

（4）**快捷菜单输入命令**　在绘图工作区单击鼠标右键，弹出快捷菜单，如图 2-10 所示，在快捷菜单中选取需要执行的命令，即可实现相应操作。

（5）**常用快捷输入操作**

1）鼠标可用作定点设备，如图 2-11 所示。

单击左键，可选择命令、选择对象、确定位置和位移量。单击右键，可打开快捷菜单。滚动滚轮，可缩小或放大视图；按住滚轮并移动鼠标，可以任意方向平移视图；双击滚轮，可缩放至模型的范围。

需特别注意的是，放大或缩小视图时，光标的位置很重要。光标放置的区域为定点放大的区域，该区域不移动视图。如果无法继续缩放或平移，可在命令提示区键入"REGEN"命令，然后按<Enter>键，此命令将重新生成图形显示并重置可以用于平移和缩放的范围。

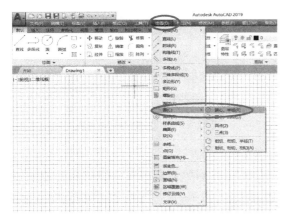

图 2-8　下拉菜单输入命令

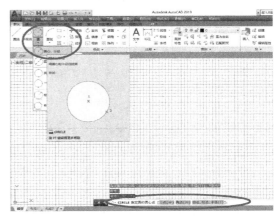

图 2-9　功能区选项卡输入命令

图 2-10　快捷菜单

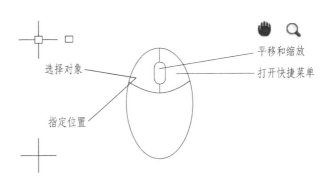

图 2-11　鼠标功能

当查找某个选项时，可尝试单击鼠标右键。根据光标的位置及正在运行的命令，显示的快捷菜单将提供相关的命令和选项。

2）<F1>键可用于打开关于正在运行命令的帮助信息。

3）要重复上一个命令，可按<Enter>键或空格键。

4）要查看各种选项，可选择一个对象，然后单击鼠标右键，或者在用户界面元素上单击鼠标右键。

5）如果感觉运行不畅，要"取消"正在运行的命令，可按<Esc>键取消该预选操作。

2. 参数的输入

（1）**点的输入**　常用如下方法完成点的输入。

1）绝对直角坐标输入法。

指定点：X，Y

其中，分隔符须以英文逗号"，"输入，如"420，297"指定点的坐标为（420，297）。以<Enter>键确认。

2）相对直角坐标输入法。

指定点：@ ΔX，ΔY

其中，"@"表示某点的相对坐标。例如，当前点的坐标为（12，8），若输入"@3，-5"，则所指点的绝对坐标为（15，3）。

3）相对极坐标输入法。

指定点：@ 距离<角度

例如，"@ 18<30"指与前一点距离为18、角度为30°的点。

4）鼠标定标拾取输入法。在绘图工作区中，将光标移到所需位置处，单击鼠标左键拾取坐标。

5）动态输入法。AutoCAD在光标附近提供了一个命令界面，以帮助用户专注于绘图工作区。输入方式与命令提示区键入的方式类似。启用动态输入法时，键入的命令出现在动态输入提示框中，用户可以在其提示框（而无需在命令提示区）中输入命令。单击鼠标左键，即可输入该点参数，如图2-12所示。

当某条命令为激活状态时，十字光标附近的提示框会显示相应的坐标。可以在提示框中输入坐标值。

启用"标注输入"命令时，当命令提示输入第二点时，提示框显示的值将随着光标移动而改变。第二个点和后续点的默认设置为极坐标（对于 RECTANG

图2-12　动态输入法

命令，为相对直角坐标格式），提示框显示的是距离和角度值。输入坐标时不需要输入"@"符号。所有角度都显示为小于等于180°的值。在输入字段中输入值并按<Tab>键后，该字段将显示一个锁定图标，并且光标会受用户输入的值约束。随后可以在第二个输入字段中输入值。如果用户输入值后直接按<Enter>键，则第二个输入字段将被忽略，且该值将被视为直接距离输入。如果需要使用直角坐标格式，输入X坐标后，输入逗号，则第二个字段自动变为输入相对坐标Y。

6）目标捕捉特征点法。利用对象捕捉功能捕捉当前图中的特征点。将在下文的"对象捕捉"部分中进行介绍。

7）上次坐标法。在需要输入点的时候，直接按<Enter>键，即系统采用上次实体的端点为所需的点。

（2）距离的输入　距离包括高度、宽度、半径、直径、列距（行距）等。距离可以是负值，表示与正方向相反。它们均有两种不同的输入方法。

1）数值方式：直接输入数值。

2）位移方式：移动光标到某点。

采用位移方式输入距离时，AutoCAD会在屏幕上显示一条由基点出发与光标相连的直线，随光标移动，该直线可改变方向和长度，像一条"橡皮筋"，使输入距离直观地显现出来；若没有明显的基点时，将要求输入点的坐标。

（3）**角度的输入**　角度以度（°）为单位，且以正 X 轴为基准零度，以逆时针方向为正方向。

1）数值方式：直接输入"Angle：60"，60 为角度数值。

2）指定点方式：用光标指定第一、第二点

数值采用十进制数，如输入"60"表示 60°角。采用指定点方式输入角度时，角度值由这两点的连线与 X 轴正方向之间的夹角确定。

（4）**文本和特殊字符的输入**　在进行尺寸标注和写文本操作时，需输入尺寸值和字符串，示例如下。

输入标注文字：15（尺寸数值）

输入文字：ABCabc（字符串）

键盘上没有的字符称特殊字符，示例如下。

%%d——度数符号"°"。

%%p——正/负公差符号"±"。

%%c——直径尺寸符号"ϕ"。

（5）**校正**　当输入的命令或数据出错时，可用如下两种方法校正。

1）用<Backspace>键一次删除一个字符。

2）用<Esc>键取消当前命令，重新输入命令或参数。

2.1.3　AutoCAD 的基本设置

1. 坐标系统

AutoCAD 采用笛卡儿（直角）坐标系统，称为"通用坐标系"，用"WCS"表示。

X 表示屏幕水平坐标，Y 表示屏幕竖直坐标，原点（0，0）位于屏幕左下角，Z 坐标垂直于屏幕平面。水平向右为 X 坐标正向，竖直向上为 Y 坐标正向。

用户还可定义一个任意的坐标系，称为"用户坐标系"，用"UCS"表示，其原点可在"WCS"内的任意位置上，其坐标轴可随用户的选择任意旋转和倾斜。定义用户坐标系用"UCS"命令。

2. 绘图单位

两个坐标点之间的距离以绘图单位来度量，用户绘制图形时可选用任何长度单位，如mm、in、m 或 km 等。定义绘图单位用"UNITS"命令。

3. 比例因子

在作图时可定义比例因子，以使图形按需要的单位输出。定义比例因子用"SCALE"命令。

4. 窗口显示

窗口为一个矩形区域，可将图形屏幕作为窗口使用。在窗口中，可看到图形的全部或一部分也能做任意的缩放和平移等变换。

用"ZOOM"命令进行窗口显示操作。

提示：窗口显示操作只能使屏幕显示的图形缩放，而不改变图形的实际尺寸。

5. 实体（对象）

实体又称为"对象"，是 AutoCAD 系统预定的图形单元。点、直线、圆与圆弧、文本等是最常用的基本实体；多义线、实心圆环、阴影线图案、尺寸标注等是常用的复杂实体。

复杂实体被解散成基本实体后方能单独进行处理。例如，尺寸标注中的某一尺寸，在未解散时，只能作为基本实体来编辑，在解散后，其成为三段直线段、两个箭头和一个文本，可单独进行编辑。

利用 AutoCAD 绘制图形，实质上就是对这些实体进行操作。

6. 对象的选取与捕捉

（1）对象选取 在绘图或编辑图形时，常需选取对象，常用的方法有如下几种。

1）点选。用鼠标直接单击对象，则该对象被选中，之后可以继续进行点选，直至选中所有要选择的对象。

2）多选。需要选择大量对象时，可以先单击图 2-13 所示空白位置的点 1，接着向左或向右移动光标，然后单击点 2 来选择区域中的对象，而不是分别选择每个对象。这样选择的结果称为"选择集"，也就是将由命令处理的对象集。

如图 2-13a 所示，从右向左移动光标时，可选中区域内的或接触该区域的任何对象，为"交叉窗口方式" C（Crossing），也称为"窗交选择"。也可在命令提示区显示"选择对象"提示时输入"C"并按<Enter>键，确定矩形窗口后，窗口内及被窗口压住的对象均被选中。

如图 2-13b 所示，从左向右移动光标时，将仅选中完全包含在选择区域内的对象，为"窗口方式" W（Window），也称为"窗口选择"。也可在命令提示区显示"选择对象"提示时输入"W"并按<Enter>键，确定矩形窗口后，完全在窗口内的对象被选中，窗口外和被窗口压住的对象均不能被选中。

提示：完成对象选择后，也可以轻松地从选择集中删除对象。例如，如果已选择了 42 个对象，其中有两个不应被选择，可以按住<Shift>键并用鼠标左键单击这两个希望被删除的对象，然后按<Enter>键或<Space>键，或者单击鼠标右键以结束选择过程。

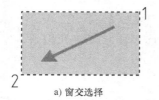
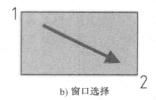

a) 窗交选择　　　　　　　　　　　b) 窗口选择

图 2-13　多选对象方式

3）全选（ALL）方式。在命令提示区出现"选择对象"提示时，输入命令"ALL"，并按<Enter>键，则全部对象均被选中。

（2）对象捕捉 用户在绘图和编辑图形时，常需准确地找到某些特殊点（如直线的端点、圆心、垂足、切点等），利用 AutoCAD 提供的对象捕捉功能，可迅速、准确地捕捉这些点。

开启"对象捕捉"功能后，用户可以利用"草图设置"对话框设置捕捉对象的范围，如图 2-14a 所示；还可利用图 2-14b 所示"对象捕捉"工具栏中的按钮进行对象的单点捕捉；也可从状态栏区快捷地展开"对象捕捉设置"菜单，选择特征点捕捉项，如图 2-14c 所示。若要捕捉直线的端点，则可单击"对象捕捉"工具栏中的"捕捉端点"按钮，激活端点捕捉功能，或者在状态栏中和草图设置中勾选"端点"捕捉方式，然后将光标移到该直线附近，系统可自动捕捉到直线的端点。

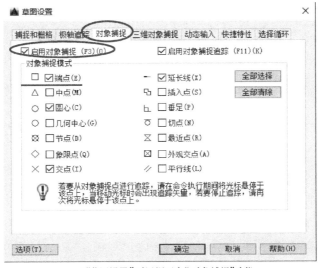

a)"草图设置"对话框开启"对象捕捉"功能

b)"对象捕捉"工具栏

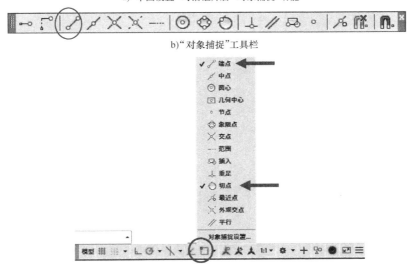

c)状态栏区的"对象捕捉设置"

图 2-14　对象捕捉

2.2　AutoCAD 绘图流程

启动 AutoCAD 后，绘制工程图的流程如下。

1）绘图准备：设置绘图样板文件或使用已有的绘图样板文件（包含图形界限、文字样式、标注样式、图层、线型、标题栏、常用块等）。

2）绘图和编辑。

3）标注尺寸（本节仅介绍标注样式的设置，在后续章节具体介绍尺寸标注的方法）。

4）存盘和退出

2.2.1 设置绘图样板

如前所述，启动 AutoCAD 后，系统默认使用 acadiso. dwt 样板文件，使用长度单位为 mm 的绘图环境，但幅面大小、文字样式、标注样式等还需要根据工程图样的要求进一步设置。所有的设置均可在"格式"下拉菜单中利用相应的命令或对话框进行操作。

1. 设置图纸幅面（绘图界限）

在绘制图形前，需设置绘图工作区，确定绘图界限，就像尺规绘图前需先选定一张幅面合适的图纸一样。

系统默认的 acadiso. dwt 样板文件的绘图界限为横放的 3 号图纸（420mm× 297mm）。用户可根据需要任意设置绘图界限大小。例如，可以通过执行以下操作，将绘图界限修改为竖放的 A4 图纸尺寸大小。

键入"LIMITS"命令，或者依次单击下拉菜单"格式"→"图形界限"，再按系统提示输入参数，即可实现绘图界限的设置，如图 2-15 所示。

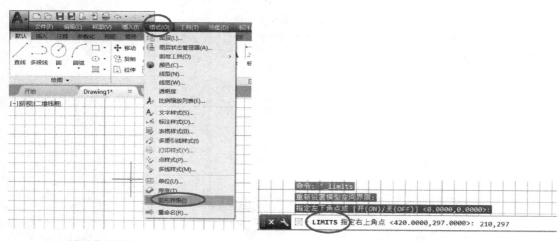

a)"格式"下拉菜单   b) 键入"LIMITS"命令

图 2-15 设置绘图界限

命令：LIMITS（设置绘图界限）

指定左下角点或 [开（ON）/关（OFF）] <0.0000,0.0000>：（接受左下角点的坐标，直接按<Enter>键确认）

指定右上角点<420.000,297.000>：210,297（输入右上角点的坐标，注意要用英文逗号，按<Enter>键确认）

接着改变窗口显示。直接键入"ZOOM"命令后选择"A"（全部），或者依次单击下拉菜单"视图"→"缩放"→"全部"，即可使系统显示该绘图工作区，如图 2-16 所示。

2. 设置单位制

系统默认的 acadiso. dwt 样板，其长度和角度单位制均为十进制，因此不需要重新设置。

| a)"视图"下拉菜单 | b) 键入"ZOOM"命令 |

图 2-16 改变窗口显示

若想改变单位制，可以利用"UNITS"命令实现。

可直接键入"UNITS"命令，或者依次单击下拉菜单"格式"→"单位"，即可打开"图形单位"对话框，并对长度和角度的单位制和精度进行设置，如图 2-17 所示。

| a)"格式"下拉菜单 | b)"图形单位"对话框 |

图 2-17 设置单位制

3. 设置图层、线型、颜色和线宽

在 AutoCAD 中绘制的对象都具有图层、线型和颜色三个基本属性，AutoCAD 允许用户建立和选用不同的图层来绘图，也允许选用不同的线型和颜色绘图。可将图层看作是透明的塑料纸，为便于管理，将同一类特征的对象放在同一图层中，多个图层叠加在一起就形成了最终图样。可为每个图层分别设置其默认属性，包括颜色、线型、线宽等。在某图层上创建

的新对象将使用为该图层设置的属性。

国家标准《机械工程　CAD 制图规则》（GB/T 14665—2012）对机械工程图样中的图层标识、颜色和线宽等进行了规定。

（1）**设置图层**　对图层的操作主要在"图层特性管理器"对话框中进行。

直接键入"Layer"命令，或者依次单击"默认"选项卡→"图层"面板→"图层特性"按钮，如图 2-18a 所示，即可打开"图层特性管理器"对话框，如图 2-18b 所示。

1）**创建新图层**。系统默认的初始图层名称为"0"，可在"图层特性管理器"对话框中单击"新建"按钮创建新图层，如图 2-18b 所示。新图层将用临时名字"图层 1"显示在图层列表中，用户也可输入自定义的新图层名。若要创建多个图层，则可接着单击"新建"按钮，并依次输入新图层名。

2）**图层状态设置**。在"图层特性管理器"对话框中，单击相应的选项，即可对新创建图层的颜色、线型、线宽等各种属性进行设置。图层的状态具有当前层（图层前打钩）、打开或关闭、解冻或冻结、解锁或锁定等，如图 2-18b 所示。当图形看起来很复杂时，可以隐藏当前不需要看到的对象。各状态的含义如下。

关闭图层：可降低图形的视觉复杂程度。

冻结图层：可冻结暂时不需要访问的图层。冻结图层类似于将其关闭，会在系统处理特大图形时提高性能。

锁定图层：若要防止意外更改某图层上的对象，可锁定该图层。另外，锁定图层上的对象会以较高的透明度显示，这有助于降低图形的视觉复杂程度，但仍可以模糊地看到对象。

a)"图层特性"按钮

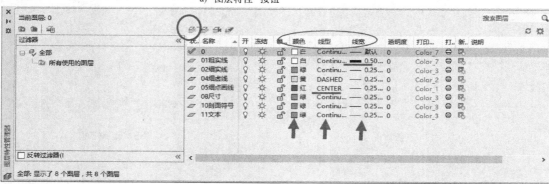

b)"图层特性管理器"对话框

图 2-18　设置图层特性

国家标准《机械工程　CAD 制图规则》（GB/T 14665—2012）规定了图样中各种线型在计算机中的分层，它们的标识见表 2-1。

表 2-1　图层设置参照标准

标识号	描述
01	粗实线
02	细实线、波浪线、双折线
03	粗虚线
04	细虚线
05	细点画线
06	粗点画线
07	细双点画线
08	尺寸线、投影连线、尺寸终端与符号细实线,尺寸和公差
09	参考圆,包括引出线及其终端(如箭头)
10	剖面符号
11	文本(细实线)
12	文本(粗实线)尺寸值和公差
13~15	用户自选

（2）**设置线型**　系统的默认线型为实线，若要改变线型，可在如图 2-18b 所示的"图层特性管理器"对话框中，单击图层中的"线型"选项打开"选择线型"对话框，如图 2-19a 所示。在对话框中单击"加载"按钮，即可打开"加载或重载线型"对话框，如图 2-19b 所示，选择需要的线型（如点画线 CENTER）后单击"确定"按钮，再回到如图 2-19a 所示的"选择线型"对话框，选择刚加载的线型（CENTER）后单击"确定"按钮，完成线型设置。

a)"选择线型"对话框　　　　　　　b)"加载或重载线型"对话框

图 2-19　设置线型

（3）**设置图线颜色**　可在如图 2-18b 所示的"图层特性管理器"对话框中，单击图层中的"颜色"选项进行设置。

国家标准《机械工程　CAD 制图规则》（GB/T 14665—2012）规定了屏幕上显示图线的颜色，见表 2-2，并要求相同类型的图线应采用同样的颜色。

（4）**设置线宽**　可在如图 2-18b 所示的"图层特性管理器"对话框中，单击图层中的"线宽"选项进行设置。

表 2-2　图线显示颜色设置

图线类型	屏幕上的颜色
粗实线	白色
细实线	绿色
波浪线	
双折线	
细虚线	黄色
粗虚线	白色
细点画线	红色
粗点画线	棕色
细双点画线	粉红色

国家标准《机械工程　CAD 制图规则》（GB/T 14665—2012）规定了 CAD 制图时的线宽设置标准，见表 2-3。

AutoCAD 中图线的线宽在 0.3mm 以上才能显示出来。

表 2-3　图线宽度设置标准

组别	1	2	3	4	5	一般用途
线宽/mm	2.0	1.4	1.0	0.7	0.5	粗实线、粗点画线、粗虚线
	1.0	0.7	0.5	0.35	0.25	细实线、波浪线、双折线、细虚线、细点画线、细双点画线

依次单击下拉菜单"格式"→"线宽"，可打开"线宽设置"对话框，如图 2-20 所示。在"线宽设置"对话框中勾选"显示线宽"选项，所绘图形方可显示线宽；若未勾选"显示线宽"选项，即使将线宽设为 0.3mm 以上，所绘图形也不显示线宽。

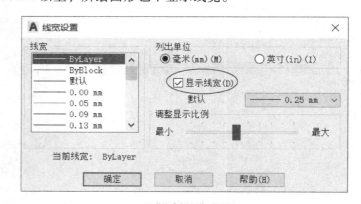

a)"格式"下拉菜单　　　　　　　　b)"线宽设置"对话框

图 2-20　设置线宽

4. 设置文字样式

键入"STYLE"命令，或者依次单击"默认"选项卡→"注释"面板→"文字"按钮，打开"文字样式"对话框，如图 2-21 所示。可在"文字样式"对话框中设置文字样式、字体等。

国家标准《机械工程　CAD 制图规则》（GB/T 14665—2012）规定了字体高度与图纸幅面之间的选用关系，见表 2-4。标准规定：数字一般应以正体输出；字母除表示变量外，一般应以正体输出；汉字在输出时一般采用正体，并采用国家正式公布和推行的简化字。

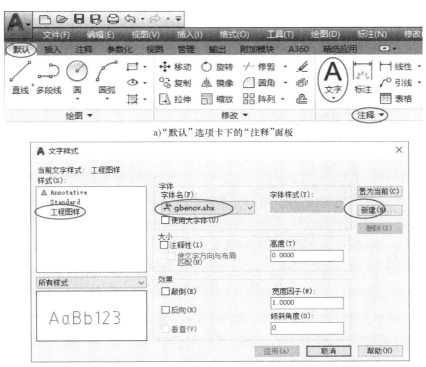

a)"默认"选项卡下的"注释"面板

b)"文字样式"对话框

图 2-21　设置文字样式

例如，创建名称为"工程图样"的文字样式，字体选择"gbenor. shx"，如图 2-21b 所示。文字高度及宽度因子暂不设置，必要时再根据需要设置。

表 2-4　字体高度与图纸幅面间的选用

字符类别	图纸幅面				
	A0	A1	A2	A3	A4
	字体高度 h/mm				
字母与数字	5			3.5	
汉字	7			5	

注：h = 汉字、字母和数字的高度。

5. 设置尺寸标注样式

图形的主要作用是表达物体的形状，物体各部分的真实大小和它们之间的相对位置只能通过尺寸确定，因此，尺寸标注是工程图样的重要组成部分。AutoCAD 中 acadiso. dwt 样板默认的尺寸标注样式不符合国家标准对工程图样的要求，因此要进行规范设置。

键入"DIMSTYLE"命令，或者依次单击"默认"选项卡→"注释"面板→"标注样式"按钮，打开"标注样式管理器"对话框，如图 2-22 所示，可在该对话框中创建、修改标注样式。

在"标注样式管理器"对话框中单击"新建"按钮，创建"工程图样尺寸样式"，如图 2-22b 所示，便会打开"新建标注样式"对话框，修改"文字"样式为之前设置的"工程图样"，文字高度设为"3.5"，如图 2-23a 所示。修改"主单位"的精度为"0"，如图 2-23b 所示。

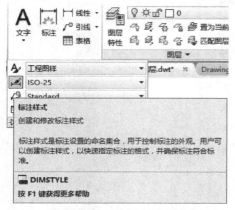

a)"注释"面板下的"标注样式"命令

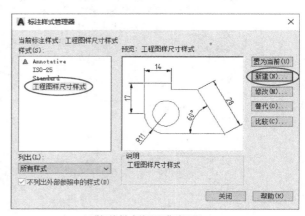

b)"标注样式管理器"对话框

图 2-22　设置尺寸标注样式

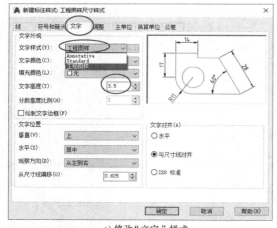

a)修改"文字"样式

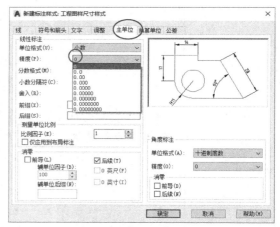

b)修改"主单位"

图 2-23　设置标注样式

6. 设置绘图辅助工具

根据需要打开"正交""栅格""捕捉"等辅助绘图工具，可以更精确地绘图，一般而言"捕捉"的间距应设置为与"栅格"的间距一致。

2.2.2　绘图和编辑

1. 基本绘图命令

AutoCAD 部分常用的绘图命令见表 2-5。绘图时，可根据需求在"绘图"下拉菜单中选择合适的绘图命令，如图 2-24a 所示，也可以在"默认"选项卡下的"绘图"面板中选择相应的绘图图标，如图 2-24b 所示，还可以在命令提示区直接输入相应的绘图命令，再按照提示输入相应参数进行绘图。在 AutoCAD 中，键入的命令不区分大小写。

表 2-5　AutoCAD 部分常用绘图命令

命令名	功能	命令名	功能
LINE	画直线命令	DONUT	画圆环命令
CIRCLE	画整圆命令	SOLID	画实体命令
ARC	画圆弧命令	TRACE	画加宽线命令
PLINE	画多义线命令	HATCH	画剖面线命令
POINT	画点命令	BHATCH	动态写文本命令
DDPTYPE	设置点的大小和样式命令	DTEXT	写文本命令
ELLIPSE	画椭圆命令	QTEXT	快显文本命令
POLYGON	画正多边形命令	STYLE	文本字样命令
RECTANG	画矩形命令		

a)"绘图"下拉菜单

b)"默认"选项卡下的"绘图"面板

图 2-24　绘图命令

2. 基本编辑命令

AutoCAD 部分常用的编辑命令见表 2-6。编辑图形时，可根据具体需求在"修改"下拉菜单中选择合适的编辑命令，如图 2-25a 所示，也可以在"默认"选项卡下的"修改"面板中选择相应的编辑图标，如图 2-25b 所示，还可以在命令提示区直接输入相应的编辑命令，再按照提示选择相应实体对象进行编辑。

图形编辑命令的使用方法是：选择编辑命令后，选择要编辑的目标，然后按提示输入参数。

表 2-6　AutoCAD 部分常用编辑命令

命令名	功　　能	命令名	功　　能
ERASE	删除画好的部分或全部图形	CHANGE	修改图形的某些特性
OOPS	恢复前一次删除的图形	TRIM	对图形进行剪切,去掉多余部分
MOVE	将选定图形位移	BREAK	将直线或圆、圆弧断开
COPY	复制选定图形	FILLET	按给定半径对图形倒圆角
ROTATE	旋转选定图形	CHAMFER	对不平行两直线倒斜角
MIRROR	画出与原图对称的镜像图形	PEDIT	编辑多义线
SCALE	将图形按给定比例放大或缩小	EXPLODE	将复杂实体部分分解成单一实体
OFFSET	将选定图形偏移	U	取消刚执行过的命令
STRETCH	将图形的选定部分进行拉伸或变形	UNDO	取消一个或多个刚做过的命令
EXTEND	将直线或弧线延伸到指定边界	REDO	取消刚执行过的“U”或“UNDO”命令
ARRAY	将指定图形复制成矩形或环形阵列		

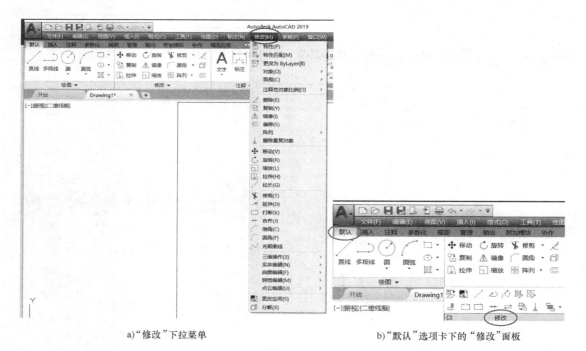

a)“修改”下拉菜单　　　　　　　　　　b)“默认”选项卡下的“修改”面板

图 2-25　编辑命令

进行编辑目标选择时,其提示为:

选择对象:选择编辑的图形。

用户可以用鼠标单击的方式来选取对象,也可以用框选的方式选择(“窗口选择”或“窗交选择”)。

在选取目标时,命令提示区总是不断出现“选择对象”的提示,若要结束目标选择,则需按<Enter>键或单击鼠标右键。

要完整地绘制一幅图,经常需要交替使用绘图命令和编辑命令。

实践：请在以上设置好的绘图环境中使用绘图命令"LINE""RECTANG"和编辑命令"OFFSET""TRIM"等命令，在一个竖放的 A4 图幅内绘制图框及如图 1-5 所示的标题栏。

2.2.3 保存和退出

当完成绘图编辑工作时或在绘图过程中，可以保存图形或退出 AutoCAD 结束绘图。

1. 文件的保存

新建的图形文件可以通过单击"文件"菜单下的"另存为"按钮保存文件，这时，可以为文件重新命名。也可以在命令提示区输入"SAVE"命令进行文件的保存。此时系统要求输入新的文件名，并要求选择保存文件的类型及保存文件的版本，如图 2-26a 所示。

（1）**保存样板文件** 样板文件的扩展名为 .dwt，当选择要保存文件的类型为 .dwt 时，系统会自动地将文件保存到 AutoCAD 文件夹下的 Template 文件夹中。例如，可将上面设置好的并含有图框和标题栏的 A4 图纸保存为名为"A4 竖放 .dwt"的样板文件，从图 2-26b 可见，该文件将被自动保存在 Template 文件夹中。

（2）**保存图形文件** 在作图的过程中或完成绘图后，可以随时把作图的内容保存下来。AutoCAD 图形文件的扩展名为 .dwg，默认的图形文件名为 Drawing1.dwg。

保存文件可以通过单击"文件"菜单下的"保存"按钮来实现，也可以单击"标准"工具栏中的"保存"图标，还可以按快捷键<Ctrl>+<S>，此时系统要求输入新的文件名。在如图 2-26a 所示的"图形另存为"对话框中选择保存文件的类型（.dwg）及保存文件的版本，并指定保存文件的路径。

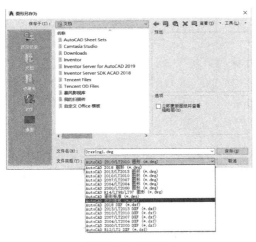

a) 选择保存文件的类型

b) 保存样板文件

图 2-26 文件的保存

2. 退出 AutoCAD

1）单击"文件"菜单下的"退出"按钮，系统会弹出对话框提示用户在退出 AutoCAD 前保存或放弃对图形所做的修改。

2）用鼠标左键单击屏幕右上角的"×"按钮，或者用快捷键<Ctrl>+<Q>关闭软件界面。

2.3 AutoCAD 绘制平面图形实例

实例要求：以 1∶1 的比例，用 AutoCAD 绘制如图 2-27 所示的几何图形（只绘图形，暂不标注尺寸）。

2.3.1 绘图方法分析

本实例的主要特征是相切连接的作图，有圆弧和直线的相切，也有两圆弧相切。用 AutoCAD 绘制相切连接时，切点捕捉命令可以使绘图十分准确迅速，与用尺规作图的过程相比，显得更加简便、优越。

绘图的基本思路与几何作图一致，要先画已知线段（直线或圆弧），再画中间线段，最后画连接线段。因此要先对图形进行尺寸分析和线段分析。

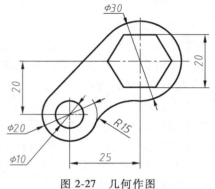

图 2-27　几何作图

由于 AutoCAD 功能的多样性，因此同一个图形可以采用不同的命令和功能，按照不同的流程完成绘制。这里仅介绍一种绘图方法和步骤，重点介绍绘图思路。

2.3.2 绘图步骤

1. 设置绘图环境

1）新建或启用已设置好的样板文件。按要求"新建"或"打开"一个样板文件。2.2 节已介绍过新建样板文件的步骤，因此可直接打开保存好的"A4 竖放 .dwt"样板文件。

在快速访问工具栏或下拉菜单中单击"打开"按钮，在如图 2-3 所示弹出的"选择样板"对话框中选择已保存的"A4 竖放 .dwt"样板文件，打开该文件。

2）将粗实线层设置为当前层（在如图 2-18b 所示对话框中勾选 01 粗实线层），并打开"显示线宽"（如图 2-20b 所示）。

2. 绘制图形

分析：图形绘制方法主要为圆弧连接几何作图，需先绘制已知线段——$\phi30$、$\phi20$、$\phi10$ 的圆和正六边形，再绘制公切线和 $R15$ 的连接圆弧。

作图步骤：

（1）用"直线"命令绘制两组圆的中心线

1）任意确定已知圆弧 $\phi20$ 和 $\phi10$ 的圆心，并用"直线"命令（图 2-28）绘制十字中心线。直线长度应适中，可先画线，再将图线放到点画线层。

2）目标追踪确定 $\phi30$ 的圆心。

命令提示区显示及输入参数为：

命令：POINT：@25，20（从上述中心点目标追踪确定 $\phi30$ 圆心的相对坐标）

再以此点为中心绘制十字中心线，方法同上。

（2）用"圆"命令绘制 $\phi20$、$\phi10$ 和 $\phi30$ 的圆

画 φ20、φ10 和 φ30 的圆可用"圆心、半径"的画圆方式，如图 2-29a 所示。

命令行显示及输入参数为：

命令：CIRCLE（画圆命令）指定圆的圆心或［三点（3P）两点（2P）/相切、相切、半径（T）］：（通过鼠标捕捉目标点，十字中心线交点为圆心）<Enter>

指定圆的半径或［直径（D）］：10（半径值），<Enter>（完成 φ20 的同心圆绘制）

再按一次<Enter>键重复上述画圆命令，输入半径值 5，完成 φ10 的同心圆绘制。

命令：CIRCLE（画圆命令）指定圆的圆心或［三点（3P）两点（2P）/相切、相切、半径（T）］：（捕捉目标点于选取 φ30 的圆心）<Enter>

指定圆的半径或［直径（D）］：15（半径值）<Enter>

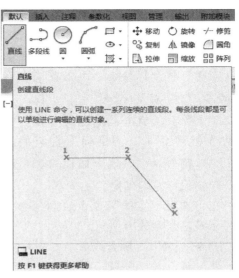

图 2-28 "直线"命令

"圆"命令还有其他多种画圆方式，如图 2-29b 所示，可根据需要选用。

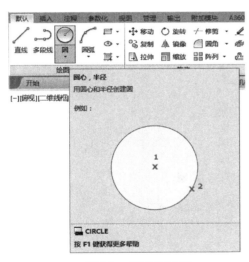

a)"圆心，半径"命令画圆

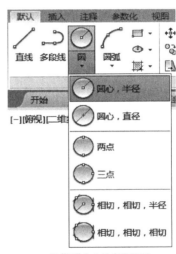

b)"圆"命令的多种选项

图 2-29 "圆"命令

（3）用"多边形"命令绘制正六边形　选用"多边形"命令（图 2-30）绘制正六边形时，命令行显示及输入参数为：

命令：POLYGON（画正多形命令）输入边的数目<4>：6（边数）<Enter>

定正多边形的中心点或[边（E）]：（捕捉目标点，选取 φ30 的圆心）<Enter>

输入选项[内接于圆(I)/外切于圆(C)] < I >：C（六边形与圆外切）<Enter>

指定圆的半径：10

（4）用"对象捕捉"方式绘制圆的切线　由于直线须与圆相切，为了准确地捕捉到切点，需要预先在状态栏"对象捕捉设置"菜单中勾选"切点"捕捉方式，如图 2-14c 所示。用"直线"命令创建第一个点时，将光标移至 $\phi20$ 的圆周上直至捕捉"切点"符号 ⊙ 出现，如图 2-31a 所示，单击鼠标左键确定。接着将光标移至 $\phi30$ 的圆周上直至捕捉"切点"符号 ⊙ 出现，如图 2-31b 所示，单击鼠标左键确定。

也可选用"直线"命令绘制，命令行显示及输入参数为：

命令：LINE（画直线命令）

指定第一点：TAN（捕捉相切目标，将光标移至 $\phi20$ 圆弧上，切点符号出现后单击鼠标左键确定）

指定下一点或［放弃（U）］：TAN（将光标移至 $\phi30$ 圆弧上，切点符号出现后单击鼠标左键确定）

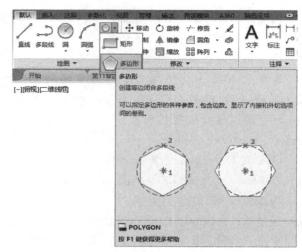

图 2-30 "多边形"命令

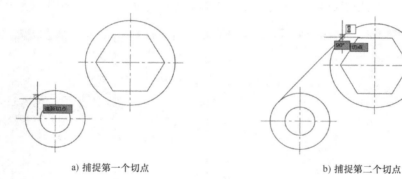

a) 捕捉第一个切点　　　　　　　　　　b) 捕捉第二个切点

图 2-31 捕捉"切点"绘制圆的切线

指定下一点或［放弃（U）］：<Enter>（完成切线绘制）

（5）绘制 $R15$ 的相切圆弧

1）用"圆"命令绘制已有圆的外切圆。有以下两种方法。

方法一：以几何作图的方法绘制。

① 确定已有圆的外切圆的圆心。分别以 $\phi20$ 和 $\phi30$ 的圆心为圆心，以 25（ = 15 + 10）和 30（ = 15 + 15）为半径画圆，交点即为所求外切圆的圆心，如图 2-32 所示。

② 绘制半径为 15 的圆。以图 2-32 所示交点为圆心，以 15 为半径画圆，再删除两个辅助线圆，如图 2-33a 所示。

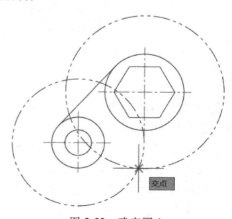

图 2-32 确定圆心

方法二：直接用"圆"命令中的"相切，相切，半径"方式画圆。

命令：CIRCLE

指定圆的圆心或 ［三点(3P)／两点(2P)／相切、相切、半径(T)］：T（相切方式）

指定对象与圆的第一个切点：（将光标移至 $\phi20$ 圆上，切点符号出现后单击鼠标左键确定）

指定对象与圆的第二个切点：（将光标移至 $\phi30$ 圆上，切点符号出现后单击鼠标左键确定）

指定圆的半径<10>：15，<Enter>

完成外切圆的绘制，如图 2-33a 所示。

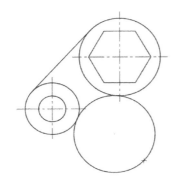
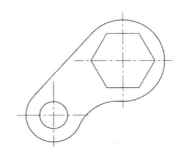

a) 绘制半径为15的外切圆　　　　　　　　　　　　b)"修剪"完成作图

图 2-33　绘制外切圆并完成修剪

2）用"修剪"命令去除多余线。

命令：TRIM（修剪命令，如图 2-34 所示）

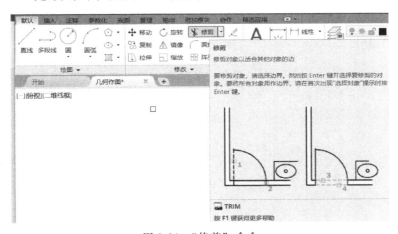

图 2-34　"修剪"命令

选择剪切边…（选取剪切边）选择对象：（选取 $\phi30$ 和 $\phi20$ 的圆及公切线）<Enter>

选择要修剪的对象，用鼠标选取多余的线（如图 2-33a 中标"×"的圆弧），完成修剪的图形如图 2-33b 所示。

3. 标注尺寸（暂不要求）

4. 全屏缩放显示

将绘图工作区完全展示在视图窗口。

命令：ZOOM

指定窗口的角点，输入比例因子（nX 或 nXP），或者

［全部(A)/中心(C)/动态(D)/范围(E)/上一个(P)/比例(S)/窗口(W)/对象(O)］＜实时＞：A（全屏幕显示）

5. 保存

将文件命名为"几何作图 . dwg"，并保存。

读者还可自行尝试用其他命令组合完成平面图形的绘制。

本 章 小 结

通过本章的学习，应初步了解和掌握计算机绘图应用软件 AutoCAD 的基本概念和基本操作方法，能通过自主学习和实际操作绘制平面几何图形，为应用 AutoCAD 画工程图和深入掌握计算机绘图方法打下基础。

第 3 章

正投影基础

投影作图是工程制图的理论基础。国家标准规定，机械图样按正投影法绘制。本章介绍投影的基本原理，基本几何元素（点、直线、平面）的投影特性和作图方法，以及变换投影面的方法等。

3.1 投影法的基本知识

物体在光线的照射下，会在地面或墙面上产生影子，这就是投影现象。人们经过科学的抽象、总结，概括出在平面上得到物体投影的投影法，并用此投影来表达该物体。

如图 3-1 所示，点 S 为投射中心，Sa、Sb、Sc 为投射线，$\triangle abc$ 为空间物体 $\triangle ABC$ 在投影面 H 上的投影。空间点用大写字母表示，相应空间点的投影用小写字母表示。

3.1.1 投影法的种类

投影法分为两类：中心投影法和平行投影法。

1. 中心投影法

如图 3-1 所示，投射线交汇于一点的投影方法称为中心投影法。中心投影法所得到的物体投影大小会随物体、投影面、投射中心之间距离的改变而改变，不能反映物体的真实大小；但它接近于视觉印象，直观性强，常用于建筑效果图。

2. 平行投影法

如图 3-2 所示，投射中心在无穷远处，投射线互相平行的投影方法称为平行投影法。平行投影法中，投射线方向称为投射方向 m。因投射方向 m 的不同，平行投影法又分为正投影法和斜投影法。

斜投影法：投射方向 m 与投影面 H 倾斜的平行投影法，如图 3-2a 所示。

正投影法：投射方向 m 与投影面 H 垂直的平行投影法，如图 3-2b 所示。

平行投影法所得到的物体投影大小不会因物体与投影面之间距离的变化而变化，度量性好，作图简便。工程技术上多采用正投影法绘制图样。为了叙述方便，如不特殊说明，投影一般均指正投影。

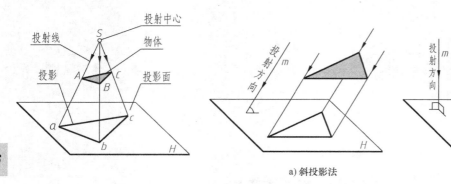

a) 斜投影法　　　　　　　　　b) 正投影法

图 3-1　中心投影法　　　　　　　图 3-2　平行投影法

3.1.2　平行投影的基本性质

1. 同素性

点的投影是点，直线的投影一般是直线。

2. 定比性

如图 3-3 所示，若点在直线上，则点的投影必在该直线的同面投影上，且该点分线段之比在投影前、后保持不变。

如图 3-4 所示，互相平行的两条线段，其投影前、后的长度之比保持不变。

3. 平行性

如图 3-4 所示，空间中互相平行的两条直线，它们的同面投影一般仍互相平行。

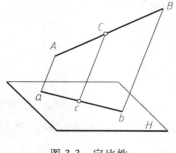

图 3-3　定比性

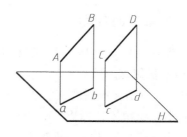

图 3-4　平行性

4. 相仿性

如图 3-5 所示，平面图形的投影一般仍为原图形的相仿形。相仿性是指图形边数、曲直、凹凸、平行关系保持不变。

5. 积聚性

如图 3-6 所示，当直线或平面与投射方向平行时，其投影积聚成一个点或一条直线。

6. 实形性

如图 3-7 所示，当线段或平面与投影面平行时，其投影反映该线段或平面的实形。

以上所述平行投影法的基本性质，是图示、图解空间几何问题的重要依据。

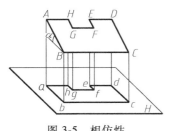

图 3-5 相仿性

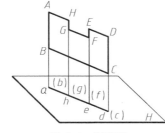

图 3-6 积聚性

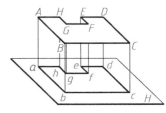

图 3-7 实形性

3.2 点的投影

点是最基本的几何元素，一切形体都可看成是点的集合，因此本章首先研究点的投影规律。

3.2.1 投影面体系与投影轴

如图 3-8a 所示，用正投影法将空间点 A 投射到投影面 H 上，将得到唯一的一个投影点 a 与之对应。然而，如图 3-86 所示，如果已知一点在 H 面上的投影为 b，却不能确定该点的空间位置。所以，空间点的一个投影不能唯一确定其在空间中的位置。为此，需要增加新的投影面，用多面正投影来确定空间点的位置。

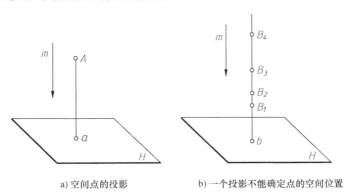

a) 空间点的投影   b) 一个投影不能确定点的空间位置

图 3-8 点的单面投影

通常选用三个互相垂直的投影面来构成三投影面体系，如图 3-9 所示。其中，H 面为水平投影面，V 面为正投影面，W 面为侧投影面。三个投影面的交线构成投影轴，分别用 OX、OY、OZ 表示。三条投影轴交于原点 O。

3.2.2 点的投影

如图 3-10a 所示，点 A 的三面投影就是过点 A 分别向三个投影面所作垂线的垂足 a、a'、a''，分别称为点 A 的水平投影、正面投影和侧面投影。

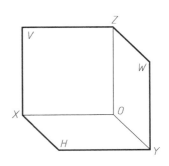

图 3-9 三投影面体系

空间点用大写字母表示，点的水平投影用相应的小写字母表示，点的正面投影和侧面投影分别用相应的小写字母加一撇和两撇表示。

按图 3-10a 所示箭头方向展开，得到点的三面投影图。随着 H、W 投影面展开到 V 投影面上，投影轴 OY 展开为 OY_H 和 OY_W。图 3-10b、c 分别用圆弧和过原点 O 的 45°辅助线表示了水平投影、侧面投影间的绘制关系。注意：由于投影面的大小不受限制，因此画图时不必画投影面的边框。

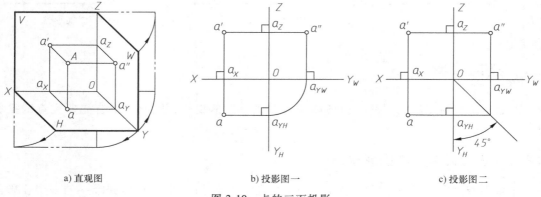

a) 直观图   b) 投影图一   c) 投影图二

图 3-10 点的三面投影

3.2.3 点的坐标及点的投影规律

如图 3-11a 所示，若将三投影面体系看作笛卡儿直角坐标系，则投影轴、投影面、点 O 分别相当于坐标轴、坐标面、原点。因此在三面投影图中，点的空间坐标（x，y，z）就是点到各投影轴的距离，如图 3-11b 所示。

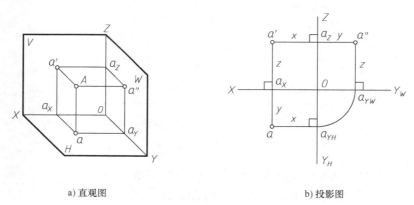

a) 直观图   b) 投影图

图 3-11 点的坐标与投影

由此可见，点的投影和点的坐标之间存在如下关系。

1）V 面投影反映点的 x、z 坐标。

2）H 面投影反映点的 x、y 坐标。

3）W 面投影反映点的 y、z 坐标。

综上所述，可以得出点的三面投影规律如下。

1）点的正面投影和水平投影都反映 x 坐标，且投影连线垂直于 OX 轴，即 $aa' \perp OX$。

2）点的正面投影和侧面投影都反映 z 坐标，且投影连线垂直于 OZ 轴，即 $aa'' \perp OZ$。

3）点的水平投影和侧面投影都反映 y 坐标，其投影连线分为三段，其中两段分别垂直于 OY_H 轴和 OY_W 轴，中间一段为圆弧；也可将前两段延长交汇于过点 O 的 45°辅助线上。

【例 3-1】 如图 3-12a 所示，已知点 A 的投影 a' 和 a''，求作第三面投影 a。

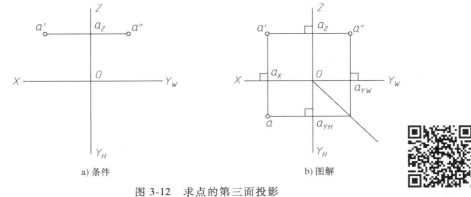

a）条件　　　　　　　　b）图解

图 3-12　求点的第三面投影

演示动画

作图步骤：

1）过点 O 作 45°辅助线。

2）过 a' 作 OX 轴的垂线。

3）过 a'' 作 OY_W 轴的垂线交 45°辅助线，由交点作 OY_H 轴的垂线，与步骤 2）所作延长线相交，交点即为所求水平投影 a。结果如图 3-12b 所示。

【例 3-2】 如图 3-13a 所示，已知点 A 的坐标为（15，10，20），求作点 A 的三面投影。

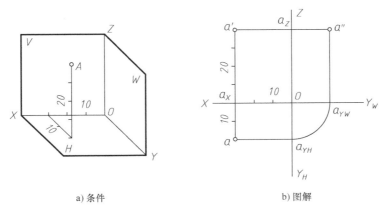

a）条件　　　　　　　　b）图解

图 3-13　求点的三面投影

作图步骤：

1）根据 x、z 坐标，确定正面投影 a'。

2）根据 x、y 坐标，确定水平投影 a。

3）过 a 作 $aa_{YH} \perp OY_H$ 轴，以点 O 为圆心、Oa_{YH} 为半径作圆弧，交 OY_W 轴于 a_{YW}。

4）过 a' 作 $a'a_Z \perp OZ$ 轴，过 a_{YW} 作 OY_W 轴的垂线，与 $a'a_Z$ 的延长线相交，交点即为侧面投影 a''。结果如图 3-13b 所示。

3.2.4 特殊点的投影

如图 3-14 所示，空间一点的三个坐标中有特殊值（零）时，会出现以下情况。

1. 投影面上的点

点的三个坐标中有一个为零时，该点必在某个投影面上。投影面上的点在该投影面上的投影与此点重合，另两面投影分别落在相应的投影轴上。如图 3-14a 所示，点 A 在 V 面上，点 B 在 H 面上。注意：b'' 是在 OY_W 轴上，而不能画在 OY_H 轴上。

2. 投影轴上的点

点的三个坐标中有两个为零时，该点必在投影轴上。投影轴上的点在包含这条轴的两个投影面上的投影均与该点重合，第三面投影则落在原点 O 上。如图 3-14b 所示，点 C 在 OX 轴上。

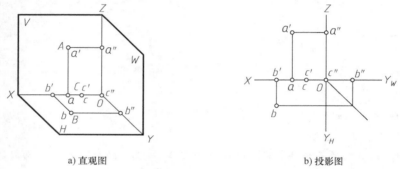

a) 直观图   b) 投影图

图 3-14　特殊点的投影

3.2.5 两点的相对位置和重影点

1. 两点的相对位置

两点的相对位置指空间两点的上下、前后、左右位置关系，可以根据它们的投影或坐标值来判断。x 坐标大的点在左，y 坐标大的点在前，z 坐标大的点在上。

如图 3-15 所示，点 A 在点 B 的右、前、上的位置，而点 B 在点 A 的左、后、下的位置。

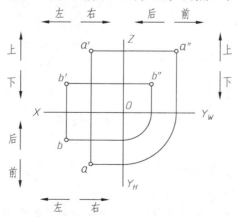

图 3-15　两点的相对位置

【例 3-3】 如图 3-16a 所示，已知点 A 的三面投影，另一点 B 在点 A 的下方 5mm、左方 8mm、前方 6mm 处，求点 B 的三面投影。

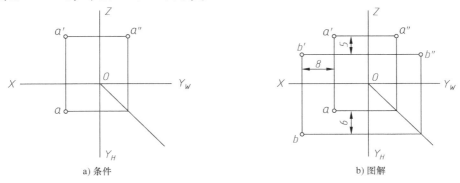

a) 条件   b) 图解

图 3-16 利用相对位置作图

作图步骤：

1）在 a′ 左方 8mm、下方 5mm 处确定 b′。

2）作 b′b⊥OX 轴，且在 a 前方 6mm 处确定 b。

3）按投影关系求得 b″，结果如图 3-16b 所示。

2. 重影点

若空间两点在某个投影面上的投影重合，这两点称为对该投影面的重影点。显然，重影点有两个坐标相等。根据不等的那个坐标来判断重影点的可见性，即坐标值大的可见，小的不可见。当点的投影不可见时，要将其投影加括号。如图 3-17 所示，点 M、N 对 H 面重影，水平投影为 m(n)；点 E、F 对 V 面重影，正面投影为 e′(f′)。

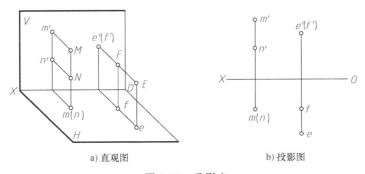

a) 直观图   b) 投影图

图 3-17 重影点

3.3 直线的投影

3.3.1 直线的投影

直线是无限长的，在两定点之间的部分称为线段，直线可用其上两点表示，其投影用粗实线绘制。如图 3-18 所示，将点 A、点 B 的同面投影用粗实线连接起来，即得到直线 AB 的投影。

61

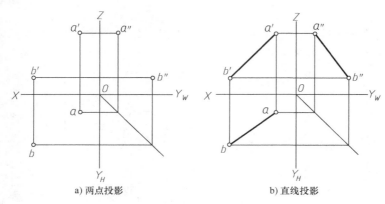

a) 两点投影　　　　　　　　　　b) 直线投影

图 3-18　直线的投影

3.3.2　各种位置直线的投影特性

直线根据其相对于投影面的位置可分为三类，即投影面平行线、投影面垂直线和一般位置直线，其中前两种统称为特殊位置直线。各种位置直线具有不同的投影特性。

直线与其水平投影、正面投影、侧面投影的夹角，称为该直线对 H、V、W 投影面的倾角，分别用 α、β、γ 表示。

1. 投影面平行线

平行于一个投影面而与另外两个投影面倾斜的直线称为投影面平行线。投影面平行线又分为三种：水平线（平行于 H 面）、正平线（平行于 V 面）和侧平线（平行于 W 面），投影特性见表 3-1。

表 3-1　投影面平行线投影特性

名称	水平线	正平线	侧平线
立体图			
投影图			
投影特性	1. 水平投影反映实长，与 OX 轴夹角为 β，与 OY_H 轴夹角为 γ 2. 正面投影 $/\!/OX$ 轴，侧面投影 $/\!/OY_W$ 轴，且都小于实长	1. 正面投影反映实长，与 OX 轴夹角为 α，与 OZ 轴夹角为 γ 2. 水平投影 $/\!/OX$ 轴，侧面投影 $/\!/OZ$ 轴，且都小于实长	1. 侧面投影反映实长，与 OZ 轴夹角为 β，与 OY_W 轴夹角为 α 2. 正面投影 $/\!/OZ$ 轴，水平投影 $/\!/OY_H$ 轴，且都小于实长

投影面平行线投影特性小结：

1）在所平行的投影面上的投影反映实长，并与投影轴倾斜，夹角反映直线对另两个投影面的真实倾角。

2）另外两面投影分别平行于相应的投影轴（属于该直线所平行的投影面的投影轴），且都小于实长。

2. 投影面垂直线

垂直于一个投影面，平行于另外两个投影面的直线称为投影面垂直线。投影面垂直线又分为三种：铅垂线（垂直于 H 面）、正垂线（垂直于 V 面）和侧垂线（垂直于 W 面），投影特性见表 3-2。

表 3-2　投影面垂直线投影特性

名称	铅垂线	正垂线	侧垂线
立体图	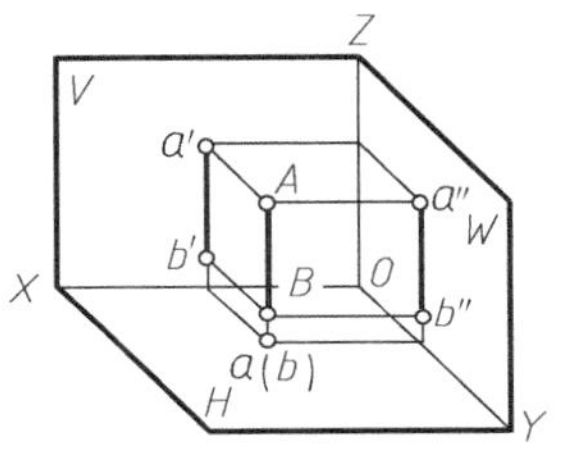	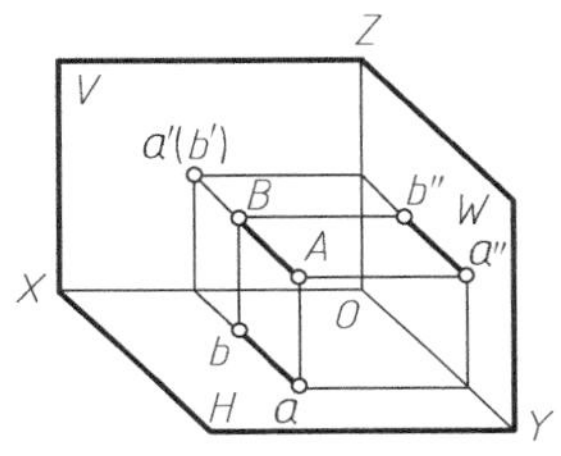	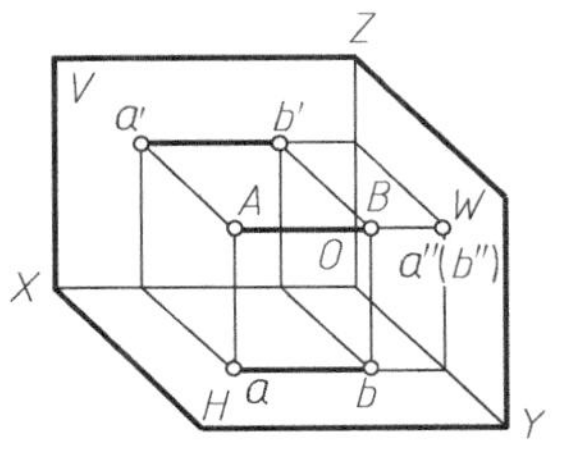
投影图	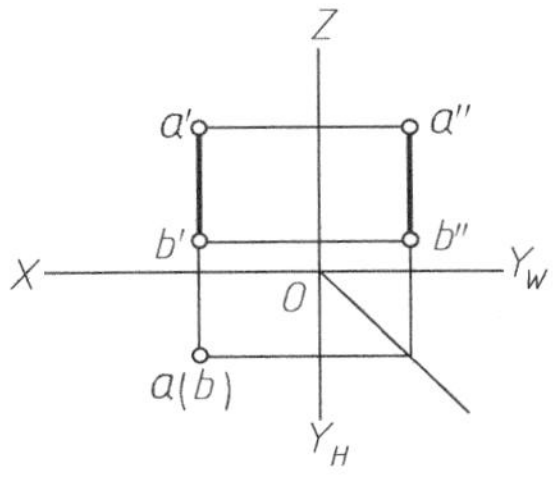	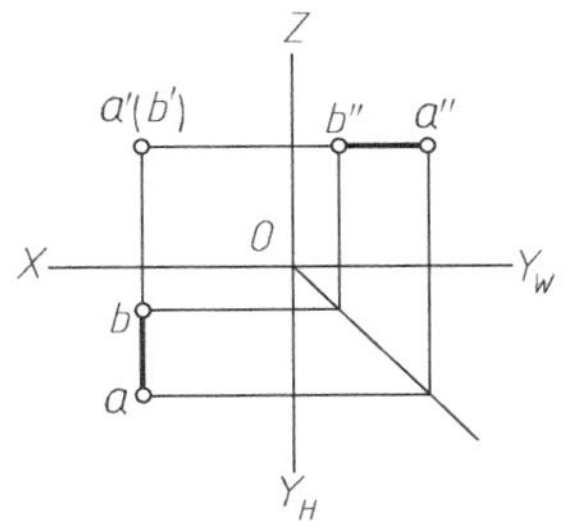	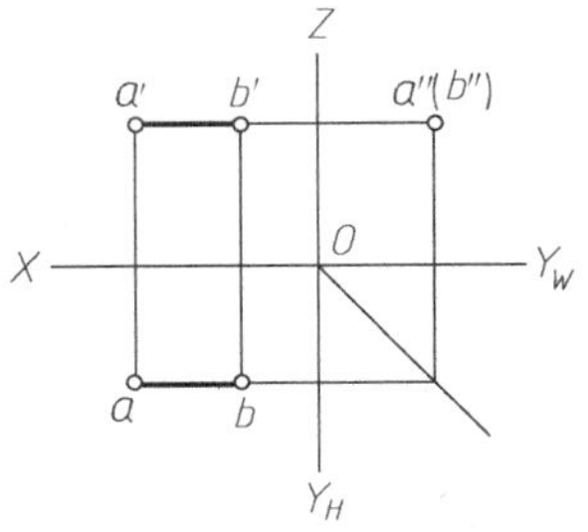
投影特性	1. 水平投影积聚为一点 2. 正面投影⊥OX 轴，侧面投影⊥OY_W 轴，并反映实长	1. 正面投影积聚为一点 2. 水平投影⊥OX 轴，侧投影⊥OZ 轴，并反映实长	1. 侧面投影积聚为一点 2. 正面投影⊥OZ 轴，水平投影⊥OY_H 轴，并反映实长

投影面垂直线投影特性小结：

1）在所垂直的投影面上的投影积聚为一点。

2）另外两面投影分别垂直于相应的投影轴，且反映实长。

3. 一般位置直线

与三个投影面都倾斜的直线为一般位置直线。如图 3-19 所示，一般位置直线的投影特性如下。

1）三个投影面上的投影都与投影轴倾斜，且小于实长。

2）投影与投影轴的夹角都不反映直线对投影面的倾角。

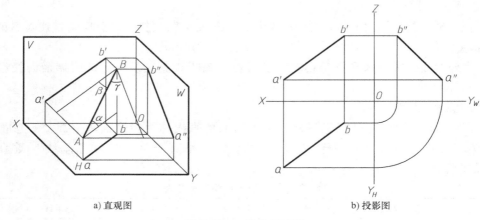

a) 直观图　　　　　　　　b) 投影图

图 3-19　一般位置直线

【例 3-4】 如图 3-20a 所示，试过点 B 作一长度为 12mm 的正垂线 BF，点 F 在点 B 的正前方。

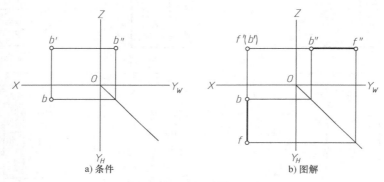

a) 条件　　　　　　　　b) 图解

图 3-20　过点 B 作正垂线

作图步骤：

1）正垂线的正面投影积聚，因点 F 在点 B 的前面，所以点 B、F 对 V 面重影，则有 f'(b')。

2）因为正垂线的水平投影垂直于 OX 轴，所以作 bf⊥OX 轴，且 bf=12mm。

3）再根据点的投影规律，求出 W 面投影 f''，连接 b''f''。结果如图 3-20b 所示。

3.3.3　一般位置直线段的实长及其对投影面的倾角

一般位置直线段的三面投影均不反映实长，也不反映对投影面的倾角。但在工程上，经常会遇到求一般位置直线段的实长和倾角问题，通常采用直角三角形法、换面法和旋转法。本小节仅介绍直角三角形法，换面法将在 3.6 节中介绍。

如图 3-21a 所示，过线段 AB 的点 B 作 BC 平行于 H 面，则得直角三角形 ABC。直角边 BC=ab，AC=Δz_{AB}，即等于点 A、点 B 的 z 坐标差，斜边就是空间线段 AB 实长，∠ABC 为线段 AB 对 H 面的倾角 α。

作图方法如图 3-21b 所示。为使作图简便，利用已知投影 ab 为一直角边，$aA_1 = \Delta z_{AB}$ 为另一直角边，作一直角三角形 abA_1，则斜边 bA_1 即为线段 AB 实长，$\angle abA_1$ 即为 α。

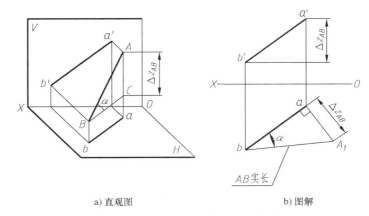

a) 直观图　　　　　　　　b) 图解

图 3-21　直角三角形法求实长和倾角 α

当然，如图 3-22a 所示，过线段 AB 的点 A 作 AD 平行于 V 面，则得直角三角形 ABD。直角边 $AD = a'b'$，$BD = \Delta y_{AB}$，即等于点 A、点 B 的 y 坐标差，斜边就是空间线段 AB 实长，$\angle BAD$ 为线段 AB 对 V 面的倾角 β。作图方法如图 3-22b 所示。

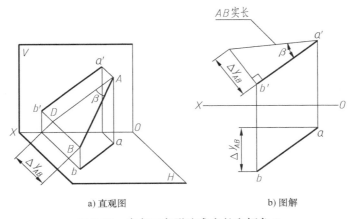

a) 直观图　　　　　　　　b) 图解

图 3-22　直角三角形法求实长和倾角 β

比较图 3-21 和图 3-22，所得的线段实长是一样的。不过，以水平投影 ab 为直角边的直角三角形反映线段 AB 对 H 面的倾角 α，以正面投影 $a'b'$ 为直角边的直角三角形反映线段 AB 对 V 面的倾角 β。

由此可以归纳出用直角三角形法求线段实长和倾角的方法是：以线段在某一投影面上的投影为底边，两端点到这个投影面的距离差为高，形成的直角三角形的斜边是线段的实长，斜边与底边的夹角就是该线段对这个投影面的倾角。

【例 3-5】　如图 3-23a 所示，已知线段 AB 的投影 ab 和 a'，AB 对 H 面的倾角 $\alpha = 30°$，试求 AB 的正面投影。

作图步骤：

66

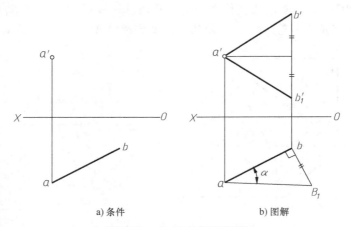

a) 条件　　　　　　　　　b) 图解

图 3-23　求 AB 的正面投影

1）过投影 a 作一条与 ab 成 30°的直线，与过投影 b 所作 ab 的垂线交于点 B_1，得一直角三角形，其直角边 bB_1 为点 A、点 B 的 z 坐标差 Δz_{AB}。

2）根据点的投影规律和 Δz_{AB}，作出投影 b'、b_1'，连接 $a'b'$、$a'b_1'$。本题有两解，如图 3-23b 所示。

3.3.4　直线上的点

如图 3-24 所示，直线与其上的点有如下关系。

1）若点在直线上，则点的各面投影必在直线的同面投影上；反之亦然。

2）若点在直线上，则点的投影将线段的投影分割成与空间线段相同的比例。

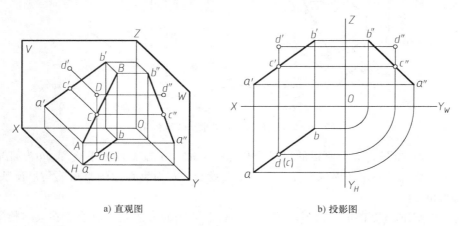

a) 直观图　　　　　　　　　b) 投影图

图 3-24　直线上的点

1. 判断点是否在直线上

判断点是否在直线上，一般只需查看两个投影面上的投影。如图 3-24 所示，可以判断出点 C 在直线 AB 上，点 D 不在直线 AB 上。但是当直线为投影面平行线时，必须查看与之平行的那个投影面上的投影才能正确判断点是否在直线上，或者用点分线段成定比的方法来判断，如图 3-25 所示。

【**例 3-6**】 如图 3-25a 所示，已知侧平线 AB 及点 C 的 V、H 面投影，判断点 C 是否在直线 AB 上。

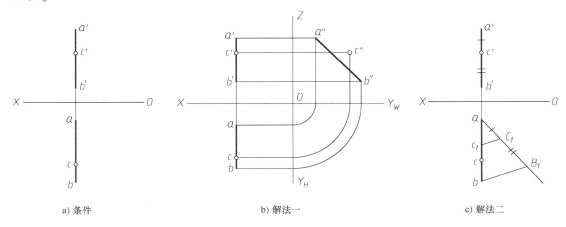

a) 条件   b) 解法一   c) 解法二

图 3-25 判断点是否在直线上

作图步骤（方法有两种）：

1）求出侧面投影，如图 3-25b 所示，由于 c'' 不在 $a''b''$ 上，故点 C 不在直线 AB 上。

2）用点分线段成定比的方法，如图 3-25c 所示，由于 $ac : cb \neq a'c' : c'b'$，故点 C 不在直线 AB 上。

2. 求直线上点的投影

【**例 3-7**】 如图 3-26a 所示，试在直线 AB 上取一点 K，使 $AK : KB = 1 : 2$，求分点 K 的投影。

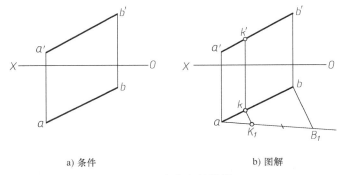

a) 条件   b) 图解

图 3-26 求分点的投影

作图步骤：

1）过投影 a 任作一直线段 aB_1，使其上一点 K_1 满足 $aK_1 : K_1B_1 = 1 : 2$。也可过 b 作直线，方法类似。

2）连接 B_1b，过 K_1 作出 $K_1k // B_1b$，并交 ab 于 k。

3）由点的投影规律，作出另一个投影 k'。结果如图 3-26b 所示。

3.3.5 两直线的相对位置

空间两直线的相对位置有平行、相交、相错三种情况。其中，平行和相交的两直线是共面直线，而相错的两直线是不共面的。

1. 两直线平行

若空间两直线互相平行，则其同面投影必互相平行；反之，若两直线的各个同面投影互相平行，则空间两直线必互相平行。

在投影图上判断两条一般位置直线是否平行，只需要看任意两面投影是否平行，如图 3-27b 所示。但对于投影面平行线，通常需查看所平行的那个投影面上的投影是否平行，如图 3-27c 所示，直线 AB、CD 均为侧平线，但其侧面投影 $a''b''$ 不平行于 $c''d''$，故 AB 与 CD 不平行。

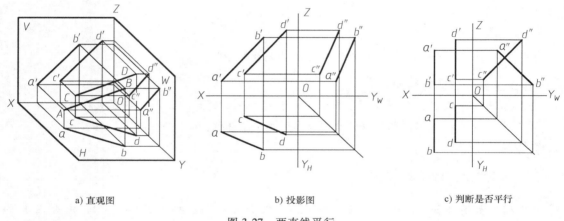

| a) 直观图 | b) 投影图 | c) 判断是否平行 |

图 3-27　两直线平行

判断两条直线是否平行，还可以利用平行投影的定比性或是否共面来判断。对图 3-27c 所示直线 AB、CD，考虑方向性，$a'b' : c'd' < 0$，$ab : cd > 0$，故 AB 与 CD 不平行。

2. 两直线相交

若空间两直线相交，则其同面投影必相交，且交点符合点的投影规律；反之亦然。

判断空间两直线是否相交，关键是找出各个同面投影的交点是否满足点的投影规律。对于一般位置直线，只需判断两面投影即可，如图 3-28b 所示。但当两直线之一为投影面平行线时，通常需查看所平行的那个投影面上的投影。如图 3-29a 所示，AB 为侧平线，由侧面投影可判断 AB 与 CD 不相交。

直线 AB、CD 是否相交，也可利用点分线段成定比的性质来判断，如图 3-29b 所示。

判断是否共面也可用来判定两条直线是否相交。

3. 两直线相错

空间两直线既不平行也不相交时即为相错。相错两直线的同面投影可能相交，但各同面投影的交点不符合点的投影规律。如图 3-30 所示，相错两直线同面投影的交点是两直线对该投影面的重影点的投影，可以用它来判断相错两直线的相对位置，可知 AB 在 CD 的前方和下方。

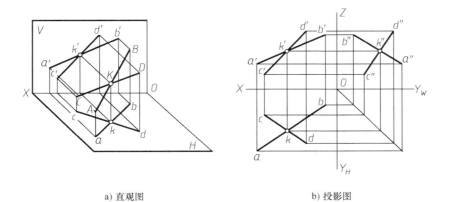

a) 直观图　　　　　　　　b) 投影图

图 3-28　两直线相交

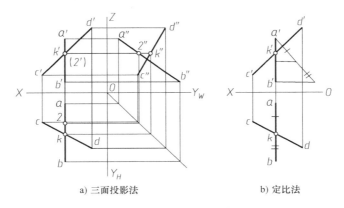

a) 三面投影法　　　　　　b) 定比法

图 3-29　判断是否相交

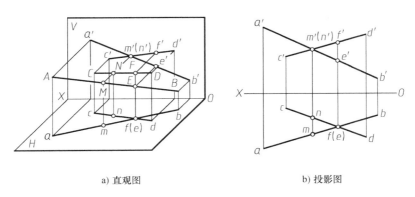

a) 直观图　　　　　　　　b) 投影图

图 3-30　两直线相错

【例 3-8】　如图 3-31a 所示，已知两直线 AB、CD 的两面投影及点 M 的正面投影 m′，试过点 M 作直线 MN//CD，并与直线 AB 相交。

作图步骤：

1）过 m′作 m′n′//c′d′，与 a′b′交于 n′，n′即为直线 AB 与 MN 的交点 N 的正面投影。

2）由 *n'* 求出 *n*。

3）过 *n* 作 *mn*//*cd*，由 *m'* 求出 *m*。*m'n'*、*mn* 即为所求，如图 3-31b 所示。

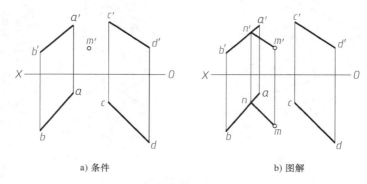

a) 条件　　　　　　　　　　b) 图解

图 3-31　直线相对位置

3.3.6　直角投影定理

两条直线垂直是相交、相错中的特殊情况。

定理：空间两直线互相垂直，如果其中一条直线与某投影面平行，则这两直线在该投影面上的投影必互相垂直。

逆定理：若两直线中一条直线与某投影面平行，且这两直线在该投影面上的投影互相垂直，则两空间直线必互相垂直。

如图 3-32 所示，$AB \perp BC$，因为 BC//H 面，则 $BC \perp$ 平面 *ABba*，水平投影 $ab \perp bc$。

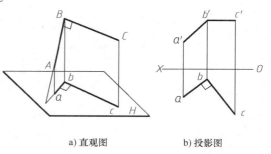

a) 直观图　　　b) 投影图

图 3-32　直角投影定理

直角投影定理是在投影图上解决有关垂直问题及求距离问题的作图依据，适用于空间两条直线垂直相交和垂直相错的情况。

【例 3-9】　如图 3-33a 所示，求点 *C* 到水平线 *AB* 的距离 *CK* 实长。

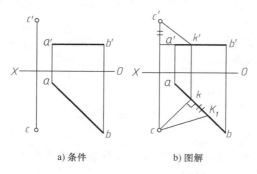

a) 条件　　　　　　　　　　b) 图解

图 3-33　直角投影定理求距离

分析：由点 *C* 到 *AB* 的距离 $CK \perp AB$，且 AB//H 面，所以在 H 面投影反映直角关系。

作图步骤：

1）由 c 作 $ck \perp ab$ 得 k。

2）由 k 求得 k'，连接 $c'k'$。

3）用直角三角形法求出 CK 的实长 cK_1，即为所求，如图 3-33b 所示。

3.4 平面的投影

3.4.1 平面的表示法

1. 用几何元素表示平面

不属于同一条直线的三点可确定一平面。这三个点可以转换为直线及直线外一点、相交两直线、平行两直线及平面图形等。因此平面的投影可由上述点、直线或几何图形的投影来表示，如图 3-34 所示。

显然，同一平面无论采用哪种形式表示，其空间位置都是不变的。

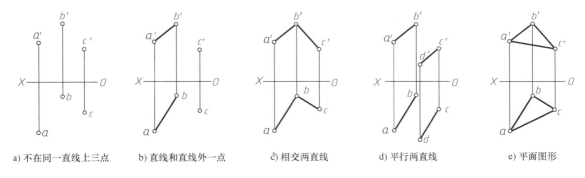

| a) 不在同一直线上三点 | b) 直线和直线外一点 | c) 相交两直线 | d) 平行两直线 | e) 平面图形 |

图 3-34 几何元素表示平面

2. 用平面的迹线表示平面

平面与投影面的交线称为平面的迹线。平面与 V 面、H 面、W 面的交线分别称为正面迹线、水平迹线、侧面迹线，记以平面名称的大写字母附加各投影面名称注脚，如图 3-35 所示的 P_V、P_H、P_W。平面迹线的一个投影重合于迹线本身，用粗实线表示，并标注上述符号；其余两投影重合于相应的投影轴，不需任何表示和标注。两条迹线即可表示一个平面，称为迹线平面，其实质是用两条相交直线表示平面。

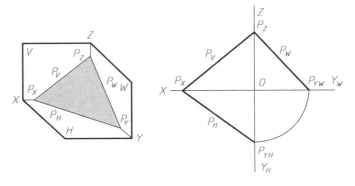

a) 直观图 b) 投影图

图 3-35 平面迹线表示平面

3.4.2　各种位置平面的投影特性

平面根据其相对于投影面的位置可分为三类，即投影面垂直面、投影面平行面和一般位置平面，其中前两种统称为特殊位置平面。各种位置平面具有不同的投影特性。

平面与 H、V、W 投影面的倾角，分别用 α、β、γ 表示。

1. 投影面垂直面

垂直于一个投影面而与另外两个投影面倾斜的平面称为投影面垂直面。投影面垂直面又分为三种：铅垂面（垂直于 H 面）、正垂面（垂直于 V 面）和侧垂面（垂直于 W 面），投影特性见表 3-3。

表 3-3　投影面垂直面投影特性

名称	铅垂面	正垂面	侧垂面
立体图			
投影面			
投影特性	1. 水平投影积聚成直线，与 OX 轴夹角为 β，与 OY_H 轴夹角为 γ 2. 正面投影和侧面投影具有相仿性	1. 正面投影积聚成直线，与 OX 轴夹角为 α，与 OZ 轴夹角为 γ 2. 水平投影和侧面投影具有相仿性	1. 侧面投影积聚成直线，与 OZ 轴夹角为 β，与 OY_W 轴夹角为 α 2. 正面投影和水平投影具有相仿性

投影面垂直面投影特性小结：

1）在所垂直的投影面上的投影积聚成与投影轴倾斜的直线，其与投影轴的夹角反映平面对另两个投影面的真实倾角。

2）另外两面投影具有相仿性。

2. 投影面平行面

平行于一个投影面而垂直于另外两个投影面的平面称为投影面平行面。投影面平行面又分为三种：水平面（平行于 H 面）、正平面（平行于 V 面）和侧平面（平行于 W 面），投影特性见表 3-4。

投影面平行面投影特性小结：

1）在所平行的投影面上的投影反映实形。

2）另外两面投影均积聚成直线，且平行于相应的投影轴。

表 3-4　投影面平行面投影特性

名称	水平面	正平面	侧平面
立体图			
投影面			
投影特性	1. 水平投影反映实形 2. 正面投影和侧面投影积聚成直线，并且正面投影//OX轴，侧面投影//OY_W轴	1. 正面投影反映实形 2. 水平投影和侧面投影积聚成直线，并且水平投影//OX轴，侧面投影//OZ轴	1. 侧面投影反映实形 2. 正面投影和水平投影积聚成直线，并且正面投影//OZ轴，水平投影//OY_H轴

3. 一般位置平面

　　与三个投影面都倾斜的平面为一般位置平面。如图 3-36 所示，一般位置平面的投影特性是：三个投影面上的投影都具有相仿性，且形状缩小。

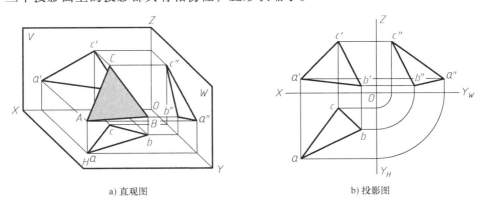

a) 直观图　　　　　　　　　　　b) 投影图

图 3-36　一般位置平面

　　用平面的迹线表示投影面平行面和投影面垂直面，既简单明了又作图方便，应用比较广泛，如图 3-37 所示。

3.4.3　平面内的点和直线

　　点和直线在平面内的条件如下。

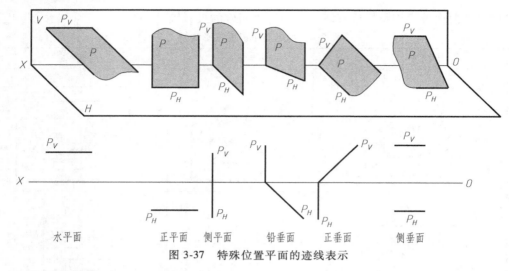

图 3-37　特殊位置平面的迹线表示

1）如果点在平面内的一条直线上，则此点必在该平面内。

如图 3-38 所示，*AB* 是平面 *P* 内一条直线，点 *M* 在直线 *AB* 上，则点 *M* 必在平面 *P* 内。

2）如果直线通过平面内的两个点，则此直线必在该平面内。

如图 3-38 所示，*AB*、*BC* 确定平面 *P*，点 *M*、*N* 是平面 *P* 内的点，则过点 *M*、*N* 所作的直线 *MN* 必在平面 *P* 内。

3）如果直线通过平面内的一个点且平行于平面内的另一条直线，则此直线必在该平面内。

如图 3-39 所示，*AB*、*BC* 确定平面 *P*，点 *M* 在平面 *P* 内，则过点 *M* 且平行于 *BC* 的直线 *MN* 必在平面 *P* 内。

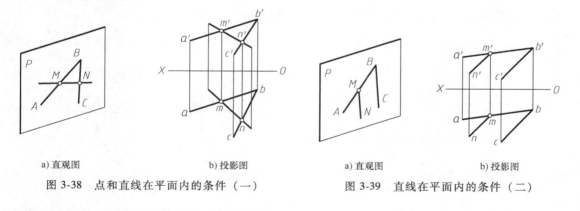

图 3-38　点和直线在平面内的条件（一）　　图 3-39　直线在平面内的条件（二）

【例 3-10】　如图 3-40a 所示，已知 △*ABC* 内一点 *K* 的水平投影 *k*，求其正面投影 *k'*。

分析：点 *K* 在由 △*ABC* 确定的平面内，则必在平面内的一条直线上。问题就转化为过点 *K* 作平面内一条直线的问题。

作图步骤：

（1）解法 1　如图 3-40b 所示，过平面内任意两点作辅助线。

连接 *ak* 并延长，与 *bc* 交于 *d*，求出 *d'*；*k'* 在 *a'd'* 上，求出 *k'*。

（2）解法 2　如图 3-40c 所示，过平面内一点作与平面内已知直线平行的辅助线。

过 k 作 mn∥bc，求出 m'，过 m' 作 $m'n'$∥$b'c'$，k' 在 $m'n'$ 上，求出 k'。

（3）解法 3　如图 3-40d 所示，过平面内一点作投影面平行线。

过 k 作 ef∥OX 轴，求出 e'、f'；k' 在 $e'f'$ 上，求出 k'。

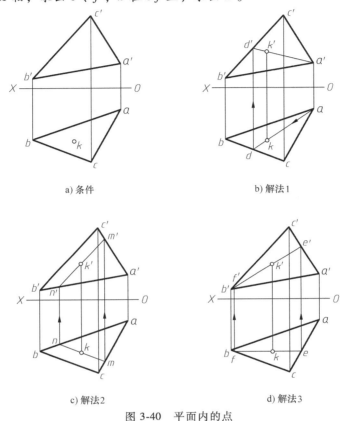

a) 条件　　　　　　　　b) 解法1

c) 解法2　　　　　　　　d) 解法3

图 3-40　平面内的点

【例 3-11】　如图 3-41a 所示，已知平面四边形 $ABCD$ 的 V 面投影和 AB、AD 的 H 面投影，试完成四边形的 H 面投影。

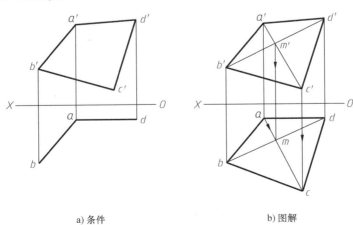

a) 条件　　　　　　　　b) 图解

图 3-41　补全四边形的投影

分析：已知四边形中三个顶点 A、B、D，问题就转化为在点 A、B、D 所确定的平面内求点 C 的问题。

作图步骤：

1）连接 bd 和 $b'd'$。

2）连接 $a'c'$，与 $b'd'$ 交于 m'，再由 m' 求出 m。

3）连接 am 并延长，c 必在此线上，按点的投影规律，求出 c。

4）用粗实线连接 bc 及 dc，即得四边形的水平投影，如图 3-41b 所示。

【例 3-12】 如图 3-42a 所示，求作平面 $\triangle ABC$ 内一点 E，使其到 H 面的距离为 8mm、到 V 面距离为 12mm。

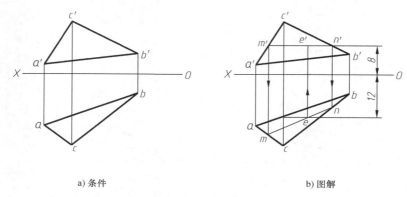

a) 条件   b) 图解

图 3-42　平面内取点

分析：平面内与某投影面等距离的点的集合，必为该投影面的平行线。所以本例中的辅助线只能选投影面平行线，可作水平线或正平线。

作图步骤：作图步骤及结果如图 3-42b 所示。

3.5　直线与平面、平面与平面的相对位置

直线与平面、平面与平面的相对位置有三种：平行、相交和垂直。其中，垂直是相交的特殊情况。

3.5.1　平行

1. 直线与平面平行

1）若直线平行于平面内一条直线，则直线与该平面平行，如图 3-43 所示；反之，若平面内的一条直线平行于平面外的一条直线，则平面与该直线平行。

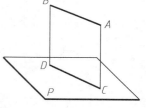

图 3-43　直线与平面平行

【例 3-13】 如图 3-44a 所示，过点 M 作正平线 MN 与平面 $\triangle ABC$ 平行。

分析：过平面外一点可作无数条直线与该平面平行，本例要求作的正平线必须使其平行于平面内的一条正平线。

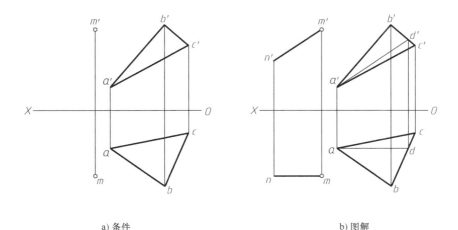

a) 条件   b) 图解

图 3-44　作直线与已知平面平行

作图步骤:

1) 在△ABC 内过点 A 作一条正平线 AD，即在△abc 内过 a 作 ad//OX 轴并交 bc 于 d，由 ad 作出 a'd'。

2) 过点 M 作直线 MN、平行于 AD，即过 m 作 mn//ad，过 m'作 m'n'//a'd'，则 mn、m'n'即为所求，如图 3-44b 所示。

2) 若直线与某一投影面垂直面平行，则此直线在该投影面上的投影与平面的投影（积聚）平行，如图 3-45 所示；反之亦然。

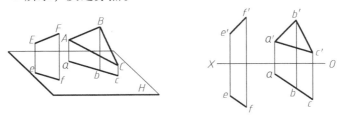

a) 直观图   b) 图解

图 3-45　直线与投影面垂直面平行

2. 平面与平面平行

1) 若一平面内的两相交直线与另一平面内的两相交直线对应平行，则这两个平面互相平行，如图 3-46 所示。

【例 3-14】　如图 3-47a 所示，过点 K 作一平面与平面△ABC 平行。

分析:过点 K 作平面平行于平面△ABC，只要过点 K 作出两相交直线分别平行于△ABC 的两条边即可。

作图步骤:作图步骤及结果如图 3-47b 所示。

2) 若两投影面垂直面互相平行，则它们具有积聚性的那组投影也互相平行，如图 3-48 所示。

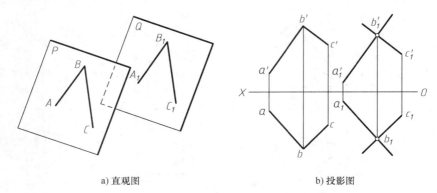

a) 直观图   b) 投影图

图 3-46 平面与平面平行

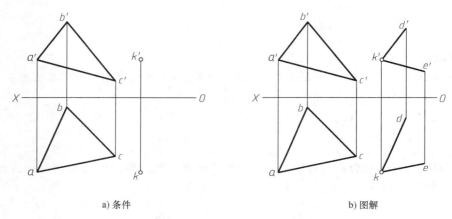

a) 条件   b) 图解

图 3-47 作直线与已知平面平行

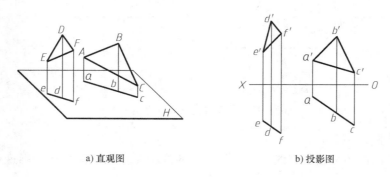

a) 直观图   b) 投影图

图 3-48 两投影面垂直面互相平行

3.5.2 相交

　　直线与平面、平面与平面不平行就相交，相交就要求出交点或交线。交点是直线和平面的共有点，交线是平面与平面的共有线，因此求交点或交线就是求共有点或共有线的问题。本小节仅讨论直线或平面处于特殊位置时的相交问题，处于一般位置时的相交问题将在投影变换的相关部分中讨论。

1. 直线与平面相交

当直线或平面处于特殊位置时，其投影具有积聚性，交点的投影也必定在有积聚性的投影上，由此可方便地求出交点的投影。

（1）一般位置直线与特殊位置平面相交

【**例3-15**】 如图 3-49a 所示，求直线 *MN* 与平面 △*ABC* 的交点的两面投影，并判别可见性。

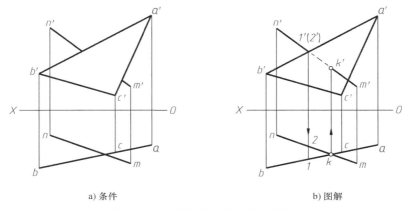

a) 条件　　　　　　　　　　　　　　b) 图解

图 3-49　一般位置直线与铅垂面相交

分析：*MN* 是一般位置直线，△*ABC* 是铅垂面，*MN* 与 △*ABC* 的交点可利用平面的积聚性来求。

作图步骤：

1）求交点。△*ABC* 的水平投影积聚，交点 *K* 的水平投影既在 *mn* 上又在 *abc* 上，因此 *mn* 与 *abc* 的交点即为 *k*。如图 3-49b 所示，按投影关系，在 *m′n′* 上求得 *k′*。

2）判别可见性。图 3-49b 所示正面投影 *m′n′* 有一段与 △*a′b′c′* 相重合，需要判别可见性。一般是利用相错直线的重影点来判别，交点 *K* 是可见与不可见部分的分界点。选取 *m′n′* 与 *a′b′* 的重影点 1′ 和 2′ 来判断。点 Ⅰ 在 △*ABC* 上、点 Ⅱ 在 *MN* 上。查看它们的水平投影 1 和 2，可以看出点 1 在点 2 前面，即点 Ⅰ 可见、点 Ⅱ 不可见。因此 *k′2′* 段被平面 △*ABC* 遮挡了，不可见，画成细虚线；*m′n′* 其余部分画成粗实线。

（2）一般位置平面与投影面垂直线相交

【**例3-16**】 如图 3-50a 所示，求直线 *MN* 与平面 △*ABC* 的两面投影，并判别可见性。

分析：△*ABC* 是一般位置平面，*EF* 是正垂线，因此 *EF* 与 △*ABC* 的交点可利用积聚性求解。

作图步骤：

1）求交点。直线 *EF* 的 *V* 面投影积聚成点，因此交点 *K* 的正面投影 *k′* 必与之重合。又由于交点 *K* 属于 △*ABC*，故可利用平面内取点的方法，作辅助线来求出交点 *K* 的另一面投影 *k*。

2）判别可见性。由 *V* 面投影可见，*BC* 边与 *EF* 是相错直线，*BC* 在 *KF* 的上方，所以在 *H* 面投影中，*kf* 与 *abc* 重影段不可见，画成细虚线；而 *ke* 段可见，画成粗实线，如图 3-50b 所示。

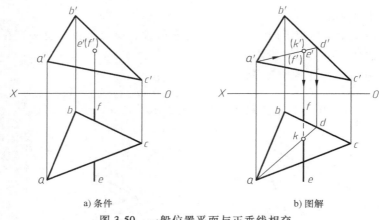

a) 条件　　　　　　　　　　b) 图解

图 3-50　一般位置平面与正垂线相交

2. 平面与平面相交

两相交平面的交线是两平面的共有直线，只要确定两个共有点，或者一个共有点和交线方向，即可求出交线。当相交两平面中有一个为特殊位置平面时，可利用积聚性直接确定交线的投影。

【例 3-17】　如图 3-51a 所示，试求 △ABC 与 △DEF 交线，并判别可见性。

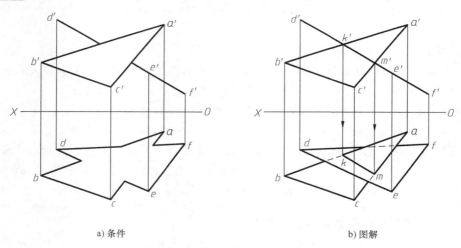

a) 条件　　　　　　　　　　b) 图解

图 3-51　一般位置平面与正垂面相交

作图步骤:

1) 求交点。△DEF 是正垂面，它的 V 面投影积聚成直线段 d'e'f'，与 △ABC 的两条边 AB、AC 的 V 面投影分别相交于 k'、m'，即为两个共有点的 V 面投影，求出 k、m。直线 KM 即为两面交线。

2) 判别可见性。交线是可见与不可见部分的分界线，并且只有重影部分才需判别，非重影部分都是可见的。对于正面投影，由于 △DEF 具有积聚性，因此不需要判别可见性。

水平投影具有重叠部分，需要判别可见性。由 V 面投影可知，AKM 部分在 △DEF 的上方，故其水平投影 akm 可见，画粗实线；其余部分的可见性可由此进一步分段确定。结果如图 3-51b 所示。

【例 3-18】 如图 3-52a 所示，试求△ABC 与△DEF 交线，并判别可见性。

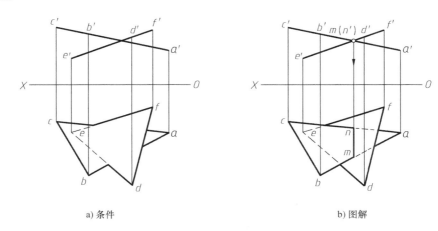

a) 条件　　　　　　　　　　　　　　b) 图解

图 3-52　两正垂面相交

作图步骤：

1) 求交点。两正垂面相交，交线一定为正垂线，其 V 面投影积聚为点，H 面投影垂直于 OX 轴且在两平面的公共范围内。由交线的 V 面投影 m'(n') 可直接求得 H 面投影 mn。

2) 判别 H 面投影可见性。由 V 面投影可知，BCMN 在△DEF 上方，故 bcmn 可见；其余部分由此进一步推断。结果如图 3-52b 所示。

判别可见性的规律总结如下：

1) 重影区域应判别可见性，可见轮廓画粗实线，不可见轮廓画细虚线。

2) 交点、交线可见，且为可见性的分界。

3) 对一个平面而言，交线的一侧可见，另一侧则不可见。

4) 两相交平面的可见性相反。

3.5.3　垂直

1. 直线与平面垂直

1) 定理：若直线垂直于平面，则该直线的水平投影一定垂直于该平面内的水平线的水平投影，而该直线的正面投影一定垂直于该平面内的正平线的正面投影，如图 3-53 所示。

【例 3-19】 如图 3-54a 所示，过点 M 作直线垂直于△ABC 所确定的平面。

分析： 过平面外一点所作平面的垂线只有一条，故本例有唯一解。

作图步骤：

为求直线方向，作出平面内的一条水平线 AD 和一条正平线 AE 的投影；再做 m'n'⊥a'e'，mn⊥

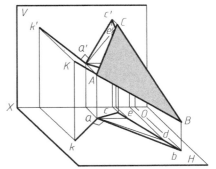

图 3-53　直线与平面垂直

ad,直线 *MN* 即为所求,如图 3-54b 所示。

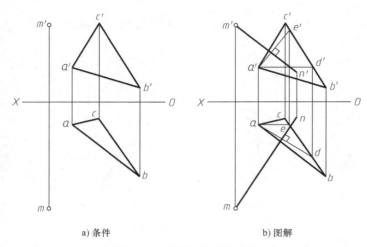

a) 条件	b) 图解

图 3-54　过点作平面的垂线

注意:空间直线 *MN* 和直线 *AE* 或 *AD* 一般并不相交。

2)若平面为投影面垂直面,则垂直于该平面的直线必是投影面平行线。在与平面垂直的投影面上,直线的投影垂直于平面的积聚性投影,如图 3-55 所示。

2. 平面与平面垂直

1)若平面包含另一平面的垂线,则这两个平面互相垂直。由此可知,绘制两互相垂直的平面可利用下列两种方法:①作平面 *Q* 包含平面 *P* 的垂线 *AB*,如图 3-56a 所示;②作平面 *Q* 垂直于平面 *P* 内的直线 *CD*,如图 3-56b 所示。

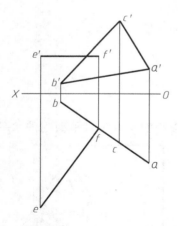

图 3-55　铅垂面的垂线必为水平线

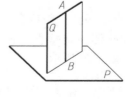
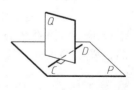

a) *AB* ⊥ 平面*P*	b) 平面*Q*⊥*CD*

图 3-56　作平面的垂直平面

【例 3-20】　如图 3-57a 所示,过直线 *MN* 作一平面,使其垂直于△*ABC* 所确定的平面。

分析:求作的平面过直线 *MN*,再确定一条与 *MN* 相交的直线,即可确定该平面。为使所作平面垂直于已知平面△*ABC*,就要使新平面包含一条平面△*ABC* 的垂线。故过点 *M* 作平面△ABC 的垂线。由直线与平面的垂直定理，可得此垂线 MK。MN 和 MK 所确定的平面即为所求。

作图步骤： 作图步骤及结果如图 3-57b 所示。

2）若垂直相交的两平面垂直于同一个投影面，则两平面在该投影面上的积聚性投影互相垂直，如图 3-58 所示。

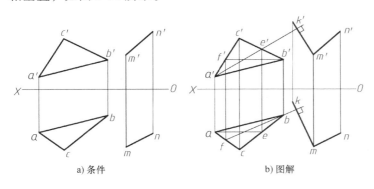

图 3-57　作平面与平面垂直　　　　图 3-58　两铅垂面互相垂直

3.6　投影变换

如前所述，当空间几何元素（直线和平面）处于一般位置时，其投影不能反映真实形状和大小，也不具有积聚性；而当它们处于特殊位置时，其投影或具有积聚性，或反映真实形状。因此，可通过改变几何元素相对于投影面的位置来解决某些空间定位和度量问题。换面法是常用的投影变换方法之一，即通过新建一个投影面来替换掉原来某一个投影面，使空间几何元素在新建投影面和保留下来的原有投影面体系中处于特殊位置；然后依据投影特性，进行一次或者二次换面，可解决交点（线）、实形、距离、角度等空间问题。

3.6.1　换面法的基本原理

1. 新投影面的选择

如图 3-59 所示，为了求出铅垂面△ABC 的实形，新建一个平行于△ABC 且垂直于 H 面的 V_1 面替代 V 面，则在由 V_1 面和 H 面构成的新两投影面体系 V_1/H 中，△ABC 为投影面平行面，在 V_1 面上的投影反映实形。

新投影面的选择应遵循以下两个原则。

1）使几何元素在新投影面体系中处于有利于求解的位置（垂直于或平行于新投影面）。

2）新投影面必须垂直于被保留的原投影面。

2. 点的两次换面作图规律

（1）点的一次变换　点是最基本的几何元素，掌握点的换面规律，是进行其他几何元素换面的基础。

1）换 V 面。如图 3-60a 所示，空间点 A 在原投影面体系 V/H 中的投影为 a'、a，现以 V_1 面替换 V 面（$V_1 \perp H$），则 V_1/H 为新投影面体系，V_1 和 H 两面的交线 O_1X_1 为新投影轴。在新体系中，点 A 在 V_1 面的投影为 a'_1，由于 H 面没有变换，因此点 A 在 H 面的投影 a 位置不变。在正投影图中，应将 V_1 面绕 O_1X_1 轴旋转到与 H 面重合（所选择的旋转方向一般应使图形不重叠），得到新的两面投影图，如图 3-60b 所示。

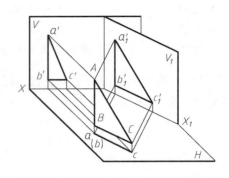

图 3-59　换面法基本原理

根据正投影原理可知，$a'_1a \perp O_1X_1$。这是新投影与被保留的原投影间的关系。

由于新、旧两投影面体系具有公共的水平面 H，因此空间点 A 在这两个体系中到 H 面的距离（z 坐标）没有变化，$a'a_X = Aa = a'_1a_{X1}$，即换 V 面时高度不变。这是新投影与被替换的旧投影间的关系。

根据上述投影变换规律，只要定出新投影轴 O_1X_1 的位置，便可由 V/H 体系中的 a、a' 求出 V_1/H 体系中的投影 a、a'_1。

图 3-60b 所示作图步骤为：①定出新投影轴 O_1X_1；②过 a 作 $aa'_1 \perp O_1X_1$；③取 $a'_1a_{X1} = a'a_X$，a'_1 即为所求的新投影。

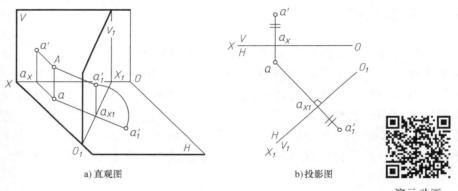

a) 直观图　　　　　　　b) 投影图　　　　演示动画

图 3-60　点的一次换面（换 V 面）

2）换 H 面。必要时，也可由 H_1 面替换 H 面（$H_1 \perp V$），建立新的 V/H_1 体系，如图 3-61 所示。

换 H 面时，新、旧投影之间的关系与换 V 面时是类似的，即 $a'a_1 \perp O_1X_1$，$a_1a_{X1} = Aa' = aa_X$，即纵坐标不变。

图 3-61b 所示作图步骤为：①定出新投影轴 O_1X_1；②过 a' 作 $a'a_1 \perp O_1X_1$；③取 $a_1a_{X1} = aa_X$。

综上所述可得点的换面规律：①点的新投影和保留投影的连线垂直于新投影轴；②点的新投影到新投影轴的距离等于被替换的投影到原投影轴的距离。

（2）点的二次换面　用换面法求解，有时变换一次投影面还不能满足要求，需变换两次或多次才能达到的目的。图 3-62 表示顺次变换两次投影面求点的新投影的方法，其原理和作图方法与变换一次投影面相同。但必须注意：要交替变换投影面，不能同时变换两个投影面，也不能两次都变换同一投影面，否则不能按点的投影规律来求出新投影。应以 $V/H \rightarrow V_1/H \rightarrow V_1/H_2$ 或 $V/H \rightarrow V/H_1 \rightarrow V_2/H_1$ 顺序变换。

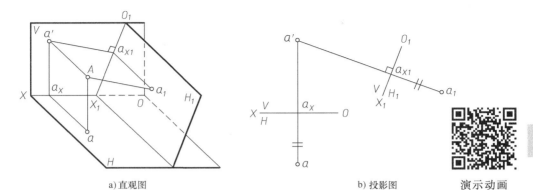

a)直观图 　　　　 b) 投影图 　　　　 演示动画

图 3-61　点的一次换面（换 H 面）

图 3-62b 所示点的二次换面作图步骤如下。

1）定出新投影轴 O_1X_1。

2）根据点的换面规律，求出新投影 a_1'。

3）作新投影轴 O_2、X_2。

4）过 a_1' 作 $a_1'a_2 \perp O_2X_2$，并取 $a_2a_{X2} = aa_{X1}$ 得出 a_2，a_2 即为变换后的新投影。

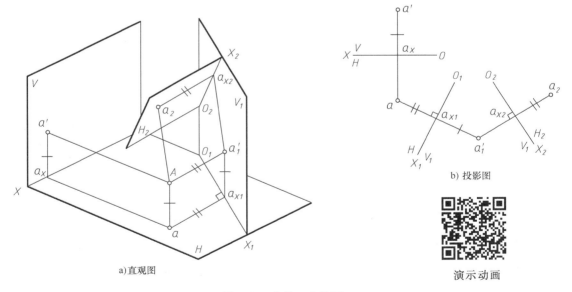

a)直观图 　　　　 b) 投影图

演示动画

图 3-62　点的二次换面

3.6.2　直线的换面

1. 直线一次换面的两个基本作图问题

直线的换面是对该直线上的任意两点按需要进行换面。

（1）一般位置直线变换为投影面平行线　把一般位置直线变换为投影面平行线时，其投影能反映直线的实长及其对投影面的倾角。

【例 3-21】 如图 3-63a 所示，已知直线 AB 的两投影 ab、$a'b'$，试求直线 AB 的实长和倾角 α。

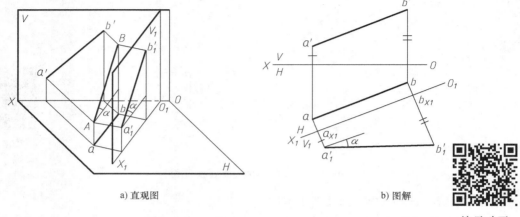

a) 直观图   b) 图解   演示动画

图 3-63 求直线的实长和倾角 α

分析： 直线 AB 为一般位置直线，欲求直线 AB 的实长和倾角 α，应建立新的投影体系 V_1/H，使直线 AB 成为新投影面 V_1 的平行线（$AB/\!/V_1$ 面）。

作图步骤：

1) 作 $O_1X_1/\!/ab$。

2) 按点的换面规律，求出新投影 a_1'、b_1'。

3) 求实长：$a_1'b_1'$ 即为直线 AB 的实长，如图 3-63b 所示。

4) 求倾角 α：$a_1'b_1'$ 与 O_1X_1 轴的夹角即为直线 AB 与 H 面的倾角 α，如图 3-63b 所示。

图 3-64 给出了用换面法求线段 AB 实长和倾角 β 的作图方法。要注意的是：求倾角 β，应换 H 面，建立 V/H_1 体系，使直线 AB 成为新的投影面 H_1 的平行线（$AB/\!/H_1$ 面）。

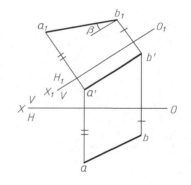

图 3-64 用换面法求实长和倾角 β 演示动画

（2）投影面平行线变换为投影面垂直线 把投影面平行线变换为投影面垂直线，是为了使直线投影成为一个点，从而解决与直线有关的度量问题（如求两直线间的距离）和定位问题（如求线面交点）。

【例 3-22】 如图 3-65a 所示，已知正平线 AB 的两投影，试把它变换为投影面垂直线。

分析： 直线 AB 为正平线，应将 AB 变换为新投影面 H_1 的垂直线。因 $AB/\!/V$ 面，而新投影面必须垂直 AB 且垂直一个原有投影，所以只能设置新投影面 $H_1\perp V$ 面，且 H_1 面 $\perp AB$，即建立新投影面体系 V/H_1。

作图步骤：

1) 作 $O_1X_1\perp a'b'$。

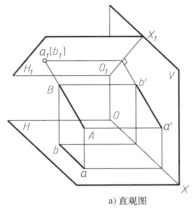 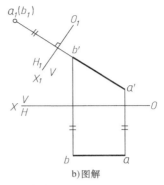

a) 直观图　　　　　　　　　　b) 图解

图 3-65　将正平线变为投影面垂直线

2）按点的换面规律，求出新投影 a_1、b_1（a_1 与 b_1 重合），如图 3-65b 所示。

图 3-66 表示的是把水平线变换成新投影面垂直线的作图方法。

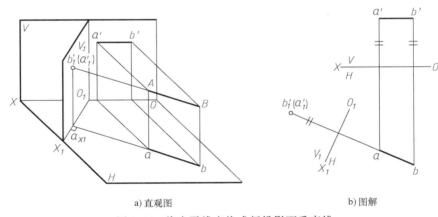

a) 直观图　　　　　　　　　　b) 图解

图 3-66　将水平线变换成新投影面垂直线

演示动画

2. 直线的两次换面

把一般位置直线变换为投影面垂直线，只经过一次换面是不能实现的，因为垂直于一般位置直线的平面是一般位置平面，它与原有的两个投影面均不垂直，不能构成正投影体系，所以需要经过两次换面，第一次将一般位置直线变为新投影体系中的投影面平行线，第二次将投影面平行线变为另一投影体系中的投影面垂直线。

【例 3-23】　如图 3-67a 所示，已知一般位置直线 AB 的两投影，试将其变换为新投影面的垂直线。

分析：要把一般位置直线变换为投影面垂直线，须经过两次换面。

作图步骤：

1）作 $O_1X_1 /\!/ ab$。

2）求出新投影 a_1'、b_1'。

3）作 $O_2X_2 \perp a'_1b'_1$。

4）求出 a_2、b_2（a_2 与 b_2 重合），如图 3-67b 所示。

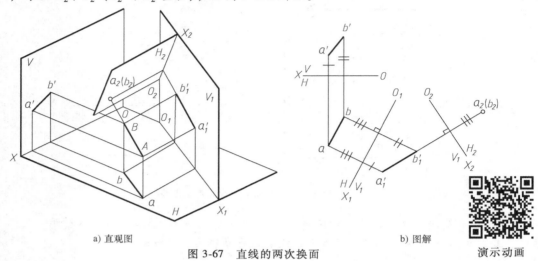

a) 直观图   b) 图解

图 3-67 直线的两次换面   演示动画

3.6.3 平面的换面

平面的换面，是将决定平面的几何元素（点或直线）按上述投影规律进行变换，得到平面的新投影。在求解时可根据具体需要进行换面。本小节重点介绍平面一次换面的两个基本作图问题。

1. 将一般位置平面变换为投影面垂直面

设平面 △ABC 为一般位置平面，将 △ABC 平面变换为新投影面垂直面，则新投影面应垂直该平面。由平面与平面的垂直条件可知，新投影面必须垂直于平面内的一条直线，又由新投影面确定条件可知，新投影面必须垂直于保留的投影面，因此应在 △ABC 平面上作一投影面平行线作为辅助线，当这条直线变换为新投影面垂直线时，平面 △ABC 便随之成为新投影面的垂直面。

【例 3-24】 如图 3-68a 所示，已知一般位置平面 △ABC 的两面投影，试求该平面对 H 面的倾角 α。

分析：欲求一般位置平面 △ABC 对 H 面的倾角 α，应当保留 H 面，用 V_1 面替换 V 面，建立 V_1/H 新投影体系，使平面成为新投影面 V_1 的垂直面。

作图步骤：

1）作平面 △ABC 上的水平线 BD。

2）作 $O_1X_1 \perp bd$。

3）△ABC 在 V_1 面上的投影 $a'_1b'_1c'_1$ 积聚为一条直线。

4）求倾角 α：$a'_1b'_1c'_1$ 与 O_1X_1 轴的夹角 α 即为所求，如图 3-68b 所示。

图 3-69 表示了求平面 △ABC 的倾角 β 的作图方法。

注意：求倾角 β 应保留 V 面，在 △ABC 平面内取正平线 BD，新投影轴 O_1X_1 垂直于 BD 的正面投影 $b'd'$。

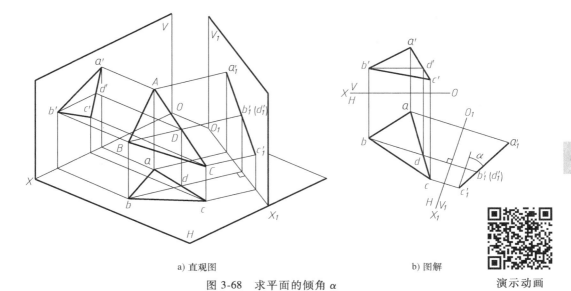

a) 直观图   b) 图解   演示动画

图 3-68   求平面的倾角 α

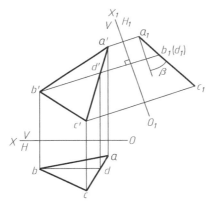

图 3-69   用换面法求平面的倾角 β   演示动画

【例 3-25】   如图 3-70a 所示，试用换面法求平面 P 的倾角 α。

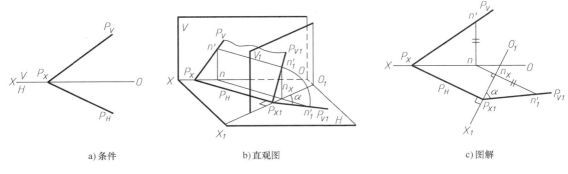

a) 条件   b) 直观图   c) 图解

图 3-70   求迹线平面的倾角 α

分析：欲求平面 P 的倾角 α，须换 V 面，使平面 P 在 V_1/H 体系中垂直于 V_1 面，即选 O_1X_1 轴垂直于 P_H，便可求出倾角 α，如图 3-70b 所示。

作图步骤：

1）在适当位置作 $O_1X_1 \perp P_H$。

2）在平面 P 上任取一点 N：$n' \in P_V$，$n \in OX$。

3）求新投影 n_1'：$n_X n_1' \perp O_1X_1$，$n_1'n_X = n'n$。

4）求 P_{V1} 和倾角 α：连接 P_{X1}、n_1' 得 P_{V1}，P_{V1} 与 O_1X_1 轴的夹角 α 即为所求，如图 3-70c 所示。

图 3-71 表示的是用换面法求平面 P 的倾角 β 的作图。求倾角 β 应换 H 面，并使 $O_1X_1 \perp P_V$。

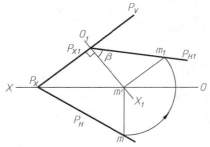

图 3-71　用换面法求迹线平面的倾角 β

2. 投影面垂直面变换为投影面平行面

把投影面垂直面变换成投影面平行面，可以求出平面的实形。

【例 3-26】　如图 3-72 所示，试求铅垂面 $\triangle ABC$ 的实形。

分析：欲求铅垂面 $\triangle ABC$ 的实形，应建立 V_1/H 新投影体系，并使 V_1 面 $// \triangle ABC$，即把 $\triangle ABC$ 变换为 V_1/H 体系中 V_1 面的平行面。

作图步骤：

1）作 $O_1X_1 // acb$。

2）求出新投影 $a_1'b_1'c_1'$。

3）求实形：$\triangle a_1'c_1'b_1'$ 即反映 $\triangle ABC$ 的实形，如图 3-72 所示。

图 3-73 表示的是把正垂面 $\triangle ABC$ 变换成 V/H_1 体系中 H_1 的平行面的作图方法。

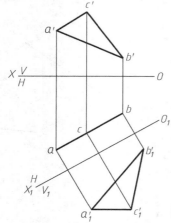

图 3-72　求 $\triangle ABC$ 的实形

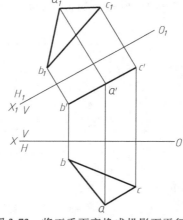

图 3-73　将正垂面变换成投影面平行面

演示动画

注意：新投影轴 O_1X_1 平行于积聚为直线的投影 $b'a'c'$。

3.7　综合举例

应用换面法求解时，应首先分析已知条件和待求问题之间的相互关系，再分析空间几何元素与投影面处于何种相对位置，进而确定换面次数及换面顺序。在求解思路明确的情况下，依据换面法中几个基本作图问题的解法来求解问题。

【例 3-27】 如图 3-74a 所示，试求 $\triangle ABC$ 的实形和倾角 β。

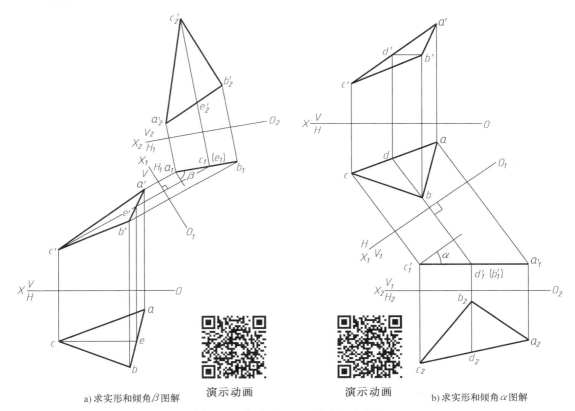

a) 求实形和倾角 β 图解　　演示动画　　演示动画　　b) 求实形和倾角 α 图解

图 3-74　求平面 $\triangle ABC$ 的实形和倾角

分析：$\triangle ABC$ 是一般位置平面，如果用一次换面使新投影面与之平行，则新投影面也为一般位置平面，与原有的两个投影面均不垂直，不能构成新的投影体系，因此必须经过两次换面，先将它变换为新投影体系中的投影面垂直面，再将它变换为另一投影体系中的投影面平行面。若仅求实形，先换 V 面或先换 H 面均可，但按题意要求需求倾角 β，则换面顺序应为：$V/H \rightarrow V/H_1 \rightarrow V_2/H_1$。

作图步骤：作图步骤及结果如图 3-74a 所示，不再详述。

欲求平面 $\triangle ABC$ 的实形和倾角 α，则换面顺序为 $V/H \rightarrow V_1/H \rightarrow V_1/H_2$，作图步骤及结果如图 3-74b 所示。

【例 3-28】 如图 3-75a 所示，已知一般位置直线 AB 与平面 CDE 平行，试求它们之间的距离。

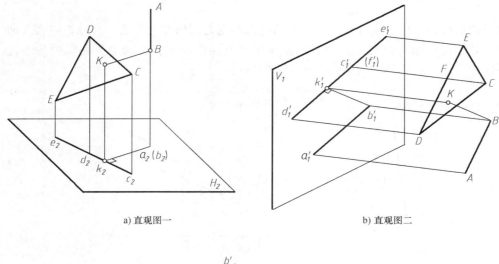

a) 直观图一   b) 直观图二

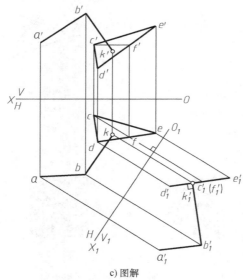

c) 图解

图 3-75 求直线与平面间的距离

分析：设 BK 为直线 AB 和平面 CDE 之间的距离。欲求 BK 的实长，应使 BK 变换成投影面平行线，有两种方法可供选择：第一种方法是将直线 AB 变换为投影面垂直线，则 BK 变换为投影面平行线，如图 3-75a 所示；第二种方法是将平面 CDE 变换为投影面垂直面，则 BK 变换为投影面平行线，如图 3-75b 所示。

由题设可知，直线 AB 和平面 CDE 均处于一般位置，因而，若采用第一种方法需经过两次换面，若采用第二种方法则只需经过一次换面，故取第二种方法。

作图步骤：

1）把平面 CDE 变换为 H/V_1 体系中的投影面垂直面，求得 $d_1'c_1'e_1'$（积聚为直线）。

2）求出 a_1'、b_1'，连接 $a_1'b_1'$。

3）求距离（BK）：自 b_1' 作 $b_1'k_1' \perp c_1'd_1'e_1'$，则 $b_1'k_1'$ 反映实长，如图 3-75c 所示。

4）由 $b_1'k_1'$ 返回求 BK 的原投影 bk（$bk//O_1X_1$）、$b'k'$。

【例 3-29】 如图 3-76a 所示，求两相错直线间的最短距离。

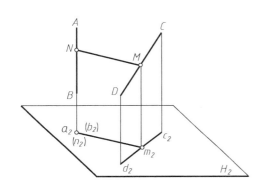

a) 解法1直观图

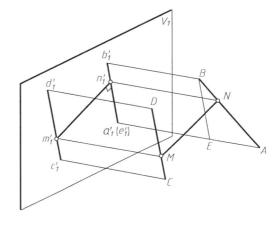

b) 解法2直观图

图 3-76　两相错直线间的最短距离

分析： 两相错直线间的最短距离，即是它们之间的公垂线 MN 的长度。欲求其实长，应将 MN 变换为新投影体系中的投影面平行线。有两种解题方法，分别如下。

作图步骤：

（1）解法 1　将直线 AB 或 CD 变换为新投影体系中的投影面垂直线。如图 3-76a 所示，$AB \perp H_2$ 面，则 $MN//H_2$ 面，因此可在 H_2 面上得到线段 MN 的实长。同时，由于 $MN \perp CD$，因此由直角投影定理可知，在 H_2 面上 $m_2n_2 \perp c_2d_2$。因为两直线均为一般位置直线，要使其中之一垂直新投影面，必须进行两次换面。

解题步骤如图 3-77a 所示。

1）直线 AB 经过两次投影变换，变成 V_1/H_2 体系中的投影面垂直线，求得 a_2、b_2（a_2、b_2 重合），直线 CD 随之作两次变换，求得 c_2d_2。

2）求距离 MN 的实长。$MN//H_2$ 面，$MN \perp CD$，$AB \perp H_2$ 面。根据直角投影定理，由 $a_2(b_2)$ 向 c_2d_2 作垂线 n_2m_2，m_2n_2 反映 AB、CD 两直线间距离的实长，$m_1'n_1'//O_2X_2$。

3）求 MN 的原投影 mn、$m'n'$。由 m_2n_2 和 $m_1'n_1'$ 返回求出 mn 和 $m'n'$。

（2）解法 2　包含两相错直线之一作另一直线的平行平面。如图 3-76b 所示，直线 $AB \in$ 平面 ABE，且平面 $ABE//CD$，那么，平面 ABE 和直线 CD 的距离即为直线 AB 和 CD 的距离，解法类似于例 3-28，作图步骤及结果如图 3-77b 所示，不再详述。

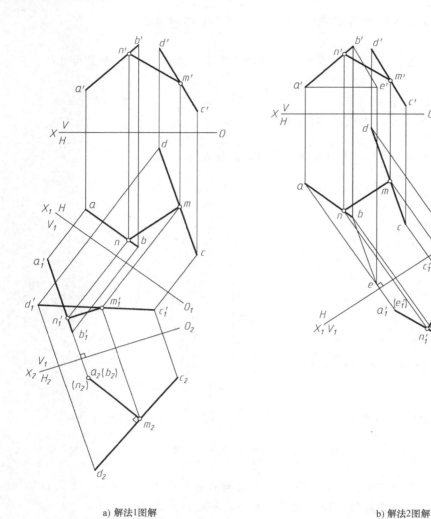

a) 解法1图解   b) 解法2图解

图 3-77　求两相错直线的公垂线

【例 3-30】　如图 3-78a 所示，试求平面 ABC 和平面 ABD 的夹角。

分析：两平面的夹角以其二面角度量，而二面角所在平面与该两平面垂直，亦即与该两平面的交线垂直。为求出该二面角，需将两平面变换成投影面垂直面，即把两平面的交线变换成投影面垂直线。

由题设可知，两平面的交线 AB 为一般位置直线，当 AB 经两次换面变换成投影面垂直线时，该两平面在新投影面上的投影反映两平面夹角的真实大小。

作图步骤：

1）把两平面的交线 AB 经两次换面变换成 V_1/H_2 体系中的投影面垂直线，求得 $a_2(b_2)$，随之求得 c_2、d_2，如图 3-78b 所示。

2）求夹角 θ：$\theta = \angle c_2 a_2 d_2$。

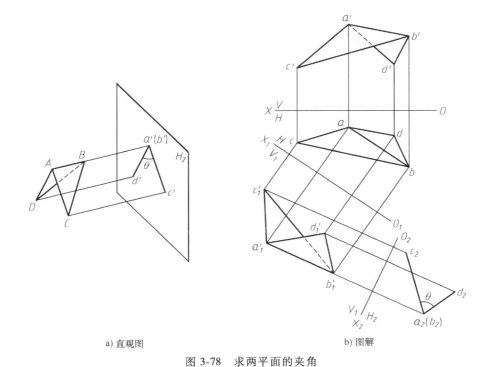

a) 直观图   b) 图解

图 3-78　求两平面的夹角

本 章 小 结

本章主要介绍了投影法的基本原理、平行投影的基本性质、点线面的投影及其相对位置的图解方法、换面法。

平行投影的基本性质是画正投影图的基础，因此要重点掌握。

点、直线、平面的投影特性及相关的求解作图方法是本章的核心。应重点掌握点的投影规律、点的投影与坐标之间的关系、两点的相对位置及重影点；熟练掌握各种位置直线的投影特性、直线的相对位置关系，会求解线段的实长、直线上的点和直角投影问题；熟练掌握各种位置平面的投影特性，能求解点、直线、平面的共面问题。

直线与平面、平面与平面的相对位置关系有三种：平行、相交、垂直。本章介绍了直线或平面处于特殊位置时的相交或垂直情况。

换面法的基本知识点是点线面的一次换面和二次换面的作图方法，应掌握换面法求解实形及倾（夹）角的方法。

第4章

计算机三维几何建模

4.1 三维造型基础

4.1.1 三维造型的基本思路

三维造型也称为工程图学的三维模型信息化建模或数字化信息化表达,是一种利用三维造型参数化设计技术及计算机图形学而开展的三维模型建模方法。在现代机械工程设计中,普遍采用三维模型设计软件开展工作。与传统的二维工程图形表达方式相比,三维造型直观性和可视化效果更好,有助于设计人员较为直观地表达设计意图和结构样式,也有助于制造人员较为清晰地了解结构组成和工艺要求。同时,三维造型所建立的数字化信息化模型具有完全的参数化特征,也为后续机械产品现代设计分析和仿真优化等工作提供了必要的基础模型。

随着计算机图形学相关理论和应用研究的发展,具有现代机械工程设计三维造型即三维数字化信息化表达功能的 CAD(Computer Aided Design,计算机辅助设计)应用软件不断涌现。各类软件由于开发者习惯及平台应用等差异,其界面风格、操作习惯和核心算法略有不同,但是其三维造型的思路和方法基本相同。任何一种复杂立体,其本身可以分解为简单立体的组合,这就是组合体读图、识图和画图所采用的形体分析法。形体分析法为三维造型提供了基础方法。设计人员借助形体分析法,结合 CAD 应用软件所提供的三维造型基本特征工具,如拉伸、旋转和求和、求交等,就可以进行各类复杂结构的三维造型,完成设计意图的表达。

Autodesk Inventor 软件是 Autodesk 公司于 1999 年 10 月推出的面向三维造型,即数字化信息化建模的 CAD 应用软件。本章以 Inventor 2019 教育版软件为例,简要介绍 Inventor 的功能和运用 Inventor 软件进行零件造型的思路和方法。有关 Inventor 软件使用的详尽讲解可以查阅 Inventor 操作手册和软件帮助文档,也可通过相关网络在线操作指导教程进行深入学习。

4.1.2 Inventor 的几个基本概念

1. 工作平面、工作轴和工作点

工作平面、工作轴和工作点是所有草图绘制和特征建模的基础。Inventor 软件的空白界面预先提供了原始坐标系,包括 YZ、XZ、XY 平面,X、Y、Z 轴,以及原点。这些原始坐

标系是三维建模的原始基准。除此之外，有些草图需要在特定的位置先建立工作平面，而后在特征造型的过程中也需要一些辅助平面作为特征终止面、镜像特征的镜像面等参考平面。进行三维建模时，在绘制出形状草图之后，还需要建立相应的工作点、工作轴和工作平面，它们在特征造型中可以作为特征的对称面、终止面和旋转轴等辅助参考。工作点、工作轴、工作平面是利用原始坐标系和现有特征上的已有点、线、面、曲面轴线等生成的。任何一种可以确定一个平面的方法都可以用于生成工作平面。

2. 草图

草图的绘制类似特征视图的绘制。对该草图进行一定的三维造型操作即可形成一个特征。在工程制图中读图的时候首先要抓住特征视图。一般来说，在三维造型中主要特征总是基于草图绘制的。三维造型的实质就是在特定工作平面上进行一系列草图绘制和特征建模。Inventor 中草图绘制和 AutoCAD 中二维工程图绘制的概念稍有差别。Inventor 草图绘制在初始阶段允许设计人员不严格按设计的形状和大小进行绘制，在基本形状完成以后再施加相应的形状、位置约束和尺寸驱动，并做出适当调整。

3. 特征

特征是三维造型的基本单元。特征是由草图经过三维操作之后所得到的三维造型。在组合体的形体分析中，对于复杂的组合体，首先将其分解为若干我们熟悉的简单的平面和曲面立体。分解的目的就是使分解后的每一部分都是我们熟悉的，都可用现有的方法画出它们的视图，把每个部分的视图画出后，再按投影和国标的相关规定完成各部分之间的截交线或相贯线的绘制即可。对于复杂零件，设计人员利用软件不可能一次完成复杂零件的造型，必须使用类似形体分析的方法将其分解为若干部分，其中每一部分都可以使用 Inventor 的一个造型命令完成。这每一次完成的部分就相应地称为一个特征，如一个拉伸特征、一个旋转特征等。将多个特征组合在一起，或者使用布尔运算，就可以完成复杂形状或结构的造型建模。

Inventor 零件设计的基本流程如图 4-1 所示。

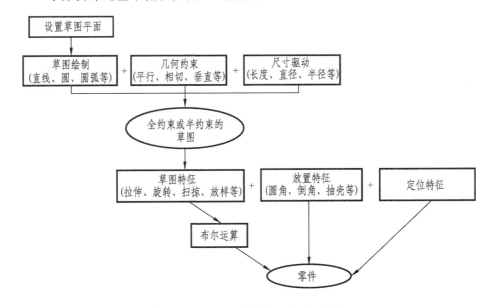

图 4-1　Inventor 零件设计的基本流程

4.1.3　Inventor 2019 软件功能介绍

1）**基本零件设计**：软件可以帮助设计人员更为轻松地重复利用已有的设计数据，生动地表现设计意图。借助其中全面关联的模型，零件设计中的任何变化都可以反映到装配模型和工程图文件中。

2）**钣金设计**：软件能够帮助用户简化复杂钣金零件的设计。软件中的数字样机结合了加工信息（如冲压工具参数和自定义的折弯表）、精确的钣金折弯模型及展开模型编辑环境。

3）**装配设计**：软件将设计加速器与易于使用的装配工具相结合，使用户可以确保装配设计中每一个零部件都被正确安装，精确地检验干涉情况和各种属性，以便一次性创建高质量的产品。

4）**工程图**：软件包含从数字样机中生成工程设计和制造文档的全套工具。软件中的自动创建视图功能和绘图工具将工程图的绘制效率提高到了新的水平。软件支持所有主流的绘图标准。

5）**运动仿真**：用户可以根据实际工况添加载荷、摩擦特性和运动约束，然后通过运行仿真功能验证设计。借助建模模块与应力分析模块的无缝集成，可将工况传递到某一个零件上来优化零部件设计。

6）**增强功能仿真**：软件可以仿真机械装置和电动部件的运转，确保用户设计有效，同时减少制造物理样机的成本。用户可以分析机械装置中每个零部件的位置、速度、加速度及承受的载荷。

7）**布管设计**：软件可以帮助用户节约创建管材、管件和软管所需要的时间。用户可以使用软件中规范的布管工具来选择合适的配件，确保管路符合最小和最大长度、舍入增量和弯曲半径这三类设计规则。

8）**线缆设计**：借助从电路设计软件（包括 AutoCAD Electrical 软件）导出的导线表，软件可以接续进行电缆和线束设计。用户可以将电缆与线束（包括软质排线）集成到数字样机中，确保电气零部件与机械零部件匹配。

9）**CAD 集成**：软件能够帮助用户充分利用原有的 AutoCAD 技能和 DWG 设计数据，可以与 AutoCAD 数据相集成，并与使用 AutoCAD 软件的合作伙伴共享。

10）**数据管理**：软件支持数据管理，可以使设计数据进行高效、安全的交换，支持不同工程相关方（包括工业设计、产品设计和制造）之间的协作。

11）**自动化**：Inventor 可以帮助用户从三维软件投资中获得最大回报。Inventor API（应用编程接口）可以自定义实现常用操作的自动化，并按照设计标准和工程流程实现特有设计流程的自动化。

4.1.4　Inventor 2019 建模界面介绍

Inventor 2019 建模界面如图 4-2 所示。

1）**操作指令栏**：在界面的最上方有许多的操作指令。有对于建模操作的指令，例如"三维模型"选项卡中大多是对三维模型进行建立、修改等的操作指令，而"草图"选项卡中的指令是绘制二维或三维草图相关的指令。也有关于软件自身设置的指令，可以利用指令更改软件的设置，如修改背景颜色等。用户可以根据需求和爱好对操作指令栏中的指令按钮

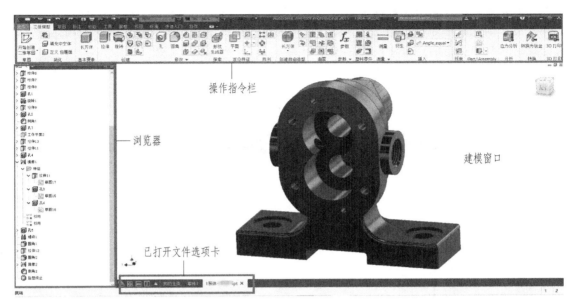

图 4-2　Inventor 2019 建模界面

进行位置的变更，也可添加或减少指令。用鼠标在操作指令按钮上停留 1s 左右，系统就会弹出此操作指令的操作提示，便于自学。

2）**浏览器**：在屏幕的左侧就是整个零件的浏览器。对于零件来说，浏览器中展示的是所有三维特征操作。用鼠标右键单击浏览器一级菜单内的选项，可以对这个特征进行编辑修改，如修改拉伸凸台的高度等。单击每一个特征的箭头可展开其二级菜单或三级菜单。对于由草图直接生成的特征，二级菜单显示这个特征对应的草图。对于基于已有的三维特征生成的新特征，如镜像、阵列等，二级菜单显示所运用的特征和所引用的平面或中心轴等，继续展开的三级菜单才显示原始的草图。用鼠标右键单击浏览器一级菜单内的选项，可以对这个特征进行编辑修改等。

3）**已打开文件选项卡**：在屏幕底部有已打开文件选项卡，显示当前打开的文件，包括零件、装配体、表达视图、工程图等文件。可以通过这排选项卡快速切换当前的任务。

4）**建模窗口**：建模窗口是建模的主要界面，所有的操作都是在建模窗口中进行体现的。窗口右上角的视角方块用于调整视角方位，并且可以体现零件当前状态和原始坐标系的关系。建模窗口的背景颜色可以根据个人喜好进行调整。

4.2　草图绘制基础

4.2.1　草图环境

所有三维设计都是从草图开始的，草图环境是进行三维设计的基础。通常情况下，基础特征和其他特征都是通过包含在草图中的二维几何图元创建的。创建或编辑草图时，所处的工作环境就是草图环境，草图环境由草图和草图命令组成。

命令用于控制草图网格，以及绘制直线、样条曲线、圆、椭圆、圆弧、矩形、多边形或点等几何元素。通过草图创建模型之后，也可以重新进入草图环境进行编辑。首先打开零件文件，激活浏览器中的草图，此时草图环境中的命令将被激活，之后对草图中的几何元素进行修改。对草图进行的更改将反映在模型中。

Inventor 2019 草图环境如图 4-3 所示。在草图环境中，二维草图面板显示可使用的草图工具按钮，二维草图面板包含绘制草图几何图元需使用的所有工具，可以通过这些工具创建直线、圆弧、矩形、圆、倒角和圆角等几何特征。

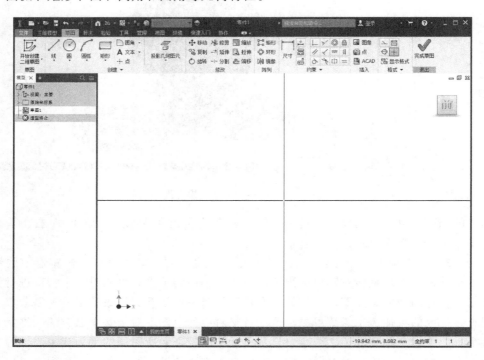

图 4-3 Inventor 2019 的草图环境

4.2.2 草图几何特征编辑

通过草图几何特征编辑工具，可以快速高效地修改和编辑几何特征，主要工具包括镜像与阵列、偏移、延伸与修剪、移动、复制、旋转及草图约束。其中，镜像就是按照参考直线或平面对目标几何形状进行镜像处理。阵列工具提供矩形阵列和环形阵列工具，矩形阵列可在两个不同方向上阵列几何图元，环形阵列则可得到按圆周分布的几何图元。延伸工具可以延伸曲线或直线，闭合处于开放状态的草图。修剪工具可用于修剪直线、曲线或删除线段，该功能将选中的直线或曲线修剪到与其他曲线最近的相交处。旋转工具用于将选定的几何图元绕指定的中心点旋转。

约束草图用于对草图中的图元进行几何约束，用于保持图元之间的固定关系，如约束两条直线平行或垂直、两圆同心等。可通过"草图"工具面板上的"约束"选项卡为草图图元添加几何约束，使用时先单击工具图标再选取图元和工具。常见的草图约束工具见表 4-1。

表 4-1 常见的草图约束工具

约束类型	适用对象	结果
重合	直线、点、直线的端点、圆心	使两个约束点重合,或者使一个点位于曲线上
平行	直线	使所选的几何图元互相平行
相切	直线、圆、圆弧	使所选的几何图元相切
共线	直线	使所选的几何图元位于同一条直线上
垂直	直线	使所选的几何图元互相垂直
平滑	曲线	使所选的几何图元的曲率变得平滑
同心	圆、圆弧	使两段圆弧或两个圆有同一圆心
水平	直线、成对的点	使所选的几何图元平行于草图坐标系的 X 轴
竖直	直线、成对的点	使所选的几何图元平行于草图坐标系的 Y 轴
对称	直线、点、圆、圆弧	使所选的几何图元相对于所选中心线对称分布
固定	直线、点、圆、圆弧	使所选的几何图元固定在相对于草图坐标系的一个位置
等长	直线、圆、圆弧	使所选的圆或圆弧具有相等的半径,使选中的直线具有相等的长度

4.2.3 草图绘制操作示例

以图 4-4 所示草图为例,草图绘制操作如下。

1)过原点绘制两个同心圆,在两侧绘制四个圆及四段直线段,如图 4-4a 所示。

2)用同心约束工具使两侧的圆分别同心,用水平约束工具使三对同心圆的圆心处于同

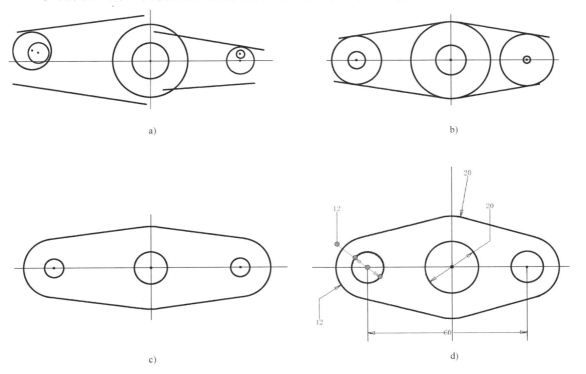

图 4-4 草图绘制操作示例

一水平位置。用相切约束工具使四段直线段与对应圆分别相切,结果如图 4-4b 所示。

3)修剪或延长切线,修剪多余的圆弧。用等长约束工具使四条切线等长,左、右两侧的圆和圆弧分别等长,上、下两侧的圆弧等长,约束结果保证了图形的对称性,结果如图 4-4c 所示。

4)添加尺寸约束,标注图 4-4d 所示的五个尺寸。

5)检查确认并保存文件。

4.3 特征建模基础

4.3.1 草图特征说明

在三维几何建模中,草图特征可被视为一种三维特征,它是在二维草图的基础上建立的。草图特征可以表现出大多数基本的设计意图。当创建一个草图特征时,必须首先创建一个三维的草图或者创建一个截面轮廓。所绘制的轮廓通常是表现所被创建的三维特征的二维截面形状。在创建草图轮廓时,要尽可能创建包含许多轮廓的几何草图。草图轮廓有两种类型,即开放的和封闭的。封闭的轮廓多用于创建三维几何模型,开放的轮廓用于创建路径和曲面。草图轮廓也可以通过投影模型几何图元的方式来创建。对于大多数复杂的草图特征,截面轮廓可以创建在一张草图上。也可以以不同的三维模型轮廓创建零件的多个草图,然后在这些草图之上建立草图特征。还可以用共享草图的方式重复使用一个已有草图。共享草图后,为了重复添加草图特征,仍需使草图可见。当共享草图后,它的几何轮廓就可以无限地添加草图特征。

4.3.2 基础三维特征造型工具

1. 拉伸

拉伸特征是将一个草图轮廓以一个数值拉伸到一定的距离,并基于不同的终止方式而得到的。如果轮廓是封闭的,则可以选择求并、求差和求交中的一种作为拉伸的结果(因此,有时也将其称为拉伸切除);如果轮廓是开放的,拉伸的结果便会是一个面。需要注意的是,拉伸的方向始终正交于所拉伸的草图轮廓。

使用拉伸工具通过草图创建拉伸特征时,如果该草图只包含一个封闭的轮廓,则这个封闭轮廓会被自动选取;如果草图包含两个或两个以上的封闭轮廓,就需要在拉伸特征中选取需要被拉伸的草图轮廓。在操作指令栏"三维造型"选项卡的"创建"组中选择"拉伸"命令,系统会弹出"拉伸"对话框,如图 4-5a 所示。

在"拉伸"对话框中,需要选取截面轮廓和方向,才能完成拉伸操作。在每一次创建拉伸特征时,都必须在已存在的特征上给刚创建的拉伸特征赋予一个几何运算关系,主要包括求并、求差或求交(也称布尔运算),如图 4-5 所示。另外,拉伸特征的终止方式需要根据设计目标进行规定。

2. 旋转

可以将草图绕着一条轴线创建旋转特征,如图 4-6a 所示。在创建草图特征的同时,可以对特征施加布尔运算。在创建好特征以后,同样可以对旋转特征或草图进行编辑。可以将

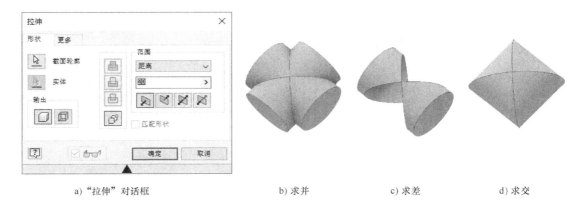

| a) "拉伸"对话框 | b) 求并 | c) 求差 | d) 求交 |

图 4-5 "拉伸"对话框与几何运算示例

草图旋转 360°，也可以将草图旋转一定的角度。如果被旋转的轮廓是封闭的，可以选择求并、求差（删除）和求交中的任何一个作为旋转的结果；如果被旋转的轮廓是不封闭的，那么旋转的结果就是一个面，如图 4-6b 所示。

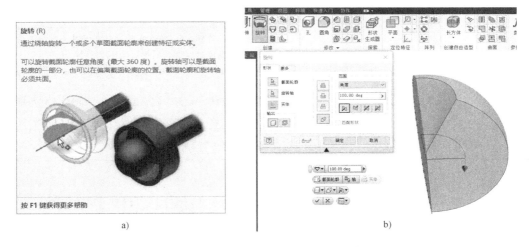

图 4-6 旋转工具操作提示和操作示例

4.3.3 高级三维特征造型工具

常用的高级三维特征造型工具有扫掠、放样和加强筋，它们的操作提示如图 4-7 所示。

1. 扫掠

扫掠通过沿一条平面路径移动截面轮廓草图来创建特征。除非要创建曲面，否则截面轮廓必须是一个闭合回路。路径可以是开放回路也可以是封闭回路，但是都必须穿透截面轮廓平面。在操作指令栏的"三维模型"选项卡的"创建"组中选择"扫掠"命令，系统弹出"扫掠"对话框。选用的路径类型不同，对话框设置也略有不同，主要扫掠方式见表 4-2。通过"扫掠"对话框，可以选择截面轮廓，进一步指定扫掠路径、选择扫掠类型、指定扫掠斜角等。

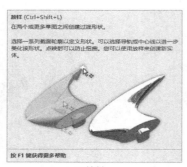

a) 扫掠　　　　　　　　　　b) 放样　　　　　　　　　c) 加强筋

图 4-7　扫掠、放样、加强筋的操作提示

表 4-2　主要扫掠方式

类型	用途	变形方式
传统路径扫掠	用于沿某个轨迹方向相同的截面轮廓的对象	"路径"方式：原始截面轮廓与路径垂直，在结束处扫掠截面仍维持这种几何关系 "平行"方式：截面轮廓仍会平行于原始截面轮廓，在路径任一点做平行面轮廓的剖面，获得的几何形状仍与原始截面相同
引导轨道扫掠	用于具有不同截面轮廓的对象	X 和 Y：在扫掠过程中，截面轮廓在引导轨道的作用下随路径在 X 和 Y 方向同时变形 X：在扫掠过程中，截面轮廓在引导轨道的作用下随路径在 X 方向上进行缩放 无：使截面轮廓保持固定的形状和大小，此时轨道仅控制截面轮廓扭曲。当选择此方式时，扫掠相当于传统路径扫掠
引导曲面扫掠	用于具有相同截面轮廓的对象	扫掠时附加一个曲面来控制截面轮廓的扭曲

2. 放样

　　放样是将两个或两个以上具有不同形状或尺寸的截面轮廓均匀过渡，从而形成特征实体或曲面。与扫掠相比，放样更加复杂，可以选择多个截面轮廓和轨道来控制曲面。由于其具有可控性并能创建更为复杂的曲面，常用于创建与人机工程学、空气动力学或美学相关的曲面，如电器产品外形和汽车表面等。在操作指令栏的"三维模型"选项卡的"创建"组中选择"放样"命令，系统即可弹出"放样"对话框，该对话框中有"曲线""条件""过渡"三个选项卡。按照对话框提示逐一操作即可完成放样特征建模。

3. 加强筋

　　加强筋是一种特殊的结构，是铸件、塑胶件等不可或缺的设计结构。在结构设计过程中，可能出现结构体悬出面过大或跨度过大的情况。如果结构面本身与连接面能承受的载荷有限，则在两结合面体的公共垂直面上增加一块加强板，俗称加强筋，以增加结合面的强度。例如，厂房钢结构的立柱与横梁结合处，或者是铸铁件的两垂直浇铸面上通常都会设有加强筋。在塑料零件中，它们也常常用来提高刚性和防止弯曲。在操作指令栏的"三维造型"选项卡的"创建"组中选择"加强筋"命令，系统即可弹出"加强筋"对话框，按照对话框提示逐一操作即可完成加强筋特征建模。加强筋的厚度方向可垂直于草图平面，并在草图的平行方向上延伸材料。加强筋的厚度方向也可平行于草图，并在草图平面的垂直方向上延伸材料。

4.4 工程图环境设定

工程图是设计者的设计意图及设计结果细化的图样，是设计者与生产制造者交流的载体，也是产品检验及审核的依据。工程图必须严格按照制图标准及规范要求进行绘制。Inventor 提供了由三维模型直接创建二维工程图的功能，可以确保工程图与三维设计模型特征参数的关联更新。二维工程图含有所有三维模型特征信息。以三维模型为基础，可以自动生成按照投影规则和制图标准及规范得到的基本视图、斜视图、局部放大视图、全剖视图、局部剖视图和正等轴测图等。

4.4.1 工程图创建环境

在主菜单栏中选择"新建"命令，系统即可弹出"新建文件"对话框，在对话框中选择 .idw 扩展名的模板，单击"确定"按钮。这样就创建了一个工程图文件，进入工程图环境，如图 4-8 所示。

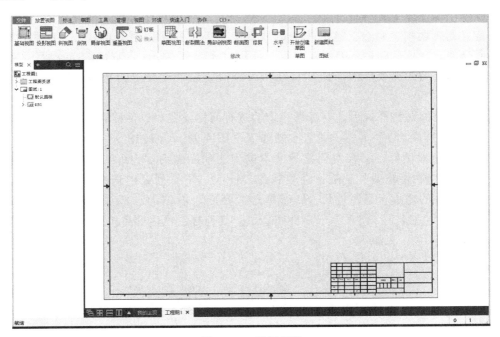

图 4-8　工程图环境

4.4.2 选择图纸与定制图框

在工程图环境中，开始创建工程图。软件会自动加载一个默认幅面的图纸模板。如果默认图纸不满足要求，可以自行选择其他图纸或定制图框。在工程图环境左侧的浏览器中选择要操作的图纸，单击鼠标右键，再在弹出的快捷菜单栏中选择"编辑图纸"命令。系统弹出"编辑图纸"对话框，在该对话框中进行相应的设置，设置完成后单击"确定"按钮结束。

工程图环境具有定制图框的功能。在工程图的浏览器中删除"图纸1"下面的"默认图框"，继续选择"工程图资源"中的"图框"选项，单击鼠标右键，在弹出的快捷菜单中选择"定义新图框"命令。这时软件将自动切换到草图模式，并会自动提供图纸边框的四个草图点，可以借此定义图框的位置。以A3带装订边的图纸为例介绍图框线的绘制。在草图环境下，采用矩形命令绘制图框。绘制完成后，单击"完成草图"按钮，给新定义的图框命名为"A3带装订边"，单击"保存"按钮。然后在浏览器中的"图框"下，选择定义的新图框，单击鼠标右键，在弹出的快捷菜单中选择"插入"命令，这时可以看到图纸中使用的图框就是新定义的。

4.4.3 定制标题栏

工程图标题栏中的数据应该来源于零件模型。因此，想正常使用工程图创建工具，必须重建标题栏，使它的数据处理符合设计需求。用户可以定制标题栏，并将标题栏中各项与被表达零件相关的数据信息与三维模型特征相关联，即可从三维参数化零件模型自动获取，而不必在工程图中另外建立或修改。

具体操作是在资源管理器目录中选定"标题栏"，单击鼠标右键，在弹出的快捷菜单中选择"定义新标题栏"命令。这时视图区域直接切换到标题栏的编辑状态。利用草图命令及文本命令创建目标标题栏。要注意一点，标题栏线型需要修改，直接选择直线，再单击鼠标右键，在弹出的快捷菜单中选择"特性"命令对直线的粗细进行更改，即可建立标准的标题栏样式。

在创建完成标题栏样式后，对标题栏内容进行属性设置，以使标题栏内容与模型特征及参数对应。以"（图名）"为例，设置步骤如下（图4-9）：①双击"（图名）"文本，系统弹出"文本格式"对话框；②在对话框的文本框中删除原来的"（图名）"，在"类型"下拉列表框中选择"特性-模型"选项；③然后在"特性"下拉列表中选择"零件代号"选项，则在软件中零件的名称就是零件代号；④单击"精度"右侧的"添加文本参数"按钮，这时标题栏中的"（图名）"就来源于零件模型了。其他标题栏内容也按照这样的流程定制。

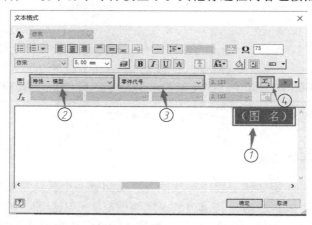

图4-9 定制标题栏的"文本格式"对话框

Inventor 软件在定义文本属性时还有一项"提醒条目"的功能，这个功能类似于 Auto-CAD 中的块的属性定义。例如标题栏中的图纸比例值等需要手动输入内容，应当设置成"提醒条目"。

4.4.4　修改样式编辑器与模板保存

国家标准对工程图的线型、标注的字体样式及大小等都有严格规范的要求。为了使软件生成的工程图达到国家标准的规范，需要对软件的工程图样式编辑器进行相应的设置。在 Inventor 软件中，可以在工程图"管理"选项卡中的"样式编辑器"中进行样式库的设置，还可以通过"工具"选项卡中的"应用程序选项"和"文档设置"选项进行相关设置。在对图纸、图框、标题栏、样式编辑器等进行规范设置之后，可以另存为工程图模板，以便于后续使用。

本 章 小 结

通过本章学习，应领会三维造型的思路，了解计算机三维建模软件 Inventor 的基本概念、功能模块和操作界面，掌握草图绘制、主要特征工具和工程图环境的基本操作方法；应通过自主学习和实际操作，掌握绘制简单草图，创建简单拉伸特征和旋转体的方法。在后续章节中，将以实例创建方式逐步介绍各种操作方法和具体操作步骤。

第 5 章

基本立体的投影与相交

本章介绍基本立体的投影、表面上点和线的投影作图方法，以及平面与立体相交的截交线、立体与立体相交的相贯线的投影画法。

5.1　基本立体的投影

立体是由表面包围而成的实体，根据其表面性质，可以把基本立体分为平面立体和回转体。平面立体包括棱柱和棱锥，其表面全部由平面构成；回转体包括圆柱、圆锥、圆球和圆环，其表面是由回转曲面和平面，或者全部是由回转曲面构成。绘制立体的投影图就是绘制组成立体的表面的投影图。

在工程制图中，用正投影法绘制物体的投影图（又称为视图）时，可见的轮廓线用粗实线绘制，不可见的轮廓线用细虚线绘制。投影轴只反映物体对投影面的距离，对投影图的形状及方位对应关系并无影响，故省略不画。

画图时，立体的整体或局部都必须遵循"长对正、高平齐、宽相等"的"三等"投影规律。需特别注意的是，水平投影和侧面投影中量取 y 坐标的起始点应一致，如图 5-1b 所示。

5.1.1　平面立体的投影

平面立体的投影是平面立体各表面投影的集合，它是由直线段构成的封闭图形。为便于画图和读图，减少作图工作量，平面立体在投影面体系中的位置，应使各表面尽可能多地成为特殊位置平面。

在平面立体表面上取点的方法与第 3 章介绍的在平面上取点的方法相同，即利用积聚性或辅助线作图。

1. 棱柱

棱柱表面有两个多边形底面和相应侧面，各侧面的交线称为棱线，棱线互相平行。通常用底面多边形的边数来定义棱柱。棱线垂直于底面的棱柱称为直棱柱。底面为正多边形的直棱柱称为正棱柱。

（1）棱柱的投影　将三棱柱分别向三个投影面投射，得到 H、V、W 三面投影，如

图 5-1 所示。

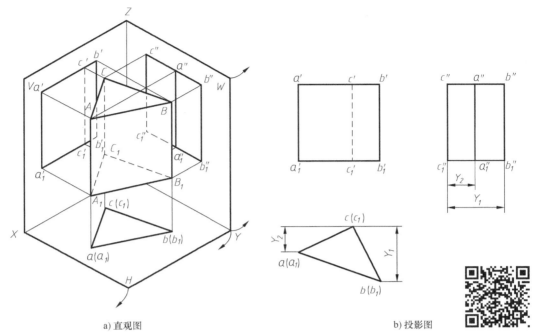

a) 直观图   b) 投影图

图 5-1 棱柱的投影   微课视频

由图 5-1 可进一步看出，当棱线垂直于 H 面放置时，三棱柱的顶面和底面都是水平面，其 H 面投影为实形；三个侧面都是铅垂面，其 H 面投影积聚为斜直线；三条棱线 AA_1、BB_1 和 CC_1 都是铅垂线，其 H 面投影积聚为点，而 V、W 面投影反映棱线的实长。由于棱线 CC_1 在侧面 AA_1BB_1 的后面，故其 V 面投影不可见，应画细虚线；其余棱线投影可见，均画粗实线。

画棱柱投影图时，应先画出反映底面形状的投影，再按投影关系以棱线的长度画出另外两面投影。

（2）棱柱表面上点的投影 由于三棱柱各表面都处于特殊位置，因此可利用积聚性来作图。根据已知点的投影，确定点在立体的哪个表面上及该表面的可见性。需要注意的是：点的可见性取决于点所在表面的可见性，不可见表面上点的投影加括号。若点所在表面的投影具有积聚性，则点的投影视为可见。棱柱表面上取点的方法如图 5-2 所示。

如图 5-2a 所示，由 m' 不可见，可知点 M 在左后侧面上，该面的水平投影积聚成直线，可直接求出 m，再由"三等"投影规律求出 m''。由于 n' 可见，可知点 N 在前侧面上，利用积聚性，直接求出水平投影 n，再根据 n、n' 求出 n''。因点 M 和点 N 所在三棱柱表面的侧面投影均可见，故 m''、n'' 均可见，作图步骤如图 5-2b 所示。

欲求棱柱表面上直线段的投影，则在各表面上分段求出直线段的端点投影，判别可见性，顺序相连即可。

2. 棱锥

棱锥与棱柱的不同之处在于棱锥只有一个底面，所有棱线交于一点，该点称为锥顶。锥顶和底面多边形的重心相连的直线，称为棱锥的轴线。轴线垂直于底面的棱锥称为直棱锥，

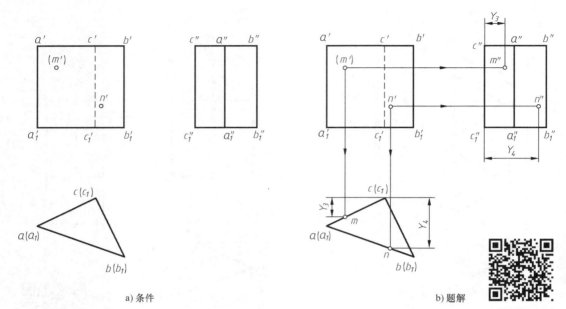

a) 条件	b) 题解

图 5-2　棱柱表面上取点

微课视频

轴线不垂直底面的棱锥称为斜棱锥。直棱锥的底面为正多边形时，称为正棱锥。

（1）棱锥的投影　如图 5-3 所示的正三棱锥，底面 ABC 为水平面，其水平投影 abc 反映实形，正面投影和侧面投影积聚成水平直线段；侧面 SAB 为侧垂面，其侧面投影积聚成直线段，正面投影和水平投影为相仿形，侧面 SAC、SBC 为一般位置平面，三面投影均为相仿形，其侧面投影相重合。棱线 SA、SB 为一般位置直线，棱线 SC 为侧平线。

画棱锥投影图时，应先画出底面的三面投影，再定锥顶的三面投影，将锥顶与底面各顶点的同面投影相连，判别各条线的可见性，即可完成投影图。

在作图过程中若采用图 5-3b 所示添加 45°辅助线的方法作图，要特别注意该辅助线起始

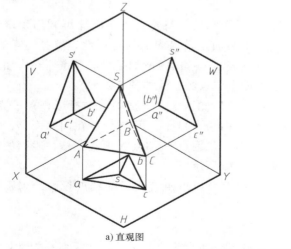

a) 直观图

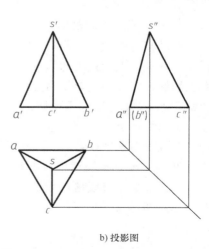

b) 投影图

图 5-3　棱锥的投影

点的正确位置并确保角度精准。

（2）棱锥表面上点的投影　凡属于特殊位置表面上的点，可利用积聚性直接求得其投影；而属于一般位置表面上的点，则必须过该点的已知投影作辅助线，然后利用点、线的从属关系求其他两面投影。

棱锥表面上点的可见性判别原则与棱柱相同。棱锥表面上取点和线的投影作图方法如图 5-4 所示。

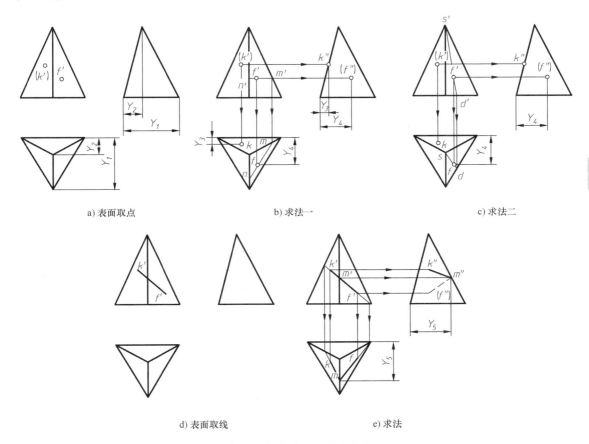

a) 表面取点　　　　　　　　　　b) 求法一　　　　　　　　　　c) 求法二

d) 表面取线　　　　　　　　e) 求法

图 5-4　棱锥表面上取点和线

如图 5-4a 所示，由 k' 不可见，可知点 K 在后侧面上，该面为侧垂面，其侧面投影积聚为直线段，因此可直接求出 k''，再根据 k'、k'' 求出 k，k 可见。由 f' 可见，可知点 F 在右前侧面上，该面为一般位置平面，投影没有积聚性，作辅助线 $m'n'$（如图 5-4b 所示），或者作辅助线 $s'd'$（如图 5-4c 所示），进而求出 f 和 f''。因点 F 所在表面的侧面投影不可见，故 f'' 不可见。

若求棱锥表面上直线段的投影，也应在各表面上分段求出直线段的端点投影，判别各段投影的可见性，顺序相连即得所求，如图 5-4d、e 所示。

5.1.2　回转体的投影

回转体是由回转面与平面或全部由回转面包围而成的立体。所谓回转面，可以看作是一动线（直线、圆弧或其他曲线）绕与它共面的定轴线做回转运动形成的曲面，定轴线称为回转轴，动线称为母线，母线在曲面上的任一位置称为素线。母线上任一点的回转轨迹皆为垂直于回转轴的圆，称为纬线圆。

常见的回转体有圆柱、圆锥、圆球和圆环，它们回转面的形成如图5-5所示。圆柱由矩形绕一边回转一周生成，回转轴的对边形成圆柱面，另两条边形成上、下底面，底面垂直于轴线，三个表面皆具有积聚性。

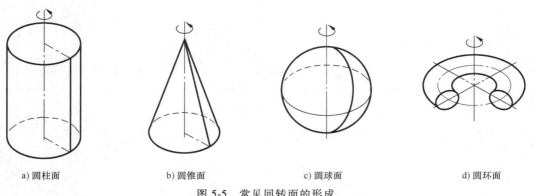

a) 圆柱面　　　　　　b) 圆锥面　　　　　　c) 圆球面　　　　　　d) 圆环面

图 5-5　常见回转面的形成

绘制回转体的投影，就是将组成立体的回转面的轮廓或平面表示出来。由于回转面是光滑曲面，在平行回转轴的投影面上的投影，要画出回转面上可见与不可见部分的分界线的投影，该分界线称为界限素线。对不同的投影面有不同的界线素线。

要注意的是：画任何回转体的投影图，都必须用细点画线表示出回转轴和圆的对称中心线。

作回转体表面上点的投影，就是作回转面或平面上点的投影。回转面上取点的方法类似于平面上取点。如果点所在回转面的投影具有积聚性，则可以直接利用积聚性来求；如果点所在回转面的投影没有积聚性，则必须过该点作辅助线。常用的辅助线是素线和纬线圆。

1. 圆柱

圆柱体的表面是圆柱面和上、下底面。圆柱面可以看作是由一条直母线绕与它平行的轴线回转而成的，因此圆柱面上所有素线都是平行于回转轴的直线。

（1）圆柱的投影　如图5-6所示的圆柱，上、下底面为水平面，回转轴是铅垂线。

1）水平投影是一个圆，反映上、下底面的实形，同时也是圆柱面的积聚性投影；用两条互相垂直的细点画线表示出圆心的位置。

2）正面投影是一个矩形，上、下两条水平边是上、下底面的积聚性投影，左、右两条竖直边是圆柱面对 V 面的界限素线的投影；细点画线表示回转轴。

3）侧面投影是与正面投影相同的矩形，上、下两条水平边也是上、下底面的积聚性投影，左、右两条竖直边是圆柱面对 W 面的界限素线的投影；细点画线表示回转轴。

画圆柱的投影图时，应先画出三面投影中的细点画线（轴线和对称中心线），用以确定图形的位置；再画反映上、下底圆实形的投影，然后根据圆柱高度及投影关系，完成形状为相同矩形的其他两面投影。

（2）界限素线的投影及可见性判别　如图5-6所示，圆柱面对 V 面的两条界限素线 AA_1

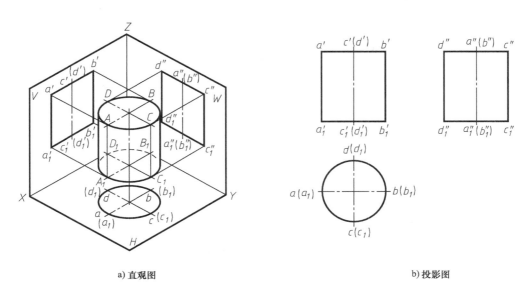

a) 直观图   b) 投影图

图 5-6　圆柱的投影

113

和 BB_1，处于圆柱面上最左和最右的位置；圆柱面对 W 面的界限素线 CC_1 和 DD_1，处于最前和最后的位置。因此，这四条素线的投影要特别加以注意。圆柱面对 V 面的两条界限素线的投影，在正面投影中是矩形的两条竖直边，在侧面投影中与细点画线重合；而圆柱面对 W 面的两条界限素线的投影，在侧面投影中是矩形的两条竖直边，在正面投影中与细点画线重合；这四条素线在水平投影中积聚为四个点，即圆与两条互相垂直的细点画线的四个交点。

在正面投影中，对 V 面的两条界限素线是可见与不可见部分的分界线，将圆柱面分为前、后两部分，前半部分可见，后半部分不可见；在侧面投影中，可见与不可见部分的分界线是对 W 面的两条界限素线，将圆柱面分为左、右两部分，左半部分可见，右半部分不可见。

（3）圆柱表面上点、线的投影　在圆柱表面上取点，基本方法是利用积聚性来作图。根据点的已知投影，确定点在圆柱表面上的位置，先在有积聚性的那个投影中求出它的另一面投影，再根据投影规律求出第三面投影。若点在界限素线上，则可利用投影关系直接求出。

点的投影可见性取决于点在圆柱表面上的位置，位于不可见部分表面的点，其投影不可见。圆柱表面上取点的投影作图方法如图 5-7 所示。

如图 5-7a 所示，圆柱面上有三个点 K、M、N，已知其 V 面投影，求另外两面投影。由于投影 k' 位于细点画线上，且不可见，可知点 K 处于最后位置的界限素线上，按照点的投影规律可直接作出投影 k 和 k''。又由于投影 m' 可见，n' 不可见，可知点 M 在前半个圆柱面上，点 N 在后半个圆柱面上。由于水平投影积聚为圆，可直接找到投影 m 和 n。根据点的两面投影，最后求出投影 m'' 和 n''。由于点 M 在左半个圆柱面上，所以投影 m'' 可见；而点 N 在右半个圆柱面上，投影 n'' 不可见。

圆柱面上只有平行于轴线的素线是直线段，其他情况均为曲线。求圆柱面上一条曲线的投影时，通常采用取点的方法。即求出该曲线的所有特殊点，并在相邻特殊点之间取一般

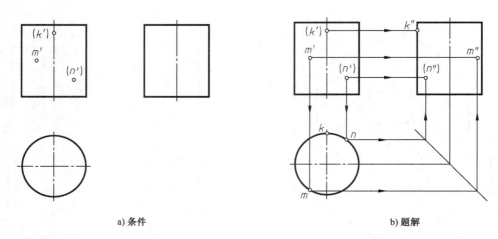

a) 条件　　　　　　　　　　　　　b) 题解

图 5-7　圆柱表面上取点

点，判断可见性，顺序光滑连接成曲线，即得该曲线的投影。所谓特殊点，是指曲线段的端点、极限位置点（前、后、左、右、高、低）、曲线与界限素线的交点及其他对作图有意义的点（如椭圆长、短轴的端点）等。

圆柱表面上取线的投影作图方法如图 5-8 所示。

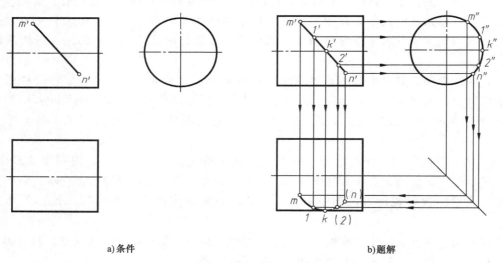

a) 条件　　　　　　　　　　　　　b) 题解

图 5-8　圆柱表面上取线

2. 圆锥

圆锥是由圆锥面和底面围成的。圆锥面可以看作是由一条直母线绕与它相交的轴线回转而成，直母线与轴线的交点称为锥顶，因此圆锥面上所有素线都是过锥顶的直线。母线上任一点的回转轨迹，是垂直于轴线、大小不同的纬线圆。

（1）圆锥的投影　如图 5-9 所示的圆锥，底面为水平面，回转轴是铅垂线。

1）水平投影是一个圆，反映底面的实形，同时也是圆锥面的水平投影；锥顶的水平投影位于圆的中心线的交点（圆心）位置。

2）正面投影是一个等腰三角形，底边是底面的积聚性投影，两腰是圆锥面对 V 面的界限素线的投影；细点画线表示回转轴。

3）侧面投影是与正面投影全等的等腰三角形，底边也是底面的积聚性投影，两腰是圆锥面对 W 面的界限素线的投影；细点画线表示回转轴。

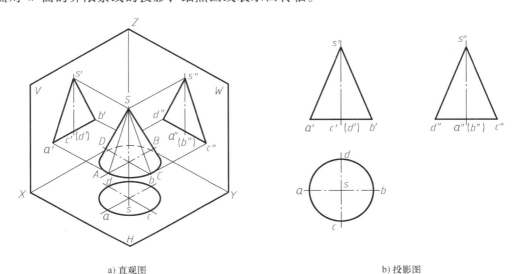

a) 直观图   b) 投影图

图 5-9　圆锥的投影

画圆锥的投影图时，应先画出所有的细点画线，用以确定投影图的位置；然后画反映底面实形圆的投影，再根据锥顶的高度及投影关系，完成投影为全等的等腰三角形的其他两面投影。

（2）界限素线的投影及可见性判别　如图 5-9 所示，圆锥面对 V 面的两条界限素线 SA 和 SB，处于圆锥面上最左和最右的位置；圆锥面对 W 面的界限素线 SC 和 SD，处于最前和最后的位置。圆锥面对 V 面的两条界限素线的投影，在正面投影中是等腰三角形的两腰，在侧面投影中与细点画线重合；而对 W 面的两条界限素线的投影，在侧面投影中是等腰三角形的两腰，在正面投影中与细点画线重合；这四条素线在水平投影中的投影分别与圆的中心线重合。

在正面投影中，可见与不可见部分的分界线是对 V 面的两条界限素线，它们将圆锥面分为前、后两部分，前半部分可见，后半部分不可见；在侧面投影中，可见与不可见部分的分界线是对 W 面的两条界限素线，它们将圆锥面分为左、右两部分，左半部分可见，右半部分不可见。

（3）圆锥表面上点、线的投影　由于圆锥面的各面投影都没有积聚性，因此取点时必须先作辅助线，再利用点线从属关系在辅助线上取点，这与平面内取点的作图方法类似。圆锥面上投影简单易画的辅助线是素线和纬线圆，因此圆锥面上取点的常用方法是素线法和纬线圆法，对应的投影作图方法如图 5-10 所示。

如图 5-10a 所示，点 E 在对 V 面的界限素线上，可直接求出；点 K 在右前圆锥面上，k 可见，k'' 不可见，两种方法可求。

作法一：素线法。如图 5-10b 所示，连接 $s'k'$ 并延长，与底面圆投影交于 m'；作出 sm，

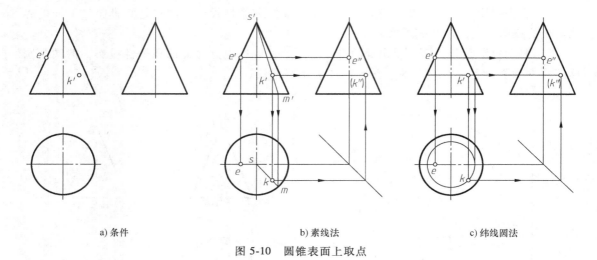

a) 条件　　　　　　　　　b) 素线法　　　　　　　　c) 纬线圆法

图 5-10　圆锥表面上取点

可求得 k；按投影关系，由 k'、k，求出 k''。

作法二：纬线圆法。如图 5-10c 所示，过 k' 作水平线段（纬线圆的积聚性投影），按投影关系，作出辅助纬线圆的水平投影（实形），求得 k；按投影关系，再由 k'、k，求出 k''。

圆锥面上只有素线是直线段，其他情况均为曲线。求圆锥面上曲线的投影时，通常也是采用取点的方法。求出所有特殊点的投影，并在相邻特殊点之间取一般点作出投影，判别可见性，顺序光滑连接成曲线，即得该曲线的投影。

圆锥面上取线的投影作图方法如图 5-11 所示。e 是曲线段水平投影可见性的分界点，efn 曲线段不可见，用细虚线表示。

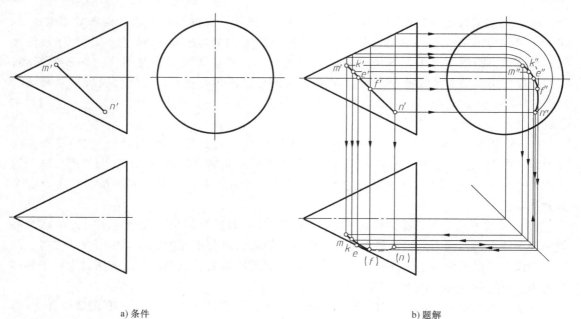

a) 条件　　　　　　　　　　　　　　　b) 题解

图 5-11　圆锥表面上取线

3. 圆球

圆球由圆球面围成，圆球面的母线是圆，回转轴为圆的一条直径线。

（1）圆球的投影　如图 5-12 所示，圆球的三面投影是大小相等的三个圆，分别是球面对三个投影面的界限素线圆的投影。

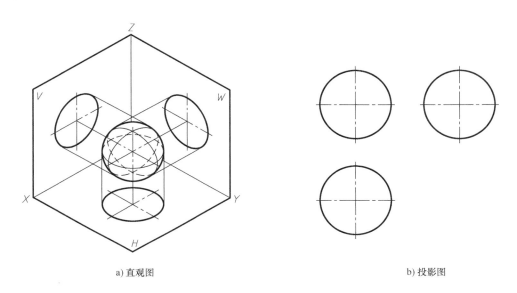

a) 直观图　　　　　　　　　　　　　　　　　　b) 投影图

图 5-12　圆球的投影

画圆球的投影图时，应先画出所有细点画线，确定图形的位置，再画出三个直径相等的圆。

（2）界限素线的投影及可见性判别　如图 5-12 所示，圆球面对 V 面的界限素线，是圆球面上最大的正平纬线圆，是前、后半球面的分界线。圆球面对 H 面的界限素线，是圆球面上最大的水平纬线圆，是上、下半球面的分界线。圆球面对 W 面的界限素线，是圆球面上最大的侧平纬线圆，是左右半球面的分界线。

要特别注意这三条界限素线圆在其他两个投影面的非圆投影与各面投影中的对称中心线（细点画线）的投影对应关系。

（3）圆球表面上点、线的投影　圆球面的三面投影都没有积聚性，并且圆球面上也不存在直线，因此在圆球面上取点采用纬线圆法。为简化作图，把圆球面的回转轴看成是投影面垂直线，选用与投影面平行的纬线圆作为辅助线。值得注意的是，过一个已知点可在圆球面上作三个辅助纬线圆，分别平行于三个投影面。圆球表面上取点的投影作图方法如图 5-13 所示。

如图 5-13 所示，点 M 在对 V 面界限素线上，根据投影关系，可直接求出 m 和 m″，且都可见；点 N 在右后下 1/8 圆球面上，作水平纬线圆来求 n 和 n″，都不可见。

求圆球面上一条曲线的投影时，应求出该曲线上所有特殊点和若干一般点的投影，顺序光滑连接成曲线，并区分可见性。

圆球面上取线的投影作图方法如图 5-14 所示。

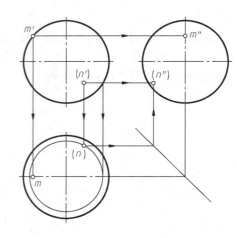

a) 条件   b) 纬线圆法

图 5-13　圆球表面上取点

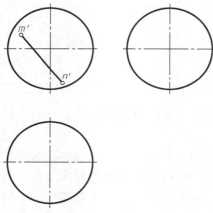
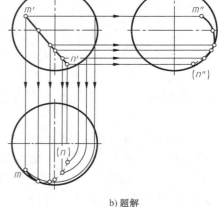

a) 条件   b) 题解

图 5-14　圆球表面上取线

4. 圆环

圆环由圆环面围成，圆环面的母线是圆，回转轴是与母线共面但不过圆心的直线。远离轴线的半圆回转形成外环面，靠近轴线的半圆回转形成内环面。

（1）圆环的投影　如图 5-15 所示，圆环的正面投影表示出最左、最右两个素线圆的投影，上、下两条水平公切线是圆环面的最高和最低纬线圆的投影，也是内、外环面的分界线；水平投影表示了圆环面的最大和最小纬线圆的投影，细点画线圆是母线圆心回转轨迹的投影；侧面投影与正面投影只是投射方向不同，而投

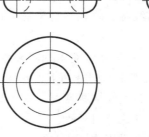

图 5-15　圆环的投影

影图形完全相同。

画圆环投影图时，先画出三面投影中的所有细点画线，确定投影图的位置；接着画正面投影中最左和最右的素圆，然后画上、下两条公切线；再根据投影关系，画水平投影中的两个实线圆；侧面投影与正面投影画法相同。

（2）可见性判别　如图 5-15 所示，判别圆环面可见性的关键是分析清楚投影图中的粗实线与中心细点画线的投影对应关系。对各投影面的界限素线，都将圆环面分成可见与不可见两部分。

（3）圆环表面上点的投影　圆环面的母线是圆，其表面上取点只能采用纬线圆法。根据点的已知投影，确定点在圆环表面上的位置，作垂直于轴线的纬线圆的投影，再按线上求点的方法求出点的未知投影。圆环表面上取点的投影作图方法如图 5-16 所示。

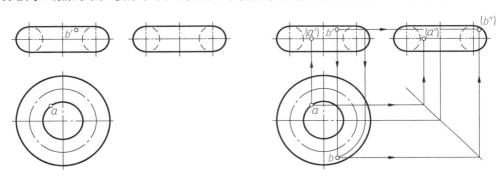

a) 条件　　　　　　　　　　　　　　　　　b) 纬线圆法

图 5-16　圆环表面上取点

如图 5-16 所示，点 A 在对 H 面的界限素线上，可直接求出 a' 和 a''，都不可见；点 B 在前、上、外右环面上，作水平纬线圆来求 b 和 b''，b 可见，b'' 不可见。

5. 不完整回转体

基本立体用于组成复杂物体时，常常是不完整的，多看、多画一些形体不完整、方位多变的立体，对提高看图能力非常有益。图 5-17 展示了一些常见的不完整回转体。

6. 复合回转体

复合回转体是由多个共有一条轴线的回转体所组成，其表面为复合回转面或复合回转面加平面。复合回转面可看作是圆柱面、圆锥面、圆球面和圆环面的组合。

（1）复合回转体的投影　如图 5-18 所示的复合回转体，可看作是圆锥和圆柱的叠加体，其投影图也即是圆锥和圆柱的投影组合。

特别说明，复合回转体在与轴线垂直的投影面上的投影是同心圆，另两面投影形状相同。

画复合回转体投影图时，先画出所有细点画线，确定投影图的位置，再分段画出各组成回转体的投影。值得注意的是：若相邻回转体的母线相交，则交点回转轨迹需要画出；若相邻回转体的母线相切，则切点回转轨迹不必画出，如图 5-19 所示。

（2）界限素线的投影及可见性判别　如图 5-18 所示，复合回转面对 V、H 和 W 面的界限素线，分别是复合回转面前后、上下、左右的分界线，是各投影中可见与不可见部分的分界线。

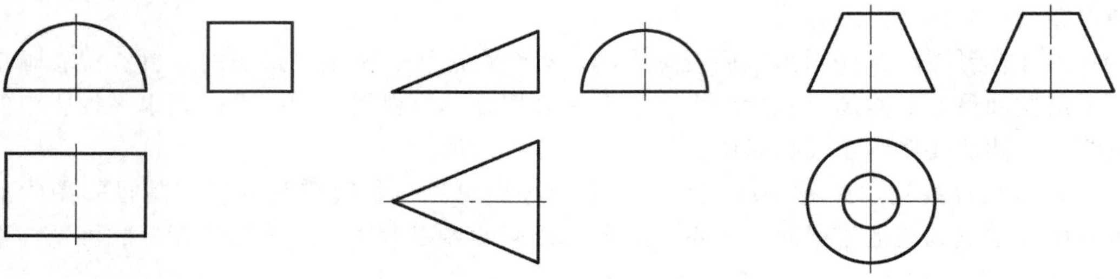

a) 半圆柱

b) 半圆锥

c) 圆锥台

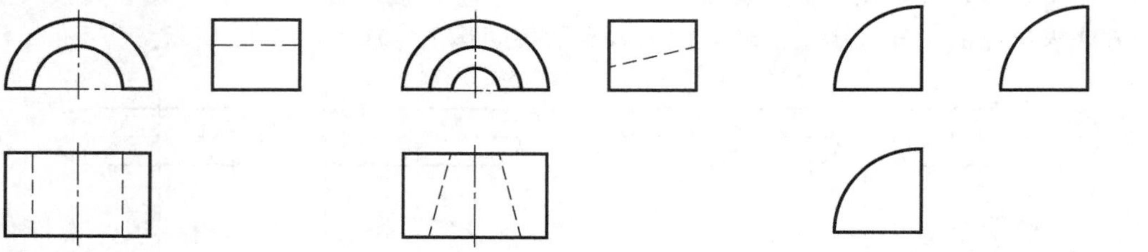

d) 半圆柱筒

e) 带圆锥槽的半圆柱

f) 八分之一圆球

图 5-17　不完整回转体

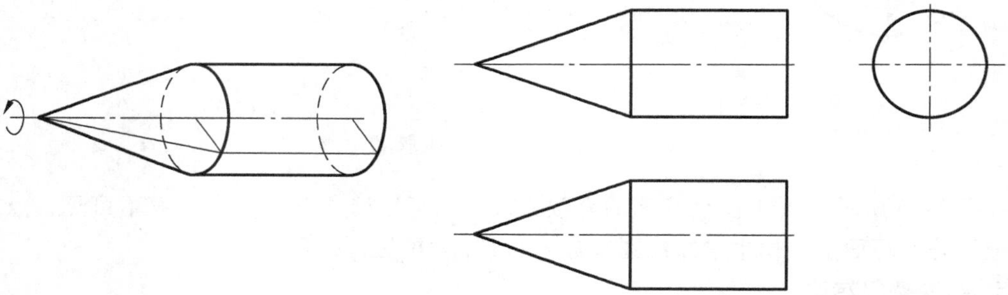

a) 形成

b) 投影图

图 5-18　复合回转体的投影

（3）复合回转体表面上点、线的投影　在复合回转体表面上取点、取线，其实质就是分段在各组成回转面上取点、取线，如图 5-19 所示。

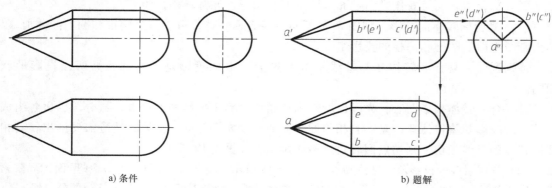

a) 条件

b) 题解

图 5-19　复合回转体表面上取点、取线

5.2 平面与立体相交

立体被平面所截,称为截交。该平面称为截平面,在立体表面上产生的交线称为截交线,如图 5-20 所示。

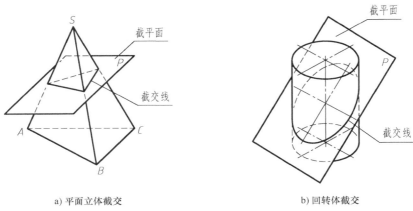

a) 平面立体截交   b) 回转体截交

图 5-20 平面与立体相交

截交线的形状取决于立体表面形状及截平面与立体的相对位置。虽然截交线的形状各不相同,但都具有以下两个基本性质。

封闭性:截交线是一个封闭的平面图形。

共有性:截交线是立体表面和截平面的共有线,截交线上的点是立体表面和截平面的共有点,既在立体表面上,又在截平面上。

由此可以看出,求截交线的实质就是求截平面和立体表面的共有点的集合。当截平面处于投影面特殊位置时,截平面的投影有积聚性,截交线的一个投影随之积聚,然后用立体表面上取点、线的方法求截交线的其他投影。具体步骤如下。

(1) 空间及投影分析 分析被截切立体的形状及截平面与立体的相对位置,判断截交线的空间形状;分析截平面及立体与投影面的相对位置,确定截交线的投影特性(积聚性、实形性、相仿性)。

(2) 作图 求出截平面与立体表面的一系列共有点,依次连接,并判别可见性,最后整理轮廓线。需要注意的是:平面立体截交线是平面多边形,回转体截交线是由直线段、圆弧或非圆曲线构成的平面图形。

5.2.1 平面与平面立体相交

平面与平面立体相交所产生的截交线是一个封闭的平面多边形,如图 5-20a 所示。多边形的顶点是平面立体轮廓线与截平面的交点,多边形的边是截平面与平面立体表面的交线。

因此,平面立体的截交线有如下两种求法。

线面交点法:求平面立体各轮廓线与截平面的交点(实质为求直线与平面的交点),适用于截平面处于投影面特殊位置的情况。

面面交线法:求截平面与平面立体表面的交线(实质为求两平面的交线),适用于截平面处于投影面一般位置的情况。

本章以特殊位置的截平面为例，介绍平面立体截交线的求解方法和作图步骤。

【例 5-1】 如图 5-21a 所示，正四棱锥被正垂面 P 截切，求其截交线的投影。

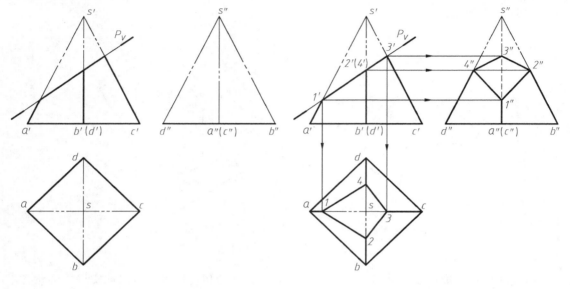

a) 条件   b) 题解

图 5-21 正垂面截切四棱锥

分析：由图 5-21a 可知，截平面 P 与四棱锥的四个侧面相交，因此截交线为四边形，其四个顶点分别是棱线 SA、SB、SC、SD 与截平面 P 的交点。由于正垂面 P 的正面投影具有积聚性，因此四边形的 V 面投影积聚为一条斜线段，再按投影关系求出四个交点的 W 面投影和 H 面投影。

作图步骤：

1）先画出正四棱锥的三面投影。

2）利用截平面的积聚性投影，直接标出四条棱线与平面 P 的四个交点的 V 面投影 1′、2′、3′、4′。

3）依据直线上点的投影特性，在四棱锥各棱线的 W 面和 H 面投影上，求出相应交点的投影 1″、2″、3″、4″和 1、2、3、4。

4）依次连接各交点的同面投影。

5）判断可见性。四棱锥被截去左上角，因而截交线的三面投影均可见。但要注意棱线 SC 的 W 面投影为细虚线，如图 5-21b 所示。

【例 5-2】 如图 5-22a、b 所示，试完成五棱柱被平面 P、Q 截切后的正面投影。

分析：如图 5-22a 所示，五棱柱被正平面 P 及侧垂面 Q 截切，产生两个平面多边形。正平面 P 截切五棱柱的上表面和两个侧面，得到三条交线，加上 P、Q 面的交线（此交线不在立体表面上），P 面产生的截交线为矩形 ABFG；平面 Q 与五棱柱四个侧面相交得到四条交线，加上 P、Q 面的交线，Q 面产生的截交线为五边形 BCDEF。截交线的水平投影都在五棱

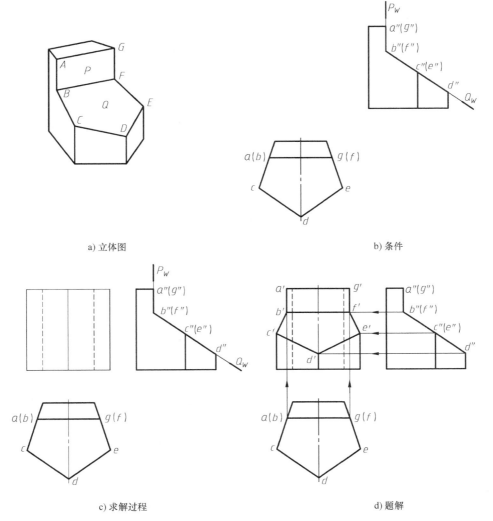

a) 立体图   b) 条件

c) 求解过程   d) 题解

图 5-22　两平面截切五棱柱

柱积聚的水平投影五边形上，截交线的侧面投影分别积聚在 P_W 和 Q_W 上，再按投影关系，求出正面投影。

作图步骤：

1）画出截切前五棱柱的正面投影，如图 5-22c 所示。

2）求截平面 P 截切所得矩形截交线 $ABFG$ 的 V 面投影。该矩形是正平面，其 V 面投影反映实形，由已知的积聚的 H、W 面投影直线段，求出 V 面投影。由 a'' 和 a，求出正面投影 a'，同理求出 b'、f'、g'。

3）求截平面 Q 截切所得五边形 $BCDEF$。该五边形是侧垂面，其 V 面投影具有相仿性。用线面交点法，由侧面投影和水平投影，分别求出三条棱线与截平面 Q 的交点 C、D、E 的正面投影 c'、d'、e'。

4）依次连接各点，如图 5-22d 所示。其中 BF 是 P、Q 两截平面的交线。

5）判别可见性。由于 P 面和 Q 面的正面投影均可见，因此截交线的正面投影可见。注意区分各条棱线切掉和保留的部分，画出未被截切部分的投影。

【例 5-3】 如图 5-23a、b 所示，求 P、Q 两平面与四棱锥的截交线。

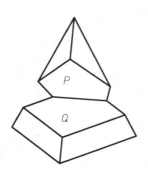

a) 立体图

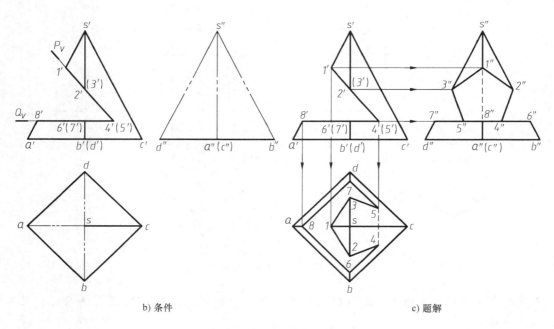

b) 条件   c) 题解

图 5-23 两平面截切四棱锥

分析： 由图 5-23a 可知，四棱锥被正垂面 P 及水平面 Q 截切。截平面 P、Q 均与四棱锥的四个侧面相交，并且平面 P 与平面 Q 也相交（交线为正垂线），因此两截平面分别产生五边形截交线。截平面 Q 为水平面，与四棱锥底面平行，因此，其与四棱锥四个侧面的交线，分别平行于底面四边形的对应边，该截交线投影利用平行线的投影特性即可求得。截平面 P 为正垂面，其截交线的正面投影积聚在 P_V 上，水平、侧面投影具有相仿性，利用线面交点法求出。

作图步骤：

1）求截平面 P 与四棱锥棱线交点的投影。如图 5-23b 所示，通过 V 面投影 $1'$、$2'$、$3'$，按棱线上点的投影关系，可直接求出 1、1″、2″、3″，再由投影规律求出 2 和 3。

2）求截平面 Q 与四棱锥棱线交点的投影。如图 5-23b 所示，已知 6′、7′、8′，按棱线上点的投影关系，直接求出 6″、7″、8″和 8，在 H 投影面上，作 8 6//ab、8 7//ad 求得 b、7。

3）求截平面 P 与截平面 Q 交线的投影。在 H 投影面上，作 6 4//bc、7 5//cd，由 4′、5′ 按"长对正"的投影规律，即可求出 4、5，再求出 4″、5″。

4）依次连接所求出各交点的同面投影。

5）判别可见性。截平面 P 与截平面 Q 交线的水平投影 4 5 不可见，画成细虚线，其余交线投影可见，画成粗实线。画出未被截切的棱线，注意棱线 SC 的 W 面投影为细虚线。完成作图，如图 5-23c 所示。

【例 5-4】 如图 5-24a 所示，已知立体的 V、W 面投影，试求其 H 面投影。

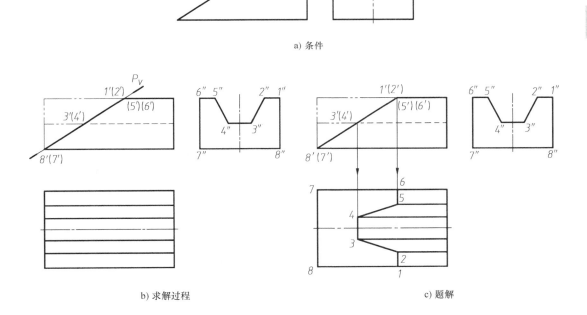

a) 条件

b) 求解过程   c) 题解

图 5-24　V 形槽立体的截交线

分析： 如图 5-24a 所示，该立体可以看作是上部开有 V 形槽的长方体被正垂面 P 截切而成。截交线的形状为八边形，其 V 面投影积聚为直线段，W 面投影与立体的 W 面投影重合。根据投影规律，由截交线的 V、W 两面投影便可求出其 H 面投影。

作图步骤：

1）画出未被平面 P 截切的带 V 形槽的长方体 H 面投影，如图 5-24b 所示。

2）截交线的形状为八边形，顶点由线面交点法得出，在 W 面投影中直接标出 1″、2″、3″、4″、5″、6″、7″、8″，截交线的 V 面投影积聚为线段，由 W 面投影对应标出 1′、2′、3′、

4′、5′、6′、7′、8′。

3）根据 V、W 面投影，求出八边形截交线的 H 面投影 12345678。

4）考虑被截去的部分，整理轮廓线，即得所求，如图 5-24c 所示。

5.2.2　平面与回转体相交

平面与回转体相交所产生的截交线是一个封闭的平面图形。截交线的形状因截平面与回转体的相对位置不同而改变，或由曲线围成，或由曲线和直线段围成，有时也由直线段围成。

求回转体截交线投影的一般步骤是：首先根据截平面与回转体的相对位置，分析交线的空间形状，再根据截平面及回转体表面与投影面的相对位置，明确截交线的投影特性，如积聚性、相仿性、实形性等；然后利用积聚性或辅助线作图求共有点；再判别可见性，依次连接各点的同面投影，并补全回转体轮廓线。当交线为非圆曲线时，应先求出能确定交线形状和范围的特殊点，如最高、最低、最前、最后、最左、最右点，可见与不可见部分的分界点等，然后再求出适量中间点，最后光滑连接成曲线。

下面介绍特殊位置平面与常见回转体相交所得截交线投影的画法。

1. 平面与圆柱相交

平面与圆柱相交，根据截平面与圆柱轴线的相对位置不同，截交线形状有三种：圆、椭圆、矩形，见表 5-1。

表 5-1　平面与圆柱相交

	垂直于轴线	倾斜于轴线	平行于轴线
立体图	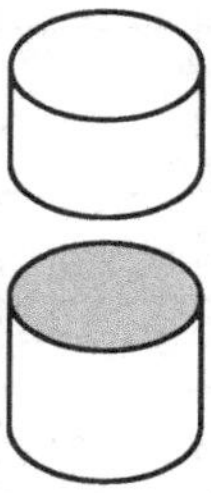	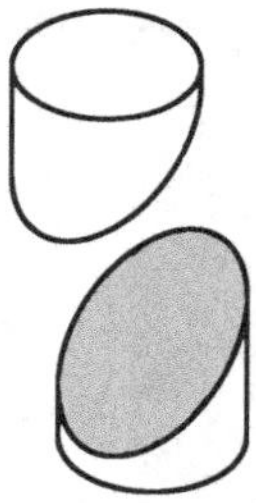	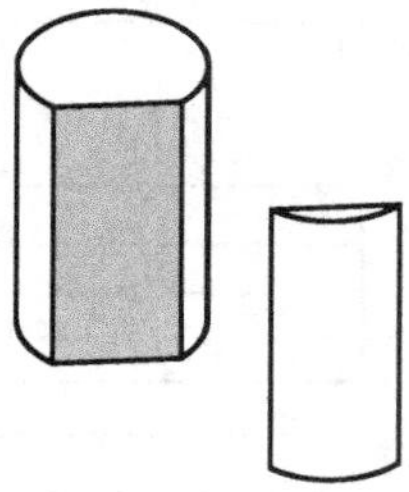
投影图	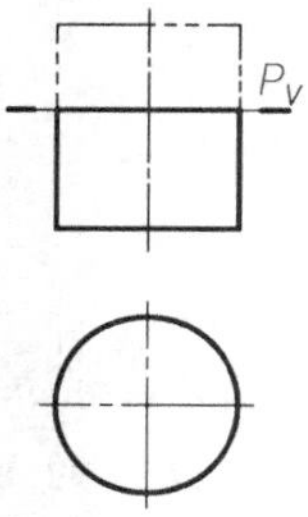	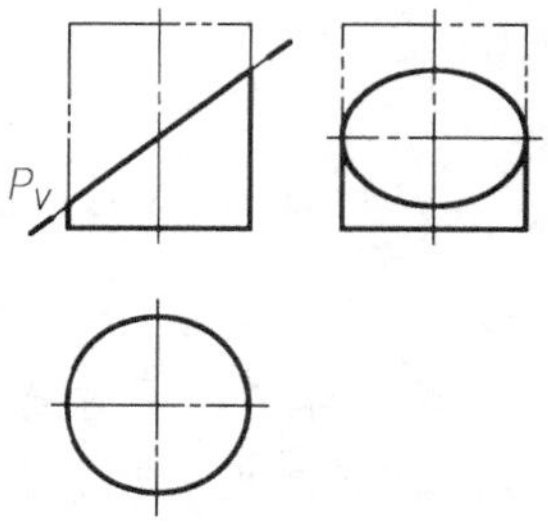	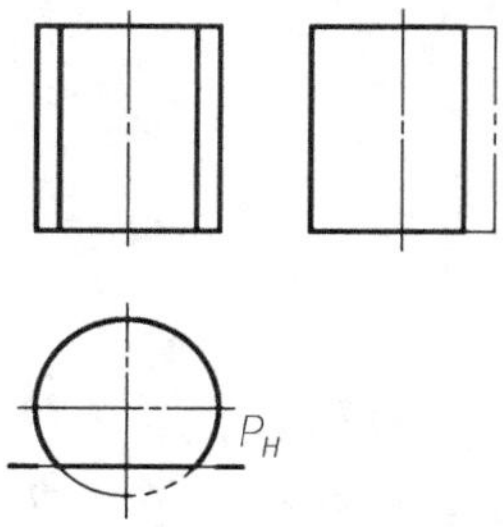
截平面位置	垂直于轴线	倾斜于轴线	平行于轴线
截交线形状	圆	椭圆或椭圆弧加直线	矩形

求圆柱截交线的投影，主要利用截平面和圆柱表面的积聚性。当同一立体被多个平面截切时，要逐个分析每一个截平面与圆柱产生的交线形状和投影，然后作图。

【例 5-5】 如图 5-25a、b 所示，圆柱被 P、Q 两平面截切，试求其截交线的 H、W 面投影。

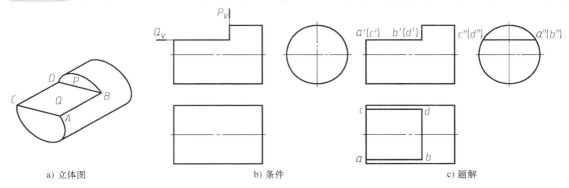

a) 立体图　　　　　　　　　　　b) 条件　　　　　　　　　　　c) 题解

图 5-25　两平面截切圆柱

分析：如图 5-25a 所示，水平面 Q 和侧平面 P 的交线 BD 为正垂线。截平面 Q 平行于圆柱的轴线，与圆柱面的交线为侧垂线 AB、CD，截交线为水平矩形 $ABDC$。截平面 P 垂直于圆柱的轴线，与圆柱面的交线为平行于 W 面的 $\overparen{BD}$，截交线平行于侧面，由 $\overparen{BD}$ 和直线段 BD 构成。利用截平面 P、Q 和圆柱面投影的积聚性，直接求截交线的投影。

作图步骤：

1）水平矩形的 W 面投影积聚为水平直线段 $a''c''$，可由 V 面投影直接作出。

2）由水平面 Q 与圆柱面交线 AB、CD 的 V 面投影及 W 面投影，根据投影规律，求出其 H 面投影 ab、cd。

3）侧平面 P 与圆柱面交线的 W 面投影为反映实形的圆弧，与圆重合，其 H 面投影积聚为线段 bd，如图 5-25c 所示。

【例 5-6】 如图 5-26a 所示，圆柱被正垂面 P 截切，试画出其截交线的投影及实形。

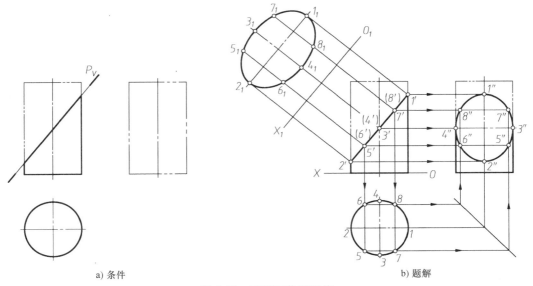

a) 条件　　　　　　　　　　　　　　b) 题解

图 5-26　正垂面截切圆柱

分析：截平面 P 与圆柱轴线斜交，其截交线为椭圆。截平面 P 为正垂面，因此截交线的 V 面投影积聚为直线段。圆柱面的 H 面投影具有积聚性，故截交线的 H 面投影为圆。因此，截交线的 V、H 面投影已知，只需求截交线的 W 面投影，该投影一般情况下为相仿形椭圆。截交线实形一般用换面法求取。

作图步骤：

1）求特殊点 Ⅰ、Ⅱ、Ⅲ、Ⅳ（椭圆长、短轴端点）的三面投影。

2）求一般点 Ⅴ、Ⅵ、Ⅶ、Ⅷ的三面投影。先确定它们的 V 面投影，再定位各自的 H 面投影，根据两面投影求出 W 面投影。

3）在 W 面投影中，顺序光滑连接各点。

4）判别可见性。由截切位置可知，截交线 W 面投影可见，画粗实线。如求截交线椭圆实形，可用换面法，如图 5-26b 所示。

讨论：如图 5-27 所示，截平面与圆柱轴线斜交时，截交线的 W 面投影为椭圆，椭圆的长、短轴随 θ 的变化而变化。当 $\theta = 45°$ 时，椭圆长、短轴相等，W 面投影为圆；$\theta < 45°$ 时的椭圆与 $\theta > 45°$ 时的椭圆，长、短轴互易。

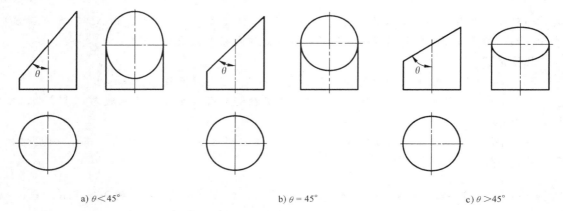

a) $\theta < 45°$ b) $\theta = 45°$ c) $\theta > 45°$

图 5-27　截平面与圆柱轴线斜交时的投影变化

【例 5-7】 如图 5-28a、b 所示，求开矩形槽圆柱的投影。

分析：矩形槽可看作是由一个水平面和两个侧平面截切而成。水平面垂直于圆柱轴线，与圆柱面的交线是两段水平的圆弧，截交线为鼓形水平面，其 H 面投影反映实形，W 面投影积聚为直线段；两个侧平面左右对称，与圆柱面的交线是平行于轴线的四条铅垂线，截交线为侧平矩形，其 W 面投影反映实形，H 投影积聚为直线段。

作图步骤：

1）水平截面的 W 面投影积聚，直接作出 m″n″（开槽贯通前后）。

2）两侧平截面的 H 面投影积聚，直接作出线段 ac 和 eg，其与圆的交点即是侧平面与圆柱面交线 AB、CD、EF、GH 的 H 面投影，再由交线的 V 面投影，利用投影特性求出交线的 W 面投影。

3）判断可见性，矩形槽底部鼓形截交线的 W 面投影积聚为直线段，其中间部分被圆柱遮挡，不可见，画成细虚线。整理轮廓线，如图 5-28c 所示。

128

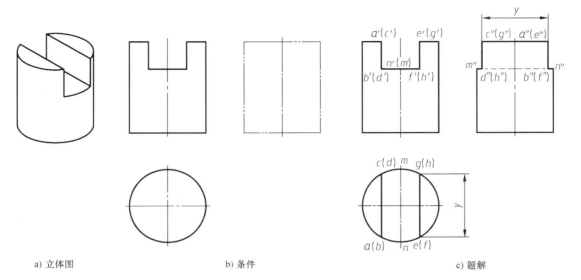

a) 立体图　　　　　　　　　　b) 条件　　　　　　　　　　c) 题解

图 5-28　开矩形槽圆柱的投影

注意： 圆柱最前和最后两条素线（对 W 面的界限素线）在开槽时被截切掉靠上部分，因此在 W 面投影中，外形轮廓在开槽部位有向内"收缩"情况，其收缩程度与槽的宽度有关。

【**例 5-8**】　如图 5-29a、b 所示，求开有矩形槽的空心圆柱的 H、W 面投影。

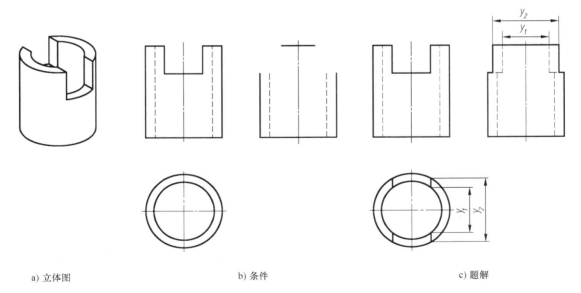

a) 立体图　　　　　　　　　　b) 条件　　　　　　　　　　c) 题解

图 5-29　开槽空心圆柱的投影

分析： 空心圆柱的上部被一个水平面和两个侧平面截切，形成一个矩形槽。三个截平面与圆柱内、外表面都相交，所产生的内、外两层截交线求法相同。

作图步骤：

1）完成三个截平面与空心圆柱外表面的交线，作图方法与例 5-7 相同。

2）完成三个截平面与空心圆柱内表面的交线，作图方法与例5-7相同。

3）在 W 面投影中，槽底水平面有一部分不可见，用细虚线画出，注意中间为空心部分，细虚线断开。W 面界限素线擦去开槽部分，即得所求。

如图 5-30 所示，圆柱和空心圆柱左、右两侧切角，可看作被左右对称的侧平面和水平面所截切。圆柱面对 W 面的界限素线未被切到，在侧面投影中均应完整画出。空心圆柱切角后，W 面投影顶部中间无线。

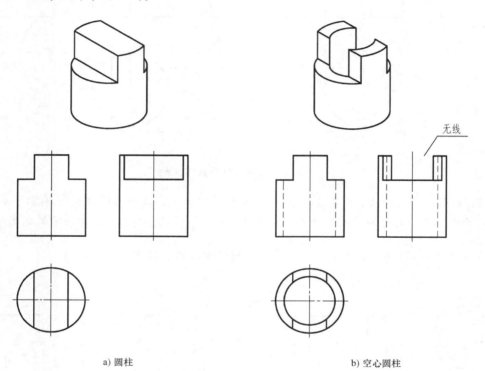

a) 圆柱　　　　　　　　　　　　　b) 空心圆柱

图 5-30　圆柱切角的投影

2. 平面与圆锥相交

平面与圆锥相交，随着截平面与圆锥轴线相对位置的变化，截交线有五种形状：圆、椭圆、抛物线+直线段、双曲线+直线段、等腰三角形，见表 5-2，其中 α 角为圆锥顶半角，θ 角为截平面与圆锥面轴线夹角。

表 5-2　平面与圆锥相交

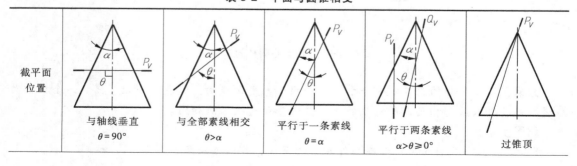

| 截平面位置 | 与轴线垂直 $\theta = 90°$ | 与全部素线相交 $\theta > \alpha$ | 平行于一条素线 $\theta = \alpha$ | 平行于两条素线 $\alpha > \theta \geq 0°$ | 过锥顶 |

（续）

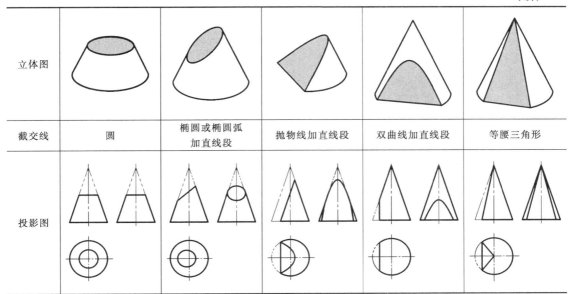

立体图					
截交线	圆	椭圆或椭圆弧加直线段	抛物线加直线段	双曲线加直线段	等腰三角形
投影图					

　　求圆锥截交线的投影时，若为非圆曲线，常用纬线圆法求出特殊点和若干一般点，顺序光滑连接。当同一立体被多个平面截切时，也应分别分析、逐个作图。

【例 5-9】　如图 5-31a 所示，求正垂面截切圆锥的截交线的投影。

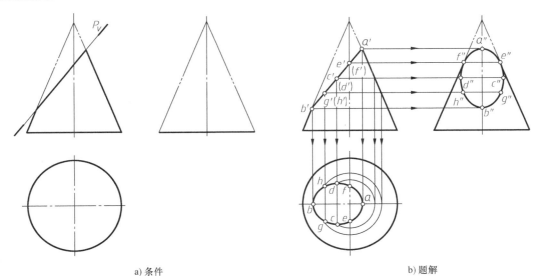

a) 条件　　　　　　　　　　　　　　　　b) 题解

图 5-31　正垂面与圆锥轴线斜交

　　分析：截平面 P 与圆锥轴线斜交，且 $\theta > \alpha$，故截交线为椭圆。截交线的 V 面投影积聚为直线段，H 面投影和 W 面投影仍为椭圆。先求特殊点，再求一般点，光滑连接同面投影即可。

　　作图步骤：

　　1）求截交线上特殊点的投影。特殊点包括：①圆锥界限素线上点 A、B、E、F，②椭圆长、短轴端点 A、B、C、D。A、B、E、F 四点，由其 V 面投影，可直接得到另两面投影；C、D 两点，由 V 面投影通过纬线圆法，求出另两面投影。

2）求一般点的投影。利用纬线圆法，求适当数量的一般点的投影，如图 5-31b 所示 G、H 两点投影。

3）光滑连接成椭圆，判别可见性，整理轮廓线，得到截交线的 H 面和 W 面投影。

注意：e''、f'' 是投影椭圆和圆锥界限素线的切点。

【例 5-10】 如图 5-32a、b 所示，圆锥被正平面 R 截切，求圆锥的截交线投影。

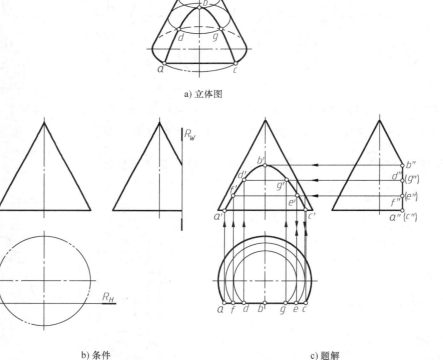

a) 立体图

b) 条件　　　　　　　　　c) 题解

图 5-32　截平面平行于圆锥轴线

分析：正平面 R 平行于圆锥轴线，截交线是双曲线加直线段。其 V 面投影反映实形，而 H、W 面投影均积聚为直线。截交线的 H、W 面投影已知，其最高点和最低点可知，关键是求双曲线上一般点的投影。用纬线圆法求出适量一般点即可连接得到曲线。

作图步骤：

1）求特殊点。点 B 为最高点，根据侧面投影 b''，可作出 b'；点 A、C 为最低点，根据水平投影 a、c，可作出 a'、c'。

2）利用纬线圆法求一般点。如选取双曲线上任意左右对称的四点 D、G、E、F，在圆锥轴线相应高度上作纬线圆，由其水平投影与截平面的交点定出 d、g、e、f，再按投影关系

回求正面投影的 d'、g'、e'、f'。

3）判别可见性后依次光滑连接正面投影各点，即得所求，如图 5-32c 所示。

【例 5-11】 如图 5-33a 所示，圆锥被正垂面 P 和侧平面 Q 截切，完成其 H、W 面投影。

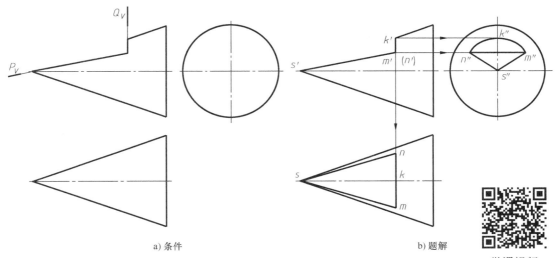

a）条件 b）题解 微课视频

图 5-33 两平面与圆锥相交

分析：正垂面 P 过锥顶截切圆锥，截交线为等腰三角形；侧平面 Q 垂直于圆锥的轴线，截交线为一段圆弧和直线段，W 面投影反映实形，H 面投影积聚为直线段。截平面 P 与截平面 Q 的交线是正垂线。

作图步骤：

1）求截平面 Q 与圆锥面交线——圆弧的投影。由正面投影 k' 作出 k''，在 W 面投影上，过 k'' 作圆锥底面圆的同心圆，由 m'、n' 得到 m'' 和 n；其 H 面投影积聚为直线段 mn。

2）求截平面 P 与圆锥面交线——素线的投影。在 H 面和 W 面投影中，分别连接 sm、sn 和 $s''m''$、$s''n''$。

3）求截平面 P、Q 交线的投影。其 H 面投影已积聚在 mn 上，W 面投影即为连接 $m''n''$ 所得直线段。

4）判别可见性，H、W 面投影中各段截交线投影均可见，画为粗实线，如图 5-33b 所示。

3. 平面与圆球相交

平面与圆球相交，无论截平面位置如何，其截交线的空间形状都是圆。但由于截平面与投影面的相对位置不同，截交线圆的投影可能是圆、椭圆或直线，见表 5-3。

表 5-3 平面与圆球相交

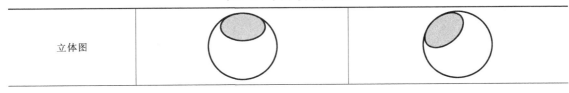

立体图		

（续）

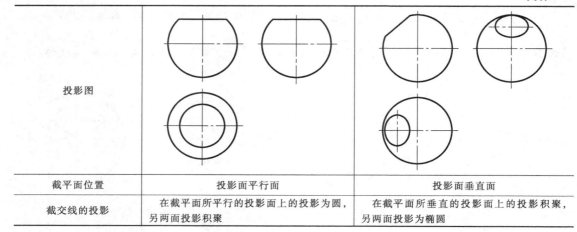

投影图		
截平面位置	投影面平行面	投影面垂直面
截交线的投影	在截平面所平行的投影面上的投影为圆，另两面投影积聚	在截平面所垂直的投影面上的投影积聚，另两面投影为椭圆

当圆球截交线投影为椭圆时，常用纬线圆法求解，求取一系列特殊点和一般点，顺序光滑连接。

【例 5-12】 如图 5-34a 所示，圆球被铅垂面 P 截切，求其截交线的投影。

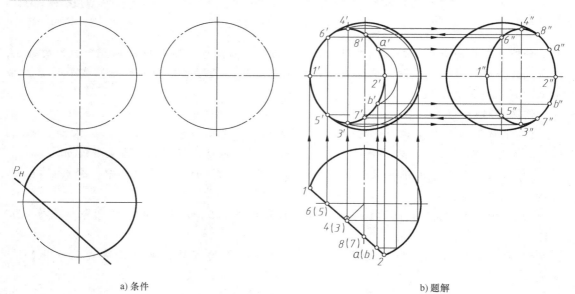

a）条件   b）题解

图 5-34　铅垂面与圆球相交

分析：铅垂面 P 与圆球的截交线为圆，其 H 面投影积聚为直线段，V 面投影和 W 面投影均为椭圆。这两个投影椭圆的求法是作出一系列特殊点和一般点，然后顺序光滑连接。

作图步骤：

1）求特殊点 I、II、V、VI、VII、VIII 的投影，这六个点是各面界限素线上的点，根据投影关系，直接求出。

2）求特殊点 III、IV 的投影，这两个点是投影椭圆长轴端点，作纬线圆求出。

3）求一般点 A、B 的投影，用纬线圆法求出。

4) 顺序光滑连接各点的同面投影，即得所求截交线的投影，如图 5-34b 所示。

【例 5-13】 如图 5-35a、b 所示，完成半圆球上部切槽后的投影。

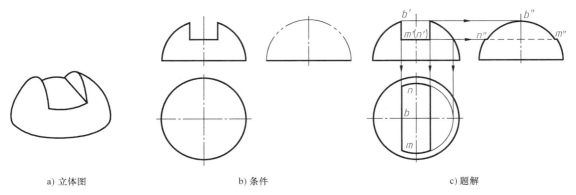

a) 立体图   b) 条件   c) 题解

图 5-35　开槽半圆球的投影

分析： 如图 5-35a 所示，通槽是由左右对称的两侧平面和一个水平面截切而成，与圆球面的交线均为圆弧。其中侧平面截切的圆弧的 V、H 面投影积聚为直线段，W 面投影反映实形。水平面截切的圆弧的 V、W 面投影积聚为直线段，H 面投影反映实形。

作图步骤：

1) 直接作出通槽底部水平面的 W 面积聚性投影 $m''n''$；在 H 面上作纬线圆，作出水平截交线的实形。

2) 两侧平面截切半圆球所得截交线的 W 面投影反映实形，由最高点投影 b' 求出 b''，过 b'' 作纬线圆，与 $m''n''$ 相交；两侧平面的 H 面投影积聚为直线段。

3) 判断可见性，通槽底部的 W 面投影积聚为直线段，其中间部分被实体遮挡，不可见，画成细虚线，如图 5-35c 所示。

注意： 圆球对 W 面的界限素线在开槽时被截掉的部分，在 W 面投影中不画轮廓线。

半圆球下部开槽的情况如图 5-36 所示，求法与上例相同。读者可自行分析。

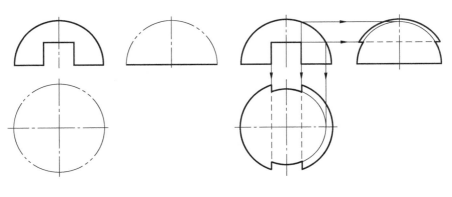

a) 条件   b) 题解

图 5-36　开槽半圆球的投影

4. 平面与复合回转体相交

平面与复合回转体相交，其截交线为构成复合回转体各部分的截交线的组合。求截交线的步骤是：先划分各组成回转体的边界，分析截平面与各回转体相交的交线形状，然后求出各段的交线，再依次将其连接（注意连接关系），最后判别可见性，整理轮廓线。

【例 5-14】 如图 5-37a 所示，复合回转体被正平面和侧平面截切，试完成其正面投影。

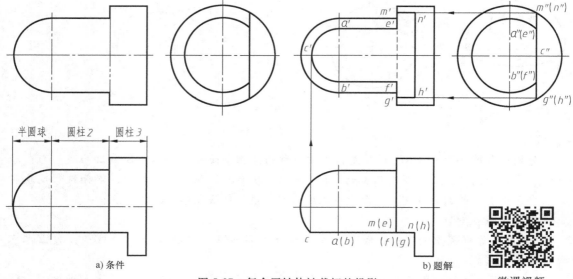

半圆球　圆柱 2　圆柱 3

a) 条件　　　　　　　　　　　b) 题解　　　　　微课视频

图 5-37　复合回转体被截切的投影

分析：该立体是由同轴的半圆球和两个直径不同的圆柱组成。左端半圆球面与圆柱 2 的表面相切，被正平面截切；右端大圆柱 3 被正平面和侧平面截切。正平面与半圆球的交线为正平半圆弧（V 面投影反映实形）；与圆柱 2 的交线为两条侧垂线，并与半圆球交线半圆弧相切；与圆柱 3 的交线也为两条侧垂线，但与圆柱 2 的交线位置不同。侧平面与圆柱 3 的交线为圆弧，W 面投影与圆柱 3 投影重合，另两面投影积聚为直线段。两截平面相交于一条铅垂线。

作图步骤：

1）求左端半圆球的交线。用纬线圆法求出，得实形半圆 ACB。

2）求圆柱 2 的交线。与半圆 ACB 相切的两条侧垂线 AE 和 BF 的投影。

3）求圆柱 3 左端面与正平面的交线——两段铅垂线 ME 和 FG。

4）求圆柱 3 与正平面的交线——两条侧垂线 MN 和 GH。

5）求圆柱 3 与侧平面的交线——积聚为直线 NH。

6）判别可见性，整理轮廓线，画出圆柱 3 的左端面积聚线，中间一段 e′f′ 为细虚线，如图 5-37b 所示。

【例 5-15】 如图 5-38a、b 所示，试完成连杆头的截交线投影。

分析：连杆头部是由圆柱、圆环和圆球（开有一个前后贯通的圆柱孔）组成，被前后对称的两正平面截切。其截交线 H、W 面投影有积聚性，故仅需求作反映实形的 V 面投影。

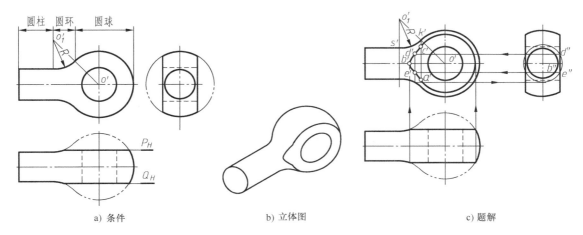

a) 条件　　　　　　　　　　b) 立体图　　　　　　　　　　c) 题解

图 5-38　连杆头的截交线

截交线由两部分组成：一是中间圆环面的截交线，为非圆曲线，用纬线圆法求作一般点；二是右端圆球的截交线，为一段圆弧。两段截交线相连，以相切方式过渡。

关于圆柱、圆环、圆球三部分的交界问题，过 O_1 的垂直于圆柱轴线的面为左端圆柱与圆环面的分界面。V 面投影中，连线 $O_1'O'$ 与曲面轮廓线的交点 k' 为圆环面与圆球面轮廓线分界点，过 k' 的侧平面，就是圆球面与圆环面的分界面。

作图步骤：

1）求圆球面与圆环面的分界面的投影。连 $O'O_1'$ 交轮廓线于 k'，过 k' 作竖直线，可得分界面的投影。

2）在 V 面投影中，由 H 面投影用纬线圆法作出圆弧，可得正平面截切右端圆球的截交线的投影。其与过 k' 的竖直线相交，可得到圆弧的左端 a' 和 c'，它们是左侧圆环面截交线投影的最右点。

3）对过 k' 的侧平面左侧的截交线，直接由 H 面投影求最左点 b；再用纬线圆法求一般点 D 和 E 的投影。

4）顺序连接各点成光滑曲线，即得所求，如图 5-38c 所示。

5.3　立体与立体相交

两个立体相交产生的表面交线，称为相贯线，如图 5-39 所示。

1. 相贯线的性质

1）共有性：相贯线是两个立体表面的公共线，相贯线上的每一点都是两个立体表面的共有点。

2）分界性：相贯线是两个立体表面的分界线。

3）封闭性：相贯线在一般情况下是封闭的空间曲线或多边形，特殊情况下为平面曲线、直线或不封闭的空间曲线。

因此，求解相贯线的实质是找出相贯的两立体表面的若干共有点的投影。

2. 两个立体相交的三种情况

1) 两个平面立体相交，如图 5-39a 所示。

2) 一个平面立体与一个曲面立体相交，如图 5-39b 所示。

3) 两个曲面立体相交，如图 5-39c 所示。

a) 两平面立体相交　　　b) 平面立体与曲面立体相交　　　c) 两曲面立体相交

图 5-39　立体与立体相交

3. 求解相贯线的方法

1) 求解两个平面立体相交的相贯线，可归结为求平面与平面立体相交的截交线问题，即求两个平面的交线问题，或者求棱线与平面的交点问题。

2) 求平面立体与曲面立体的相贯线，可归结为求平面与曲面立体的截交线问题。

3) 求两曲面立体的相贯线主要有如下三种作图方法：①利用投影的积聚性直接找点求相贯线；②利用辅助平面法求相贯线；③利用辅助球面法求相贯线。

前两个问题不再赘述。本节主要介绍两个曲面立体相交前两种求解相贯线的作图方法。

5.3.1　利用积聚性求相贯线

当两个曲面立体相交，且其投影均有积聚性时，可利用积聚性直接求出相贯线的投影。例如，当两个圆柱的轴线分别垂直于两个不同的投影面时，相交的两圆柱的表面相对于投影面均具有积聚性，可利用积聚性直接求出两立体表面的相贯线的投影。

【例 5-16】　如图 5-40a 所示，求两轴线垂直相交圆柱相贯线的投影。

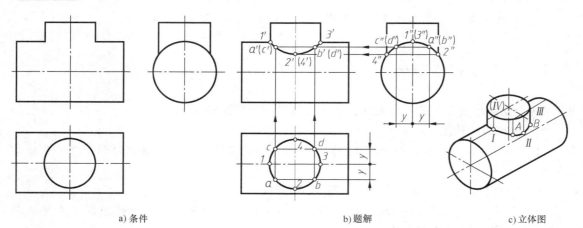

a) 条件　　　　　　　　　　b) 题解　　　　　　　　　　c) 立体图

图 5-40　利用积聚性求相贯线

分析：直立圆柱与水平圆柱的轴线是正交位置，两轴线构成平行于 V 投影面的平面，该平面为它们的对称平面，两圆柱相贯线是前后对称且左右对称的一条封闭的空间曲线。直立圆柱的轴线垂直于 H 投影面，其表面在 H 投影面上的投影具有积聚性，则相贯线的 H 面投影在直立圆柱表面的 H 面投影圆上。同理，相贯线的 W 面投影在水平圆柱表面的 W 面投影圆上（相交区域内圆弧）。相贯线的 H、W 面投影已知，只需求其 V 面投影。

作图步骤：

1）求特殊点 Ⅰ、Ⅱ、Ⅲ、Ⅳ 的投影。最高点 Ⅰ、Ⅲ 的三面投影可直接求出。最低点 Ⅱ、Ⅳ 的 H、W 面投影已知，由此可求出 V 面投影 2′、4′。这四个点既是极限位置点，又是界限素线上的点。

2）求一般点 A、B、C、D 的投影。在直立圆柱的 H 面投影圆周上，取 a、b、c、d 四点，由此可求出其 W 面投影 a″、b″、c″、d″，再由 H、W 面投影求出其 V 面投影 a′、b′、c′、d′，其中 c′d′ 不可见。

3）顺序光滑连接 1′a′2′b′3′，即得相贯线的 V 面投影，如图 5-40b 所示。

4）判别可见性：两相交的圆柱具有对称平面，对 V 面投影而言，相贯线的可见与不可见部分投影重合，故画粗实线。

5）整理轮廓线。

图 5-41 和图 5-42 分别是圆柱外表面与圆柱内表面相贯、两圆柱内表面相贯的情况。

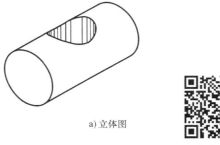

a) 立体图

演示动画

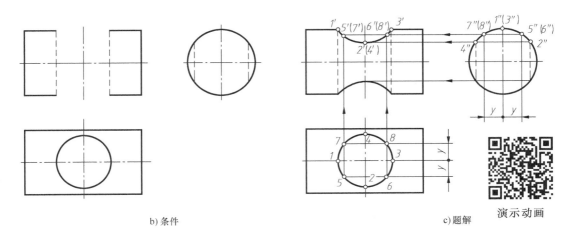

b) 条件

c) 题解

演示动画

图 5-41　圆柱内、外表面相贯

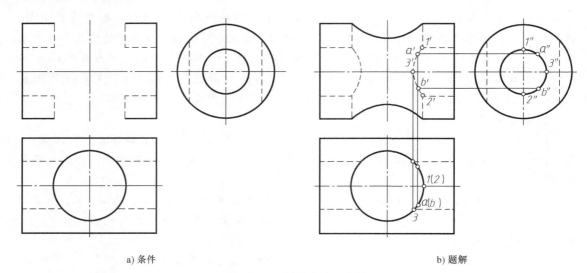

a) 条件   b) 题解

图 5-42　两圆柱内表面相贯

【例 5-17】　如图 5-43a 所示，求相交两圆柱的相贯线投影。

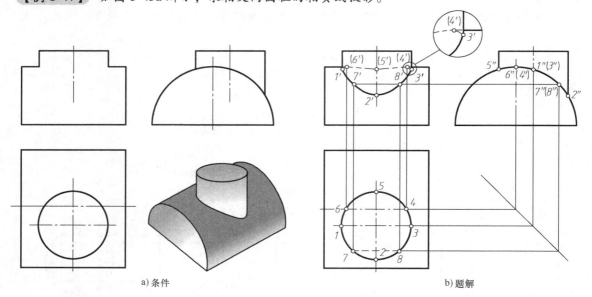

a) 条件   b) 题解

图 5-43　两圆柱相交的相贯线

　　分析：两圆柱的轴线互相垂直，故相贯线的 H 面投影为直立圆柱的 H 面积聚投影圆，相贯线的 W 面投影在水平圆柱的 W 面积聚投影圆上（两圆柱投影的相交区域圆弧）。相贯线的 H、W 面投影已知，只需求出 V 面投影。

　　作图步骤：

　　1）求特殊点。一共六个特殊点：相贯线的最左、最右点Ⅰ、Ⅲ，最前、最后点Ⅱ、Ⅴ，最高点Ⅳ、Ⅵ。点Ⅰ、Ⅲ位于直立小圆柱的正面界限素线上，由 W 面投影 1″、3″可直接求出 V 面投影 1′和 3′。点Ⅱ、Ⅴ位于直立小圆柱的侧面界限素线上，由 2″、5″可直接求出

2′、5′。点Ⅳ、Ⅵ位于水平圆柱的正面界限素线上，由 H 面投影可求出 V 面投影 4′、6′。

2）求一般点的投影。可利用圆柱面的积聚性直接求出一般点的投影，如在小圆柱面的 H 面投影上取 7、8，按投影关系求出 W 面投影 7″、8″，则可求出 V 面投影 7′、8′。类似地还可以求其他一般点的投影。

3）光滑连接各点并判别可见性。从 H 面投影可知，点Ⅰ、Ⅶ、Ⅱ、Ⅷ、Ⅲ位于两圆柱的前部表面，相对于 V 面，它们可见，因此，1′7′2′8′3′画粗实线，1′、3′为可见性分界点，3′4′5′6′1′画细虚线。

4）整理轮廓线。连接各点时要注意，相贯线的 V 面投影，在 1′、3′处与直立小圆柱的界限素线的投影相切，在 4′、6′处与水平圆柱界限素线的投影相切。结果如图 5-43b 所示。

注意：可见性的判别，既要判别相贯线的可见性，又要判别相交立体的轮廓线的可见性。相贯线的可见性取决于相贯线上点的可见性，而相贯线上点的可见性又取决于其所属两立体表面的可见性。相贯线可见与不可见的分界点必位于某曲面立体的界限素线上，作图时应首先求出。

5.3.2　用辅助平面法求相贯线

当两曲面立体相交，其相贯线不能利用积聚性直接求出时，可用辅助平面法求解。

1. 辅助平面法求相贯线的基本原理

根据三面共点的原理，利用辅助平面求出两曲面立体表面上的若干共有点，从而求出相贯线的投影。

2. 辅助平面法求相贯线的作图方法

假想用辅助平面截切相交两曲面立体的公共部分，分别得出与两曲面立体表面的截交线。由于两条截交线都在同一个截平面内，因此必有交点。该交点既在辅助平面内，又在两曲面立体表面上，因而是相贯线上的点。

图 5-44 所示为圆柱与圆锥相贯。作一水平辅助平面 P，其与圆锥面的辅助交线为圆，与圆柱面的辅助交线为两平行直线 CD、EF。交线 CD、EF 与交线圆同在平面 P 上，交于点

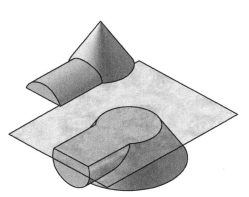

a) 立体图

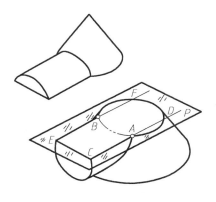

b) 三面共点

图 5-44　辅助平面法的原理

演示动画

A 和点 *B*。平面 *P* 上的这两点既在圆柱面上，又在圆锥面上，因此是三个面的公共点，点 *A* 和点 *B* 就是相贯线上的点。用此方法求出足够数量的点，然后顺序光滑连接各点，即可求得相贯线的投影。

3. 辅助平面的选择原则

1）使所选辅助平面与两相交曲面立体表面的截交线的投影为简单易画的直线或圆。常选用特殊位置平面（如投影面平行面）作为辅助面。

2）辅助平面应位于两曲面立体的共有区域内，否则得不到共有点。

4. 辅助平面法求相贯线的作图步骤

1）选择合适位置的辅助平面。

2）求作辅助平面与两相交立体的辅助交线。

3）求出辅助交线的交点，即为相贯线上的点。

4）区分可见性，顺序光滑连接各点。

【例 5-18】 如图 5-45a 所示，求圆柱与圆锥相交的相贯线投影。

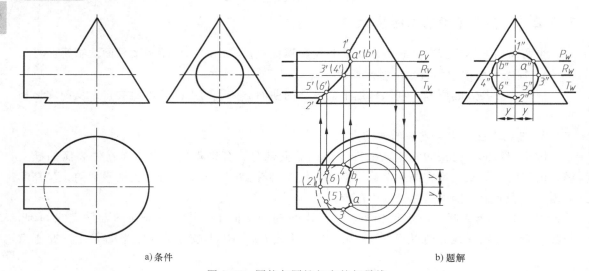

a）条件   b）题解

图 5-45 圆柱与圆锥相交的相贯线

分析： 相贯线的 *W* 面投影积聚在圆柱 *W* 面投影的圆周上。相贯线的 *V*、*H* 面投影需用辅助平面法求出。选择水平面为辅助平面，交圆锥于圆，交圆柱于两条平行直线。求得圆和两条平行直线的交点，就可以得到相贯线上的点，如图 5-45b 所示。

作图步骤：

1）求特殊点 I、II 的投影，这两个点分别是相贯线上的最高、最低点。由 1'、2' 可以直接求出 1、2 和 1"、2"。

2）求特殊点 III、IV 的投影，这两个点分别是相贯线上的最前、最后点。其 *W* 面投影 3"、4" 可直接标出。过圆柱轴线作水平辅助面 *R*，平面 *R* 与圆锥面的交线是水平纬线圆，其 *H* 面投影与圆柱面的前、后两条轮廓线投影的交点就是这两点的 *H* 面投影 3、4。由 3、4 求出 3'、4'。

3）求一般点 *A*、*B* 的投影，作水平辅助面 *P*，求出平面 *P* 与圆柱面交线的 *H* 面投影，以及平面 *P* 与圆锥面交线的 *H* 面投影，即可得到两 *H* 面投影线的交点 a、b。由 a、b 求出

a'、b'。

4）同理作辅助平面 T，求出 5、6 和 $5'$、$6'$。根据需要，求出足够数量的一般点投影。

5）顺序光滑连接各点，并判别可见性，将不可见部分画为细虚线，完成相贯线作图，如图 5-45b 所示。

6）整理轮廓线。

本例还可以选择过锥顶的侧垂面作为辅助平面。此时，辅助平面截切圆柱为两条平行直线，截切圆锥为两条相交直线，也可以求得相贯线上点的投影。具体过程请读者自行分析。

【例 5-19】 如图 5-46a 所示，求圆柱与圆锥相交的相贯线投影。

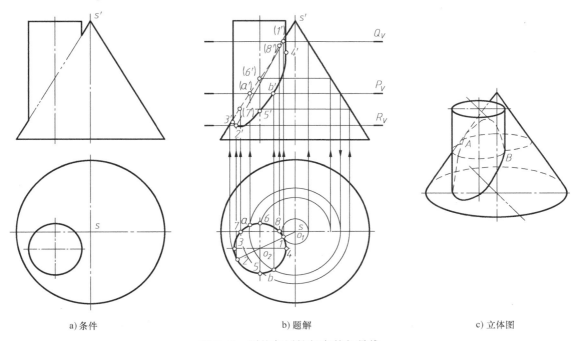

a) 条件　　　　　　　　　b) 题解　　　　　　　　　c) 立体图

图 5-46　圆柱与圆锥相交的相贯线

分析：圆柱和圆锥的轴线均为铅垂线，因此圆柱的 H 面投影积聚为圆，相贯线的 H 面投影在此圆上，故仅需求出相贯线的 V 面投影。为了较准确地画出相贯线的投影，应首先找到特殊点，如最高点、最低点、最前点、最后点及界限素线上的点等。

最高点 Ⅰ、最低点 Ⅱ 是唯一的，是用水平辅助平面截切圆柱、圆锥所得两水平纬线圆的切点，最高点 Ⅰ 为外切点，最低点 Ⅱ 为内切点。据此在 H 面投影上，以 o_1 为圆心，分别以 $o_1 1$、$o_1 2$ 为半径作圆，由两圆直径即可确定最高辅助平面 Q 的位置（Q_V）和最低辅助平面 R 的位置（R_V），进而可得 $1'$、$2'$。这两个点也在圆柱、圆锥两轴线共同确定的平面上。同理，可确定最前点 Ⅴ、最后点 Ⅵ、最左点 Ⅲ、最右点 Ⅳ 及圆锥界限素线上的点 Ⅶ、Ⅷ 的水平辅助面的位置。从而可得 $5'$、$6'$、$3'$、$4'$、$7'$、$8'$。

作图步骤：

1）求特殊点的投影。最高点 Ⅰ、最低点 Ⅱ：在 H 面投影中，作圆锥、圆柱投影的连心线 $o_1 o_2$，$o_1 o_2$ 与圆柱投影的交点分别为 1、2，然后以 o_1 为圆心、$o_1 1$ 为半径作圆，由此圆直径确定最高水平辅助面 Q 的位置（Q_V），从而求得 $1' \in Q_V$。同样，以 o_1 为圆心、$o_1 2$ 为半径作圆，由此圆直径确定最低水平辅助面 R 的位置，从而求得 $2'$，$2' \in R_V$。

同上，由最前点 V、最后点 VI、最左点 III、最右点 IV 及圆锥界限素线上的点 VII、VIII 的水平投影 5、6、3、4、7、8，分别求出其正面投影 $5'$、$6'$、$3'$、$4'$、$7'$、$8'$。

2）求一般点 A、B 的投影。作水平辅助面 P，平面 P 与圆柱、圆锥的辅助交线的 H 面投影为圆，两圆交于 a、b 两点，由 a、b 可求出 a'、b'。

同上可求得足够数量的一般点。

3）连接各点并判别可见性。

由 H 面投影可知，点 III、II、V、B、IV 位于两回转体前部，相对于 V 面可见，因此，曲线 $3'2'5'b'4'$ 可见，画粗实线，其余不可见，画细虚线。

4）整理轮廓线。因两立体相交形成一个完整的相贯体，所以，圆柱的 V 面界限素线应画到 $3'$、$4'$ 处，圆锥的左侧 V 面界限素线在 $7'$、$8'$ 处断开。如图 5-46b 所示。

【例 5-20】 如图 5-47a 所示，求斜圆柱与水平圆柱的相贯线的投影。

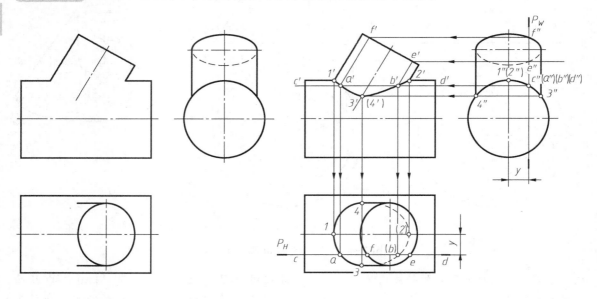

a)条件　　　　　　　　　　　　　　b)题解

图 5-47　斜圆柱与水平圆柱的相贯线

分析： 两圆柱轴线斜交，具有平行于 V 面的公共对称平面，其相贯线为空间曲线，前后对称。水平圆柱的 W 面投影积聚为圆，相贯线的 W 面投影在此圆周上（一段圆弧）。相贯线的 H、V 面投影未知，待求。可选用正平面 P 作为辅助平面，截切两圆柱分别得两条正平线和一条侧垂线，其交点就是相贯线上的点。

作图步骤：

1）求特殊点 I、II 的投影，这两个点是相贯线上的最高点。$1'$、$2'$ 为 V 面投影轮廓线交点，可以求出 $1''$、$2''$ 和 1、2。

2）求特殊点Ⅲ、Ⅳ的投影，这两个点是相贯线上的最低点。3″、4″为 W 面投影轮廓线交点，3′、4′在倾斜圆柱 V 面投影的中心线上，进而可以求出 3 和 4。

3）求一般点 A、B 的投影。作正平辅助面 P，求出平面 P 与两圆柱面交线 CD、AF、EB 的 V 面投影。交点 a′、b′即为相贯线上点 A、B 的 V 面投影，由 a′、b′求出 a、b。

4）用类似方法求出足够数量的一般点的投影。

5）判别可见性，顺序光滑连接各点的同面投影，即得所求相贯线的投影，如图 5-47b 所示。

6）整理轮廓线。

【例 5-21】 如图 5-48a 所示，求圆柱与圆球相交的相贯线投影。

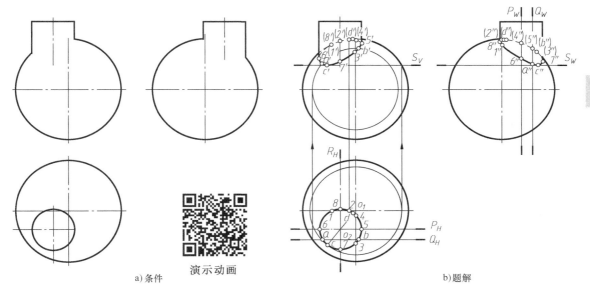

a) 条件　　　　演示动画　　　　b) 题解

图 5-48　圆柱与圆球的相贯线

分析：圆柱的轴线不通过球心，相贯线为空间曲线。由于圆柱面在 H 面的积聚性投影为圆，因此相贯线的 H 面投影重合在此圆上。只需求出相贯线的 V 面投影和 W 面投影。可选用投影面平行面作为辅助面来求解。

作图步骤：

1）求特殊点的投影。先找到圆球界限素线上的点Ⅰ、Ⅱ、Ⅲ、Ⅳ，这些点的 H 面投影可直接得到，其 V、W 面投影在同面的圆球投影圆周上，可直接求出。圆柱界限素线上的点Ⅴ、Ⅵ、Ⅶ、Ⅷ则与一般点一样，需用辅助平面才能求出（求法同步骤2）。

最低点 C、最高点 D：求法与例 5-19 中最高点Ⅰ、最低点Ⅱ求法相同，在 H 面投影中，作投影连心线 o_1o_2，与圆柱投影圆交于 d、c，以 o_1 为圆心，过点 c 作圆，由此圆直径确定最低辅助水平面 S 的 V、W 投影位置（S_V、S_W），从而得到点 C 的 V 面投影 c′（c′∈S_V）和 W 投影 c″（c″∈S_W）。同理求得 d′、d″。

2）求一般点 A、B。选用正平面作为辅助面。可在 H 面投影的适当位置确定辅助面 Q

的位置 Q_H，与圆柱投影圆交于 a、b，由此求出 Q_W，由于正平面与球面的辅助交线为正平纬线圆，由此圆和 a、b 求出 a'、b'，再由 a'、b' 求出 a''、b''。

3）连接各点，并判别可见性。相贯线的 V 面投影可见性分界点为 $5'$、$6'$，曲线 $5'b'3'7'c'a'6'$ 可见，画粗实线，其余画细虚线。

相贯线的 W 面投影可见性分界点为 $7''$、$8''$，曲线 $8''1''6''a''c''7''$ 可见，画粗实线，其余画细虚线。

4）整理轮廓线。从 H 面投影可知，圆柱位于圆球的左前部，对于 V、W 面而言，圆柱的界限素线均可见，圆柱的 V 面界限素线画到 $5'$、$6'$ 处，W 面界限素线画到 $7''$、$8''$ 处，均画粗实线。

圆球 V 面界限素线画到 $1'$、$2'$ 处，W 面界限素线画到 $3''$、$4''$ 处，被圆柱遮挡部分不可见，画细虚线，即得所求相贯线的投影，如图 5-48b 所示。

5.3.3　相贯线的特殊情况

两曲面体相交时，相贯线一般是空间封闭曲线，但在某些情况下，相贯线是平面曲线或直线。

1. 蒙日定理

蒙日定理：若两个二次曲面外切（或内切）于第三个二次曲面，则这两个曲面交于两平面曲线，如图 5-49 和图 5-50 所示。

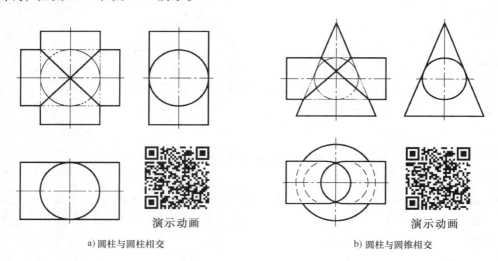

a) 圆柱与圆柱相交 　　　　　　　　　　b) 圆柱与圆锥相交

图 5-49　外切于同一圆球面的两个二次曲面相交（一）

图 5-49 和图 5-50 表示外切于同一圆球面的两个二次曲面（圆柱与圆柱、圆柱与圆锥）相交，它们的相贯线是平面曲线——椭圆。椭圆在两回转体轴线所共同平行的投影面上的投影为两相交直线。

1）图 5-49a 表示两个等直径圆柱正交，两圆柱外切于同一圆球面，它们的相贯线是两个相同的椭圆，按图示位置，椭圆的正面投影为两圆柱界限素线交点的连线，其他两面投影分别与圆柱的圆投影重合。

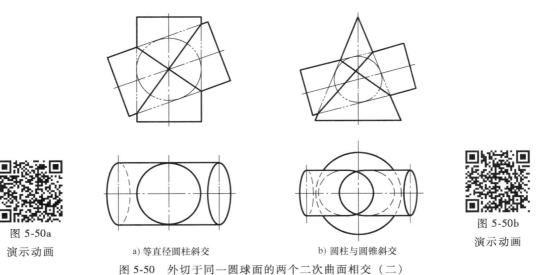

图 5-50a
演示动画

a) 等直径圆柱斜交

b) 圆柱与圆锥斜交

图 5-50b
演示动画

图 5-50 外切于同一圆球面的两个二次曲面相交（二）

147

2）图 5-49b 表示两个外切于同一圆球面的圆柱和圆锥轴线正交，其相贯线是两个相同的椭圆。

3）图 5-50a 表示两等直径圆柱斜交，两圆柱外切于同一圆球面，其交线是大小不等的椭圆，椭圆的正面投影为两圆柱界限素线交点的连线，水平投影为圆。

4）图 5-50b 表示两个外切于同一圆球面的圆柱和圆锥轴线斜交，其相贯线是大小不等的椭圆。

2. 回转体同轴相交

具有公共轴线的回转体相交，或者回转体轴线通过球心时，其相贯线为圆，如图 5-51 所示。

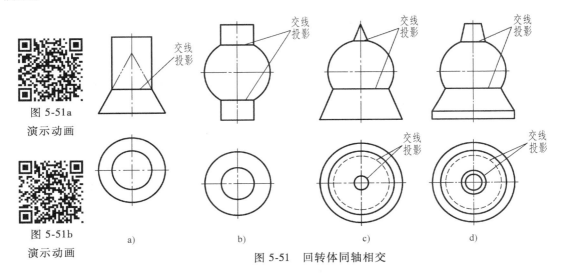

图 5-51a
演示动画

图 5-51b
演示动画

a)   b)   c)   d)

图 5-51 回转体同轴相交

3. 圆柱轴线平行相交和圆锥共顶相交

两个轴线平行的圆柱相交，或者两个共顶的圆锥相交，其相贯线不封闭，如图 5-52 所示。

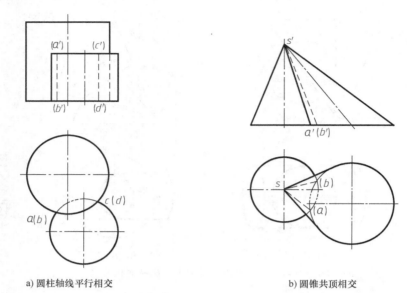

| a) 圆柱轴线平行相交 | b) 圆锥共顶相交 |

图 5-52　圆柱轴线平行相交及圆锥共顶相交

图 5-52a 表示了两轴线平行的圆柱相交时，两圆柱面的交线为直线。图 5-52b 表示了两圆锥共顶相交时，两圆锥面的交线为直线。

5.3.4　相贯线的变化趋势

由对相贯线的分析和求解方法的讨论可知，相贯线的空间形状取决于两曲面立体的形状、大小及它们的相对位置；而相贯线的投影形状，还取决于它们与投影面的相对位置。

表 5-4 给出了圆柱与圆柱、圆柱与圆锥台正贯（两轴线正交）、斜贯（两轴线斜交）、偏贯（两轴线相错）三种情况下的相贯线。可以看出，当它们正贯和斜贯时，相贯线是前后对称的封闭曲线，偏贯时，相贯线是不对称的封闭曲线。这表明了两曲面立体的形状和相对位置会直接影响相贯线的形状。

表 5-4　不同情况下的相贯线

立体形状	两立体的相对位置		
	轴线正交	轴线斜交	轴线相错
圆柱与圆柱相交			

（续）

立体形状	两立体的相对位置		
	轴线正交	轴线斜交	轴线相错
圆柱与圆锥台相交	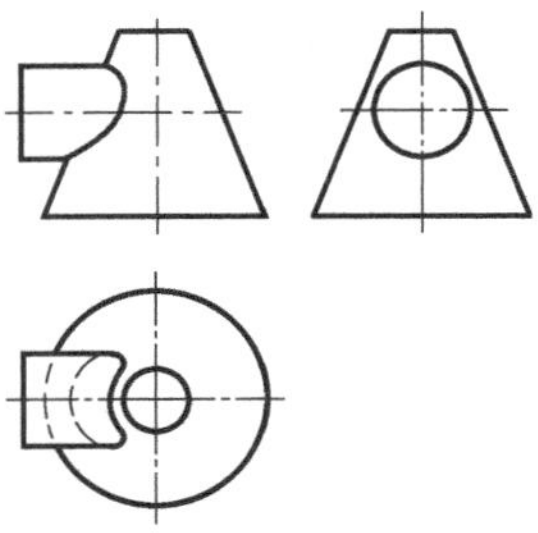	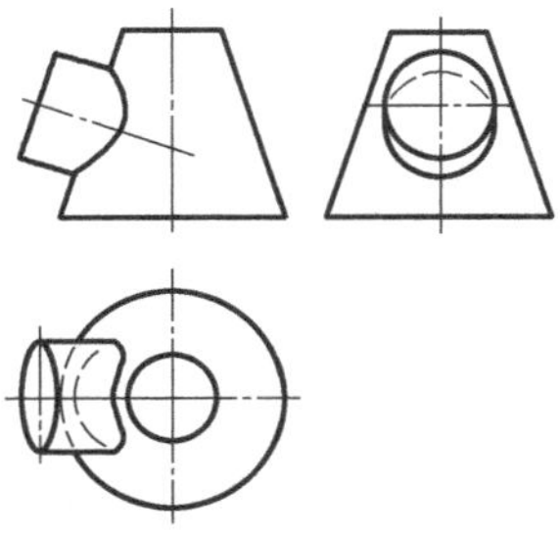	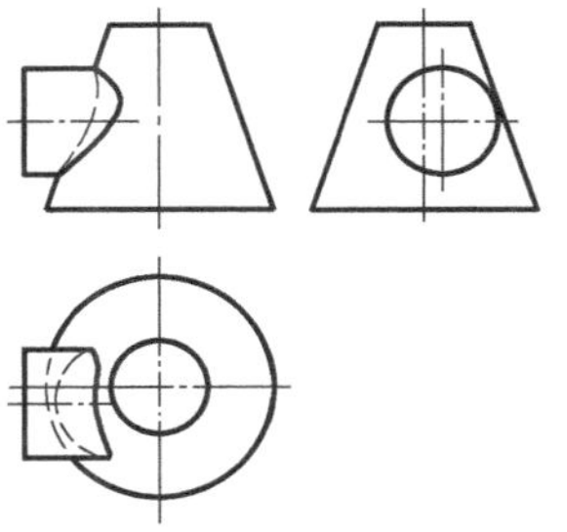

　　表 5-5 表示了在相交两曲面立体几何形状及相对位置（轴线正交）不变的情况下，它们的相对大小发生变化时，相贯线的变化情况。两曲面立体的轴线所构成的平面是正平面。可以看出，相贯线的两条投影曲线总是向相对较大的曲面立体的轴线方向弯曲，而且，两曲面立体的大小差别愈大，相贯线的曲率愈小，反之曲率愈大。当相交两圆柱的直径相同时，或者圆柱与圆锥内切一个公共圆球时，相贯线的正面投影为两条相交直线。

表 5-5　相贯线的变化情况

立体形状	两立体（轴线正交）的相对大小变化		
圆柱与圆柱相交	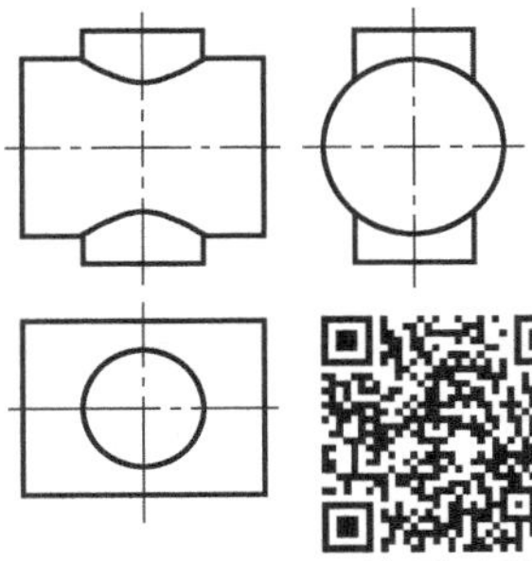 演示动画	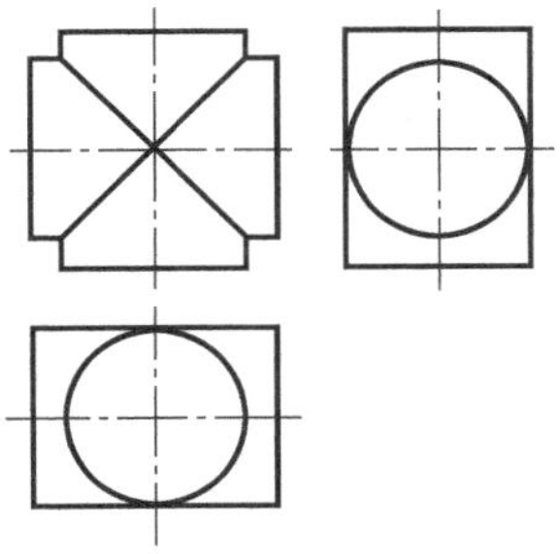	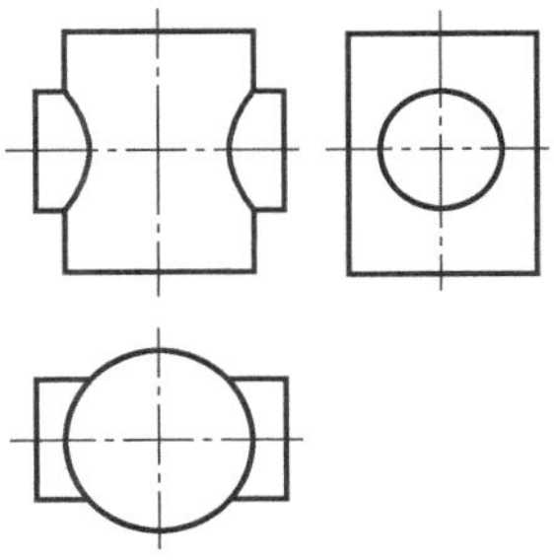
圆柱与圆锥相交	 演示动画	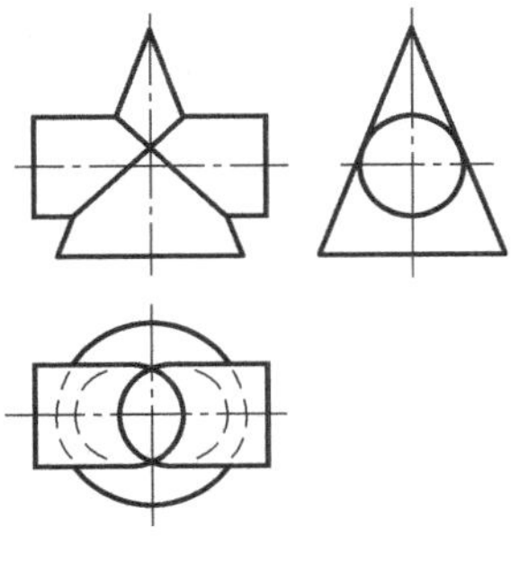	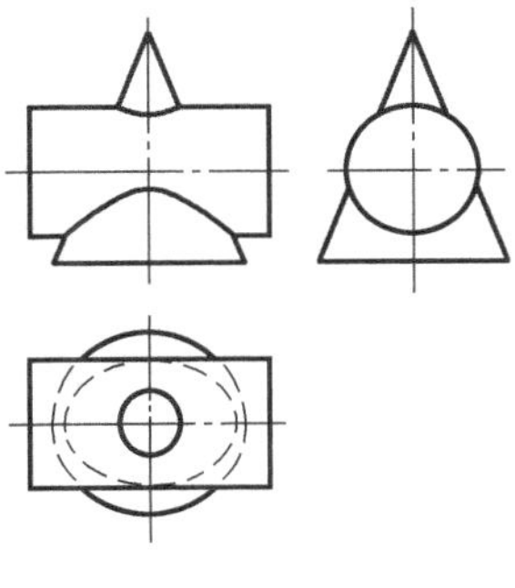

149

5.3.5 多体相交

多个立体相交时，相贯线较复杂，它由立体两两相交所形成的各条交线组合而成。求解时，既要分别求出各条交线，又要求出各条交线的分界点。求解步骤如下。

1）首先分析参与相交的立体是哪些基本立体，是平面立体还是曲面立体，是内表面还是外表面，是完整立体还是不完整立体，对于不完整的立体，应想象成完整的立体。

2）分析哪些立体间有相交关系，并分析相贯线的形状、趋势、范围。

3）对于相交部分，分别求出相贯线，并确定各条相贯线的分界点（切点、交点），综合起来成为多体相交的组合相贯线。

【例 5-22】 如图 5-53a、b 所示，求三个立体相交的相贯线投影。

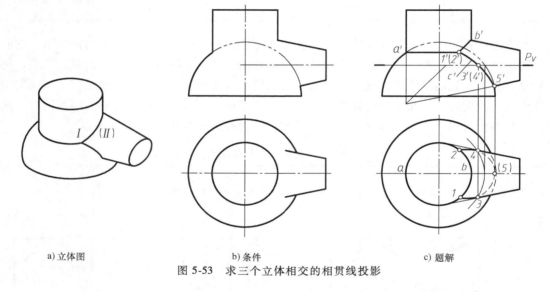

a) 立体图   b) 条件   c) 题解

图 5-53 求三个立体相交的相贯线投影

分析：如图 5-53a、b 所示，直立圆柱、半圆球及轴线为侧垂线的圆锥台三个立体相交，所形成的相贯线是由圆柱与圆球的相贯线、圆柱与圆锥台的相贯线、圆锥与圆球的相贯线组合而成，这三条相贯线的共有点（分界点）为 I、II。欲求出组合相贯线，应分别求出各段相贯线及它们的分界点。

作图步骤：

1）求圆柱与圆球的相贯线。由于圆柱的轴线通过球心，因此相贯线为圆，其 V 面投影积聚为水平直线 $1'a'$〔$1'$ 位置由步骤 2）确定〕，H 面投影与圆柱面的投影重合为圆。

2）求圆柱与圆锥的相贯线。由于两回转体轴线正交，又同时平行于 V 面，并且在水平投影中，圆柱与圆锥的轮廓线相切，即圆柱与圆锥同时外切于一个圆球面，因此相贯线为一个椭圆，其正面投影为直线 $1'b'$，H 面投影与圆柱面投影重合。$1'a'$ 与 $1'b'$ 相交确定 $1'$，得到圆柱与圆球的相贯线及圆柱与圆锥的相贯线的分界点投影，$1'$ 与 $2'$ 重合进而求得 1、2。

3）求圆锥与圆球的相贯线。由于圆锥与圆球轴线正交，且同时平行于 V 面，相贯线为一封闭的空间曲线，且前后对称，可选用水平辅助面求解。

求圆锥界限素线上点的投影。过圆锥轴线作水平辅助面 P（作出 P_V），平面 P 与圆球的交线为圆（作出 H 面中投影反映实形的圆）；平面 P 与圆锥的交线为两条水平相交直线（H 面投影为圆锥最前、最后轮廓线）。由此在 H 面中，可求得水平投影 3、4，再按投影关系求出 3′、4′（3′、4′ ∈ P_V）。

求最低点的投影。相贯线的最低点为圆球 V 面界限素线与圆锥 V 面界限素线的交点，因此可直接标出 5′，再按投影关系求出 5。

思考：若要求其他一般点，应该如何选取辅助平面？

4）光滑连接各点，并判别可见性。V 面投影中，相贯线均可见，画粗实线，1′a′、1′b′ 为直线，1′3′5′ 为曲线。H 面投影中，42b13 段可见，画粗实线；354 段不可见，画细虚线。

5）整理轮廓线。H 面投影中，可见性的分界点为 3、4，圆锥的轮廓线分别画到 3、4 处与相贯线投影相切。半圆球底面圆被圆锥挡住部分画细虚线，如图 5-53c 所示。

【例 5-23】 如图 5-54a 所示，求圆柱Ⅰ、圆锥台Ⅱ和圆柱Ⅲ三个立体相交的相贯线投影。

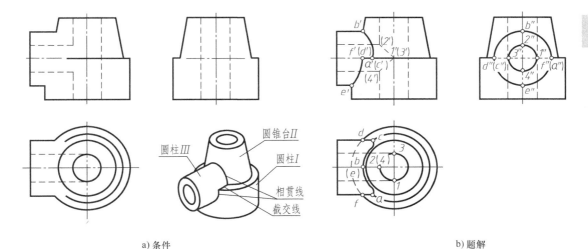

a) 条件   b) 题解

图 5-54   三个立体相贯

分析：圆锥台Ⅱ与圆柱Ⅰ同轴，相贯线为圆，其 V、W 面投影积聚成直线，H 面投影为圆（一部分）。圆柱Ⅲ上部与圆锥台相交，下部与圆柱Ⅰ相交，相贯线均为空间曲线，其 W 面投影积聚在圆柱Ⅲ的投影圆周上，需求其 V、H 面投影。内部表面为两个等直径轴线正交的圆柱孔相贯，相贯线的 V 面投影积聚为直线，H、W 面投影为圆。

作图步骤：作图步骤及结果如图 5-54b 所示，不再详述。

5.4   截切体和相贯体的 Inventor 建模

前面介绍过 Inventor 软件的基本知识，从本章开始，将以相应知识点的具体实例说明操作过程，学习中应重视相关操作命令，掌握操作思路，勤加动手实践。

5.4.1 平面截切平面立体的建模

以图 5-55 所示几何体为例，其建模过程如下。

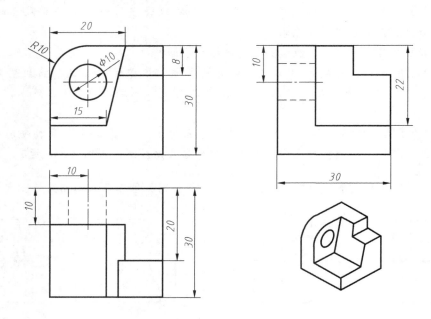

图 5-55　平面立体截切

1. 绘制最大立方体草图

打开软件，单击"新建"对话框中的"零件"按钮。进入零件界面后单击"保存"按钮，在弹出的对话框中设置路径和文件名。

1）单击"开始创建二维草图"按钮，选择 XY 平面，如图 5-56a 所示。

2）进入草图界面后，单击"矩形"按钮，绘制一个两点矩形。长、宽均设置为 30（使用 <Tab> 键在需要输入的各个参数之间切换，使用 <Enter> 键确认所有参数），如图 5-56b 所示。

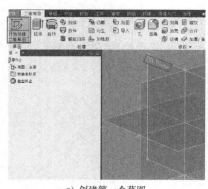
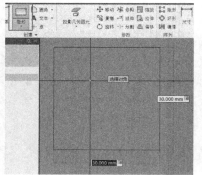

a) 创建第一个草图　　　　　　b) 绘制矩形　　　　　　c) 约束矩形

图 5-56　绘制立方体草图

3）单击"约束"选项卡中的"水平约束"按钮，将鼠标移动到竖直边中点附近，系统将自动捕捉中点并以绿色显示，单击以确定选择，如图 5-56c 所示。再单击黄色的坐标原点，即可将矩形中心与原点水平对齐。单击"竖直约束"按钮，用同样的方法将水平边中点与原点置于竖直线上。这样，矩形中心就被固定在原点，所有线条显示为蓝色。单击完成草图。

2. 通过求并拉伸生成最大立方体

1）单击"拉伸"按钮，弹出的对话框中，已经自动选择了截面轮廓。将输出模式选择为"实体"，范围选择"距离"模式，值为 30mm。拉伸模式可选择"求并""求差""求交"（现不可选）。拉伸方向可以在下方调整，系统会自动生成半透明的预览图，如图 5-57a 所示，然后单击"确定"按钮。

2）为了便于观察和区分，可以为不同的面设置不同的颜色。单击选择前表面，选择右键菜单中的"特性"选项，在"面外观"下拉列表中找到"橙色"选项，单击"确定"按钮，如图 5-57b 所示。

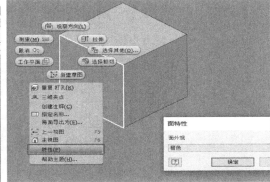

a) 拉伸　　　　　　　　　　　　　　　b) 更改面外观

图 5-57　生成立方体

3. 通过求差拉伸生成第一次截切

1）单击"开始创建二维草图"按钮，单击前表面以在其上新建草图。先画出草图的大概形状（如图 5-58a 所示），Inventor 具有对象捕捉功能，光标到达特殊点或位置时有虚线提示。单击"约束"选项卡中的"尺寸"按钮。单击所绘图形的一条边，再单击空白位置放置尺寸线，在弹出的对话框中输入尺寸"20mm"。使用相同方法约束其他边长为"15mm"和"22mm"，如图 5-58a 所示。

2）再进行位置约束。选择"重合"约束，单击直角梯形的长边直角顶点，将鼠标悬停在前表面左上顶点上，系统将自动捕捉该顶点，单击该顶点完成约束，如图 5-58b 所示，然后，退出草图。

3）单击"拉伸"按钮，模式选择"求差"以去除材料，范围选择"距离"，值为 20mm。根据预览图选择正确的方向，如图 5-58c 所示。

4. 通过求差拉伸生成第二次截切

在右表面新建草图。单击"矩形"按钮，转动并观察立体，找到立体的右上前顶点，

a) 设置尺寸约束

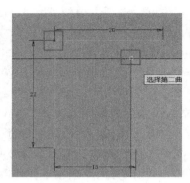

b) 设置重合约束

c) 求差拉伸

图 5-58　第一次截切

光标悬停在其上，待捕捉成功后，绘制长 10 宽 8 的矩形。退出草图进行拉伸，模式选择为"求差"，范围选择"贯通"以打穿整个零件，如图 5-59 所示。

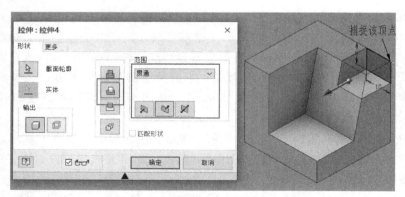

图 5-59　第二次截切

5. 打孔

单击"孔"按钮以打出圆孔。首先单击选择倒梯形平面，将孔的起点放置在此面上。

单击此面上边缘，在弹出的尺寸约束对话框中输入定位尺寸"10"，再单击左边缘，输入"10"，按<Enter>键。此时可以看到两个边缘为黄色，且各有一个尺寸值。在左侧菜单中依次选择类型为"简单孔"、底座为"无"、终止方式为"贯通"，并在示意图中将孔径修改为10，如图5-60所示，观察预览图，确认无误后单击"确定"按钮。

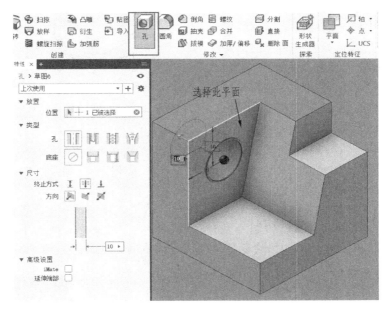

图 5-60　打孔

6. 生成圆角

单击"圆角"按钮，选择"等半径"模式，将半径设置为10，点选圆角边，单击"确定"按钮，如图5-61所示。应用一次圆角命令可以选择多个边。

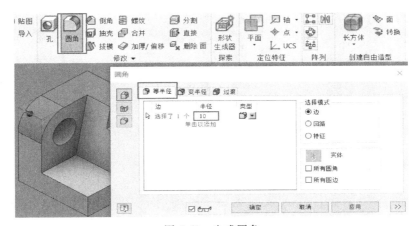

图 5-61　生成圆角

最后转动立体，检查造型，确认无误后单击"主视图"按钮，视角将切换为正等轴测视角，保存文件。

5.4.2 平面截切曲面立体的建模

以图 5-62 所示立体为例（尺寸可自定），曲面立体截切的建模操作步骤如下。

1. 绘制回转体草图

1）新建零件并保存。在 XY 平面新建第一个草图，用直线连续绘制梨形母线的大致形状。在绘制直线后按住 <Ctrl> 键，并在直线终点附近单击鼠标左键，而后拖动鼠标，可以绘制出与直线相切的圆弧，如图 5-63a 所示。将圆弧终点放在 Y 轴附近，待终点被自动捕捉后松开鼠标。

2）连接多段线的起点和终点，选中连接线，单击"格式"区域的"中心线"按钮将其设置为中心线，如图 5-63b 所示。

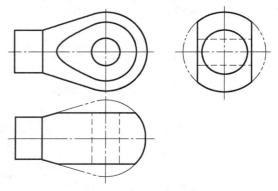

图 5-62　曲面立体截切

3）对绘制的图形进行约束。首先使用"尺寸"约束，按图 5-63c 设置圆弧半径和其他尺寸。之后使用"重合"约束，使圆心重合在中心线上，再使中心线的下端点与坐标原点重合。正确的约束应当使整个图形为蓝色。确认无误后退出草图。

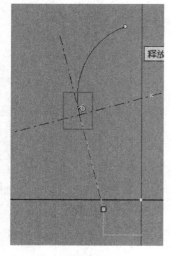

a) 画与直线末端相切的弧

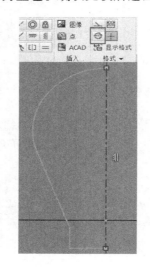

b) 绘制母线和中心线

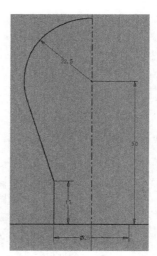

c) 尺寸和位置约束

图 5-63　绘制并约束母线和中心线

2. 旋转生成回转体

单击"旋转"按钮来创建回转体。系统自动选择截面并以中心线为回转轴，将范围选为"全部"（即旋转一整周），如图 5-64 所示。旋转也有"求并""求差""求交"三种模式，其意义与拉伸相同。若旋转的草图截面绘成关于中心线对称的整个纵截面，则无法运行。

3. 求交拉伸截切两端

1）单击"开始创建二维草图"按钮，打开浏览器的"原始坐标系"文件夹，单击

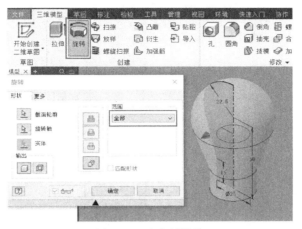

图 5-64 生成回转体

"YZ 平面"以在其上新建草图,如图 5-65a 所示。

2)正在绘制的草图在立体内部,为了避免被遮盖,可按<F7>键进入切片观察模式(再按一次退出),系统将不显示相机与草图平面之间的实体,如图 5-65b 所示。绘制一个宽为 30mm、长大于中心线长度的矩形,使用"重合"约束将其宽的中点固定在原点,退出草图。

3)单击"拉伸"按钮,选择"求交"模式,范围选择"贯通",方向选择"双向",如图 5-65c 所示。

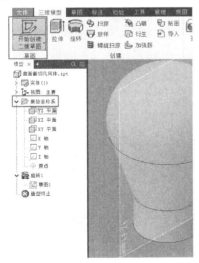

a) 在YZ平面新建草图

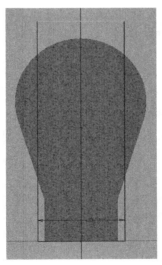

b) 切片观察下绘制草图   c) 求交模式的拉伸

图 5-65 截切两端

4. 打孔

单击"孔"按钮,选择切削出的平面为放置平面,将光标移动到此面边缘的圆弧上,当圆弧被亮显且出现图 5-66 所示,提示时,单击鼠标左键,孔中心将被约束在此弧的圆心。设置孔类型为"简单孔",底座为"无",终止方式为"贯通",孔径尺寸数值为 15。

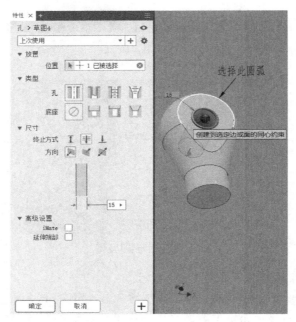

图 5-66　打孔

最后转动立体，检查造型，确认无误后单击"主视图"按钮，视角将切换为正等轴测视角，保存文件。

5.4.3　两圆柱相贯的建模

下面以图 5-67 所示立体的建模过程为例（尺寸可自定），重点学习工作平面的创建。

1. 生成大圆柱

新建零件并保存。在 XY 平面新建草图，以原点为圆心绘制直径为 25mm 的圆。退出草图，单击"拉伸"按钮，范围选择为"距离"，向一侧拉伸到距离为 45mm。

2. 确定小圆柱端面的位置

打开"平面"下拉菜单，选择"平面绕边旋转的角度"选项，打开浏览器的"原始坐标系"文件夹，依次单击"XZ 平面"和"X 轴"，在弹出的对话框中设置偏角为 45°，生成工作平面 1。

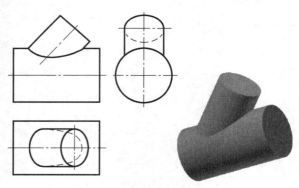

图 5-67　两圆柱斜贯

在 YZ 平面新建草图，按<F7>键进入切片观察模式。在原点右侧画一个点，约束点到原点距离为 10 且与原点水平对齐。以此点为起点，绘制长为 36mm、极角为 45°的直线（按<Tab>键切换长度和极角的输入）。退出草图。

3. 构建小圆柱端面平面并生成圆柱

选择"平面"下拉菜单中的"平行于平面且通过点"选项，依次单击上一草图直线的终点和工作平面 1，生成工作平面 2。在此平面上新建草图，使用"投影几何图元"命令，将上一草图的直线投影到本草图上（集聚成一个点），以此点为圆心画半径为 20mm 的圆，退出草图。

单击"拉伸"按钮，截面轮廓选择刚刚绘制的圆，范围选择"到表面或平面"，或者选择"到"后手动单击第一个圆柱面。在浏览器中，选中两个工作平面和未使用的草图，再在右键菜单中单击"可见性"将其隐藏。

5.4.4　复合形体的识读

观察图 5-68，两个立体的主视图相同，另两视图有区别。根据相贯线的相关知识分析可知，立体一的头部是圆球，立体二的头部是圆柱，上部均开圆孔。

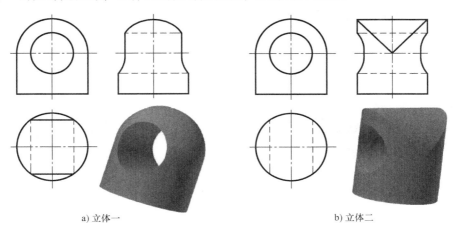

a) 立体一　　　　　　　　　　　b) 立体二

图 5-68　交线不同的两个立体

1. 立体一建模

1）新建并保存文件，在 XY 平面上新建草图，在 Y 轴上绘制直线，将其设置为中心线。绘制草图其余部分，并约束尺寸，如图 5-69a 所示。

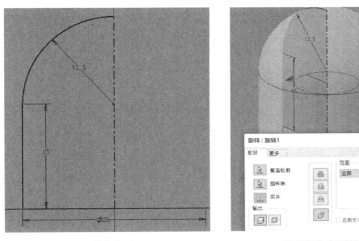

a) 回转体草图　　　　　　　　　b) 旋转生成回转体

图 5-69　立体一回转体建模

2）退出草图，使用"旋转"命令完成回转体，如图 5-69b 所示。

3）在 YZ 平面上新建草图并按<F7>键进行切片观察。单击"投影几何图元"按钮，单击截面上的半圆弧，圆弧及其圆心将被亮显。在此圆心绘制一个直径为 15mm 的圆，如图 5-70a 所示。

4）退出草图，单击"拉伸"按钮，模式选择为"求差"，范围选择为"双向贯通"，如图 5-70b 所示。

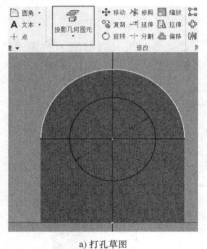
a) 打孔草图

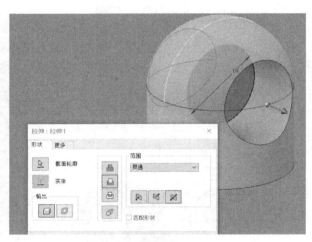
b) 求差拉伸打孔

图 5-70　打圆孔

2. 立体二建模

1）首先进行圆柱形头部建模。在 XZ 平面上新建草图并以原点为圆心绘制直径为 25mm 的圆。退出草图，将此圆向上拉伸，拉伸高度应大于 12.5mm。在 XY 平面上新建草图并进行切片观察，以原点为圆心绘制直径为 25mm 的圆，退出草图。对第二个圆进行求交拉伸，范围选择为"双向贯通"，如图 5-71 所示。

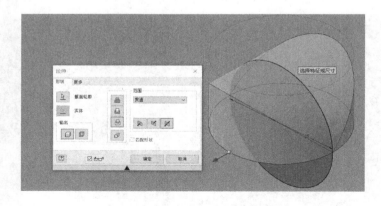

图 5-71　求交拉伸生成圆柱形头部

2）在实体底部的圆形平面上新建草图。单击"投影几何图元"按钮，单击草图平面以投影圆形边界。退出草图并将圆形边界向下求并拉伸，距离为 15mm。

3）再次在 XY 平面新建草图并进行切片观察。以原点为圆心绘制直径为 15mm 的圆，退出草图，将此圆求差拉伸，范围选择为"双向贯通"，如图 5-72 所示。

图 5-72　求差拉伸打孔

两个几何体建模完成，转动实体，与三视图对照观察，可以很直观地看出它们的差别，以及不同形态头部的投影差异。

5.4.5　生成立体—工程图

1）依次单击"文件"→"新建"→"工程图"，进入制图界面，如图 5-73a 所示。

2）用鼠标右键单击浏览器中的"图纸"，选择"编辑图纸"选项后可以设置图纸的名称、大小和方向等。此处设置大小为"A4"、方向为"横向"，如图 5-73b 所示。然后保存图纸。

a)新建工程图文件

b)设置图纸格式

图 5-73　新建工程图并调整图纸

3）单击"基础视图"按钮，在对话框中选择文件的路径，视图样式选择"显示隐藏线"以用虚线显示被遮挡的结构，比例选择"2∶1"，通过图面上的 viewcube 调整主视图方向，移动鼠标至主视图右侧适当位置，当出现绿色水平线时单击即可放置左视图，如图 5-74 所示。将鼠标置于主视图下方，当出现竖直线时单击放置俯视图，将鼠标移至主视图右下方，出现斜线时放置等轴测立体图。单击鼠标右键，单击"确定"按钮完成放置。

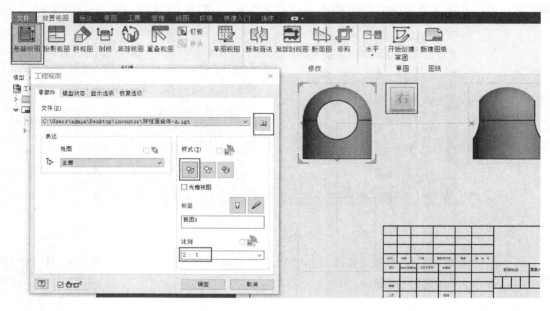

图 5-74　放置视图

4）拖动视图至合适位置，在浏览器中选中主视图和其下的两个视图，单击鼠标右键，在菜单中选择"自动中心线"选项，在"适用于"和"投影"选项中选择特征，如图 5-75 所示。对其他两视图进行相同操作，并适当调整中心线的长度。

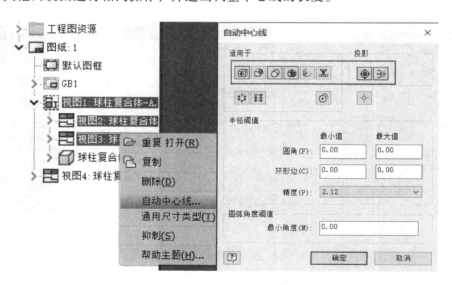

图 5-75　自动中心线的设置

本次工程图绘制无需设置标题栏和标注尺寸，至此绘图完成，得图 5-76a 所示工程图。重复上述操作，绘制出图 5-68b 所示立体二的工程图。

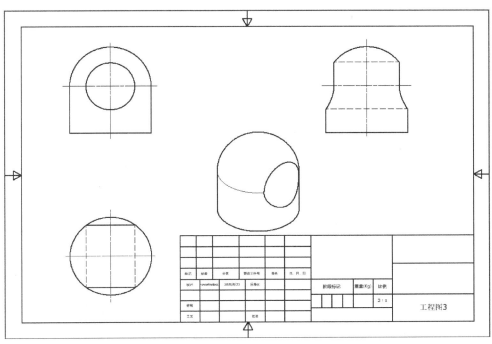

a) 立体一工程图

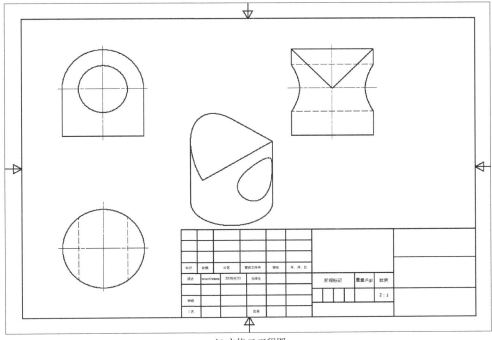

b) 立体二工程图

图 5-76　绘制工程图

本 章 小 结

本章主要介绍了几种常见基本立体——棱柱、棱锥、圆柱、圆锥、圆球、圆环投影的画法，还介绍了立体表面上求点的方法，以及平面与立体的截交线、立体与立体的相贯线的画法。

值得强调的是，画回转体投影图时，一定要画出各条中心点画线。

立体表面上求点的本质是：立体表面有积聚性时，利用积聚性直接求；没有积聚性时，作辅助线，转化为求辅助线的投影。

求截交线和相贯线是求相交元素的共有线，求共有线的本质是求共有点。截交线和相贯线的求法有以下几种。

1）当交线的两面投影有积聚性时，可按投影关系直接求得第三面投影。

2）当交线的一面投影有积聚性时，可用在相交立体表面上取点的方法求出其他投影（截交线）；也可用辅助面法求得其他投影（相贯线）。

3）当交线的投影均无积聚性时，可用三面共点辅助面法求得其投影；也可用换面法，将一般位置的相交元素变换为特殊位置的元素后，再求出其交线的投影。

用辅助面法求截交线和相贯线时，选择什么样的平面作为辅助面，视相交元素的具体情况决定，但必须使辅助交线的投影是简单的直线或圆，以便作图。

求截交线和相贯线时，应首先进行空间分析和投影分析，理解清楚已知的是什么，要求的是什么，明确需用什么方法来解题，再进行作图。作图的步骤为：①求特殊点；②求一般点；③判别可见性，并光滑连接各点；④整理轮廓线。

本章还介绍了截切体和相贯体 Inventor 建模和生成工程图的基础知识。

第 6 章

组合体的视图

由简单立体组合而成的较复杂的立体称为组合体，组合体类似于机器零件，但通常不具有零件的特殊结构及机械制造工艺问题。本章主要介绍组合体的形成、组合体三视图的画法、组合体视图的识读及组合体的尺寸标注，为今后更好地理解零件图打下基础。

6.1 组合体的视图和构成分析

6.1.1 基本立体的视图

1. 基本立体三视图的投影规律及画法

立体的多面正投影图称为视图，通常把三面投影体系中得到的三个投影称为立体的三视图，其中 V 面投影称为主视图，H 面投影称为俯视图，W 面投影称为左视图。

一个立体需要用几个视图表达，应视立体的结构形状而定。通常，主视图、俯视图、左视图是基本视图中最常用的三个视图。

为了学习视图的作图规律，培养形体想象能力，本章多采用主视图、俯视图和左视图三个视图表达立体，并规定立体的可见轮廓线用粗实线绘制，不可见轮廓线用细虚线绘制。

立体的三视图之间必须保证"长对正、高平齐、宽相等"的投影规律。图 6-1 表示了正五棱柱三个视图之间的三等关系：主视图与俯视图的长度相等，主视图与左视图的高度相等，俯视图与左视图的宽度相等。为使图形简明清晰，在画三视图时，不画投影轴和视图间的投影连线，如图 6-2 所示。

2. 基本立体的视图选择和视图数量

表达基本立体，一般需绘制两个或三个视图。如图 6-3 所示，棱柱、圆柱、圆锥用两个视图就可以清楚地表达立体的形状特征：主视图反映从前向后投射所得立体的形状，俯视图反映从上向下投射所得立体的形状。

若两个视图都反映侧面的形状而不反映顶面的形状，则立体的形状特征就不能清楚地表达。如图 6-4 所示，若采用两个侧面视图来表达六棱柱和圆柱，则立体的形状就变得不确定且不易理解。

有时，即使有反映侧面形状的主视图和反映顶面形状的俯视图，仍不能确定立体的形状，

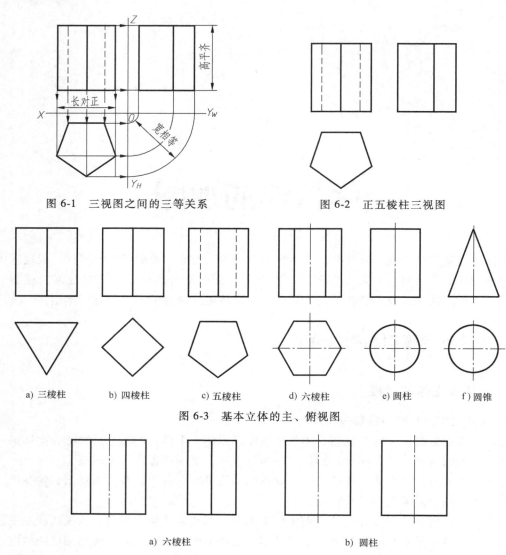

图 6-1 三视图之间的三等关系　　　图 6-2 正五棱柱三视图

a) 三棱柱　　b) 四棱柱　　c) 五棱柱　　d) 六棱柱　　e) 圆柱　　f) 圆锥

图 6-3 基本立体的主、俯视图

a) 六棱柱　　　　　　　　b) 圆柱

图 6-4 基本立体的主、左视图

这时必须采用三个视图来表达立体的形状特征。如图 6-5 和图 6-6 所示，虽然有相同的主、俯视图，但立体的形状却大不相同。

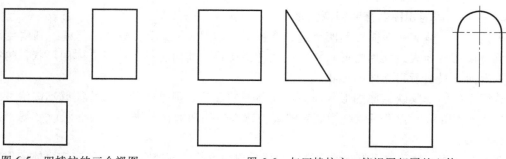

图 6-5 四棱柱的三个视图　　　　图 6-6 与四棱柱主、俯视图相同的立体

因此，在选择基本立体的表达方法时，应在确切表达立体形状特征的前提下采用最少的视图。另外，不能忽略尺寸标注对立体形状表达的辅助作用。如图 6-7 所示的回转体视图，在标注尺寸之后，仅用一个视图，即可完整表达立体的形状特征和尺寸大小。

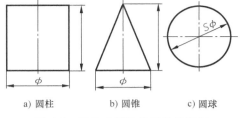

a) 圆柱　　　　 b) 圆锥　　　　 c) 圆球

图 6-7　带尺寸标注的回转体视图

6.1.2　组合体的构成和分析方法

1. 组合体的形成方式

任何复杂的立体，从形体角度看，都可以认为是由若干个简单立体按一定的方式组合而成的。为了便于分析，按照形体组合的特点，一般将组合体的基本形成方式分为简单立体的叠加和切割两种。图 6-8a 所示组合体就是由圆柱 1 与圆柱 2 叠加而成的；图 6-8b 所示组合体由圆柱切割去除立体 1 及立体 2 形成；而图 6-8c 所示组合体总体是由简单立体 1、2、3 叠加而成，且每部分简单立体又经过切割形成，如立体 2 就是由半圆筒切割去除立体 a、b 形成，因此这个组合体是既有叠加又有切割的综合方式形成的。

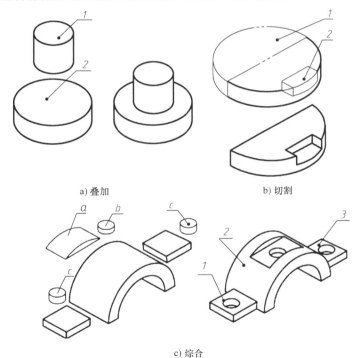

a) 叠加　　　　　　　　　　　　　b) 切割

c) 综合

图 6-8　组合体的形成方式

组合体的形成方式并不是唯一的，同一形体往往既可以按叠加的方式形成，也可以按切割的方式形成。用什么样的方式分析，应根据组合体的具体情况，以便于作图和易于理解为主。

2. 组合体局部表面之间的关系

由简单立体形成组合体时，相邻简单立体上的原有表面将由于互相结合而发生变化：有的表面因共面形成一个新表面；有的表面互相贴合成为组合体的内部而不复存在；有的表面会相交或相切……在画组合体视图时，应该将表面之间的关系准确表达出来。

（1）**共面关系**　简单立体叠加时，两个表面平齐、方向一致，结合成一个新表面，二者之间即为共面关系。共面形成的新表面为两表面之和，两表面不再有分界线。如图 6-9 所示，表面 1 和表面 2 共面组成表面 3。

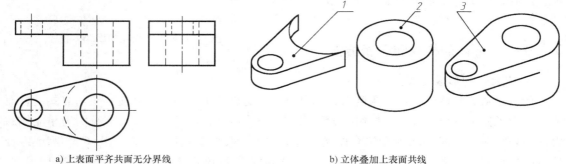

a) 上表面平齐共面无分界线　　　　　　　　b) 立体叠加上表面共线

图 6-9　表面共面关系（一）

如图 6-10a 所示，两个四棱柱叠加，前表面平齐共面，没有分界线；后表面不平齐，有分界线，在主视图上应有细虚线；图 6-10b 所示叠加的两个四棱柱，前、后表面都平齐共面，因此没有分界线。

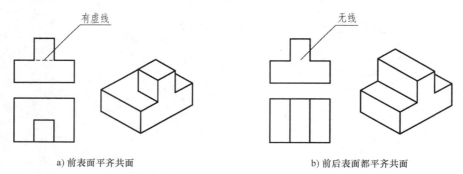

a) 前表面平齐共面　　　　　　　　　　b) 前后表面都平齐共面

图 6-10　表面共面关系（二）

（2）**贴合关系**　简单立体叠加时，两表面平齐但方向相反，即两个面贴合在一起。贴合时，立体表面重合部分消失，成为组合体的内部，新表面是两个表面的"差"。如图 6-11 所示，立体 1 的下表面与立体 2 的上表面相贴合。

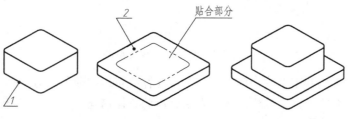

图 6-11　表面贴合关系

（3）**表面相切**　当简单立体叠加，两个表面（平面与曲面或曲面与曲面）相切时，面与面之间光滑连接，相切处没有明显的分界棱线，因此在相切处不应画出分界线，但是为了确定某些线、面的范围，画图时要注意准确找出切点的位置，如图 6-12 所示。

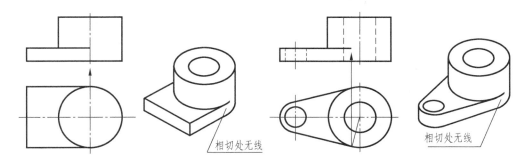

a) 切线位于界限素线处   b) 切线位于一般素线处

图 6-12   表面相切关系

（4）表面相交   简单立体叠加时，两个表面相交，相交处有明显的分界棱线，因此在相交处应画出分界线，如图 6-13 所示。

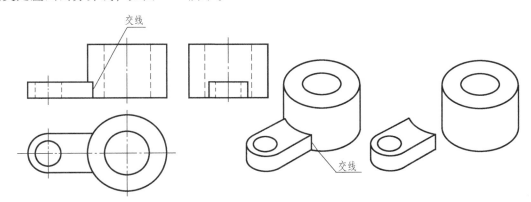

图 6-13   表面相交关系

6.1.3   组合体的形体分析法

机器零件的结构是复杂多样的，但从形体的角度来分析，都可以看成是由简单立体组合而成的。把复杂立体分解成若干简单立体，并分析其构成方式、相对位置和表面关系的方法称为形体分析法。利用形体分析法，可以把复杂的立体转化为简单的形体，便于深入理解复杂物体的形状。因此，在组合体的绘图、读图和尺寸标注中，形体分析法都得到了广泛的应用。

对组合体进行形体分析，通常分两步进行：首先，要将组合体分解，即将组合体分解为基本立体或简单立体；其次，分析各立体之间的组合方式、相对位置关系，从而达到对组合体的全面理解。

对图 6-14a 所示组合体进行形体分析。按形体，可将其分解为圆底板、直立圆筒、水平圆筒、上耳板、下耳板五部分共七个简单立体，它们叠加形成组合体。各形体组合时，圆底板上表面与直立圆筒下表面贴合；直立圆筒与水平圆筒内、外表面分别相交；上耳板与直立圆筒上表面平齐共面，前、后表面分别相切，圆柱面贴合；下耳板前、后表面分别与直立圆

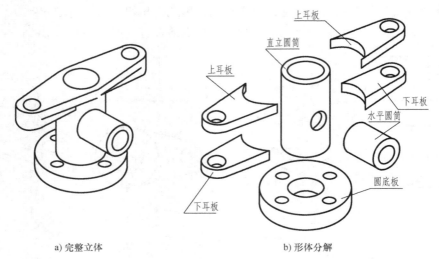

a) 完整立体   b) 形体分解

图 6-14   组合体的形体分解

筒圆柱面相交，上表面与上耳板贴合，外侧圆柱面与上耳板圆柱面共面。

  组合体结构的分解方法并不是唯一的，一个组合体能分解为哪些简单立体、如何划分，一方面取决于它自身的形状和结构，另一方面要考虑是否便于绘制和阅读组合体的视图。

6.2   组合体三视图的画法

  画组合体的三视图时，一般要先对组合体进行形体分析，在此基础上选择合适的视图来表达组合体的结构，然后再绘制图形和标注尺寸。

6.2.1   组合体的形体分析与视图选择

1. 组合体的形体分析

  画组合体视图时，一般要先对组合体进行形体分析，分析组合体是由哪些简单立体组成的，各简单立体之间的组合方式是什么，以及它们相对投影面的位置关系如何。在形体分析过程中，进一步认识组合体的结构特点，从而准确画出组合体的三视图。

  如图 6-15a 所示的轴承座，根据结构特点，可分解为图 6-15b 所示的底板、圆筒、肋板、支承板四个简单立体，它们叠加形成轴承座。其中，底板上表面与支承板、肋板下表面贴合，底板右侧面与支承板右侧面共面；支承板前、后侧面与圆筒的外圆柱面相切，上表面与圆筒外圆柱面贴合，左侧面与肋板的右侧面贴合；肋板的上表面与圆筒的外圆柱面贴合。

2. 选择主视图

  主视图是三视图中最重要的视图，主视图选择得合适与否直接影响组合体表达的清晰性。选择组合体主视图一般应遵循以下三个原则。

  （1）**自然放置**   按自然稳定或画图简便的位置放置组合体，一般将大平面作为底面，使组合体保持稳定；

  （2）**反映特征**   主视图应较多地反映组合体各部分的形状特征，即选择反映组合体各组成形体和它们之间相对位置关系最多的方向作为主视图投射方向。

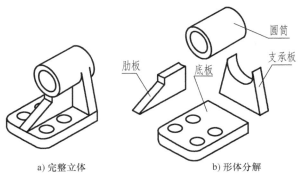

| a) 完整立体 | b) 形体分解 | 演示动画 |

图 6-15　简单轴承座的形体分解

（3）**可见性好**　尽量减少三视图中的虚线，即在选择组合体的放置和投射方向时，要同时考虑使其他各视图中不可见部分最少。

对图 6-15 所示轴承座按自然位置放置，其底面应平行于水平投影面，如图 6-16 所示。选择 A、B、C、D 四个投射方向，得到不同的三视图。比较可知，方向 B、C 均会使组合体的某个视图有较多结构被遮挡，因此不宜作为主视图的投射方向。以方向 D 投射，三视图可以反映底板、支承板的特征形状肋板宽度和它们的相对位置，但形体间的层次不如 A 向投射明显；又考虑到便于合理布图，更清楚地展现组合体的形体特征，应将尺寸较长的方向作为 X 方向。很明显，综合分析，选择方向 A 作为主视图的投射方向较好。

171

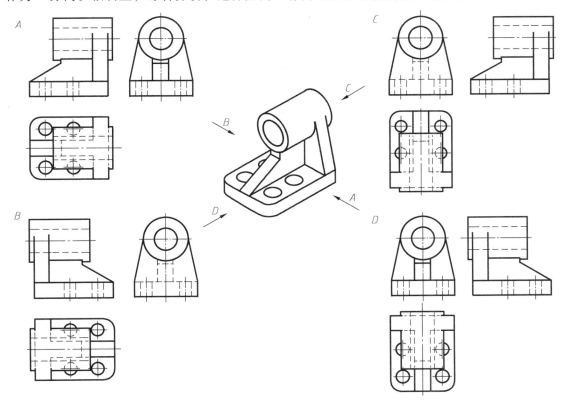

图 6-16　轴承座主视图方案选择

3. 其他视图的选择

表达组合体所需视图的数量，应以能够全部表达各形体间的真实形状和相对位置为原则。在图 6-16 中，在选定 A 向作为主视图投射方向后，为了表达支承板的特征形状、肋板厚度，以及它们与圆筒在前后方向上的相对位置，需画出左视图；为了表达底板的两个圆角和四个小孔的位置，俯视图也必不可少。因此，该结构需采用三个视图表达，如图 6-17 所示。

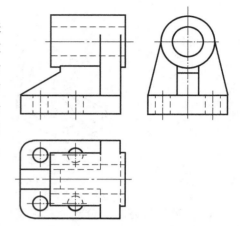

图 6-17 轴承座的表达方案

6.2.2 组合体画图方法和步骤

正确的画图方法和步骤是保证绘图快速准确的关键。在画组合体的三视图时，应分清主次，先画主要部分，后画次要部分；在画每一部分时，应先画反映该部分形状特征的视图，后画其他视图；要严格按照投影关系，将三个视图配合起来画出每一组成部分的投影。

现以图 6-15 所示轴承座为例说明画图步骤。

（1）形体分析 如前所述，将轴承座分解为图 6-15b 所示的几个简单立体，并分析其组合方式和相对位置。

（2）选择主视图 如前所述，选择图 6-16 所示位置和投射方向 A 作为主视图位置和投射方向。

（3）选比例，定图幅 根据组合体的复杂程度和大小选择画图比例（尽量选用 1∶1），计算三视图所占位置及大小后，选用标准图纸幅面。

（4）画底稿 首先画各视图的定位线，如图 6-18a 所示，然后按组合体的组成情况逐个绘制形体的三个视图。注意同一形体应先画有圆和圆弧的视图，要养成将三个视图中的每一部分对应起来画的习惯，不要画完整个立体的主视图再画俯视图、左视图。作图过程如图 6-18b~e 所示，注意用细实线轻画底稿。

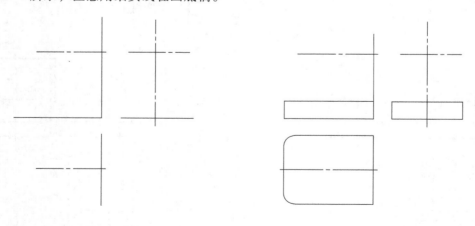

a) 画定位线，布置图面   b) 画底板

图 6-18 轴承座三视图的画图步骤

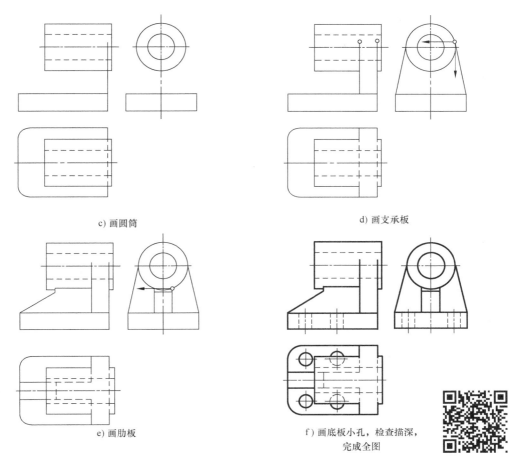

c) 画圆筒　　　　　　　　　　　　　　　　d) 画支承板

e) 画肋板　　　　　　　　　　　　　f) 画底板小孔，检查描深，
完成全图

图 6-18　轴承座三视图的画图步骤（续）　　　　　　微课视频

（5）**检查描深**　若需标注尺寸，最好在注完尺寸后再描深，以利于图面整洁。检查描深，完成全图，如图 6-18f 所示。

在图 6-18 所示轴承座三视图的绘制过程中，画支承板时，注意支承板与轴套相切相交的关系，从反映支承板形状特征的左视图画起；画肋板时，注意肋板与轴套的相交关系，从左视图画起。

6.3　组合体的尺寸标注

组合体的三视图，只表达了它的结构和形状，其真实大小及各部分间的相对位置则要通过标注尺寸来确定。

6.3.1　组合体标注尺寸的要求

（1）**正确**　尺寸标注要严格遵守国家标准的有关规定。

（2）**完整**　尺寸必须齐全，不多余、不遗漏、不重复。

（3）**清晰**　尺寸的布局要清晰，不影响且便于读图。

总之，标注组合体的尺寸应该体现完整、正确、清晰的要求。

6.3.2 常见几何体的尺寸注法

熟练标注常见几何体的尺寸是标注好组合体尺寸的基础，表 6-1 给出了常见几何体的标注图例，在标注组合体的尺寸时可作为参考。

表 6-1　常见几何体的尺寸注法

棱柱 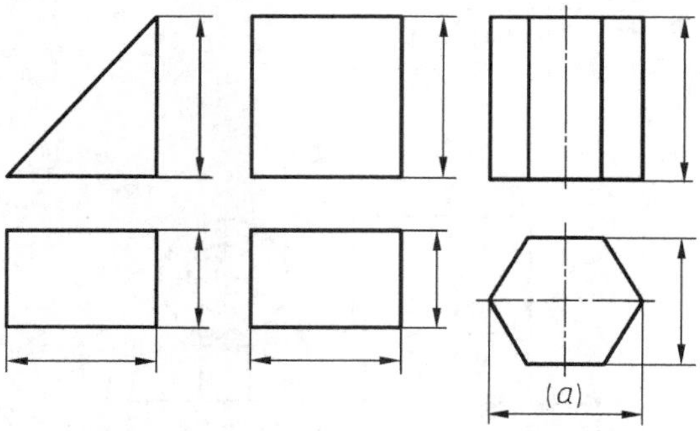	棱锥 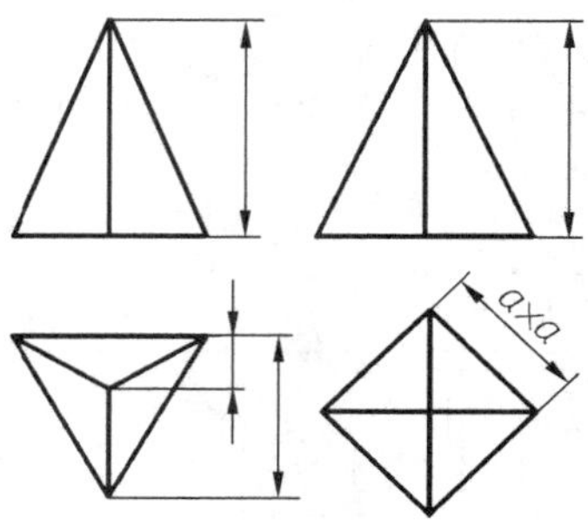	棱台 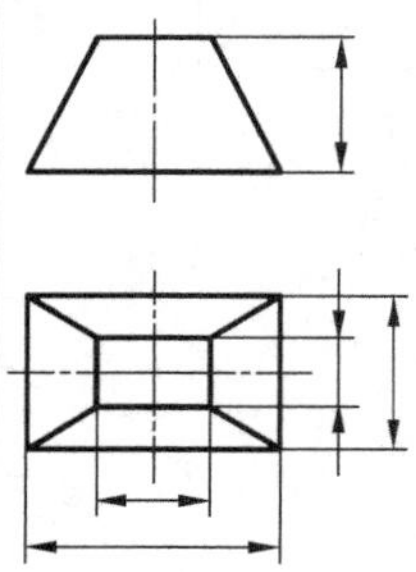
圆柱 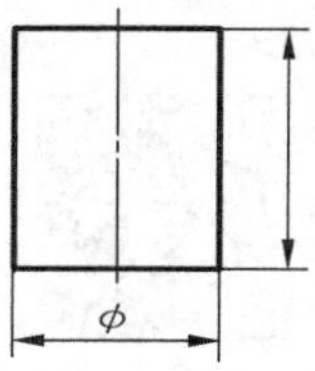	圆锥 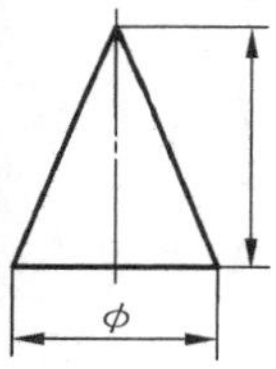	圆球 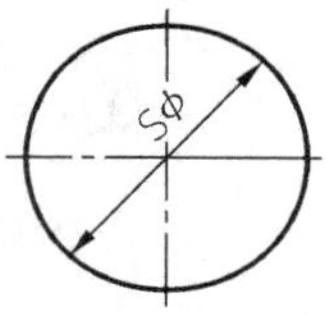	圆锥台 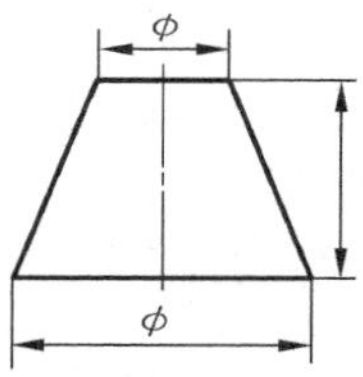	圆环 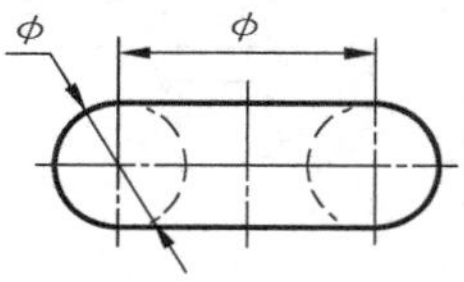

6.3.3 尺寸的分类和尺寸基准

1. 尺寸种类

（1）**定形尺寸**　确定组合体各组成部分形状及大小的尺寸称为定形尺寸。如图 6-19 中的直径尺寸 $\phi20$、$\phi14$、$4×\phi4$，半径尺寸 $R3$，以及长、宽、高尺寸 38、24、5 等。

（2）**定位尺寸**　确定组合体各形体间相对位置的尺寸称为定位尺寸，如图 6-19 中的水平孔轴线高度方向上的定位尺寸 17，底板上四个小孔轴线分别在长、宽方向上的定位尺寸 30 和 16。

（3）**总体尺寸**　表示组合体总长、总宽、总高的尺寸称为总体尺寸，如图 6-19 中的高度尺寸 30、图 6-20 中的高度尺寸 19。

当总体尺寸与已标注的定形尺寸一致时，则不需要另行标注，如图 6-20 中的总长 34、总宽 22。

当总体尺寸与已标注的定形尺寸不一致时，如需标注总体尺寸，往往要在相应方向上减少一个形成总体尺寸的定形尺寸。如在图 6-19 中，若标注高度方向上的总体尺寸 30，则圆筒高度 25 就是多余尺寸，不应再标注。

标注总体尺寸时，要注意尺寸的两端应是平面，一般不以曲面的切线、界限素线作为尺寸界线，故图 6-21 中不标注组合体的总长、总宽尺寸。

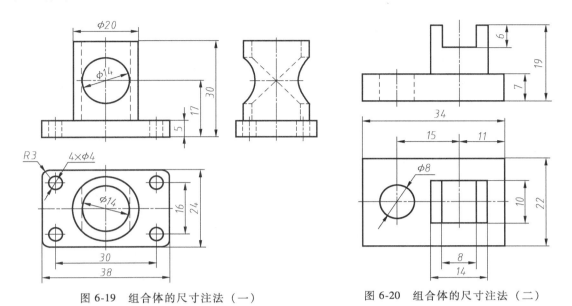

图 6-19　组合体的尺寸注法（一）　　　　图 6-20　组合体的尺寸注法（二）

2. 尺寸基准

在组合体中，确定尺寸位置的点、直线、平面等称为尺寸基准，简称基准。一般以交点（圆心、球心等）、轮廓直线、轴线、对称中心线、对称平面、底面、端面等作为尺寸基准。

在组合体三视图中，通常在长、宽、高三个方向都存在基准，而且根据需要，可以在同一方向上有若干个基准。若干基准中，有一个是主要基准，其余为辅助基准。组合体主要基准选择的顺序通常为：对称面、对称中心线、回转轴、大平面、重要表面。例如，在图 6-22 中，长度方向以左、右对称面为主要基准，标注总长 30 和圆孔的定位尺寸 18，以圆孔轴线为辅助基准，标注圆孔的定形尺寸 4×φ4；宽度方向以前、后对称面为主要基准，标注总宽 20 和圆孔的定位尺寸 10；高度方向以底面为主要基准，标注了总高 9。

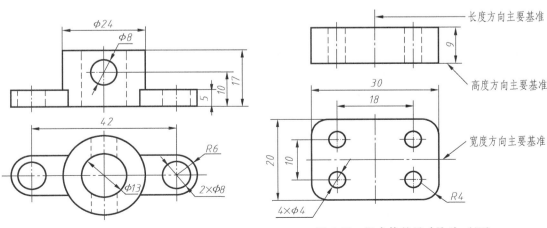

图 6-21　组合体的尺寸注法（三）　　　　图 6-22　组合体的尺寸注法（四）

175

3. 组合体常见结构的尺寸注法

表 6-2 给出了组合体常见结构的尺寸注法，读者可以自行分析哪些是定形尺寸和定位尺寸，哪些是总体尺寸。

表 6-2　组合体常见结构的尺寸注法

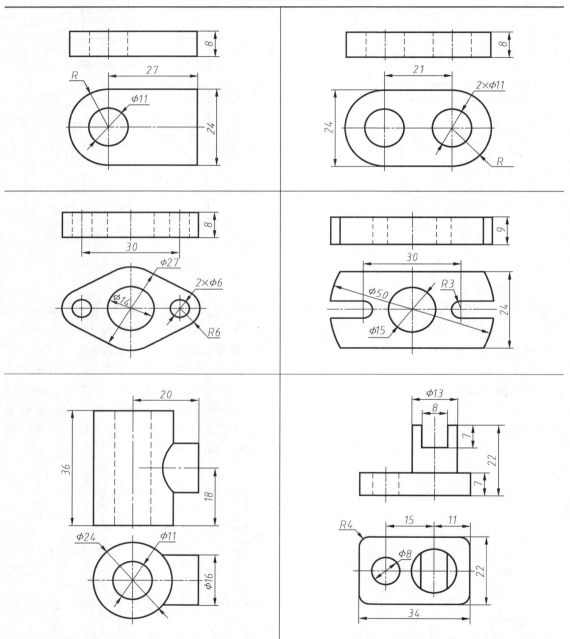

6.3.4　标注尺寸应注意的问题

尺寸的标注应该整齐清晰，便于阅读，标注尺寸时通常要注意以下原则。

1. 定形尺寸应标注在反映形体特征的视图上

各形体的定形尺寸应尽量标注在反映其形体特征的视图上。如图 6-23 所示，V 形槽的定形尺寸都标注在反映 V 形槽形状特征的主视图上。

2. 同一形体的定形、定位尺寸应尽量集中标注

同一形体的定形、定位尺寸，应尽量集中标注在一个或两个视图上，以便于阅读和查找。如图 6-24 所示，两个圆孔的定形尺寸 2×φ5 及长度方向上的定位尺寸 19，都集中标注在俯视图上。

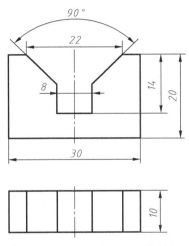

图 6-23　定形尺寸反映形体特征

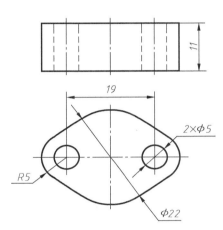

图 6-24　同一形体尺寸集中标注

3. 尺寸排列要清晰

1）平行的尺寸应按"小尺寸在内，大尺寸在外"的原则标注，从而避免尺寸线与尺寸界线相互交叉。如图 6-25 所示，阶梯轴直径和长度方向上的尺寸按图 6-25a 标注，很明显排列更加清晰且易于读图。

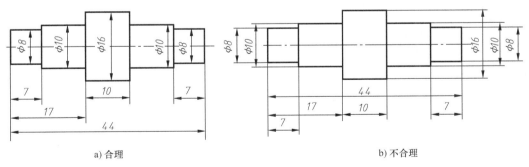

图 6-25　尺寸排列要清晰（一）

2）当组合体的内形尺寸、外形尺寸均需标注，且内、外形尺寸差别较小时，一般应将内、外形尺寸分别标注在视图的两侧，如图 6-26 所示。

4. 同轴回转体的直径应尽量标注在非圆视图上

如图 6-27a 所示，同轴回转体的直径尺寸 φ10、φ14、φ24 应标注在非圆视图上。若如图 6-27b 所示标注，所有直径均标注在圆视图上，则视图显得非常零乱，不利于读图。

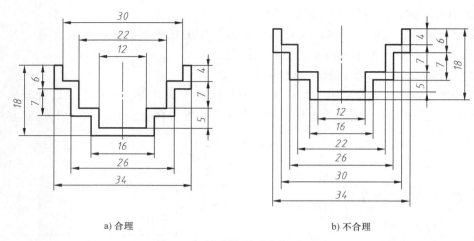

a) 合理   b) 不合理

图 6-26 尺寸排列要清晰（二）

对于回转面上均匀分布的孔，其定形尺寸和定位尺寸应集中标注在圆视图上，如图 6-27a 中小孔的定形尺寸 4×φ3、定位尺寸 φ18。

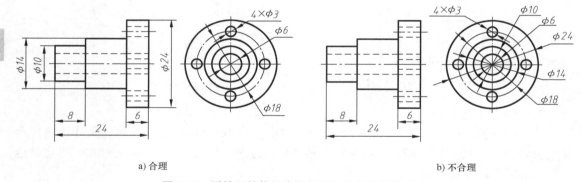

a) 合理   b) 不合理

图 6-27 同轴回转体的直径尽量标注在非圆视图上

5. 尺寸标注应便于测量

为便于制造和测量，对于机件上的台阶孔（或槽），一般应标注大孔（或槽）的深度，如图 6-28a 所示；不要标注小孔（或槽）的深度，如图 6-28b 所示。

6. 虚线上尽量不标注尺寸

除不得已的情况下，一般不应在虚线上标注尺寸。如图 6-28a 所示的内孔直径尺寸 φ9、φ16，由于其界限素线在主视图中的投影是虚线，因此将直径尺寸 φ9、φ16 标注在投影为圆的俯视图上。但大孔的深度 11 只能标注在主视图的虚线上。

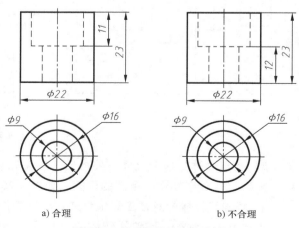

a) 合理   b) 不合理

图 6-28 尺寸标注应便于测量

6.3.5　组合体尺寸标注的方法和步骤

下面以图 6-29a 所示轴承座三视图为例，说明标注组合体尺寸的步骤和方法。

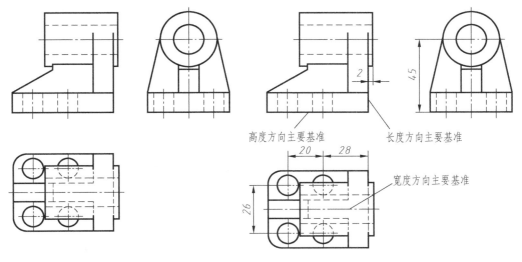

a) 组合体三视图　　　　　　　　　　b) 尺寸基准及定位尺寸

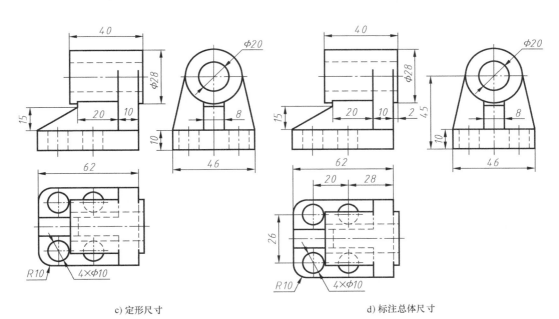

c) 定形尺寸　　　　　　　　　　d) 标注总体尺寸

图 6-29　轴承座的尺寸标注

1. 形体分析

在进行尺寸标注之前，应首先对组合体进行形体分析，将组合体分解为若干简单立体，并分析各简单立体的定形尺寸和定位尺寸；另外，还需分析组合体的尺寸基准及组合体所需的总体尺寸。如前所述，轴承座可以分解成底板、圆筒、肋板、支承板四个简单形体（图 6-15）。

2. 选择尺寸基准

组合体一般有三个方向的主要基准，主要基准要根据组合体的结构特点选择。轴承座长度方向的主要基准选在底板的右端面，辅助基准选择小圆孔的轴线、圆筒的端面；宽度方向的主要基准选择组合体的前后对称面，辅助基准选择小圆孔的轴线；高度方向的主要基准选择轴承座的底面，辅助基准选择圆筒的轴线，如图 6-29b 所示。

3. 标注尺寸

1）标注各形体的定形尺寸。轴承座的定形尺寸如图 6-29c 所示。

2）标注定位尺寸。轴承座的定位尺寸如图 6-29b 所示。

3）标注总体尺寸并检查调整全部尺寸。轴承座的尺寸标注结果如图 6-29d 所示。

根据组合体的结构特点，将其中的某些定形尺寸或定位尺寸转化为总体尺寸，针对轴承座结构特点，总宽尺寸 46 因与底座的定形尺寸一致，故不需再次标出；因顶部端面为圆柱面，总高尺寸不标注；由于制作组合体时直接运用尺寸 62 和 2，故也未标注总长尺寸。

6.4 组合体读图

根据组合体的视图看懂它的整体形状，这一过程称为读图。读图的实质就是根据视图上的图线和线框，想象出组合体局部的形状特征，进而想象出组合体的整体形状。因此，正确理解视图中线和线框的意义是非常重要的。

6.4.1 读图的基本要领

1. 明确视图上图线和线框的含义

（1）视图上图线的含义　组合体视图上，图线可能表示以下要素。

1）**表面交线或棱线的投影**。图 6-30a 所示俯视图中的线 1、2、3，分别对应立体上正垂面 A 与正垂面 B、正垂面 B 与水平面 C、水平面 C 与圆柱面 D 交线的投影。

2）**积聚性平面或柱面的投影**。图 6-30a 所示主视图中的所有线，均为投影面垂直面 A、B，平行面 C，以及圆柱面 D 对 V 面的积聚性投影。

3）**曲面界限素线的投影**。图 6-30a 所示俯视图中的线 4，为圆柱面 D 对 H 面界限素线的投影。

（2）视图上线框的含义　线框是由图线连成的封闭图形，通常代表面或体的投影。在视图中，线框可能表示以下要素。

1）**平面的投影**。图 6-30a 所示俯视图上的线框 a、b、c，分别对应立体上的正垂面 A、B 和水平面 C；图 6-30b 所示俯视图上的线框 a 对应立体上的水平面 A。

2）**曲面的投影**。图 6-30a 所示俯视图上的线框 d 对应立体上的外圆柱面 D；图 6-30b 所示主视图中圆线框 b 对应立体上的内圆柱面 B。

3）**组合表面的投影**。图 6-30b 所示俯视图中实线框 c 对应立体上平面与圆柱面、圆柱面与圆柱面相切形成的组合表面 C。

4）**立体的投影**。如图 6-30a 所示，主视图只有单一线框，对应整个主体的投影。

2. 捕捉线框与立体间的关系

（1）线框包含关系——立体相加或相减　如图 6-31a 所示，俯视图大、小两个矩形线框

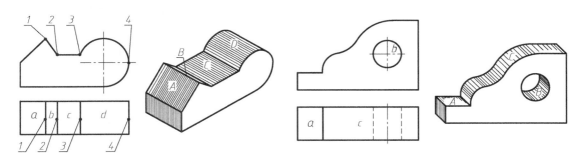

a) 图线与线框的含义

b) 线框的含义

图 6-30　组合体视图上线框与图线的含义

是包含关系，主视图两个矩形线框是叠加关系，代表两个立体相加。

如图 6-31b 所示，主视图 U 形线框包含圆线框，俯视图矩形线框包含虚线框，代表两个立体相减。由此可知，视图上有两个线框是包含关系，代表立体相加、减，至于相加还是相减，需要对应其他视图来判断，若其他视图中的线框相邻或并列，则立体相加；若其他视图中的线框依然是包含关系，则立体相减。

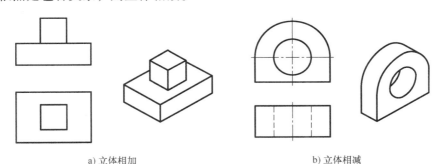

a) 立体相加

b) 立体相减

图 6-31　组合体视图上线框与立体的关系（一）

视图中的封闭线框在一般情况下表示一个面或一个体的投影。图 6-32 中，主视图中的大、小线框是包含关系，这种情况通常是两个立体相加或相减。

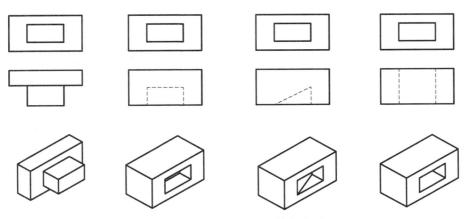

图 6-32　组合体视图上线框与立体的关系（二）

（2）**线框相邻关系——立体贴合相加**　视图中，两个线框相邻或并列通常意味着线框对应的两个面不平齐（平行、相交或在立体范围内相离），抑或线框对应的两个立体叠加贴合，线框之间的共有线是两个面的分界线或立体贴合后表面的投影，如图 6-33 所示。

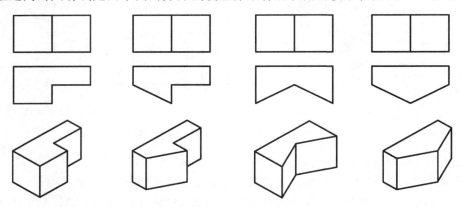

图 6-33　组合体视图上线框与立体的关系（三）

3. 几个视图关联识读

在图样中，立体的形状一般是通过几个视图来共同表达的，每个视图只能反映立体一个方向上的投影。因此，立体的形状往往不能仅由一个或两个视图唯一地表达。如图 6-34 所示，立体有相同的主、左视图，但由于俯视图不同，它们对应三种不同的立体，即四棱柱切去一个小四棱柱、四棱柱切去 1/4 圆柱、四棱柱切去一个三棱柱。由此可见，读图时将多个视图联系起来看，才能正确理解立体的形状。

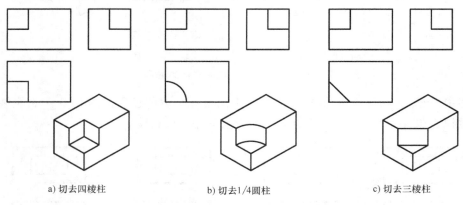

　　a) 切去四棱柱　　　　　　b) 切去1/4圆柱　　　　　　c) 切去三棱柱

图 6-34　组合体读图

凡图形上的线框是相邻的，其分界线两侧必定表示不同情况，可有高、低、平、斜、空、实的差别；凡图形上的线框是包含关系的，则其可视为一个立体贴合在另一个立体上，或者从一个立体中挖去另一个立体。因此，读图时应对照其他视图，借助投影关系，判断它们的空间状况，切忌仅从一个视图孤立地想象立体形状。

4. 善于构思立体的形状

为了提高读图能力，应从典型结构出发，通过典型形体的叠加、切割、变换组合，培养构思立体形状的能力，从而进一步提高空间想象能力。

6.4.2　组合体读图方法

读组合体视图的基本方法有形体分析法读图与线面分析法读图两种。形体分析读图法认为，组合体是由基本立体或简单立体组成的，因此，根据视图上线框的特点和投影关系，把视图分解为若干部分，然后分别想象出每部分的形状和各部分的相对位置关系，最后综合归纳想象出组合体的整体形状。线面分析法读图的出发点是认为组合体是由不同表面围成的，根据视图上的图线与线框，对照投影关系想象出组成组合体各表面的形状和位置，最终理解组合体的整体形状。读图时，一般以形体分析法为主，线面分析法为辅。线面分析法在分析切割式的零件时用得较多，对视图中的局部复杂投影，特别是用形体分析法不易看懂的部分，往往采用线面分析法进一步分析线、面的投影关系，辅助看懂该部分的形状。

1. 形体分析法读组合体的视图

组合体视图通常较为复杂，且视图中二维图形的表达形式往往缺乏立体感，从而影响对组合体整体形状的理解。形体分析法读图就是在视图上以图形分割的方法来简化形体。先将一个视图按照轮廓线构成的线框分割成几个平面图形，它们通常是各简单立体或表面的投影；然后按照投影规律找出它们在其他视图上对应的图形，从而想象出各简单立体的形状；最后根据图形特点分析出各简单立体间的相对位置及组合方式（如叠加、切割等），综合想象出组合体的整体形状。

下面以图 6-35、图 6-36 为例说明形体分析法读图的步骤和方法。

【例 6-1】 如图 6-35a 所示，已知组合体的主、俯视图，求作左视图。

分析：对于主要以叠加方式构成的组合体，一般以形体分析法为主想象立体形状。图 6-35a 中的主视图由四个线框组成，其中三个线框相邻叠加，代表三个线框对应的实体相加；另外一个圆线框包含在 U 形线框中，形成包含关系，与俯视图对应读图，可知是相减切割关系。主、俯两个视图联系起来，可知该组合体主要由三部分叠加，再切去圆柱而形成。

（1）**分线框，对投影**　读组合体视图时，通常在表达物体形状特征最多的视图（如主视图）上分出若干线框，然后根据投影关系找出各线框在其他视图中对应的投影，最后定出组合体各组成部分的形状。图 6-35a 所示的组合体，主视图可分成四个独立部分，即线框 1、2、3、4，然后根据"长对正、高平齐、宽相等"的规律，找出它们在俯视图中对应的投影，如图 6-35b 所示。

（2）**对投影，想形体**　分出线框后，即可根据各简单立体的投影特点，确定各个线框所表示简单立体的形状。由线框 1 上的正垂线，确定俯视图中对应的线框，进而确定线框 1 对应的形体为六棱柱底座，如图 6-35c 所示；图 6-35d 所示的线框 2、3 对应的形体为 U 形柱打一个通孔；图 6-35e 所示线框 4 对应的形体是四棱柱。

（3）**综合归纳想整体**　在看懂各组成部分形状的基础上，分析各组成部分的结合关系和相对位置，最后综合归纳想象出组合体的整体形状，如图 6-35f 所示。

综合考虑各组成部分的相对位置关系，整个组合体的形状就清楚了。在此基础上，补画出第三面视图，如图 6-35g 所示。

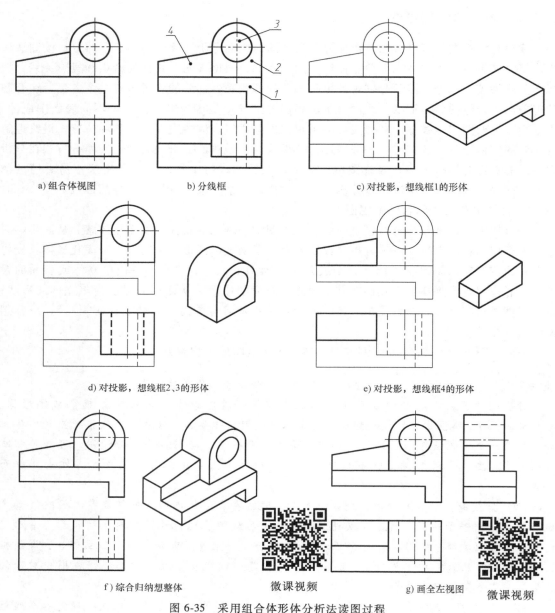

a) 组合体视图　　　　　b) 分线框　　　　　c) 对投影, 想线框1的形体

d) 对投影, 想线框2、3的形体　　　　　e) 对投影, 想线框4的形体

f) 综合归纳想整体　　　微课视频　　　　g) 画全左视图　　　微课视频

图 6-35　采用组合体形体分析法读图过程

【例 6-2】　如图 6-36a 所示, 读懂三视图所表达立体的形状。

分析: 立体的主视图线框分割明确, 应注意的是, 其中有直线一端为自由端, 代表两个面相切, 切线为过自由端处的垂线, 不画出来。故由主视图可知, 组合体是由四个实线框所代表的形体叠加, 再切割去除两个虚线框代表的形体而成。

（1）**分线框, 对投影**　图 6-36a 所示主视图可分为图 6-36b 所示的四个独立的实线框 1、2、3、4 及两个虚线框, 分别找出四个线框在其他视图中对应的线框, 判断各部分形体的形状。

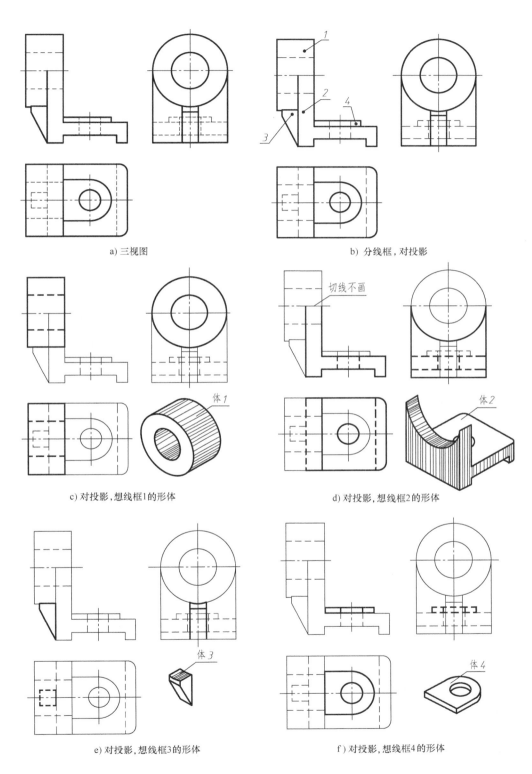

a) 三视图

b) 分线框, 对投影

c) 对投影, 想线框1的形体

切线不画

体1

d) 对投影, 想线框2的形体

体2

e) 对投影, 想线框3的形体

体3

f) 对投影, 想线框4的形体

体4

图 6-36　组合体读图

185

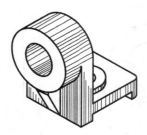

g) 综合归纳想整体

图 6-36　组合体读图（续）

（2）**对投影，想形体**　因左视图中有圆线框，从左视图两个圆线框最左、最右、最上、最下点出发对投影，可得出形体 1 为圆筒，如图 6-36c 所示；主视图线框 2 中有一条线有自由端，说明有相切关系，切线未画出，如图 6-36d 所示；补上切线，将主视图线框 2 拉伸同一个宽度，则很容易得出线框 2 所代表的立体。由于立体上表面与圆筒的外圆柱面贴合，故将上表面修正为圆柱面，从而得出形体 2 如图 6-36d 所示。

根据线框对应关系，想出形体 3、4。形体 3 上表面亦与圆筒的外圆柱面贴合，故上表面为圆柱面，如图 6-36e、f 所示。

（3）**综合归纳想整体**　将形体 1、2、3、4 叠加，得到组合体，如图 6-36g 所示。

2. 线面分析法读组合体的视图

组合体既可以看成是由简单立体经过叠加或切割构成的，也可以看成是由若干面（平面或曲面）、线（直线或曲线）包围而成的。线面分析法读图就是把组合体表面分解为若干面、线，并分析它们的形状、相对位置、与投影面的关系，从而确定组合体整体形状的方法。

下面以图 6-37 为例说明线面分析法读图的步骤和方法。

【例 6-3】　如图 6-37a 所示，已知组合体的主、俯视图，求作左视图。

分析：使用线面分析法读图时，首先要根据视图上的线，分解组合体的各表面；然后根据各表面的已知投影，确定表面相对于投影面的位置及表面形状；最后，根据各表面的形状及表面之间的结合关系，确定组合体的整体形状，从而确定第三面投影。

（1）**按投影，对线框，定表面**　按与投射方向相交、垂直、平行的关系，将一个视图上的直线分为三类，根据已知的两视图，判定线与线框相对应的投影关系，从而确定组合体由哪些表面围成，各表面相对投影面的位置关系（平行、垂直或一般位置），如图 6-37 所示的平面 1~10、柱面 11。

（2）**分表面，定形状，求投影**　以主视图为例，逐个对线框求解。

1）与左视图投射方向相交的平面：正垂面 1、2，如图 6-37b 所示，在俯视图中找到对应的线框，根据相仿性，确定平面 1、2 的形状及左视图中的投影。

2）与左视图投射方向垂直的平面：投影面平行面（侧平面）3~7，如图 6-37c 所示，配合俯视图，确定平面 3~7 的实形及左视图投影。

3）与左视图投射方向一致的平面：水平面 8~10，如图 6-37d 所示，它们的俯视图投影反映实形，左视图投影积聚成直线。

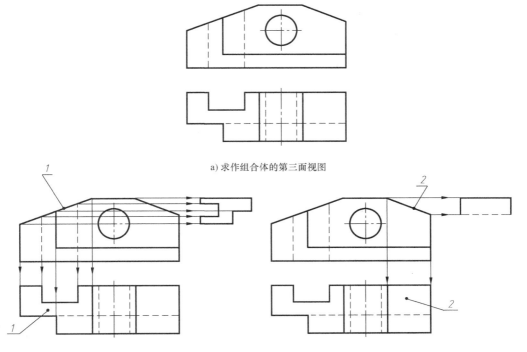

a) 求作组合体的第三面视图

b) 分线框,对投影(正垂面1、2)

187

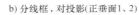

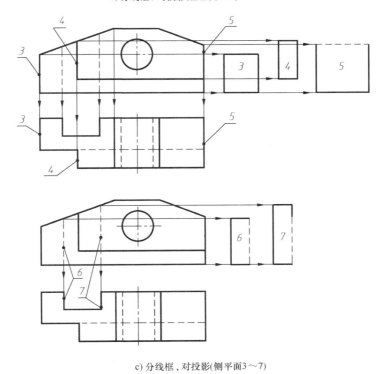

c) 分线框,对投影(侧平面3～7)

图 6-37　线面分析法读组合体的视图

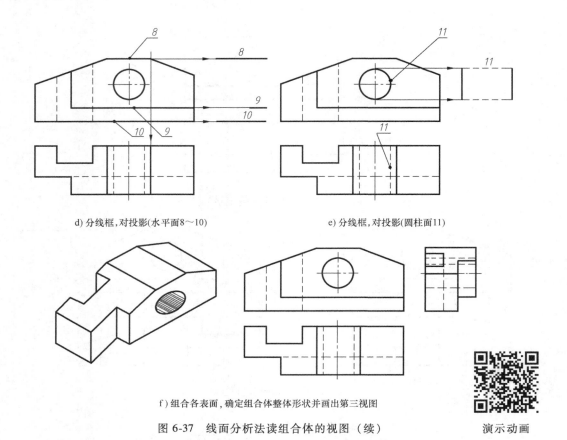

d) 分线框,对投影(水平面8～10)　　　　　　　　e) 分线框,对投影(圆柱面11)

f) 组合各表面,确定组合体整体形状并画出第三视图

图 6-37　线面分析法读组合体的视图（续）　　　　演示动画

4）其他表面：柱面 11，如图 6-37e 所示，根据主、俯视图，可知左视图为矩形线框。

（3）组合各表面

归纳组合各表面：形成组合体整体形状，再根据组合体的整体形状，补全所求视图，如图 6-37f 所示。

与形体分析法读图相比，线面分析法读图相对复杂而琐碎，较容易丢失组合体的立体信息，因此，在实际读图过程中，较多使用形体分析法，而将线面分析法作为辅助方法。

例 6-3 所示的组合体，如果采用形体分析法为主，线面分析法为辅的方法读图，将更简便直观，如图 6-38 所示，读者不妨一试。

6.4.3　读组合体视图的实用技巧

1. 注意找出特征视图

（1）形状特征视图　如图 6-39 所示组合体，它们的主、左视图相同，仅凭主、左视图是不能唯一确定立体形状的。主视图三个实线框，可视为三个不同的表面，只有找出它们在俯视图上的相应投影后，方能判定中间线框为平面的投影还是圆柱面的投影。因此，俯视图是立体的形状特征视图，读图时从形状特征视图出发（将俯视图线框整体拉伸至最大 Z 坐标），理解立体形状就更容易。

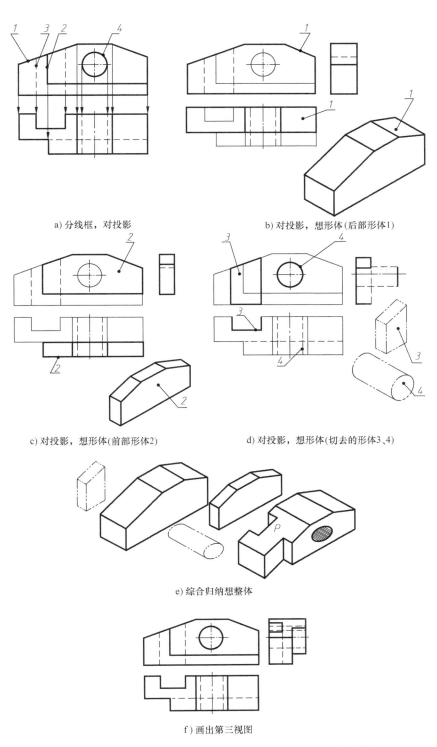

a) 分线框，对投影

b) 对投影，想形体(后部形体1)

c) 对投影，想形体(前部形体2)

d) 对投影，想形体(切去的形体3、4)

e) 综合归纳想整体

f) 画出第三视图

图 6-38　以形体分析法为主、线面分析法为辅读组合体的视图

189

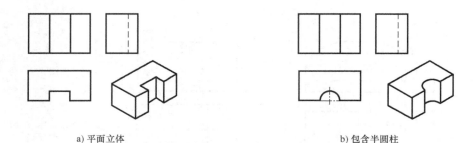

a) 平面立体　　　　　　　　　　　　　　b) 包含半圆柱

图 6-39　读图技巧——形状特征

读形状特征视图时应特别注意如下两点。

1）某一视图为单一封闭线框时，立体很可能是柱，将该线框整体拉伸这个视图没有体现的那个坐标的最大值（主视图拉伸 Y 坐标、俯视图拉伸 Z 坐标，左视图拉伸 X 坐标），就有可能得到所求的组合体基体。

2）视图包含圆线框时，要先从圆线框的最左、最右、最上、最下点对投影，推测圆线框对应的立体是圆柱、圆锥还是圆球，如图 6-39b 所示。

（2）位置特征视图　如图 6-40 所示，若只给出立体的主、俯视图，U 形结构形状确定，但因主视图中圆的直径与矩形的长相等，故仅在主、俯视图之间对投影，线框之间存在不确定性，所以不能唯一确定立体形状；若给出图 6-40 所示的左视图，则圆和矩形线框所对应的位置就确定了。因此，主视图确定 U 形结构的形状，是形状特征视图，左视图确定圆线框和矩形线框对应的实体位置，是位置特征视图，给出这两个视图，立体就唯一确定了。

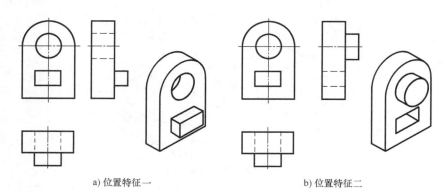

a) 位置特征一　　　　　　　　　　　　　b) 位置特征二

图 6-40　读图技巧——位置特征

因此，形状特征视图和位置特征视图对于画组合体视图和组合体读图，都是必不可少的。

2. 注意反映立体之间连接关系的图线

比较图 6-41 所示两个立体，它们的差别在于主视图三角形线框的虚实不同。图 6-41a 所示主视图中，两个线框以实线分界，表明两立体前表面不平齐，分别为三角形和六边形，对应的两立体叠加；图 6-41b 所示主视图中，两个线框以虚线分界，立体前表面为完整五边形，虚线表示五边形减三角形，为立体相减关系。

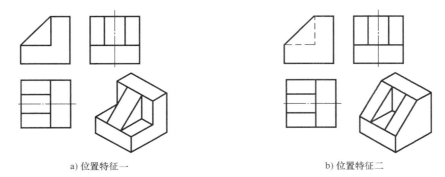

a) 位置特征一   b) 位置特征二

图 6-41　读图技巧——立体之间连线（一）

立体叠加时，有时会出现如图 6-42 所示俯视图的相切情况，要注意立体是回转体相贯还是相切。通常，组合体视图上的线都是首尾相连的，但相切时，相切位置交线不画出来，视图上某些线就会出现一端或两端是自由端、与其他线不相连的情况。这时一定明确，立体组合时有相切关系，相切位置在自由端的垂直方向，从这个特点出发，理解立体就容易很多。

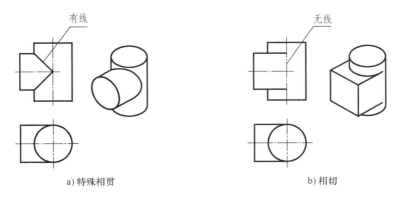

a) 特殊相贯   b) 相切

图 6-42　读图技巧——立体之间连线（二）

3. 注意简单立体叠加时的表面过渡关系

当立体叠加时，若局部平齐共面，则表面无分界线，否则，表面有分界线。

图 6-43 展示了平面立体叠加时的投影特点。

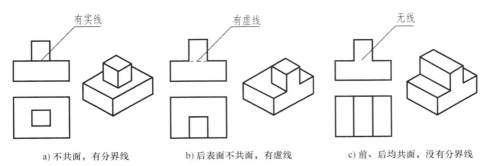

a) 不共面，有分界线   b) 后表面不共面，有虚线   c) 前、后均共面，没有分界线

图 6-43　读图技巧——平面立体叠加

如图 6-44 所示，平面立体与曲面立体叠加时，必然不共面，两立体之间有分界线。

当曲面立体与曲面立体叠加时，若大小不同，立体不共面，则两立体之间有分界线，如图 6-45 所示。

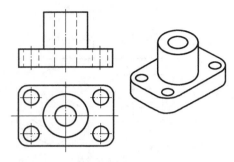

图 6-44 读图技巧——平面立体与曲面立体叠加

4. 注意利用虚、实线区分各部分的位置关系

读图时，还要注意利用虚、实线，对应确定立体是否有遮挡关系，从而快速判别立体局部沿投射方向所在的位置。如图 6-46 所示，仅凭主视图线框与俯视图线框的对应关系，明确立体的形状有一定难度。但图 6-46a 中，俯视图凹线框包含凸线框，主视图中两线框对应的线框均为实线，说明无遮挡，小的凸线框对应的主体在上，大的凹线框对应的主体在下；图 6-46b 中，俯视图中的凸线框为虚线，说明有遮挡，凹线框对应的立体在上，凸线框对应的立体在下。显然，这样去读图，不仅清晰，而且快速。

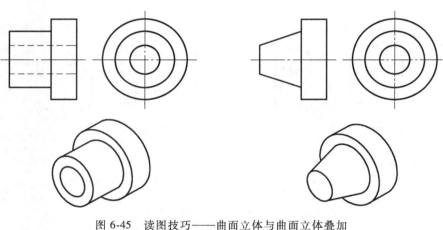

图 6-45 读图技巧——曲面立体与曲面立体叠加

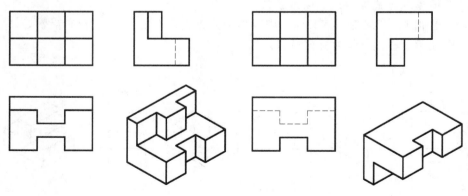

a) 无遮挡   b) 有遮挡

图 6-46 读图技巧——利用虚、实线判别局部位置

6.4.4　组合体读图综合举例

【例 6-4】　如图 6-47a 所示，已知组合体的主、左视图，求作俯视图。

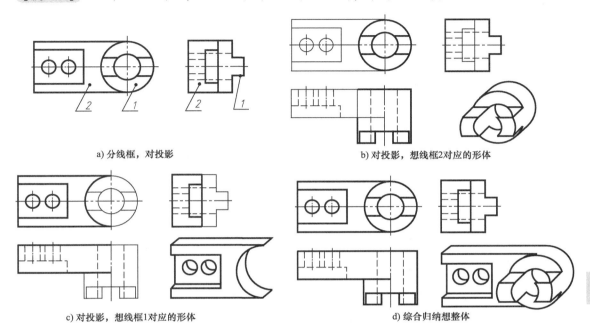

a) 分线框，对投影　　　　　　　　　　　　　　b) 对投影，想线框2对应的形体

c) 对投影，想线框1对应的形体　　　　　　　　d) 综合归纳想整体

图 6-47　组合体综合读图

分析：由图 6-47a 所示的主、左视图可以看出，该组合体主要是由叠加、切割综合的方式构成，读图时，一般以形体分析法为主想象主体形状，辅以线面投影分析法判断局部形状。

（1）**分线框，对投影——概括了解**　一般情况下，主视图反映形体特征较多，因此通常首先在主视图上进行图形分割。如图 6-47a 所示，将主视图线框分割为相对独立的两个部分：圆筒 1 与柱体 2。

（2）**对投影，想形体——局部结构**　利用投影关系，把主视图上与左视图中虚、实线框对应的投影图形分解出来，分别想象各部分的立体形状，可知柱体部分开槽并挖圆柱孔，圆筒两侧切去部分主体，如图 6-47b、c 所示。

（3）**综合归纳想整体**　在想出各组成部分的立体形状后，综合出组合体的整体形状，添画左视图，如图 6-47d 所示。

【例 6-5】　如图 6-48a 所示，已知组合体的主、俯视图，求作左视图。

分析：由图 6-48a 所示的主视图可以看出，各线框之间主要是拼合关系，说明该组合体主要由简单立体叠加构成，由于各部分形状简单清晰，故读图时以形体分析法为主。

（1）**分线框，对投影**　如图 6-48b 所示，将组合体分解成四个部分。

（2）**对投影，想形体**　如图 6-48c 所示，对应主、俯视图，分别想象出四个部分的形状。

（3）**综合归纳想整体**　分析各部分的结合关系，综合出组合体的整体形状，如图 6-48d所示，并补画出第三视图，如图 6-48e 所示。

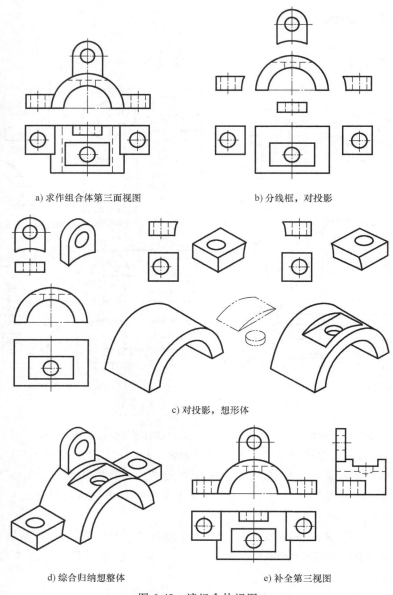

a) 求作组合体第三面视图   b) 分线框，对投影

c) 对投影，想形体

d) 综合归纳想整体   e) 补全第三视图

图 6-48 读组合体视图

6.4.5 组合体读图的总结

1) 通常以反映形体特征最多的视图为主，同时按照"长对正、高平齐、宽相等"的投影规律与其余视图配合读图。

2) 以形体分析法为主，以线面投影分析法为辅；对于以切割为主构成的组合体，也可以线面投影分析法为主，以形体分析法为辅。

3) 用形体分析法读图的思路是：分线框，对投影，分别想象各线框对应的形体，再综合想象整体形状。

当遇到既有外形（实线）又有内形（细虚线）的视图时，可以先想象外形，后想象内形；遇到切割形体时，可先想象出完整形体，再想象出被切割部分的形状。

6.5 组合体的 Inventor 建模与创建工程图

本节将以图 6-49 所示组合体为例，介绍组合体的 Inventor 建模与创建工程图。

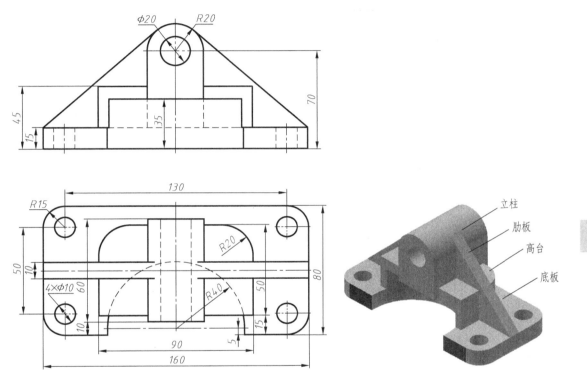

图 6-49　组合体

6.5.1 组合体的 Inventor 建模

该组合体由四个部分（底板、高台、立柱、肋板）堆积，然后切割孔、槽而成。堆积与切割复合构成的组合体的建模原则是：先造型实体，再切割得到孔、槽；先造型主体部分，再处理局部细节。具体建模步骤如下。

1. 拉伸底板

新建零件后，根据草图在 XY 平面上画出 160×80 的矩形，并使矩形中心与原点重合。然后对草图进行拉伸，生成厚度为 15 的底板，如图 6-50 所示。

2. 拉伸高台

在底板的底面中心处画出 90×50 的矩形后，根据拉伸方向拉伸出高度为 30 或 45 的高台，如图 6-51 所示。

3. 拉伸立柱

如图 6-52 所示，在 XY 平面，即组合体纵向的中心面画出立柱草图。因为从图中的尺

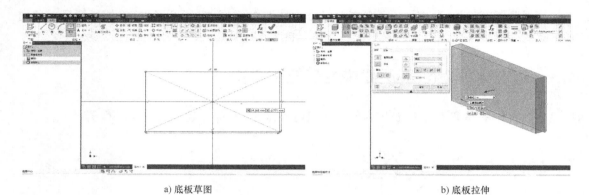

a) 底板草图   b) 底板拉伸

图 6-50　拉伸底板

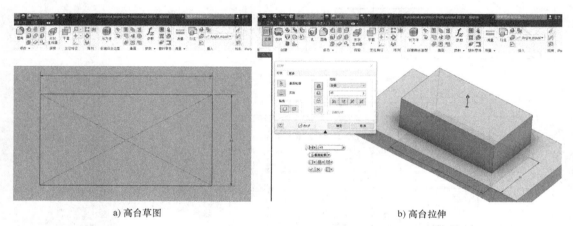

a) 高台草图   b) 高台拉伸

图 6-51　拉伸高台

寸关系可以推断出，立柱是关于底板中心面对称的，所以输入立柱的总长度运用对称拉伸，较为简便。也可以完全根据图样注明的尺寸，使用偏移平面的命令，从底板的前端面生成偏移距离为 15 的平面，然后在该平面画草图，再拉伸出长度为 60 的立柱。在建模时需要注意，立柱和高台有一部分是重合的，约束草图关系时需要仔细读图。

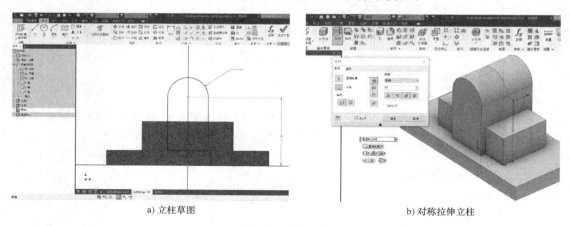

a) 立柱草图   b) 对称拉伸立柱

图 6-52　拉伸立柱

4．生成肋板

如图 6-53 所示，在 XY 平面上，画出一侧肋板的边界轮廓线，使边界轮廓线和已经建成的组合体形成闭合图形。然后使用"加强筋"命令生成一侧的肋板，并用"镜像"命令生成另一侧的肋板。

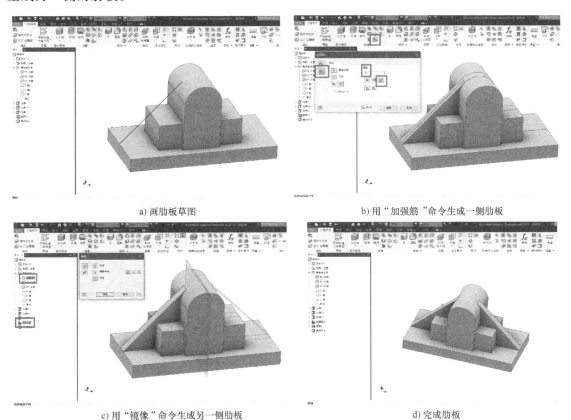

a) 画肋板草图   b) 用"加强筋"命令生成一侧肋板

c) 用"镜像"命令生成另一侧肋板   d) 完成肋板

图 6-53　肋板的生成

5．求差拉伸生成大 U 形槽

特别强调：在生成 U 形槽时，应先在底板的底面上画草图，以便直接利用已标出的槽的高度尺寸。注意草图的圆心位置，避免出错，如图 6-54 所示。

6．打孔

如图 6-55 所示，打孔时要注意孔的深度，区分通孔和不通孔。本组合体中的孔均为通孔。打底板上的四个孔时，可以先用草图对四个孔的位置进行定位，然后用"孔"命令打孔，这样操作更简便，可以减少草图数量。在后续的螺纹孔操作中，也会用到"孔"命令。

7．处理圆角及其他细节

如图 6-56 所示，用"圆角"命令作出底板上半径为 15 的圆角、高台上半径为 20 的圆角。圆角的处理原则是：尽量采用"圆角"命令来生成，从而使原始草图更加简洁，便于后期修改。

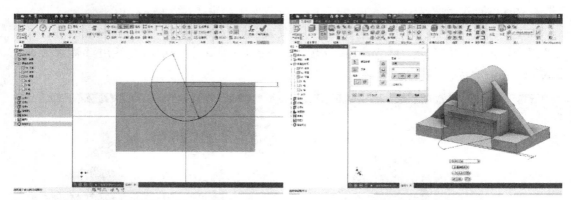

a) 在底板的底面上画草图　　　　　　　　b) 求差拉伸，生成U形槽

图 6-54　U 形槽的生成

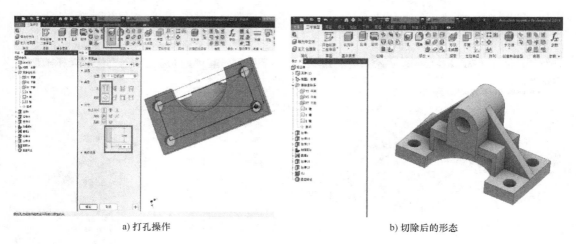

a) 打孔操作　　　　　　　　　　　　b) 切除后的形态

图 6-55　打孔

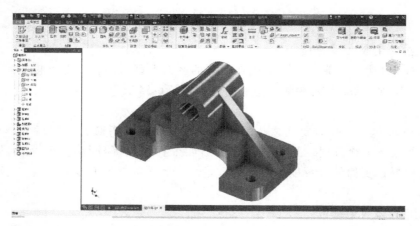

图 6-56　处理圆角及其他细节

建模完成后，可以更改颜色或材质，对组合体模型进行一些个性化处理。最后保存文件。

6.5.2　创建工程图

在完成建模之后，生成图 6-57 所示组合体工程图的步骤如下。

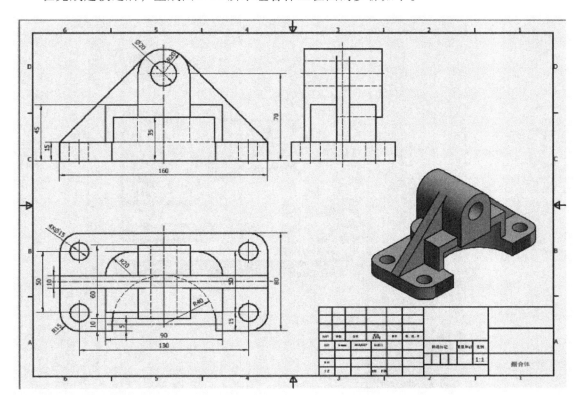

图 6-57　组合体工程图

1．新建图纸

如 6-58 所示，新建一个工程图文件，尽量选择 idw 格式，此格式较为适用于 Inventor 建模。根据组合体的尺寸，选择合适的图纸大小和排布方向。本例建议选择 A3 图纸，横向放置。

2．投影视图

如图 6-59 所示，单击"放置视图"选项卡中的"基础视图"按钮，系统便会显示需要出图的组合体。可以将投影比例设置为 1：1，然后改变视图方向，确定主视图，分别向右和向下移动鼠标，投射出左视图和俯视图。由于还没有使用剖视图等方式对组合体内部进行表达，因此需要用虚线对被遮挡的线进行表达。在生成投影时，选择"显示隐藏线"，系统便会自动用虚线对被遮挡的线进行表达。如果选择"着色"，系统就会对整个工程图按照三维模型的颜色进行上色。

3．添加中心线

根据作图的要求，需要在物体中心、圆柱轴线和孔等位置添加中心线。

中心线有三种方式添加。第一种添加中心线的方法是，在某一个视图上画出所有的中心线。然后退出草图，在刚画出的线上单击鼠标右键，选择"特性"选项，更改线型即可，这也是画其他线的通用方法。更改线型的操作如图 6-60 所示。

a) 新建idw格式工程图

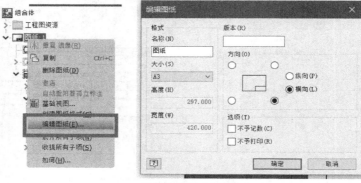

b) 调整图纸大小和方向

图 6-58　新建图纸

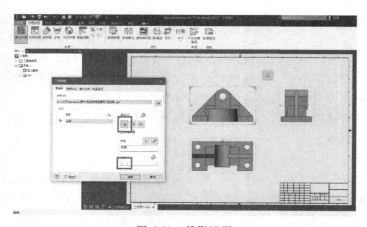

图 6-59　投影视图

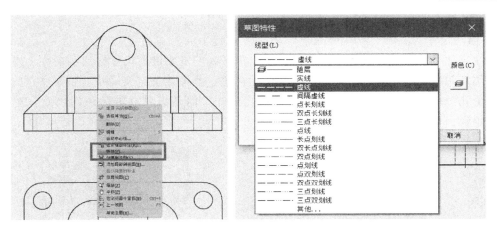

图 6-60　更改线型

第二种方法是运用"标注"选项卡中四个不同的中心线命令，如图 6-61a 所示。这四个命令分别可以生成普通中心线、对分中心线、中心标记和中心阵列。

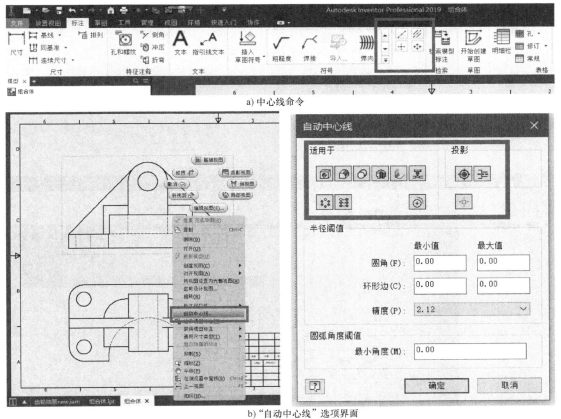

a) 中心线命令

b) "自动中心线"选项界面

图 6-61　添加中心线

第三种方法是使用"自动中心线"命令，在视图上单击鼠标右键，选择"自动中心线"选项，然后选择相应的"适用于"的范围，然后单击"确定"按钮就可以生成中心线，如

图 6-61b 所示。

4. 标注尺寸

标注尺寸可以说是工程图出图中的核心步骤。我们需要借助尺寸标注的命令、投射出的图线和添加的中心线、虚线等,标注出几何元素的定形尺寸及定位尺寸。需要注意的是,在标注四个孔的尺寸时,可以用 4×ϕ15 进行简化标注,但是需要双击标注的尺寸,对原有尺寸进行编辑。尺寸编辑操作如图 6-62a 所示。

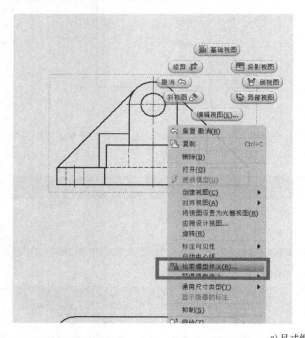
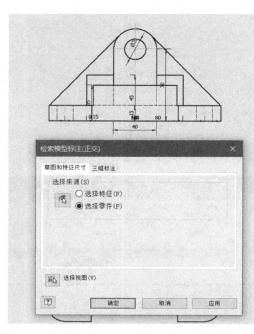

a) 尺寸编辑

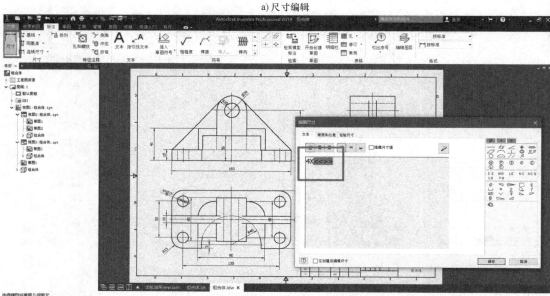

b) 检索模型标注

图 6-62　标注尺寸

除手动标注尺寸之外，也可以自动标注尺寸。在一个视图上单击鼠标右键，选择"检索模型标注"选项，便可以自动生成一个视图的尺寸标注。但是这样的尺寸模型通常都不太准确，有不少错误，因此需要手动调整尺寸。检索模型标注操作如图 6-62b 所示。

5. 填写标题栏

运用"文本"命令，对标题栏进行填写。投影比例和文件名会自动生成在标题栏中，无需自己再添加。可以根据课程要求添加姓名、班级、学号等信息。在"文本格式"对话框中对字体格式、字号、长宽比等字体参数进行修改，如图 6-63 所示。

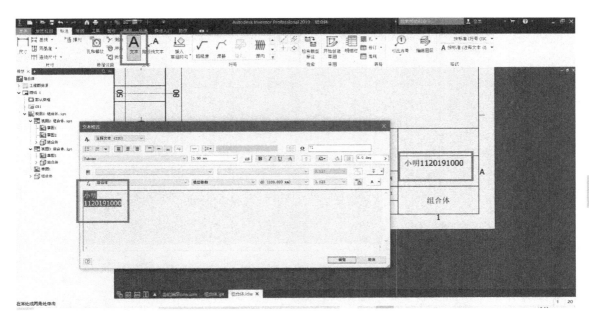

图 6-63　填写标题栏

至此，完成了图 6-49 所示工程图的生成，最后保存文件。

本 章 小 结

本章是全书的一个重点，组合体画图和读图是培养形体想象能力的重要环节，形体分析法、线面投影分析法是画图、读图的重要方法。本章的学习应注意掌握以下几个方面。

1）在画图和读图过程中，应同时运用形体分析法和线面投影分析法，相互结合，相辅相成。一般运用形体分析法分析组合体各组成部分的形状及相对位置，而采用线面投影分析法可进一步研究线、面投影特征和表面间的相对关系，帮助准确作图和完整地想象出立体各细节部分的形状。

2）视图之间保持着"三等"的投影关系，画图和读图都必须从投影关系入手。画图时，一般按形体大小，按顺序画出每个形体的视图；在画每个形体的视图时，应先画反映实形或形状特征的视图，再画其他视图。读图时，应将几个视图联系起来，分析相邻线框的凹凸、平斜、空实等差别，建立起立体形象。要养成几个视图同时画和联系起来想立体的习惯，不能画完一个视图后再画另一个，或者孤立地对着一个视图苦想立体形状。

3）应注意分析斜面在有关视图上投影的相仿性，它们是画图和读图时验证作图或空间想象是否正确的重要依据。

4）完整地标注组合体尺寸也是十分重要的，应掌握按形体分析结果标注尺寸的方法。

本章还介绍了组合体的 Inventor 建模与创建工程图。

第7章

轴 测 图

前面几章研究的多面正投影图能够准确、完整地表达空间物体的形状与大小，在工程上被广泛应用，其特点是：投影结果较为简单，作图方便，但直观性不强，读图过程中容易出现偏差。轴测图是一种富有立体感的单面投影图，直观性好，但作图较为复杂，工程上一般作为辅助图样弥补正投影图的不足，提高读图效率，如图 7-1 所示。

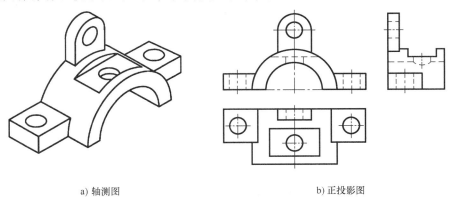

a) 轴测图   b) 正投影图

图 7-1　轴测图与正投影图

本章依据 GB/T 4458.3—2013 编写，重点学习正等轴测图和斜二等轴测图的形成条件、投影特性、轴间角和轴向伸缩系数等基本概念，学习后应了解两种轴测图的表达优势，掌握作图方法，注意把握空间物体、视图和轴测图三者之间的投影对应关系，明确尺寸度量关系。三视图和轴测图均是采用平行投影法获得的图形，理解并熟练运用平行投影性质是作图的关键。

7.1　轴测投影的基本概念

7.1.1　轴测投影的形成

将物体连同其参考直角坐标系，沿不平行于任一坐标平面的方向，用平行投影法将其投射在单一投影面上所得到的图形，称为轴测图，如图 7-2 所示。投影面 P 称为轴测投影面，投射线 S 的方向称为投射方向，空间坐标轴在轴测投影面上的投影 O_1X_1、O_1Y_1、O_1Z_1 称为轴测投影轴，简称轴测轴。

7.1.2 轴间角与轴向伸缩系数

轴测图中，两轴测轴之间的夹角称为轴间角。

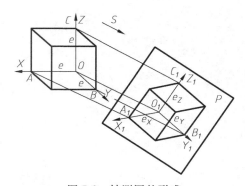

图 7-2　轴测图的形成

轴测轴上的单位长度与相应投影轴上的单位长度的比值，称为轴向伸缩系数。O_1X_1、O_1Y_1、O_1Z_1 轴上的轴向伸缩系数分别用 p、q 和 r 表示。如图 7-2 所示，在空间坐标轴 OX、OY、OZ 上截取长为空间单位 e 的线段，使 $OA=OB=OC=e$，其轴测投影 $O_1A_1=e_X$，$O_1B_1=e_Y$，$O_1C_1=e_Z$，称为轴测单位长度。则有：

$$O_1A_1/OA=e_X/e=p \quad (沿\ OX\ 轴的轴向伸缩系数)$$
$$O_1B_1/OB=e_Y/e=q \quad (沿\ OY\ 轴的轴向伸缩系数)$$
$$O_1C_1/OC=e_Z/e=r \quad (沿\ OZ\ 轴的轴向伸缩系数)$$

7.1.3 轴测投影的基本性质

轴测投影图是由平行投影得到的，因此它具有下列两个投影特性。

1）空间平行两直线，其投影仍保持平行。

2）空间平行于某坐标轴的线段，其投影长度等于该坐标轴的轴向伸缩系数与线段长度的乘积。

由以上性质，若已知各轴的轴向伸缩系数，即可测量出空间平行于坐标轴的各线段在轴测图中的尺寸，这就是轴测投影中"轴测"两字的含义。空间三条坐标轴与轴测投影面之间的夹角可以任意选取，但是为了加强直观性和便于作图，应选取适当的夹角，使三个度量方向在轴测投影面上均能显示。

7.1.4 轴测投影的种类

轴测投影根据投射方向可分为以下两大类。

正轴测投影：投射方向垂直于轴测投影面。

斜轴测投影：投射方向倾斜于轴测投影面。

理论上轴测图可以有无数种，但从作图简便等因素考虑，国家标准《机械制图》（GB/T 4458.3—2013）推荐采用以下三种轴测图作为工程上常用的轴测图。

正等轴测图（$p=q=r$），简称正等测。

正二轴测图（$p=r=2q$），简称正二测。

斜二轴测图（$p_1=r_1=2q_1$），简称斜二测。

本章将重点介绍工程上应用最广泛的正等轴测图和斜二轴测图的画法。

7.2 正等轴测图

7.2.1 正等轴测图的轴向伸缩系数和轴间角

正等轴测图的投射方向垂直于轴测投影面，且空间三条坐标轴与轴测投影面的倾斜角度均相等，因此正等轴测图的三个轴间角均为 120°，即 $\angle X_1 O_1 Y_1 = \angle Y_1 O_1 Z_1 = \angle Z_1 O_1 X_1 =$ 120°，如图 7-3 所示。在作图时，通常将 $O_1 Z_1$ 轴画成竖直方向，$O_1 X_1$、$O_1 Y_1$ 轴与水平方向成 30°角。

正等轴测图的三个轴向伸缩系数也相等，理论计算 $p = q = r = 0.82$，但为作图方便，GB/T 4458.3—2013 规定可采用简化轴向伸缩系数，即 $p = q = r = 1$，如图 7-4 所示。也就是说，凡与各坐标轴平行的尺寸，均按原尺寸画图。这样画出的轴测图相比按理论伸缩系数画出的轴测图是放大了的，但对物体形状的表达没有影响，因此，在画正等轴测图时，为作图简便，均按简化的轴向伸缩系数作图。

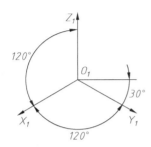

图 7-3　正等轴测图轴测轴的位置和轴间角

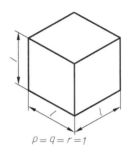

图 7-4　正等轴测图的简化轴向伸缩系数

7.2.2　平面立体正等轴测图的画法

轴测图中一般只画出可见部分，立体的不可见轮廓线（虚线）一般不必画出。必要时才画出其不可见部分。

1. 正等轴测图的作图方法

根据物体在正投影图上的坐标，画出物体的轴测图，这种沿轴测量定位的方法，称为坐标法，这是画轴测图最基本的方法。由于物体的形状不同，除坐标法外，还有切割法、堆积法（或称叠加法）、综合法等。这些方法的选用应根据物体的形状特点确定，以使作图最简便。

2. 正等轴测图的一般作图步骤

首先在正投影图上选取坐标原点 O_1，确定 X_1、Y_1、Z_1 轴的方向，画出轴间角为 120°的三条正等轴测轴 $O_1 X_1$、$O_1 Y_1$、$O_1 Z_1$；采用简化轴向伸缩系数（$p = q = r = 1$），根据正投影图上平面立体各顶点的坐标，依次在轴测图中绘出各顶点，并进行连接，再去掉多余线，即可得到立体的正等轴测图。

3. 正等轴测图的作图方法举例

（1）**坐标法**　根据物体在正投影图上的坐标，画出物体的正等轴测图。

【例 7-1】　如图 7-5a 所示，已知三棱锥的正投影图，按简化轴向伸缩系数（$p = r = q = 1$），画出三棱锥的正等轴测图。

分析：三棱锥是简单立体，可采用坐标法画出三棱锥各顶点的正等轴测投影，依次连接各点，再去掉多余线即可完成作图。

作图步骤：

1）由图 7-5a 所示三棱锥的正投影图，测量出三棱锥的四个顶点 S、A、B、C 的坐标值。

2）画出正等轴测轴 O_1X_1、O_1Y_1、O_1Z_1，如图 7-5b 所示。

3）根据已知伸缩系数，即 $p=q=r=1$，可知三棱锥各顶点在正等轴测轴 O_1X_1、O_1Y_1、O_1Z_1 上的坐标值等于正投影图中的坐标值，沿轴测轴测量，分别画出四个顶点的轴测投影 S、A、B、C，将各点分别连线，并判别可见性，如图 7-5b 所示。

4）去掉多余线，描深可见轮廓线，完成三棱锥的正等轴测图，如图 7-5c 所示。

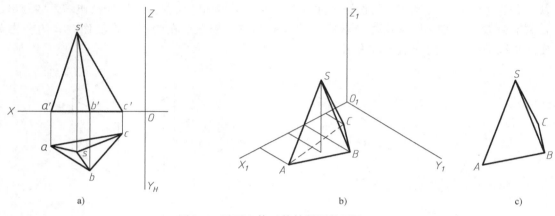

图 7-5　平面立体正等轴测图的画法

【例 7-2】　画出图 7-6 所示六棱柱的正等轴测图。

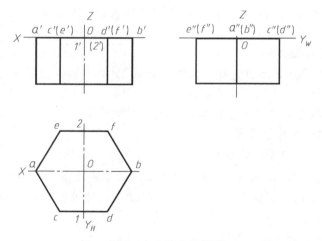

图 7-6　六棱柱投影图

分析：六棱柱共有十二个顶点，其上、下底面均为正六边形。只要把各顶点的轴测投影画出，再连接相应顶点，即可画出其轴测图。为作图简便，将坐标原点取在上底面中心（不可见轮廓线不必画出），并使 O_1Z_1 轴与六棱柱的轴线重合。

作图步骤：

1）在正投影图上选取坐标原点 O，画出 OX、OY、OZ，建立坐标系，如图 7-6 所示。

2）画夹角为 $120°$ 的三条正等轴测轴，取轴测坐标原点 O_1 为顶面中心的轴测投影，并画顶面中心线 O_1X_1 及 O_1Y_1，如图 7-7a 所示。

3）在 O_1X_1 上截取六边形对角长度得 A、B 两点，在 O_1Y_1 上截取对边宽度，得 1、2 两点，如图 7-7b 所示。

4）分别过 1、2 两点作 $CD /\!/ EF /\!/ O_1X_1$，并使 $CD = EF =$ 六边形的边长，依次连接各顶点，得六棱柱的顶面，如图 7-7c 所示。

5）过顶面各顶点分别向下，作出平行于 O_1Z_1 轴的各条棱线，使其长度均等于六棱柱的高，得底面各顶点，如图 7-7d 所示。

6）画出底面，并判别可见性，如图 7-7e 所示。

7）去掉多余线，描深可见轮廓线，完成六棱柱的正等轴测图，如图 7-7f 所示。

微课视频

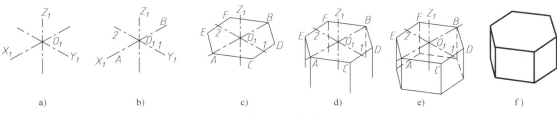

图 7-7　六棱柱正等轴测图的画法

（2）**切割法**　先绘制出整体轴测图，再切割局部形状。

【**例 7-3**】　画出图 7-8 所示立体的正等轴测图。

分析：该立体由长方体（四棱柱）切割而成，故采用切割法作图较为方便，画图时应注意各切割平面的相对位置。将原点取在立体的右后下角点，并将 O_1Z_1 轴与物体右后棱线重合。

作图步骤：

1）在物体投影图中建立坐标系，取立体的右后下角点为坐标原点，如图 7-8 所示。

2）画正等轴测轴和切割前长方体的正等轴测投影，如图 7-9a 所示。

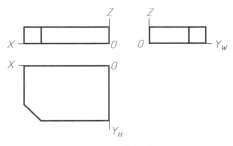

图 7-8　立体投影图

3）作矩形截断面的正等轴测投影，注意斜线投影的作法，如图 7-9b 所示。

4）擦掉多余的线，描深可见轮廓线，完成物体的正等轴测图，如图 7-9c、d 所示。

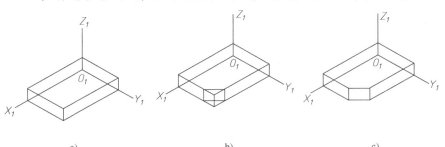

图 7-9　切割立体的正等轴测图画法

微课视频

（3）**堆积法（叠加法）** 按照各局部立体的形状和相对位置关系，逐一绘制出各局部立体的轴测图。

【**例 7-4**】 已知图 7-10 所示立体的三视图，画出其正等轴测图。

分析：该立体由水平和竖直两部分立体叠加而成，画图时应根据各立体的相对位置叠加绘制。

作图步骤：

1）在三视图中建立坐标系，取立体的右后下角点为坐标原点，如图 7-10 所示。

2）先如例 7-3 所述，绘制下面部分立体的正等轴测图，再画上面部分立体的正等轴测图，注意两个立体的相对位置，如图 7-11 所示。

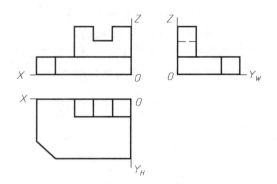

图 7-10 立体的三视图

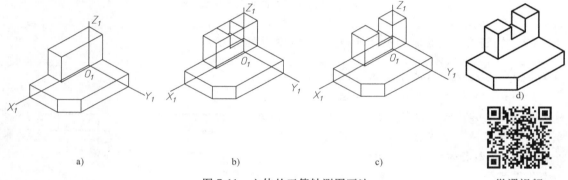

a)   b)   c)   d)

图 7-11 立体的正等轴测图画法   微课视频

7.2.3 曲面立体正等轴测图的画法

曲面立体正等轴测图与平面立体正等轴测图的作图方法和步骤一致，也有坐标法、切割法、堆积法、综合法等。只是曲面立体多含有圆、圆角及相贯线等结构，作图时需注意曲面立体中各特殊点的坐标，以及平行于坐标平面圆及圆角的作图方法。

1. 与坐标平面平行的圆在正等轴测图中的投影

在正等轴测图中，由于空间各坐标平面对轴测投影面都是倾斜的，且倾角均相等，故平行于各坐标平面的圆，其轴测投影均为长、短轴之比相同的椭圆。

（1）**椭圆长、短轴的方向** 轴测投影椭圆长、短轴的方向如图 7-12 所示。

椭圆 1：平行于 $X_1O_1Y_1$ 坐标平面的圆，其正等测椭圆的长轴垂直于 O_1Z_1 轴，短轴平行于 O_1Z_1 轴。

椭圆 2：平行于 $X_1O_1Z_1$ 坐标平面的圆，其正等测椭圆的长轴垂直于 O_1Y_1 轴，短轴平行于 O_1Y_1 轴。

椭圆 3：平行于 $Y_1O_1Z_1$ 坐标平面的圆，其正等测椭圆的长轴垂直于 O_1X_1 轴，短轴平行

于 O_1X_1 轴。

综上所述：椭圆的长轴垂直于与圆所平行的坐标面垂直的那个轴测轴，短轴则平行于该轴测轴。

（2）椭圆长、短轴的大小　椭圆的长轴是圆内平行于轴测投影面的直径的轴测投影。因此，在采用伸缩系数 0.82 作图时，椭圆长轴的大小为圆的直径 d，短轴的大小约等于 $0.58d$。

在采用简化轴向伸缩系数作图时，椭圆的长、短轴放大 1.22 倍。长轴约等于 $1.22d$，短轴为 $1.22×0.58d≈0.7d$。

2. 正等轴测图椭圆的近似画法

空间圆上的一对互相垂直的直径，投影后成为轴测椭圆的两个直径的投影，这样的一对直径称为共轭直径或共轭轴。

对于正等轴测图，每个坐标平面上的椭圆都有一对共轭轴，平行于所在平面的轴测轴，若采用简化轴向伸缩系数作图，其大小恰好等于圆的直径 d，如图 7-12 和图 7-13 所示，$AB//O_1X_1$，$CD//O_1Y_1$，$AB=CD=d$。在其余两个坐标平面上也可得到相应的共轭轴。

在正等轴测图中，若已知一对平行于轴测轴的椭圆共轭直径，则可用四心画法近似作出椭圆。

现以平行于 $X_1O_1Y_1$ 平面的水平圆为例，介绍已知共轭直径绘制椭圆的方法和步骤（用简化的轴向伸缩系数作图），作图步骤如图 7-14 所示。

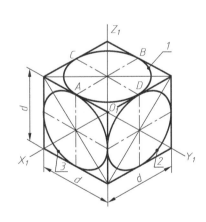

图 7-12　与各坐标平面平行的圆
在正等轴测图中的投影

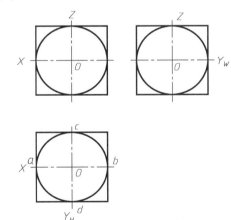

图 7-13　平行于坐标平面的水平圆的投影

1）建立坐标系，画圆的外切正方形，如图 7-13 俯视图所示；

2）绘制 O_1X_1、O_1Y_1 正等轴测轴及圆的外切正方形的投影（为菱形）。分别过共轭轴 AB、CD 的四个顶点 A、B、C、D 作共轭轴的平行线，得到边长等于共轭轴的菱形，作菱形的对角线，如图 7-14a 所示。

3）分别取菱形钝角的两个顶点 1、2，连接 $1C$ 及 $2D$ 并分别与长对角线相交于点 3、4，如图 7-14b 所示。

4）以点 1 为圆心，以 $1C$ 为半径画 $\overparen{CB}$；以点 2 为圆心，以 $2D$ 为半径画 $\overparen{AD}$，如图 7-14c 所示。

5）以点 3 为圆心，以 3C 为半径画 $\overset{\frown}{AC}$；以点 4 为圆心，以 4D 为半径画 $\overset{\frown}{BD}$。四段圆弧组成近似椭圆，如图 7-14d 所示。

由作图可知，已知共轭直径画正等轴测图椭圆的四心圆法体现了第 1 章所讲的圆弧连接的几何原理，如图 7-14d 所示，切点 C 和两圆弧圆心 1、3 位于同一直线上。

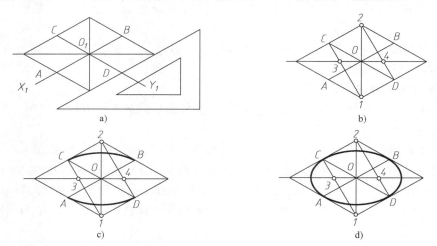

图 7-14 已知共轭直径的椭圆的近似画法（四心圆法）

3. 圆角正等轴测图的简化画法

两直线成直角的圆弧连接，其正等轴测图的画法是由已知共轭直径画近似椭圆的方法演变而来。现以水平圆角为例，说明其作图方法，如图 7-15 所示。

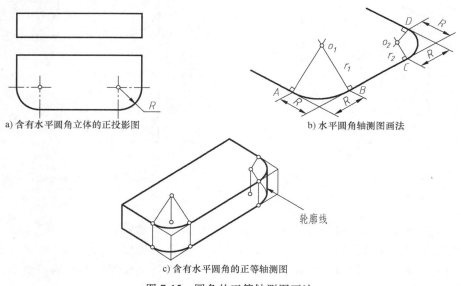

a)含有水平圆角立体的正投影图

b)水平圆角轴测图画法

c)含有水平圆角的正等轴测图

图 7-15 圆角的正等轴测图画法

1）根据图 7-15a 所示立体俯视图尺寸，画出三条直线的轴测图，如图 7-15b 所示。

2）沿两边分别量取半径 R，得到切点 A、B、C、D，如图 7-15b 所示。

3）过切点 A、B、C、D 分别作相应边的垂线，两垂线的交点 o_1 和 o_2 即为圆弧的圆心，

$o_1A = o_1B = r_1$，$o_2C = o_2D = r_2$，如图 7-15b 所示。

4）分别以 o_1、o_2 为圆心，以 r_1、r_2 为半径画 $\overset{\frown}{AB}$、$\overset{\frown}{CD}$，即得到半径为 R 的圆角的正等轴测图，如图 7-15b 所示。

5）分别将圆心 o_1、o_2 向下平移板厚距离得到新的圆心，再分别以 r_1、r_2 为半径画圆弧，即可得到板下表面圆角的正等轴测图。作右侧圆弧的公切线，并去掉多余线，即完成具有水平圆角立体的正等轴测图，如图 7-15c 所示。

4. 曲面立体正等轴测图的画法

（1）坐标法 对圆柱、圆锥等曲面立体，作其正等轴测图时，画出上、下底面及轮廓线的投影即可。

【**例 7-5**】 画出图 7-16a 所示圆锥台的正等轴测图。

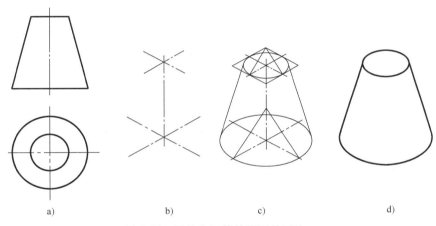

a)　　　　　　b)　　　　　　c)　　　　　　d)

图 7-16　圆锥台正等轴测图的画法

作图步骤：

1）以圆锥台上底面或下底面圆心为坐标原点，画正等轴测轴，相应地定出上、下底面的中心，如图 7-16b 所示。

2）确定共轭轴，画出上、下底面的两个椭圆，并作两椭圆的公切线，如图 7-16c 所示。

3）去掉作图线及不可见线，加深可见轮廓线，完成圆锥台的正等轴测图，如图 7-16d 所示。

（2）切割法 先绘制出曲面立体整体的轴测图，再切割局部形状。

【**例 7-6**】 画出图 7-17a 所示被截切圆柱的正等轴测图。

分析： 该圆柱被侧平面 P 所截，其截交线为一矩形；被正垂面 Q 所截，其截交线为一段椭圆弧加直线；两截平面相交于直线 CD。

作图步骤：

1）在正投影图中选择坐标系，如图 7-17a 所示。

2）画出正等轴测图中的轴测轴，首先画出完整的圆柱；再由坐标关系，确定平面 P 所截矩形 $ABCD$ 的各顶点，并连出该矩形，如图 7-17b 所示。

3）再由坐标关系，确定平面 Q 所截椭圆弧和直线上的点 D、G、F、E、K、H、C，并连接出该光滑椭圆弧，如图 7-17b 所示。

4）擦去作图线及不可见的线，描深可见轮廓线，完成正等轴测图，如图 7-17c 所示。

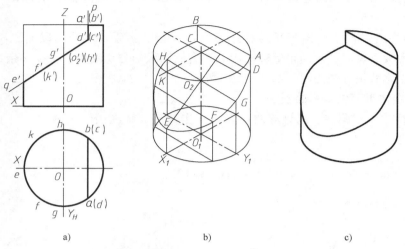

图 7-17　圆柱截交的正等轴测图画法

（3）堆积法

【例 7-7】　画出图 7-18a 所示两相交圆柱的正等轴测图。

作图步骤：

1）画出正等轴测轴，将两个圆柱按正投影图所给定的相对位置画出正等轴测图。

2）用辅助平面法求作正等轴测图上的相贯线：首先在正投影图中作一系列辅助面，然后在轴测图上作出相应的辅助平面，分别得到辅助交线，由坐标关系得到辅助交线的交点即为相贯线上的点，连接各点即为相贯线的正等轴测投影，如图 7-18b 所示。

3）去掉作图线，加深轮廓线，完成全图。

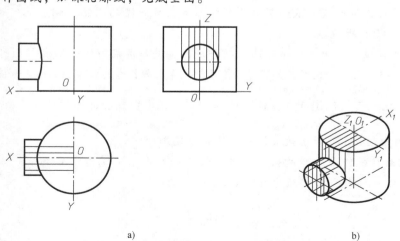

图 7-18　两圆柱相贯的正等轴测图画法

（4）**综合法** 由堆积方式构成的物体，其轴测图的基本画法是分形体绘出，并注意保持形体间的相对位置。

【例 7-8】 绘制图 7-19 所示组合体的正等轴测图。

分析：该组合体由底板和立板两部分组合而成，且左右对称。底板上有两个轴线为铅垂线的圆孔和两个圆角；立板上半部分为半圆柱，并有一圆孔，半圆柱与圆孔同轴，轴线为正垂线。正等轴测图上有两个方向上的椭圆，且有半椭圆和四分之一圆的圆角轴测椭圆弧。画该轴测图时，可采用综合法，并采用共轭轴法近似绘制椭圆及圆角。

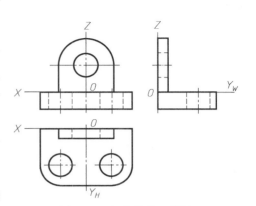

图 7-19　组合体的三视图

作图步骤：

1）在正投影图中选择坐标系，如图 7-19 所示。

2）画出正等轴测图中的轴测轴，画底板和立板的外切长方体，注意保持其相对位置，如图 7-20a 所示。

3）画底板上两小圆柱孔：作出上表面两椭圆中心，画出两个平行于 $X_1O_1Y_1$ 坐标面的椭圆（具体作法可参见图 7-14）；下表面两椭圆被遮挡，不必作出，如图 7-20b 所示。

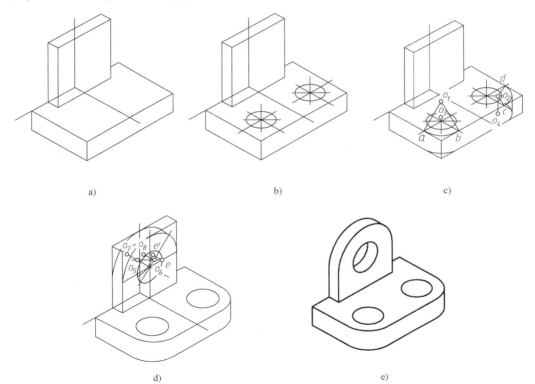

a)

b)

c)

d)

e)

图 7-20　组合体正等轴测图的作图过程

215

4）画底板上的圆角（作法参见图 7-15），如图 7-20c 所示。

5）画立板上部的半圆柱和圆孔：作出前表面上的圆心，画出平行于 $X_1O_1Z_1$ 坐标面的椭圆和椭圆弧；再画出后表面上的椭圆和椭圆弧，注意立板上半部分半圆柱的右上角须画出两椭圆的 Y_1 方向公切线，如图 7-20d 所示。

6）擦去作图线及不可见的线，加深可见轮廓线，完成正等轴测图，如图 7-20e 所示。

7.3 斜二等轴测图

用平行斜角投影法得到的轴测投影称为斜二等轴测投影，如图 7-21 所示。由斜二等轴测投影构成的投影图即为斜二等轴测图。斜二等轴测图通常选择轴测投影面 P 平行于 XOZ 坐标面，而投射方向不应平行于任何坐标面，否则会影响图形的立体感。凡是平行于 XOZ 坐标面的平面图形，其斜二等轴测投影均反映实形，这个性质使得许多情况下的作图变得非常方便。

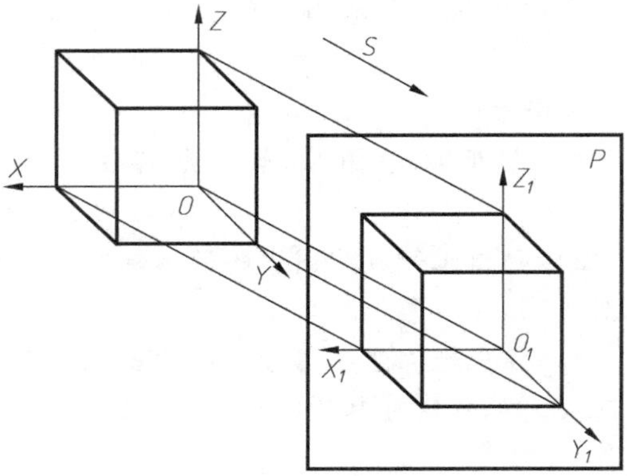

7.3.1 斜二等轴测图的轴间角和轴向伸缩系数

国家标准推荐的斜二等轴测投影的轴向伸缩系数 $p_1 = r_1 = 1$，$q_1 = 0.5$，如图 7-22a 所示，轴间角 $\angle X_1O_1Z_1 = 90°$，$\angle X_1O_1Y_1 = \angle Y_1O_1Z_1 = 135°$，如图 7-22b 所示。

图 7-21　斜二等轴测投影

7.3.2 斜二等轴测图中平行于坐标面的圆的投影

在标准斜二等轴测投影中，采用的轴向伸缩系数分别为 $p = r = 1$，$q = 0.5$。平行于正面（XOZ 坐标面）的圆，其投影仍为圆。平行于水平面（XOY 坐标面）和侧平面（YOZ 坐标面）的圆，其投影为椭圆。椭圆的长轴方向，与平行四边形对边中点连线成 $7°10'$，偏向长对角线方向，短轴垂直于长轴。长轴长度 $= 1.06D$，短轴长度 $= 0.33D$（D 为圆的直径），如图 7-23 所示。

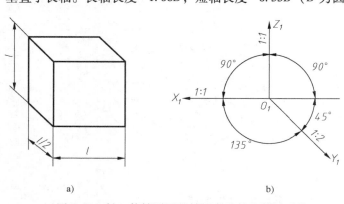

图 7-22　斜二等轴测图的轴间角及轴向伸缩系数

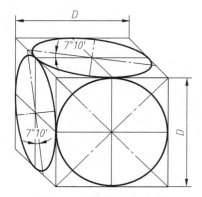

图 7-23　椭圆的长、短轴

7.3.3 斜二等轴测图的画法

【例7-9】 画出图7-24所示组合体的斜二等轴测图。

分析： 该组合体由底板和立板组合而成，立板上半部分为半圆柱，并有一通孔。为便于作图，使所有圆的轴测投影仍为圆，应选择平行于 XOZ 坐标面的平面为轴测投影面。根据形体的特征在正投影图上选定坐标轴，如图7-24所示。将具有圆柱体部分的端面选作正面，即使其平行于 XOZ 坐标面。

作图步骤：

1）画斜二等轴测轴（注意 $q = 0.5$），根据坐标关系确定圆孔的圆心 O_1，并画出前表面，如图7-25a所示。

2）由 O_1 沿 O_1Y_1 轴向后量取板厚的 $1/2$，画出与前表面相同的后表面（被遮挡的部分可不画出）。注意画立板半圆柱的右上角轮廓线时，须画出前、后两个半圆的 Y 方向公切线，如图7-25b所示。

3）擦去作图线及不可见的线，加深可见轮廓线，完成斜二等轴测图，如图7-25c所示。

该组合体的斜二等轴测图也可画成图7-25d所示形式。

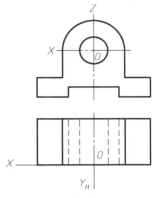

图7-24 组合体的两视图

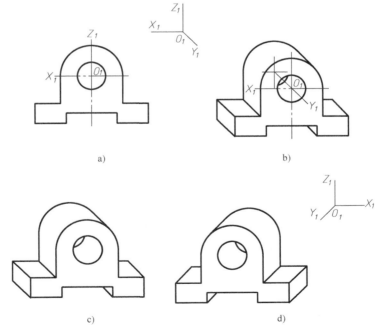

a)

b)

c)

d)

图7-25 组合体的斜二等轴测图的作图过程

微课视频

217

【例 7-10】 画出图 7-26 所示组合体的斜二等轴测图。

作图步骤：

1）在正投影图上选定坐标轴，将具有大小不等圆的端面选为正面，即使其平行于 XOZ 坐标面。

2）画斜二等轴测图的轴测轴，根据坐标分别定出每个端面的圆心位置，如 O_1、O_2、O_3 等，如图 7-27a 所示。

3）按圆心位置，依次画出圆柱、圆锥及各圆孔的轴测投影，如图 7-27b 所示。

4）擦去多余线，加深可见轮廓线后完成全图，如图 7-27c 所示。

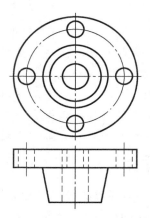

图 7-26　组合体三视图

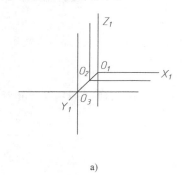

a)

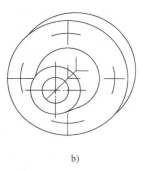

b)

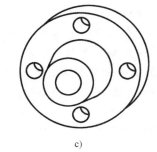

c)

图 7-27　画图步骤

7.4　轴测剖视图的画法

为了使轴测图表达物体外部形状的同时，也能够表达其内部形状，可假想用剖切平面将物体的一部分剖去，再画出它的轴测图。

7.4.1　剖切面的位置

剖切平面应平行于空间坐标平面，并通过物体的对称平面，或者通过内部孔等结构的轴线。一般剖去物体的二分之一、四分之一或八分之一，如图 7-28 所示。

为使组合体的内、外形状表达清楚，通常采用两个平行于坐标面的相交平面剖切去掉组合体的四分之一，如图 7-29a 所示。一般不采用切去一半的形式，如图 7-29b 所示，以免破坏组合体的完整性。

7.4.2　轴测图剖面线的画法

1）用剖切面剖切组合体所得的断面要填充剖面符号。无论什么材料，剖面符号一律画成等距、平行的细实线，称为剖面线。剖面线方向随不同轴测图的轴测轴方向和轴向伸缩系数而有所不同。图 7-30a 所示为正等轴测图上剖面线的画法，图 7-30b 所示为斜二等轴测图上剖面线的画法。在剖切的轴测图的右上角，常画出迹线三角形的角标，如图 7-38b 所示。

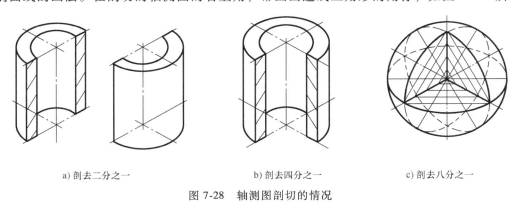

a) 剖去二分之一   b) 剖去四分之一   c) 剖去八分之一

图 7-28　轴测图剖切的情况

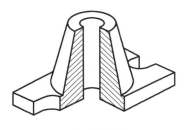

a) 内、外形清楚   b) 外形不完整

图 7-29　轴测图剖切面的选择

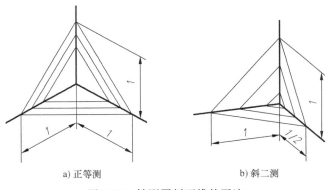

a) 正等测   b) 斜二测

图 7-30　轴测图剖面线的画法

2）当剖切面通过肋板的纵向对称平面时，在肋板上不画剖面线，而用粗实线将其与相邻部分分开，如图 7-31c 所示。

3）当在图中表达不清楚时，可加点以示区别，如图 7-31a 所示。

4）在轴测装配图中，相邻零件的剖面区域中，剖面线方向或间隔应有明显的区别，如图 7-31b 所示。

5）表示零件中间折断或局部断裂时，断裂处的边界线应画波浪线，并在可见断裂面内加画细点以代替剖面线，如图 7-32 和图 7-33 所示。

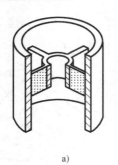 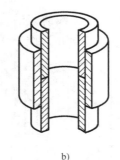 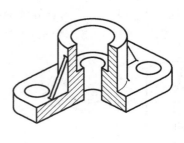

a)   b)   c)

图 7-31   轴测剖视图剖面线的画法

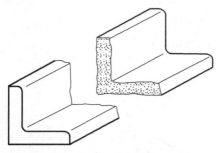   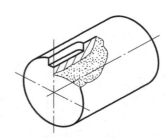

图 7-32   轴测图中中间折断画法   图 7-33   轴测图中局部断裂画法

7.4.3   画剖切的轴测图的方法

画剖切的轴测图的方法通常有如下两种。

方法一：先画出物体完整的轴测图，然后按选定的剖切位置画出断面轮廓，将被剖切掉的部分擦去，在截断面上画出剖面线。

方法二：先画出截断面的轴测投影，然后分别画出其余可见部分的轴测投影。

【例 7-11】   绘制图 7-34 所示套筒的斜二等轴测图，并剖切掉上四分之一部分。

分析：该套筒由同心圆柱组成，由于其上所有的圆都平行于 YOZ 坐标面，因此比较适合画斜二等轴测图。

方法一   作图步骤：

1）画出完整套筒的斜二等轴测图底稿，如图 7-35a 所示。

2）画出剖切后的截断面形状，如图 7-35b 所示。

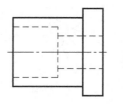 

图 7-34   套筒的正投影图

3）补画剖切后暴露出的轮廓线。

4）画剖面线，擦去多余的线，描深可见轮廓线，完成套筒轴测剖视图，如图 7-35c 所示。

方法二   作图步骤：在比较熟练地掌握了画轴测图的方法后，可先画出剖切后的截断面的形状，如图 7-36a 所示，然后再补画未剖去部分的外形，如图 7-36b 所示，最后画剖面线并描深，如图 7-36c 所示。这样的方法可以减少不必要的作图线，加快作图速度。

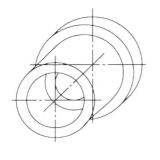 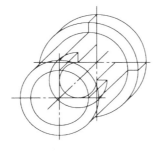 

a)   b)   c)

图 7-35　套筒轴测剖视图画法（一）

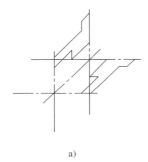 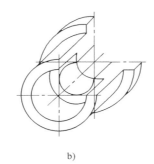 

a)   b)   c)

图 7-36　套筒轴测剖视图画法（二）

221

【例 7-12】　绘制图 7-37 所示支座的正等轴测图，并剖切去前四分之一部分。

分析：该支座由圆柱、底板及两肋板组成。底板上有四个圆孔，中间有一个与圆柱同轴的通孔。在画该支座的剖切的轴测图时，剖切面会切到肋板。肋板部分不画剖面线，用粗实线将它们与相邻部分分开即可。

作图步骤：

1）画出完整支座的正等轴测图底稿，如图 7-38a 所示。

2）剖去四分之一，补画剖切后中间孔下部的可见部分，画剖面线。

3）擦去多余的线，描深可见轮廓线，完成支座轴测剖视图，如图 7-38b 所示。

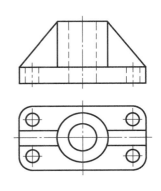

图 7-37　支座的正投影图

注意：在轴测装配图中，当剖切面通过轴、销、螺栓等实心零件的轴线时，这些零件应按未剖绘制。

对于某些曲面立体，作轴测图时，除画出轮廓线外，还要画出面上的若干曲线，以增强立体感，如画圆球轴测图时，除画出轮廓线以外，还要画出球面上分别平行于坐标面的最大圆。

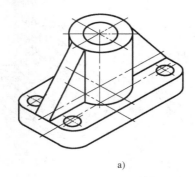
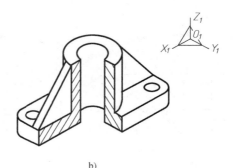

a)   b)

图 7-38   支座轴测剖视图

【例 7-13】   画出圆球的正等轴测图。

圆球的正等轴测图是圆。当采用简化轴向伸缩系数时，正等轴测图的圆的直径为 $1.22d$，为了增强立体感，在轴测图上常画出平行于坐标面的三个轮廓线圆，或者以切去一角来表示圆球的轴测图，如图 7-39 所示。

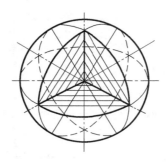

图 7-39   圆球的正等轴测图画法

7.5   轴测图中的尺寸标注

7.5.1   轴测图中标注尺寸的基本原则

1）轴测图中，线性尺寸一般应沿轴测轴方向标注，如图 7-40 所示。

2）尺寸线必须与所标注线段平行，尺寸界线应平行于某一轴测轴，尺寸数字应按相应的轴测图标注在尺寸线上方，若在图形中出现字头向下的情况或数字写不下，则应引出标注，数字应水平注写，其数值按机件的实际大小，如图 7-40 和图 7-41 所示。

3）圆直径尺寸的尺寸线和尺寸界线一般应分别平行于所在平面的轴测轴；当圆的直径较小时，尺寸线可以从圆心引出标注，但注写直径数字的短线必须平行于轴测轴，如图 7-41 所示。

4）圆弧半径的尺寸线可从（或通过）圆心引出标注，但注写半径数字的横线必须平行于轴测轴，如图 7-41 所示。

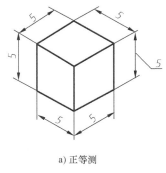

a) 正等测

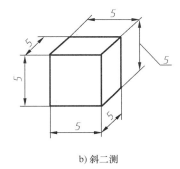

b) 斜二测

图 7-40　线性尺寸注法

5）角度尺寸的尺寸界线应平行于轴测轴，尺寸线应平行于对应的圆弧，数字应在弧线中断处水平注写，其数值按机件的实际大小，如图 7-42 所示。

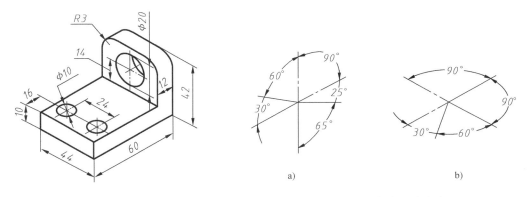

图 7-41　圆的尺寸注法　　　　　　　　　　　图 7-42　角度尺寸注法

7.5.2　轴测图中尺寸标注示例

图 7-43 是应用上述规则在轴测图上标注尺寸的示例。

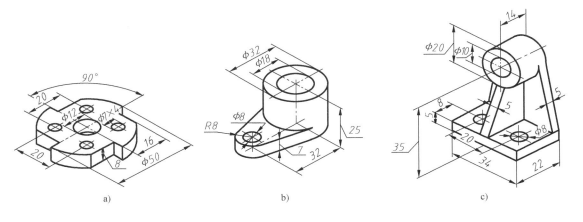

a)　　　　　　　　　　　b)　　　　　　　　　　　c)

图 7-43　尺寸注法示例

223

本 章 小 结

　　轴测图因其立体感强、直观、容易阅读而常用作辅助图样。轴测图是非常实用的。阅读工程图样时，勾画物体局部或整体的轴测图对想象立体的结构和形状有很大帮助。

　　平行于坐标面的圆的正等测投影为椭圆，应牢记其长、短轴方向与轴测轴之间的关系。这样就可以比较快速而又正确地绘制各种位置的曲面立体的轴测图。

　　通常按堆积或切割的顺序绘制轴测图，但在确定各形体之间的相对位置时，需考虑其坐标关系。

第 8 章

机件的图样画法

在工程实际中，由于机件的作用不同，机件的结构形状多种多样，仅用前面学习的三视图远不能将零件的结构表达清楚。为了正确、完整、清晰地表达机件内部和外部的结构形状，国家标准规定了绘制图样的基本方法。本章将介绍国家标准中有关机件表达的视图、剖视图、断面图、局部放大图，以及其他规定画法和简化画法，有关装配体的画法将在装配图一章介绍。

国家标准《技术制图 图样画法 视图》（GB/T 17451—1998）规定：技术图样应采用正投影法绘制，并优先采用第一角画法。绘制技术图样时，应首先考虑看图方便，根据物体的结构特点，选用适当的表达方法。在完整、清晰地表示物体形状的前提下，应力求制图简便（详见 GB/T 16675.1—2012）。

8.1 视图

根据国家标准《技术制图 图样画法 视图》（GB/T 17451—1998）和《机械制图 图样画法 视图》（GB/T 4458.1—2002），用正投影法绘制出的物体图形称为视图，在第一角画法中，视图是将物体置于观察者与投影面之间时所观察到的物体的正投影图形。

视图的种类有基本视图、向视图、局部视图和斜视图。

视图主要用于表达物体的外部结构和形状。为了便于看图，视图一般只画出物体的可见部分，必要时才用虚线表达其不可见部分。

8.1.1 基本视图

为了表达物体上、下、左、右、前、后六个方向的结构形状，制图国家标准规定采用与基本投射方向垂直的六个面作为基本投影面，物体分别在各基本投影面上所得的图形称为基本视图，如图 8-1 所示。

六个基本投影面展开规定：正立投影面不动，其余各基本投影面按图 8-1 所示的箭头方向展开到正立投影面所在的平面上。

除了前面介绍的主视图、俯视图和左视图外，六个基本视图还包括后视图、仰视图和右视图。其配置关系如图 8-2 所示。在同一张图纸内按图 8-2 所示关系配置视图时，一律不标注视图的名称。

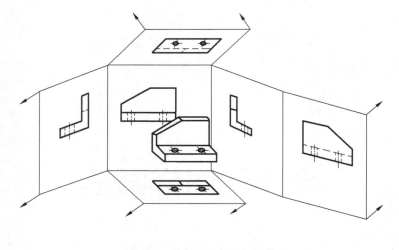

图 8-1　六个基本投影面的展开　　　　　演示动画

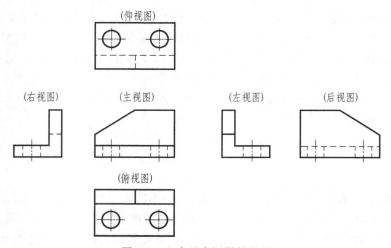

图 8-2　六个基本视图的配置

六个基本视图的度量关系仍遵守"长对正、高平齐、宽相等"的视图投影规律，即：主、俯、仰视图之间要"长对正"，与后视图要"长相等"；主、左、右、后视图之间要"高平齐"；俯、左、仰、右视图之间要"宽相等"。

方位对应关系是：左视图、右视图、俯视图、仰视图靠近主视图的一侧表示物体的后面，而远离主视图的一侧表示物体的前面，如图 8-2 所示。非特殊情况下，优先选用主视图、俯视图和左视图。

8.1.2　向视图

向视图是可以自由配置的视图，是基本视图的另一种表达方式，它们的主要差别在于视图的配置发生了变化，如图 8-3 所示。向视图的标注方法如下。

1）在向视图上方用大写的拉丁字母注出视图的名称"×"，在相应的视图附近用箭头指明投射方向，并标注相同的字母"×"。

2) 无论是箭头旁的字母还是视图上方的字母，均应与读图方向相一致，水平标注，以便于识别。

3) 表示投射方向的箭头应尽可能配置在主视图上。只有表示后视图投射方向的箭头才配置在其他视图附近。为了使所获视图与基本视图相一致，绘制以向视图方式表达的后视图时，应将投射箭头配置在左视图或右视图上，如图 8-3 中 "C" 向所示。

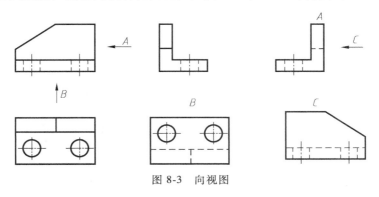

图 8-3　向视图

8.1.3　局部视图

当物体在平行于某基本投影面的方向上仅有某局部结构形状需要表达，而又没有必要画出其完整的基本视图时，可将物体的局部结构形状向基本投影面投射，所得到的视图称为局部视图，如图 8-4 所示。局部视图用于表达物体的局部外形结构，若选用恰当，可使物体的表达简明、清晰、重点突出，如图 8-4a 所示。

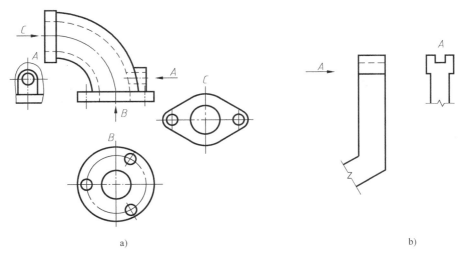

a)　　　　　　　　　　　　　　　　　　　b)

图 8-4　局部视图

局部视图的画法和标注应符合如下规定。

1) 局部视图的断裂边界应以波浪线或双折线表示，如图 8-4a 中的 A 向视图及图 8-4b 所示。波浪线应画在实体上，而不应超出物体上断裂部分的轮廓线。

2) 当表示的局部结构外形轮廓线呈完整封闭图形时，波浪线可省略不画，如图 8-4a 中

的 *B* 向视图和 *C* 向视图所示。

3）局部视图按基本视图的配置形式配置时不需标注，如图 8-7 中的俯视图所示；也可按向视图的配置形式配置，并标注，如图 8-4a 所示。

4）当局部视图按投影关系配置，中间又没有其他图形隔开时，可省略标注，如图 8-5 所示。

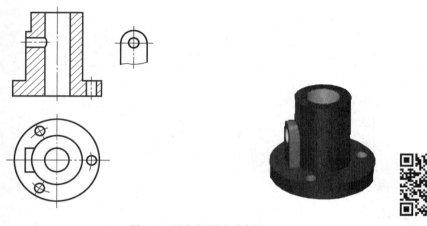

图 8-5　局部视图省略标注　　　　　　　演示动画

5）为了节省绘图时间和图幅，对称构件或零件的视图可只画一半或四分之一，并在对称中心线的两端画出两条与其垂直的平行细实线，如图 8-6 所示。

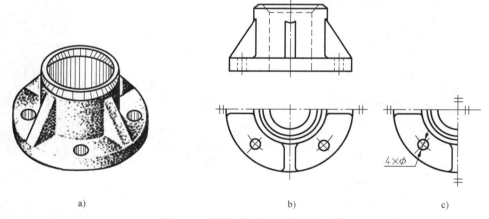

　　　a)　　　　　　　　　　　b)　　　　　　　　　　c)

图 8-6　对称物体局部视图的画法

8.1.4　斜视图

当物体具有倾斜结构时，如图 8-7a 所示，其倾斜表面在基本视图上的投影既不反映实形，又不便于标注尺寸。为了表达倾斜部分的真实形状，可按换面法的原理，选择一个与物体倾斜部分平行、并垂直于一个基本投影面的辅助投影面，将该倾斜部分的结构形状向辅助投影面投射，这样得到的视图称为斜视图，如图 8-7b 所示 *A* 向视图。

斜视图的画法和标注应符合如下规定。

1）斜视图用来表达物体倾斜部分的实形，而不需表达的部分可省略不画，用波浪线或双折线断开，如图 8-7b 中的 A 向视图所示。断裂边界线的画法同局部视图。

2）斜视图通常按投影关系配置，也可按向视图的配置形式配置，标注同向视图，如图 8-7b 所示。

3）斜视图中表示投射方向的箭头必须垂直于所表达的部位。

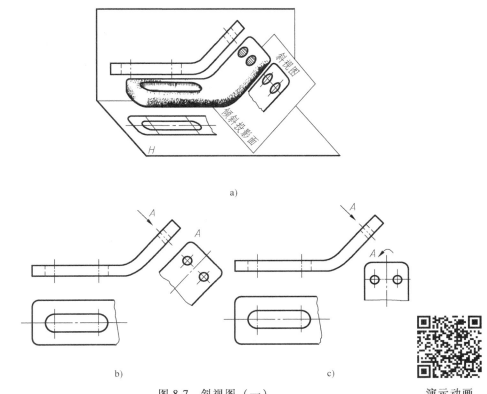

a)

b)   c)

图 8-7 斜视图（一）   演示动画

4）必要时允许将斜视图旋转配置，但在标注视图名称时，需加注旋转符号"↶"或"↷"，其箭头指向要与实际图形旋转方向一致，且字母靠近箭头端，如图 8-7c 中的"A↶"所示。也允许将旋转角度标注在字母之后，如图 8-8 中的"↷A45°"所示。

需注意的是：斜视图旋转配置时，旋转方向和旋转角度的确定应以主视图的配置为依据，允许图形旋转的角度超过 90°，最终旋转至与基本视图相一致的位置，以避免出现图形倒置而读图困难等现象。这是一个基本原则。

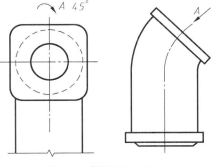

图 8-8 斜视图（二）

8.2 剖视图

如前所述，物体上不可见的结构形状，规定用虚线表示，如图 8-9a 所示。当物体内部形状较复杂时，视图上的虚线就会过多，给读图和标注尺寸增加困难，为此，国家标准《技术制图　图样画法　剖视图和断面图》（GB/T 17452—1998）规定采用剖视图来清晰地表达物体内部形状，国家标准《机械制图　图样画法　剖视图和断面图》（GB/T 4458.6—2020）规定了剖视图的画法。

8.2.1　剖视图的概念和画法

1. 剖视图的基本概念

假想用剖切面剖开物体，将位于观察者和剖切面之间的部分移去，如图 8-9b 所示，而将其余部分向投影面投射所得的图形，称为剖视图，简称剖视，如图 8-9c 中的主视图。剖切被表达物体的假想平面（或曲面）称为剖切面。

2. 剖视图的画法

（1）确定剖切面的位置　一般用平面作为剖切面（也可用柱面）。画剖视图时，首先要选择恰当的剖切位置。为了表达物体内部的真实形状，剖切面一般应通过物体内部结构的对称平面或孔的轴线，并平行于相应的投影面。如图 8-9b 所示，剖切面为正平面且通过物体的前后对称平面。

（2）画剖视图　剖切面剖切到的物体断面轮廓和其后面的可见轮廓线都用粗实线画出，如图 8-9c 所示。

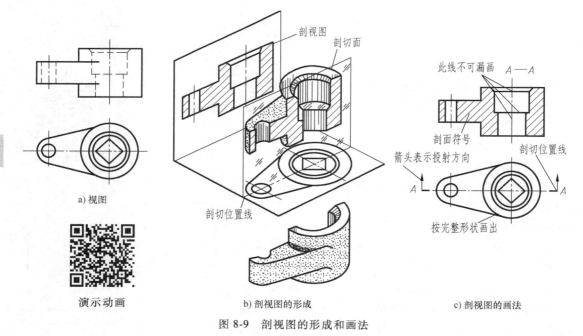

a) 视图

演示动画

b) 剖视图的形成

c) 剖视图的画法

图 8-9　剖视图的形成和画法

（3）画剖面符号　剖切面与物体的接触部分称为剖面区域，一般采用剖面符号填充剖面区域。国家标准《机械制图　剖面区域的表示法》（GB/T 4457.5—2013）规定了常用材料的剖面符号（见表 1-5）。金属材料（或通用）剖面线应画成间隔相等、方向相同且一般与剖面区域的主要轮廓或对称线成 45°的平行细实线。在同一张图样上，同一物体在各剖视图中的剖面线方向和间隔应保持一致，如图 8-13b 所示。必要时，剖面线也可画成与主要轮廓线成其他适当角度，如图 8-10 所示（GB/T 17453—2005）。当画出的剖面线与图形的主要轮廓线或剖面区域的轴线平行时，该图形的剖面线应画成与水平方向成 30°或 60°角，但其倾斜方向与其他视图中的剖面线相一致，如图 8-11 所示。

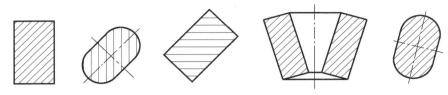

图 8-10　剖面线示例

3. 剖视图的标注

1）一般应在剖视图的上方用大写拉丁字母标出剖视图的名称"×—×"。字母必须水平书写，如图 8-9c 所示。

2）在相应的视图上用剖切符号及剖切线表示剖切位置和投射方向，并在剖切符号旁标注与剖视图相同的大写拉丁字母"×"，水平书写，如图 8-9c 所示。

3）剖切符号包含指示剖切面起、止和转折位置（用粗短画表示）及投射方向（用箭头表示）的符号。尽可能不要与图形的轮廓线相交；投射方向用箭头表示，画在剖切符号的两端外侧，并与剖切符号末端垂直，如图 8-12a 所示。

4）剖切线是指示剖切面位置的线（细点画线）。剖切符号、剖切线和字母的组合标注如图 8-12a 所示。剖切线也可省略不画，如图 8-12b 所示。

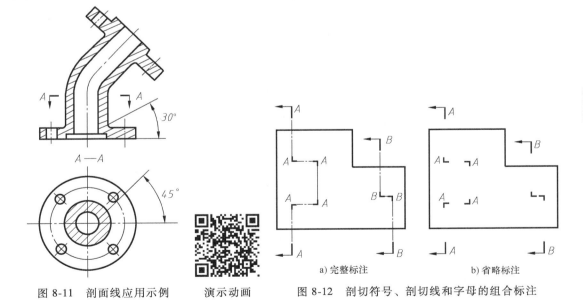

图 8-11　剖面线应用示例　　演示动画　　图 8-12　剖切符号、剖切线和字母的组合标注

a) 完整标注　　　　b) 省略标注

5）当剖视图按基本视图关系配置，且中间没有其他图形隔开时，可省略箭头，如图 8-15b 中的 A—A 视图所示。

6）当单一剖切面通过物体的对称平面或基本对称平面，且剖视图按基本视图关系配置时，可以不加标注，如图 8-13b 中的左视图标注所示。

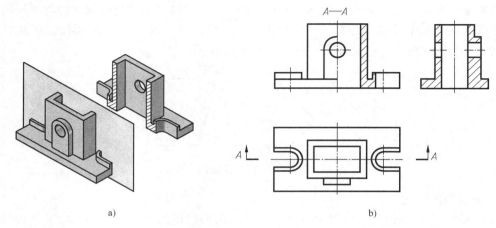

a)   b)

图 8-13   半剖视图的概念

4. 画剖视图应注意的问题

1）假想剖切。剖视图是假想把物体剖切后画出的投影，目的是清晰地表达物体的内部结构，仅是一种表达手段，其他未取剖视的视图应按完整的物体画出，如图 8-9c 中的俯视图所示。

2）虚线处理。为了使剖视图清晰，凡是其他视图上已经表达清楚的结构形状，其虚线均省略不画。

3）剖视图中不要漏线，剖切面后的可见轮廓线应画出，见表 8-1。

表 8-1   剖视图中容易漏线的示例

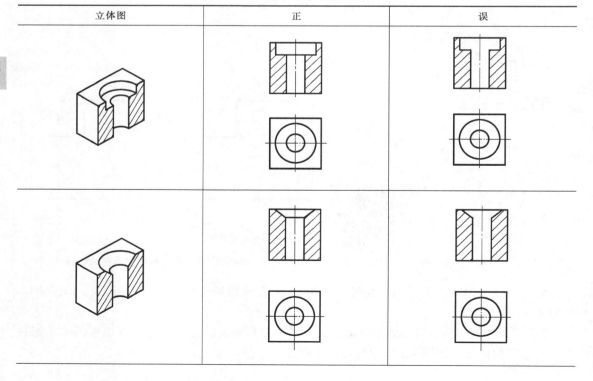

（续）

立体图	正	误
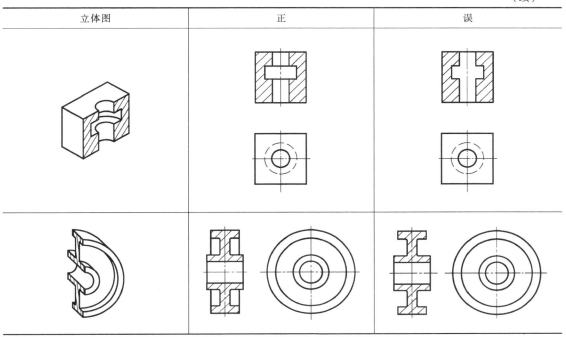		

8.2.2 剖视图的种类和应用

剖视图可分为全剖视图、半剖视图和局部剖视图。

1. 全剖视图

用剖切面将物体完全剖开后所得的剖视图称为全剖视图，如图 8-9c 所示。

全剖视图主要用于表达外形简单、内形复杂的物体，如图 8-9c 中的主视图和图 8-13b 中的左视图所示。

全剖视图的标注按前述原则处理。完整标注如图 8-9c 所示。由于图 8-13b 中的左视图符合省略标注原则，故未加标注（可省略标注而未省不以错论）。

2. 半剖视图

当物体具有对称平面时，向垂直于对称平面的投影面上投射所得的图形，可以对称中心线为分界线，一半画成剖视图以表达内形，另一半画成视图以表达外形，这样的剖视图称为半剖视图，如图 8-13 所示。

半剖视图主要用于内、外形状都需要表达的对称物体。当物体的形状接近于对称，且不对称部分已另有图形表达清楚时，也可画成半剖视图，以便将物体的内、外形状结构简明地表达出来，如图 8-14 所示。

半剖视图的标注也按前述原则处理，如图 8-13b 所示。图 8-14b 中的主视图及图 8-15b 中的主视图和左视图均采用了半剖视图，由于符合省略标注原则，故均未加标注。图 8-15 中的俯视图也采用了半剖视图，由于剖切平面不通过物体的对称平面，因此应标注剖切符号；又由于剖视图配置在俯视图位置，因此可省略指明投射方向的箭头，故只标注剖切位置和字母（可省略标注而未省不以错论）。

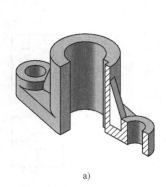
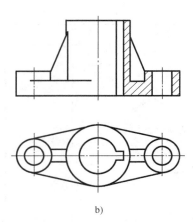

a)　　　　　　　　　　　　　b)

图 8-14　基本对称的半剖视图及省略标注

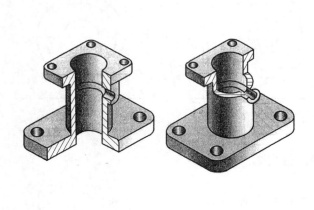
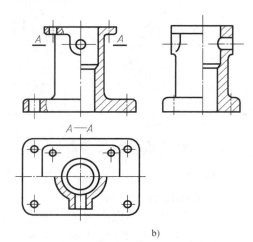

a)　　　　　　　　　　　　　　　b)

图 8-15　半剖视图的省略箭头

3. 局部剖视图

用剖切面局部地剖开物体所得的剖视图称为局部剖视图，如图 8-16 中的主视图和俯视图。局部剖视图中剖与不剖部分用波浪线（或双折线）分界。

（1）局部剖视图的应用情况　局部剖视图是一种比较灵活的表达方法，主要用于以下两种情况。

1）物体上只有局部的内部结构形状需要表达，而不必画成全剖视图时，或者不对称物体的内、外部形状都需要表达时，常采用局部剖视图，如图 8-16 所示。

2）物体具有对称平面，但不宜采用半剖视图表达内部形状时，通常采用局部剖视图，如图 8-17 所示。

（2）局部剖视图的标注　局部剖视图的标注按前述原则处理。

1）当用单一剖切面剖切，且剖切位置明显时，局部剖视图的标注可省略，如图 8-16 中的主视图所示。局部剖视图在多数情况下可省略标注。

2）当剖切面的位置不明显，但剖视图在基本视图位置时，应标注剖切符号，可省略指明投射方向的箭头，只标注剖切位置和字母，如图 8-16 中的俯视图所示。

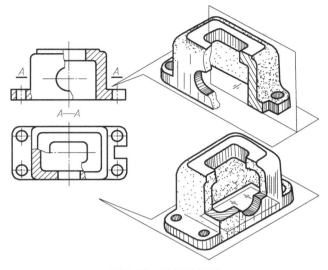

图 8-16　局部剖视图

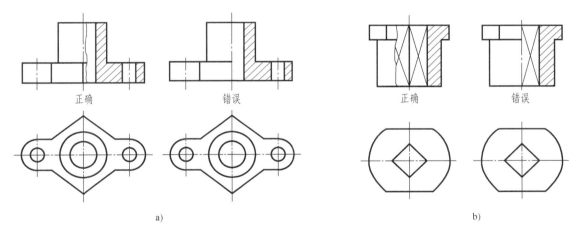

图 8-17　不宜采用半剖视图时的局部剖视图

3）当剖切面的位置不明显或剖视图不在基本视图位置时，应标注剖切符号、投射方向和局部剖视图的名称，如图 8-18 所示。

（3）画局部剖视图应注意的问题

1）波浪线只能画在物体表面的实体部分，不得穿越孔或槽（应断开），也不能超出视图之外，如图 8-19a、c 所示。

2）波浪线不应与其他图线重合或画在它们的延长线位置上，如图 8-19b、d 所示。

3）当被剖切结构为回转体时，允许将该结构的轴线作为局部剖视图与视图的分界线，如图 8-20所示。

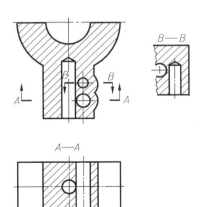

图 8-18　局部剖视图的标注

断裂处的投影

正确

错误

a)

正确

错误

b)

孔处不要画波浪线

孔处不要画波浪线

不要超出体外

c)

不要画在轮廓线的延长线位置

d)

图 8-19 画局部剖视图应注意的问题（一）

4）在一个视图中，采用局部剖视图的部位不宜过多，否则会显得零乱以致图形不够清晰。

8.2.3 剖切面的种类

根据物体的结构特点，可选择以下三种剖切面剖开物体以获得上述三种剖视图。

1. 单一剖切面

单一剖切面有如下两种情况。

1）用一个平行于某基本投影面的平面作为剖切面。

2）用一个不平行于任何基本投影面的平面剖开物体，这种剖切方法通常称为斜剖，如图 8-21 所示。斜剖与斜视图一样，都是采用换面法原理，斜剖用于表达物体倾斜部分的内部形状。

采用斜剖画剖视图时，标注不能省略。剖视图最好配置在箭头所指的方向，并符合投影关系，但也允许放置在其他位置。在不致引起误解时允许旋转配置，但必须在剖视图上方标注出旋转符号及剖视图名称，如图 8-21b 所示。

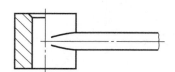

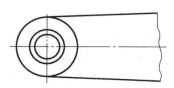

图 8-20 画局部剖视图
应注意的问题（二）

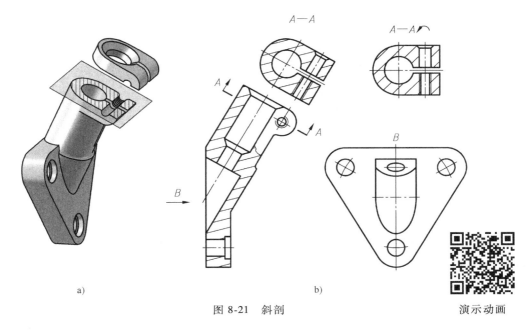

a)   b)

图 8-21　斜剖　　　　　　　　　　　演示动画

2. 几个平行的剖切面

剖切面的数量可能是两个或两个以上，各剖切位置符号的转折处必须是直角。用几个平行的剖切面剖开物体的方法通常称为阶梯剖。

阶梯剖适用于物体内形层次较多，用一个剖切面不能同时剖到几个内形结构的情况，图 8-22 所示物体就采用了两个互相平行的剖切面剖开物体，这样可将物体的内部结构都表达清楚。

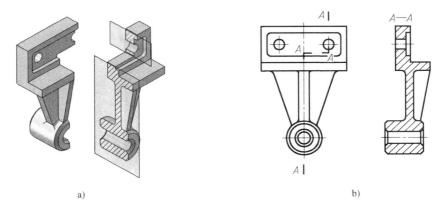

a)   b)

图 8-22　几个平行的剖切面

采用阶梯剖画剖视图时，虽然各平行的剖切面不在一个平面上，但剖切后所得到的剖视图应看作是一个完整的图形，在剖视图中，不能画出各剖切面的分界线，如图 8-22b 中左视图所示。同时，要正确选择剖切面的位置，在图形内不应出现不完整的要素。仅当物体上两个要素在图形上具有公共对称中心线或轴线时，才可以各画一半，此时，不完整要素应以对称中心线或轴线为界，如图 8-23 所示。

237

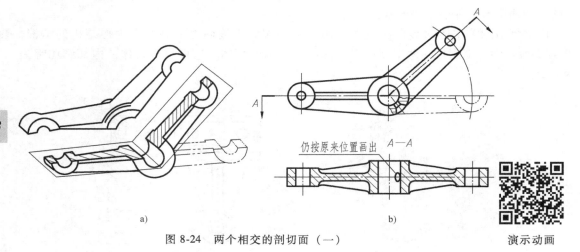

图 8-23　阶梯剖中的不完整要素

阶梯剖不能省略标注。在剖切面的起、止和转折处用剖切符号表示剖切位置，并在剖切符号附近注写相同的字母，当空间狭小时，转折处可省略字母，同时用箭头指明投射方向，如图 8-23 所示。当剖视图的配置符合投影关系，中间又无图形隔开时，可省略箭头，如图 8-22b 所示。

3. 几个相交的剖切面

几个相交的剖切面必须保证其交线垂直于某一基本投影面，如图 8-24 所示。

仍按原来位置画出　A—A

a)　　　　　　　　　b)

图 8-24　两个相交的剖切面（一）　　　　　演示动画

（1）两相交的剖切面　用两相交的剖切面剖开物体的方法通常称为旋转剖，如图 8-24 和图 8-25 所示。

采用这种剖切方法画剖视图时，先假想按剖切位置剖开物体，然后将被剖切面剖开的结构及有关部分旋转到与选定的投影面平行后再进行投影。在剖切面后的其他结构一般应按原来的位置投影，如图 8-24 中的油孔所示。

当剖切后产生不完整要素时，如图 8-26 中的臂，应将此部分按不剖绘制。

这种剖切方法可用于表达轮、盘类物体上的一些孔、槽等结构，如图 8-25 所示，也可用于表达具有公共轴线的非回转体物体，如图 8-24 所示。其标注规定与阶梯剖相同。

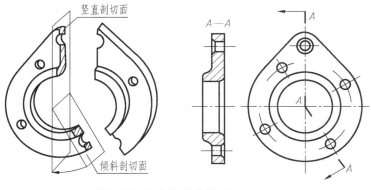

图 8-25 两个相交的剖切面（二）　　　　演示动画

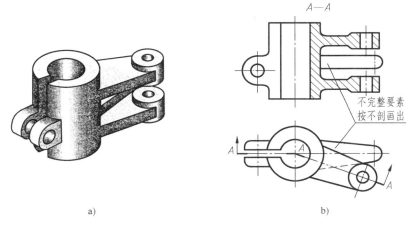

a)　　　　　　　　　　　　　　b)

图 8-26 旋转剖中的不完整要素

（2）组合的剖切面　用几个相交的剖切面（平面或柱面）剖开物体的方法称为复合剖，如图 8-27 所示。

239

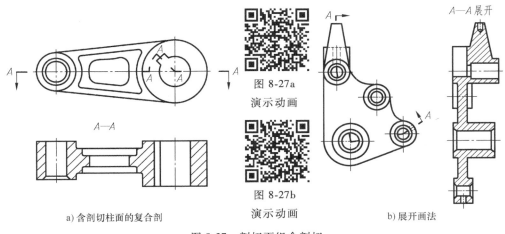

a) 含剖切柱面的复合剖　　　图 8-27a　　　　　　　　　b) 展开画法
　　　　　　　　　　　　　演示动画

图 8-27b
演示动画

图 8-27 剖切面组合剖切

当机件的形状较复杂，用上述的各种剖切方法都无法简单而集中地表示出物体的内部形状时，可以将若干种剖切面组合起来使用，以充分表达机件的内部结构，如图 8-27 所示。

复合剖的标注规定与阶梯剖相同，如图 8-27a 所示。

若机件的某些内部结构投影重叠而表达不清楚时，可将其展开画出，在剖视图上方标注"×—×展开"，如图 8-27b 所示。

8.3 断面图

国家标准《技术制图 图样画法 剖视图和断面图》（GB/T 17452—1998）和《机械制图 图样画法 剖视图和断面图》（GB/T 4458.6—2002）规定了断面图的概念和画法等，本节将分别进行介绍。

8.3.1 断面图的概念

假想用剖切面将物体的某处切断，仅画出断面的图形，称为断面图，简称断面。

如图 8-28a 所示的小轴，为了将轴上的键槽清晰地表达出来，可假想用一个垂直于轴线的剖切面在键槽处将轴切断，只画出断面的图形，并画上剖面符号，这样得到的图形就是断面图，如图 8-28c 所示。

断面图与剖视图的区别在于：断面图是面的投影，仅画出断面的形状；而剖视图是体的投影，要将剖切面之后结构的投影画出，如图 8-28d 所示。

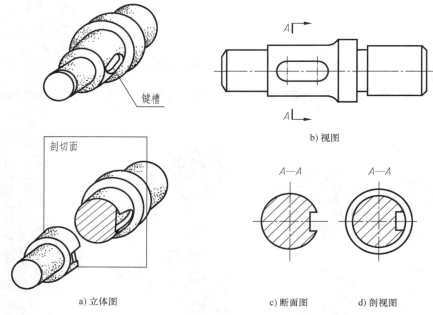

图 8-28 断面图与剖视图的区别

8.3.2 断面图的种类和画法

断面图可分为移出断面图和重合断面图两种。

1. 移出断面图

画在视图之外的断面图称为移出断面图。

移出断面图的轮廓线用粗实线绘制。通常配置在剖切面迹线或剖切符号的延长线上，如图 8-29a、b 所示。也可以配置在其他适当的位置，如图 8-29c 所示。

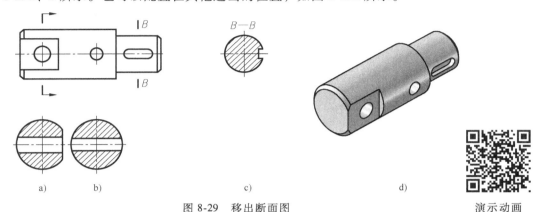

图 8-29　移出断面图　　　　　　　　　　　演示动画

当断面图形对称时，也可画在视图的中断处，如图 8-30a 所示。

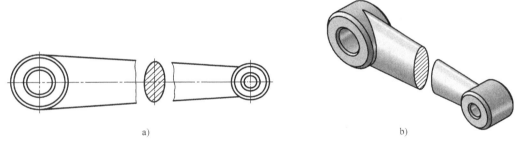

图 8-30　视图中断处的移出断面图

单一剖切面、几个平行的剖切面和几个相交的剖切面（交线垂直于某一投影面）的概念及功能同样适用于断面图。

由两个或多个相交的剖切面剖切物体得出的移出断面图，中间一般应断开绘制，如图 8-31 所示。

断面图的绘制有如下特殊规定。

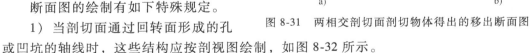

图 8-31　两相交剖切面剖切物体得出的移出断面图

1）当剖切面通过回转面形成的孔或凹坑的轴线时，这些结构应按剖视图绘制，如图 8-32 所示。

2）当剖切面通过非圆孔而导致出现完全分离的两个断面时，则这些结构应按剖视图绘制。在不致引起误解时，允许将图形旋转，如图 8-33 所示。

2. 重合断面图

画在视图之内的断面图称为重合断面图。

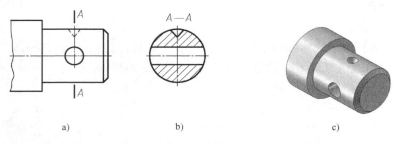

图 8-32　断面图上按剖视图绘制的回转结构

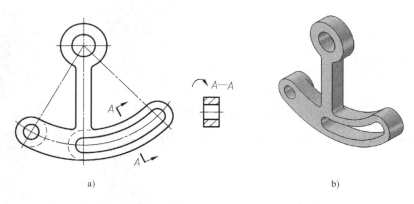

图 8-33　断面图上按剖视图绘制的两完全分离的断面

重合断面图的轮廓线用细实线绘制。当视图中的轮廓线与重合断面图的图形重叠时，视图中的轮廓线仍应连续画出，不可间断，如图 8-34 所示。

为了得到断面的真实形状，剖切面一般应垂直于零件上被剖切部分的轮廓线，如图 8-34c 所示。

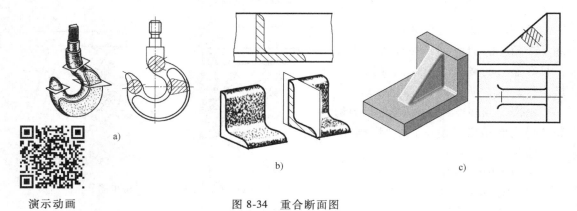

演示动画　　　　　　　　　图 8-34　重合断面图

8.3.3　断面图的标注

1. 移出断面图的标注

移出断面图的标注与剖视图的标注一样，一般应标注移出断面图的名称"×—×"（"×"为大写拉丁字母）；在相应的视图上用剖切符号表示剖切位置，用箭头表示投射方向，并标注相同的字母，如图 8-35b 所示。但移出断面图的标注需根据具体情况采用相应的标注方式。

1）配置在剖切符号延长线上的不对称移出断面图可省略字母，如图 8-29a 所示。

2）配置在剖切面迹线延长线上的对称移出断面图及配置在视图中断处的对称移出断面图，标注剖切线用细点画线表示，如图 8-29b 及图 8-30 所示。

3）不配置在剖切符号延长线上的对称移出断面图可省略箭头，如图 8-35a 所示；不对称移出断面图要标注齐全，如图 8-35b 所示。

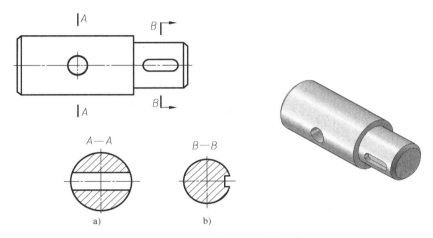

图 8-35　移出断面图的标注

4）按投影关系配置的不对称移出断面图可省略箭头，如图 8-29c 所示。

2．重合断面图的标注

对称的重合断面图不必标注，其对称中心线即是剖切线，如图 8-34a 和图 8-34c 所示；配置在剖切符号上的不对称重合断面图（图形一侧与剖切线靠齐）可省略标注，如图 8-34b 所示。

8.4　其他规定画法和简化画法

8.4.1　局部放大图 （GB/T 4458.1—2002）

为了把物体上某些结构在视图上表达清楚，可以将这些结构用大于原图形的比例画出，这种图形称为局部放大图，如图 8-36 所示。

局部放大图可画成视图，也可画成剖视图、断面图，它与被放大部分的表达方式无关。绘制局部放大图时，应用细实线圆或长圆圈出被放大的部位，并尽量把局部放大图配置在被放大部位的附近。当同一物体上有几个被放大的部位时，必须用罗马数字依次标明被放大的部位，并在局部放大图的上方标注出相应的大写罗马数字和采用的比例，如图 8-36 所示。当物体上仅有一个被放大的部位时，只需在局部放大图的上方注明所采用的比例，如图 8-37 所示。必要时可以用几个图形来表达同一个被放大部位的结构，如图 8-38 所示（GB/T 4458.1—2002）。当物体上某些细小结构在原图形中表达不清或不便于标注尺寸时，就可采用局部放大图。

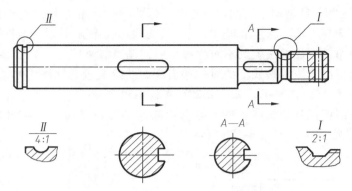

图 8-36　有几个被放大部位的局部放大图画法

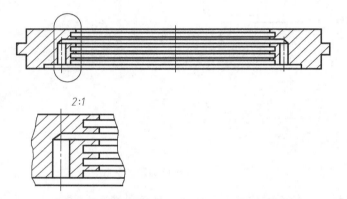

图 8-37　仅有一个被放大部位的局部放大图画法

演示动画

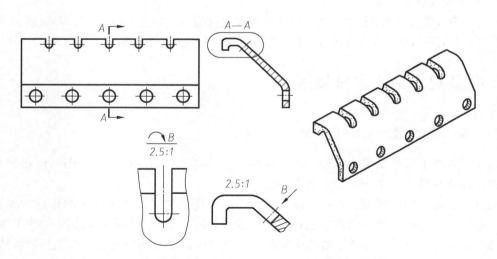

图 8-38　用几个图形表达同一个被放大部位的局部放大图画法

8.4.2　简化画法（GB/T 16675.1—2012、GB/T 4458.1—2002、GB/T 4458.6—2002）

简化画法是在不妨碍将物体的形状和结构表达完整、清晰的前提下，力求制图简便、看图方便而制定的，以减少绘图工作量，提高设计效率及图样的清晰度，加快设计进程。

1. 简化原则

国家标准《技术制图　简化表示法　第 1 部分：图样画法》（GB/T 16675.1—2012）规定了如下简化原则。

1）简化必须保证不致引起误解且不会产生理解的多义性。在此前提下，应力求制图简便。

2）便于识读和绘制，注重简化的综合效果。

3）在考虑便于手工制图和计算机制图的同时，还要考虑微缩制图的要求。

简化画法是指包括规定画法、省略画法、示意画法等在内的图示方法。

2. 常用画法

简化画法的应用比较广泛，现将 GB/T 16675.1—2012 和 GB/T 4458.1—2002 中一些比较常用的画法介绍如下。

1）对于物体上的肋、轮辐及薄壁等，如按纵向（剖切面平行于它们的厚度方向）剖切时，这些结构都不画剖面符号，而且用粗实线将它与其相邻部分分开，如图 8-39b 中的左视图及图 8-40 中主视图上的肋板所示。

但若按横向（剖切面垂直于肋、轮辐及薄壁厚度方向）剖切时，这些结构应按规定画出剖面符号，如图 8-39b 中的俯视图所示。

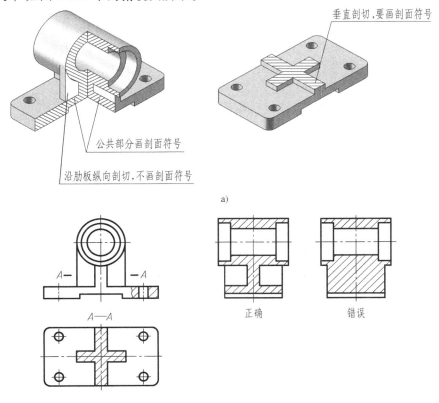

a)

b)

图 8-39　肋的剖视图画法

2）当回转体物体上均匀分布的肋、轮辐和孔等结构不处于剖切面上时，可将这些结构旋转到剖切面上按对称形式画出，如图 8-40a 所示。

注意：图 8-40b 中主视图是错误的。

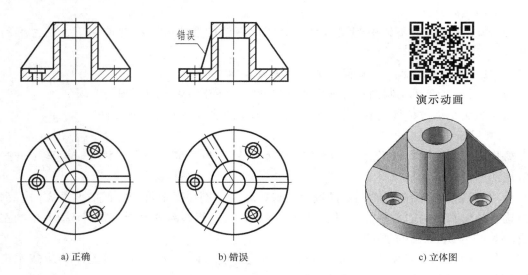

a) 正确　　　　　　　　b) 错误　　　　　　　　c) 立体图

图 8-40　均匀分布的孔、肋的剖视图画法

3）当物体具有若干相同结构（孔、齿、槽等），并按一定规律分布时，只需画出几个完整的结构，其余用细实线连接，如图 8-41b、c 所示，或者用对称中心线表示孔的中心位置，如图 8-41a 及图 8-40 主视图中右侧孔所示，但在图中必须注明该结构的总数（GB/T 4458.1—2002），如图 8-41 所示。

注意：画出少量孔时，要能保证可标注孔间或孔组列间的定位尺寸。

4）圆柱形法兰盘和类似物体上均匀分布的孔，可按图 8-42 所示方法绘制（由机件外向法兰端面方向投影）。

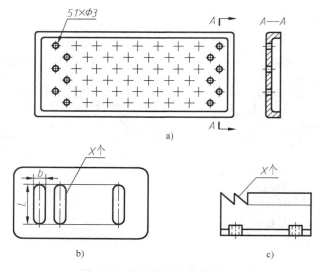

图 8-41　相同结构的简化画法

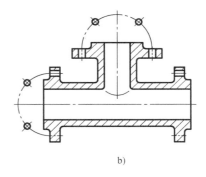

a)　　　　　　　　　　　　　b)

图 8-42　均布孔的简化画法

5）较长的物体（轴、杆、型材、连杆等）沿长度方向的形状一致或按一定规律变化时，可断开后缩短绘制，断裂处的边界线可采用波浪线、细双点画线、双折线绘制，但必须按实际长度标注尺寸，如图 8-43 所示。

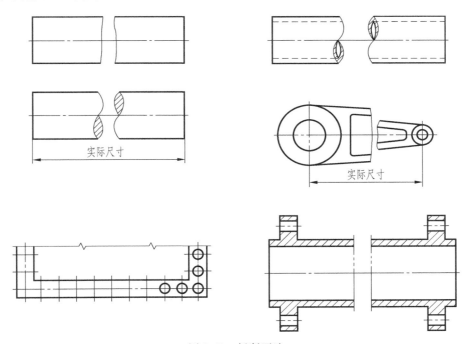

图 8-43　折断画法

6）在不致引起误解时，移出断面图允许省略剖面符号，但剖切位置和断面图的标注必须遵照原规定，如图 8-44 所示。

7）当机件上的较小结构或斜度等已在一个图形中表示清楚时，其他图形应简化或省略，如图 8-45a 所示。

8）当回转体物体上某些平面在图形中不能充分表达时，为了避免增加视图，可用平面符号（两条相交的细实线）表示这些平面，如图 8-46 所示。

9）圆柱形物体上的孔、键槽等较小结构产生的表面交线，其画法允许简化，但必须有一个视图能清楚地表达这些结构的形状，如图 8-47 所示。

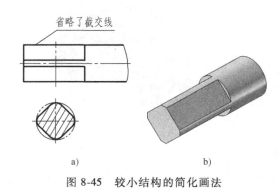

图 8-44　移出断面图的简化画法

图 8-45　较小结构的简化画法

a)

b)

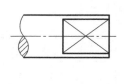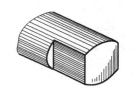

a)

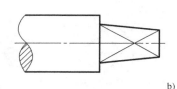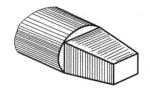

b)

图 8-46　用平面符号表示平面

10）与投影面倾斜角度小于或等于 30°的圆或圆弧，其投影可以用圆或圆弧代替，如图 8-48 所示。

11）物体上斜度较小的结构，如在一个视图中已表达清楚，在其他视图上可按小端画出（GB/T 4458.1—2002），如图 8-49 所示。

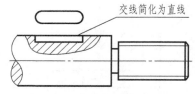

图 8-47　较小结构表面交线的简化画法

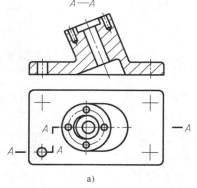

a)

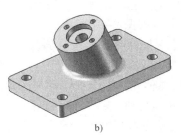

b)

图 8-48　小倾斜角度的圆弧简化画法

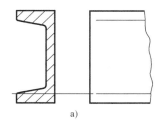
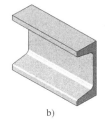

图 8-49　按小端简化画法

12）滚花、槽沟等网状结构应用粗实线完全或部分地表示出来，并加旁注或在技术要求中注明这些结构的具体要求，如图 8-50 所示。

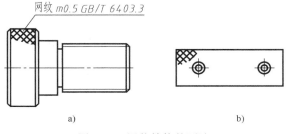

图 8-50　网状结构的画法

13）在不致引起误解时，零件图中的小圆角、锐边的小倒圆或 45°小倒角允许省略不画，但必须注明尺寸或在技术要求中加以说明，如图 8-51 所示。

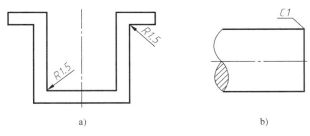

图 8-51　小圆角、锐边的小倒圆或 45°小倒角

8.5　图样画法综合应用

国家标准《技术制图　图样画法　视图》（GB/T 17451—1998）规定：技术图样应采用正投影法绘制，并优先采用第一角画法。绘制技术图样时，应首先考虑看图方便。根据物体的结构特点，选择适当的表达方法。在完整、清晰地表示物体形状的前提下，力求制图简便。

该标准还规定了视图选择原则：表示物体信息量最多的那个视图应作为主视图，通常是按物体的工作位置、加工位置或安装位置放置。当需要其他视图（包括剖视图和断面图）时，应按下述原则选取。

1）在明确表示物体的前提下，使视图（包括剖视图和断面图）的数量为最少。

2）尽量避免使用虚线表达物体的轮廓及棱线。

3）避免不必要的细节重复。

绘制机械图样时，选用简单、合理的表达方法非常重要。同一机件可以有多种表达方法，各种表达方法又各有优、缺点。因此，在选择表达方法时，应细心琢磨，在保证图样完整、清晰且读图方便的原则下，灵活运用多种表达方法，使机件表达得更加完善和简练。

1. 确定物体表达方案的步骤

（1）分析物体的结构形状特点　分析其内、外结构是否均需表达，是否为对称结构，具有倾斜结构的物体是否具有旋转轴线，从而选择适当的表达方法。

（2）确定主视图及其采用的图样画法　确定物体的安放位置和主视图投射方向，并选择尽可能多地表达物体内、外结构特征的主视图表达方案（可有备选）。

（3）确定物体其他视图的图样画法及视图数量　分析该物体还有哪些结构形状及各结构之间的相对位置尚未表达清楚，逐一选择适合的表达方案。

（4）最终确定表达方案　在完整、清晰地表示物体形状的前提下，尽量选择看图方便、制图简便、视图（包括剖视图和断面图）数量最少的表达方案。

2. 应用举例

【例8-1】　确定图8-52所示轴承座的表达方案。

（1）分析　轴承座由底板、肋板、支承板、圆筒四部分组成。

（2）确定主视图　将轴承座按工作位置放置，从表达机件形状特征及整体表达方案考虑，选择图8-52所示方向为主视图的投射方向，底板的两个孔可局部剖一个，圆筒内孔考虑选择其他视图表达。

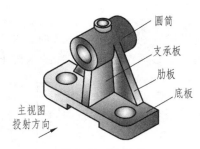

图 8-52　轴承座

（3）其他视图的选择　支承板和肋板需用主、左两个视图表达，底板需用主、俯两个视图表达，将轴承座的四个部分都完整地表达清楚则需选取主、俯、左三个视图。

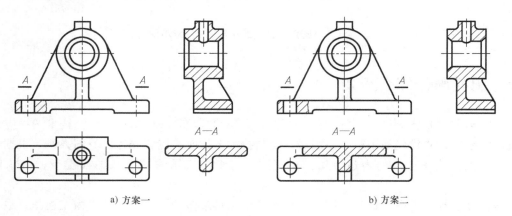

a) 方案一　　　　　　　　　　b) 方案二

图 8-53　轴承座表达方案

方案一：图8-53a所示方案将左视图取为全剖视图，表达了圆筒上正交两孔的结构及底板凹槽深度，在主视图中取局部剖视图表达底板上的通孔结构，另用移出断面图 A—A 表达肋板、支承板的断面形状和相互关系。

方案二：在图 8-53a 所示方案中，圆筒部分已在主、左视图上表达清楚，俯视图上可不再表示，因此可将俯视图取 A—A 剖视图，这样把断面图和俯视图结合起来，如图 8-53b 所示。

（4）方案确定 比较图 8-53a 和图 8-53b 所示的两种方案，图 8-53b 显得更清楚简练，视图数量少，便于读图和绘图，为较好的表达方案。

【例 8-2】 优化图 8-54 所示阀体的表达方案。

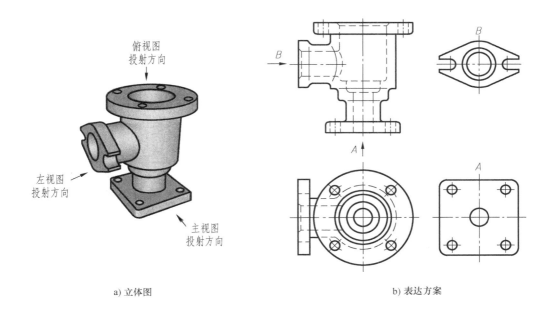

a) 立体图   b) 表达方案

251

图 8-54 阀体

（1）形体分析 图 8-54 所示阀体由矩形底板、圆柱状顶板、左横放圆筒带法兰、同轴竖放台阶圆筒四个部分构成，其内部三通空腔结构是该零件最为典型的特点。

（2）确定主视图表达方案 从表达机件形状特征及整体表达方案考虑，主视图选择图 8-54 所示的安放位置和投射方向。从主视图投射方向看，机件为外筒内繁的非对称结构，故可采用全剖视图，如图 8-55a 所示，或者采用大面积局部剖视图，如图 8-55b 所示。

（3）确定其他视图表达方案 从俯视图投射方向看，机件为前后对称结构，故可采用半剖视图，顶板和底板形状均可得以表达，如图 8-55 所示。从左视图投射方向看，机件为前后对称结构，故可采用半剖视图，左向法兰和同轴竖放台阶圆筒内、外结构均可得以表达，如图 8-55a 所示。但此方案中的同轴竖放台阶圆筒的结构有重复表达。本着保证图样完整清晰和力求表达完善简练的绘图原则，可省略左视图，主视图采用局部剖视图，就可以既表达外形又表达内部三通空腔结构，同时采用 C 向局部视图来清楚地表达法兰的左端面形状，如图 8-55b 所示。

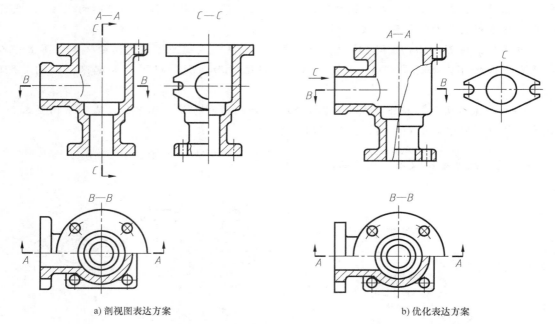

a) 剖视图表达方案　　　　　　　　　　　b) 优化表达方案

图 8-55　阀体表达方案比较

（4）方案确定　比较图 8-55a、b 所示的两种表达方案，虽然视图数量一样，但图 8-55b 在清楚地表达该阀体零件形状的基础上，更便于读图、绘图及尺寸标注，为较好的表达方案。

8.6　第三角画法简介

国家标准《技术图样　图样画法　视图》（GB/T 17451—1998）规定：技术图样应采用正投影法绘制，并优先采用第一角画法。但有些国家（如美国、日本、加拿大等）则采用第三角画法。随着国际技术交流和国际贸易合作的增多，经常会遇到采用第三角画法绘制的图样，本节对第三角投影原理和画法做简要介绍。

如图 8-56 所示，三个互相垂直的投影面将空间分成八个分角。

将物体置于投影体系中的第一角内，即将物体处于观察者与投影面之间进行投射，然后按规定展开投影面，六个基本投影面的展开方法如图 8-57a 所示，各视图的配置如图 8-57b 所示，第一角画法的识别符号如图 8-57c 所示。

将物体置于投影体系中的第三角内，即将投影面处于观察者与物体之间进行投射，然后按规定展开投影面，六个基本投影面的展开方法如图 8-58a 所示，各视图的配置如图 8-58b 所示，

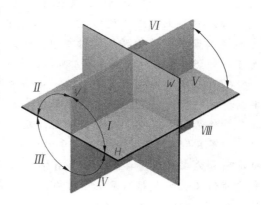

图 8-56　空间的八个分角

第三角画法的识别符号如图 8-58c 所示。此时，投影面可视为透明的，观察者通过投影面看到物体在基本投影面上的正投影，即为物体在第三角的基本投影。其中，图 8-58b 中标记为 A 的视图称为前视图，标记为 B 的视图称为顶视图，标记为 E 的视图称为底视图，标记为 C 的视图称为左视图，标记为 D 的视图称为右视图，标记为 F 的视图称为后视图。与图 8-57b 所示第一角投影基本视图的配置相比，可以看出：六个视图本身的形状依然相同，只是视图名称和配置的位置有所变化。请读者自行分析比较。

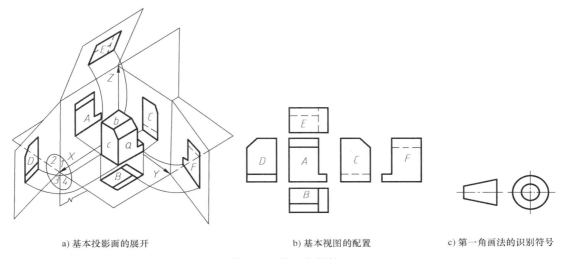

a) 基本投影面的展开   b) 基本视图的配置   c) 第一角画法的识别符号

图 8-57　第一角投射

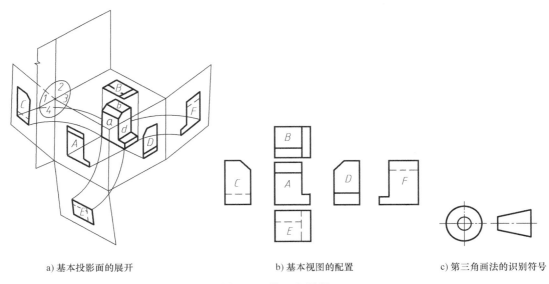

a) 基本投影面的展开   b) 基本视图的配置   c) 第三角画法的识别符号

图 8-58　第三角投射

国家标准《技术制图　投影法》（GB/T 14692—2008）规定：采用第三角投射时，必须在图样中画出第三角投射的识别符号；采用第一角投射时，在图样中一般不画出第一角投射符号，必要时也可画出第一角投射的识别符号。

8.7 用 AutoCAD 绘制剖视图

本节主要介绍用 AutoCAD 完成剖视图绘制图案填充、尺寸标注的方法及精确作图技巧。

以图 8-59 为例，要求在竖放的 A4 图纸中以 1∶1 的比例完成剖视图的绘制并标注尺寸。

8.7.1 绘制剖视图

1. 绘图方法分析

本例的绘图要点是绘制剖面线，可用"图案填充"（HATCH）命令完成剖面线的绘制。

2. 绘图步骤

（1）设置绘图环境

1）打开第 2 章中已设置好的样板文件 A4 竖放 . dwt。

在快速访问工具栏或下拉菜单中单击"打开"按钮，在如图 2-2 所示弹出的"选择样板"对话框中选择已保存的 A4 竖放 . dwt 样板文件，打开该文件。

2）将粗实线层设置为当前层，如图 2-18 所示，勾选 01 粗实线层，并打开"显示线宽"，如图 2-20 所示。

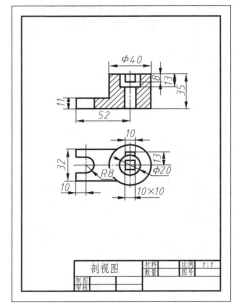

图 8-59 剖视图

（2）绘制图形 用第 2 章介绍的绘制平面图形的方法及精准绘图操作画出如图 8-60 所示的图形。精准绘图操作技巧将在 8.7.3 小节介绍。

（3）填充剖面线 填充剖面线有以下三个步骤。

1）激活"图案填充"（HATCH）命令 ▨，如图 8-61a 所示，功能区即暂时切换显示"图案填充创建"选项卡，如图 8-61b 所示。

2）选择填充图案 ANSI31（通用剖面线），并指定图案填充的"比例因子"，以控制其大小和间距，如图 8-61b 所示。

3）选择要填充的边界对象："边界"面板默认激活"拾取点"命令，如图 8-61b 所示，分别单击如图 8-62b 所示两粗实线围成的封闭轮廓内任意一点，即确定填充区域；也可在"边界"面板单击"选择"按钮，如图 8-62a 所示，选择模式切换到选择边界对象，即选择封闭轮廓的边线来确定填充区域。完成图案填充，并打开"显示线宽"，完成剖视图的绘制，如图 8-62c 所示。

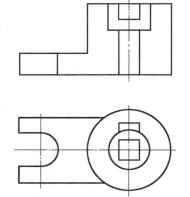

图 8-60 绘制图形

注意：填充区域必须是完全封闭的，如果区域不是完全封闭的，屏幕将显示红色圆，以提示需要检查间隙的位置。在命令提示区输入"REDRAW"以删除红色圆。

254

a) 激活"图案填充"(HATCH)命令

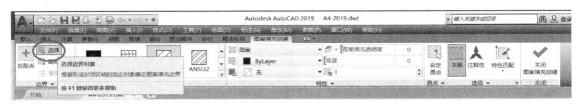

b) "图案填充创建"选项卡

图 8-61　图案填充设置

a) "边界"面板"选择"按钮

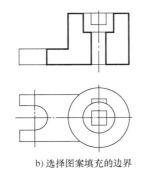

b) 选择图案填充的边界　　　　　　　c) 完成图案填充及剖视图绘制

图 8-62　图案填充

8.7.2　标注尺寸

1. 设置尺寸样式

应根据需要创建多种类型的标注样式，并选择一个描述性的名称保存该标注设置。在启用样板文件时已设置了一种，在此不需要重复设置。具体设置方法见第 2 章。

2. 标注尺寸

（1）快速标注　可使用"标注"（DIM）命令创建水平、竖直标注，以及半径、直径标注。标注的类型取决于选择的对象和拖动尺寸线的方向。

在"注释"面板中单击"标注"按钮，如图 8-63a 所示，可用鼠标在图形中选择直线、

255

圆或圆弧对象，然后拖动尺寸线和尺寸数字到合适的位置，再单击鼠标左键确定尺寸线和尺寸数字的位置。

在标注时，命令提示区会显示"选择第一个尺寸界线的原点"，打开"对象捕捉设置"按钮，在图形中分别单击尺寸界线的两个端点，然后拖动尺寸线至合适位置，再单击鼠标左键确定尺寸数字的位置；也可选择尺寸界线的两端点标注线性尺寸。若要使尺寸线排成一行，需将一个端点捕捉到之前创建的尺寸线的端点。如果两个端点不在同一水平线上，可按住\<Shift\>键使尺寸线强制变为水平线。

图 8-59 中的尺寸均可用"快速标注"命令完成。请读者自行实践完成。

需注意：若将直径尺寸标注在非圆视图上时，需双击线性尺寸数字后手动输入"%%C"添加直径符号。"10×10"尺寸也需在标注了线性尺寸后双击尺寸数字修改完成。

（2）尺寸命令标注　标注图 8-59 中的尺寸，也可在"注释"面板中打开"线性"下拉菜单，选择不同尺寸标注命令，如图 8-63b 所示；或者从"标注"下拉菜单中选择相应的尺寸标注命令，如图 8-63c 所示。

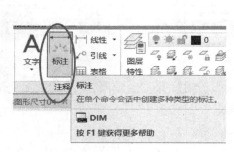

a)"标注"命令

b)"注释"面板中的"线性"下拉菜单

c)"标注"下拉菜单

图 8-63　尺寸标注命令

提示：因为容易意外捕捉到错误的部件或标注对象的一部分，所以标注时应将图形放大到足够大，以避免混淆。

AutoCAD 常用的尺寸标注命令见表 8-2。

表 8-2　AutoCAD 常用尺寸标注命令

命令名	功能	命令名	功能
DIMLINEAR	线性标注	DIMDIAMETER	标注直径
DIMALIGNED	对齐标注	DIMRADIUS	标注半径
DIMBASELINE	基线标注	QLEADER	引线标注
DIMCONTINUE	连续标注	DIMORDINATE	坐标标注
DIMANGULAR	标注角度尺寸	TOLERANCE	标注几何公差

（3）修改尺寸标注　包括修改尺寸的标注样式，改变尺寸文本的位置、数值、属性等。常用的方法有以下几种。

1）利用夹点编辑尺寸，可以改变尺寸线和尺寸文本的位置。首先选择一个标注以显示其夹点，然后单击标注文字上的夹点并将其拖动到新位置，或者单击尺寸线端点上的一个夹点，然后拖动尺寸线到新位置。

2）利用"标注"工具栏的按钮编辑尺寸。利用该工具栏中的"编辑标注""编辑标注文字""标注样式"按钮，可以修改尺寸文本数值、位置及尺寸的标注样式。

3）利用"特性"对话框编辑尺寸。利用该对话框，可以修改尺寸的颜色、图层、线型、尺寸文本数值、标注样式等。

提示：如果修改操作比上述方法更复杂，则建议删除后重新创建标注，可能会更快。

8.7.3　精准绘图操作

为保证绘制图形时的精度，AutoCAD 有如下几种常用的精度功能。

极轴追踪：捕捉到最近的预设角度并沿该角度指定距离。

锁定角度：锁定到单个指定角度并沿该角度指定距离。

对象捕捉：捕捉到现有对象上的精确位置，如多条线段的端点、直线的中点或圆的中心点。

栅格捕捉：捕捉到矩形栅格中的增量。

坐标输入：通过笛卡儿坐标或极坐标指定绝对或相对位置。

最常用的精度功能是极轴追踪、锁定角度和对象捕捉。

1. 极轴追踪

需要指定点时，使用极轴追踪功能来引导光标在特定方向上移动。

例如，在创建直线时，指定直线的第一个点后，将光标移动到右侧，然后在命令提示区输入距离值以指定直线的精确水平长度，如图 8-64 所示。

图 8-64　极轴追踪功能

默认情况下，极轴追踪功能处于打开状态并引导光标沿水平或竖直方向（与水平方向成0°或90°）移动。

2. 锁定角度

如果需要以指定的角度绘制直线，则可以锁定下一个点的角度。例如，如果直线的第二个点需要以45°角创建，则在命令提示区输入"<45"，如图8-65所示。

图8-65 锁定角度功能

按所需的方向移动光标后，可以输入直线的长度。

3. 对象捕捉

在对象上指定精确位置的最重要方式是使用对象捕捉功能。如图8-66a所示，符号标记表示了可以捕捉的不同种类的对象。只要AutoCAD提示指定点，对象捕捉功能就会在命令执行期间变为可用。例如，创建一条直线时，可以将光标移动到现有直线的端点附近，光标将自动捕捉该端点，如图8-66b所示。

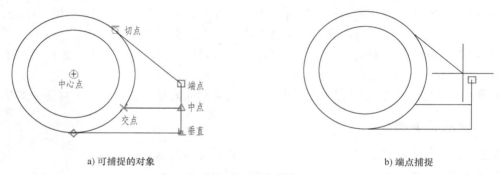

a) 可捕捉的对象   b) 端点捕捉

图8-66 对象捕捉

（1）设置默认对象捕捉模式 在命令提示区输入"OS"（OSNAP）命令，系统弹出"草图设置"对话框，选择"对象捕捉"选项卡，可勾选常用对象捕捉模式，如图8-67a所示；也可使用下拉菜单"工具"→"绘图设置"来打开"草图设置"对话框，如图8-67b所示；还可在状态栏区单击"对象捕捉设置"按钮旁的三角，打开"对象捕捉设置"菜单进行设置，如图8-67c所示。

（2）临时运行对象捕捉 在提示输入点时，可指定替代所有其他对象捕捉设置的单一对象捕捉。按住<Shift>键，在绘图工作区中单击鼠标右键，也可打开"对象捕捉设置"菜单，如图8-67d所示，可从中选择需要的对象捕捉模式，再移动光标在对象上精确选择一个位置。

提示：应将图形放大到足够大以避免出现错误。

4. 对象捕捉追踪

在命令执行期间，可以从已有对象捕捉到水平和竖直方向上的对齐点。首先将光标悬停在端点1上，如图8-68a所示，再将光标悬停在端点2上，然后将光标移至位置3附近，光标将被锁定到水平和竖直位置，如图8-68b所示。

a)"草图设置"对话框   b)"工具"下拉菜单

c)"对象捕捉设置"菜单   d) 右键弹出的"对象捕捉设置"菜单

图 8-67 对象捕捉设置

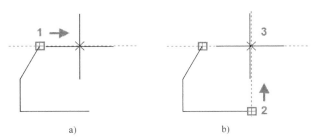

a)   b)

图 8-68 对象捕捉追踪

5. 快捷功能键

键盘上的功能键在使用 AutoCAD 时都有指定的功能，见表 8-3。

表 8-3　快捷功能键

主键	功能	说明
F1	帮助	显示活动工具提示、命令、选项板或对话框的帮助
F2	展开历史记录	在命令窗口中显示展开的命令历史记录
F3	对象捕捉	打开和关闭对象捕捉
F4	三维对象捕捉	打开三维元素的其他对象捕捉
F5	等轴测平面	循环浏览 2-1／二维等轴测平面设置
F6	动态 UCS	打开与平面对齐的 UCS
F7	栅格显示	打开和关闭栅格显示
F8	正文	锁定光标沿水平或竖直方向移动
F9	栅格捕捉	限制光标按指定的栅格间距移动
F10	极轴追踪	引导光标按指定的角度移动
F11	对象捕捉追踪	从对象捕捉位置水平或竖直追踪光标
F12	动态输入	显示光标附近的距离和角度，并在字段之间使用<Tab>键时接受输入

提示：<F8>和<F10>键相互排斥，打开一个将会关闭另外一个。

8.8　用 Inventor 生成剖视表达的工程图

8.8.1　创建形体

按照先实体、后孔洞，先主体、后细节的顺序造型，步骤如下所述。

1. 创建底板

如图 8-69 所示，新建零件，在草图中居中放置长度为 58，宽度为 56 的矩形，并用"拉伸"命令生成高度为 7 的拉伸底板，然后用"圆角"命令在四个边角处生成半径为 6 的圆角。

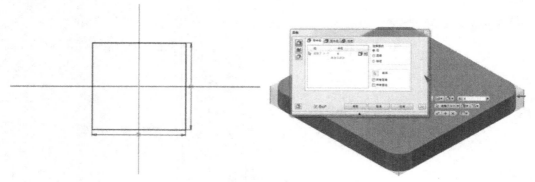

图 8-69　创建底板

2. 创建底板凸台

如图 8-70 所示，在底板底面新建草图，投影边线，在圆角圆心处做两个直径为 12 的圆，然后用"拉伸"命令以求并方式生成高度为 9 的圆柱，再使用"镜像"命令，特征为拉伸出的圆柱，镜像平面为底板的对称中心面，最后单击"确认"按钮，生成对称的圆柱凸台。

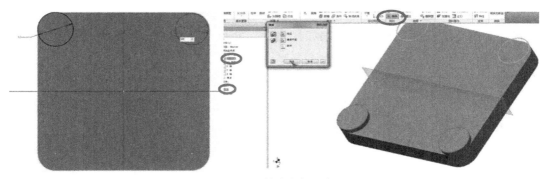

图 8-70　创建底板凸台

3. 拉伸中心圆柱

在底板底面新建草图，以原点为圆心做直径为 38 的圆，然后用"拉伸"命令以求并方式向上拉伸，生成高度为 45 的圆柱。

4. 创建顶部凸台

首先在中心圆柱顶面新建草图，画一条长度为 24 的水平直线。接着利用重合约束将直线的中点与坐标原点重合，并以该点为圆心画直径为 20 的圆，再以长 24 直线段的两端点为圆心画直径为 12 的圆，做出圆的外切直线。然后利用"镜像"命令，选择 X 轴为镜像中心线，将切线镜像出来。修剪掉多余图线，完成图 8-71 所示草图。最后进行距离为 3 的拉伸生成顶部凸台。

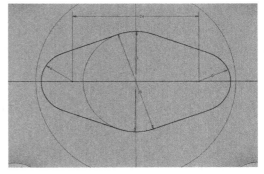

图 8-71　创建顶部凸台

5. 创建前部凸台

在图 8-72a 所示的平面中新建草图，可按 <F7> 键切片观察（再按一次退出），程序将不显示草图平面之前的实体。在观察平面上作出图 8-72b 所示的草图，然后以求并方式进行距离为 30 的反向拉伸。

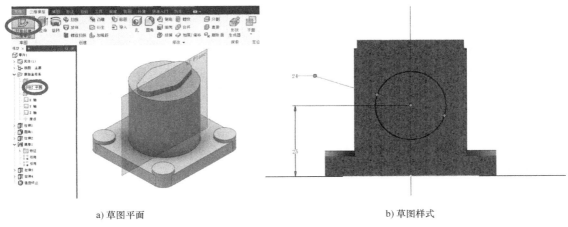

a) 草图平面　　　　　　　　　　　　　　　　　b) 草图样式

图 8-72　创建前部凸台

6. 新建工作平面

首先选择底板底面，接着设置偏移距离为"－25"，如图 8-73 所示，完成新建工作平面。

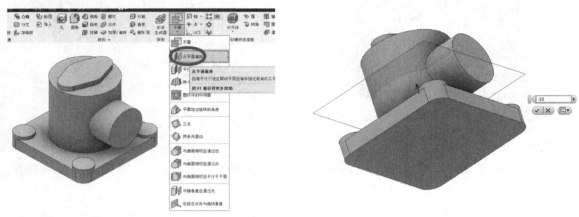

图 8-73　新建工作平面

7. 创建前部凸台上的凸台

如图 8-74 所示，在新建的工作平面上新建草图，可按 <F7> 键切片观察，在该平面上作出长为 25、宽为 10 的矩形。接着利用重合约束使矩形上边的中点与坐标原点重合，再以矩形下边的中点为圆心绘制直径为 10 的圆，则其可与外部矩形轮廓的边相切，完成草图。最后以求并方式进行距离为 15 的反向拉伸。操作完成后，关闭工作平面可见性。

8. 创建内部阶梯孔

首先选择底板底面，新建草图，做出直径为 32 的圆。接着利用"孔"命令，选择底板底面为放置平面，根据提示将孔中心约束在圆草图的圆心处。然后按照图 8-75 所示方式设置为阶梯孔形式，终止方式为"贯通"，设置深度为"42"，小孔直径为"14"，选取为坐标原点投影点。

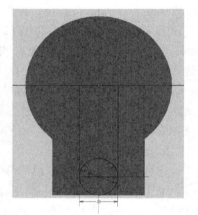

图 8-74　创建前部凸台上的凸台

9. 创建顶部、底部直孔

如图 8-76 所示，利用"孔"命令，选择底板底面为放置平面，根据提示选择圆角圆弧段，使孔中心被约束在此圆弧的圆心，设置孔直径为"6"，完成底板四个直孔的创建。再次利用"孔"命令，选择顶部凸台顶面为放置平面，根据提示选择两端直径为 12 的圆弧段，使孔中心被约束在此圆弧的圆心，设置孔直径为"6"，终止方式为"贯通"，完成顶部凸台上 2 个直孔的创建。

10. 创建前部凸台上的水平、竖直直孔

首先如图 8-77a 所示，利用"孔"命令，选择前部凸台前表面为放置平面，根据提示选择外轮廓圆，使孔中心被约束在此圆的圆心，设置孔直径为"14"，终止方式为"到"，根据提示选择终止位置为内部圆柱孔表面，完成前部凸台上水平直孔的创建。然后如图 8-77b

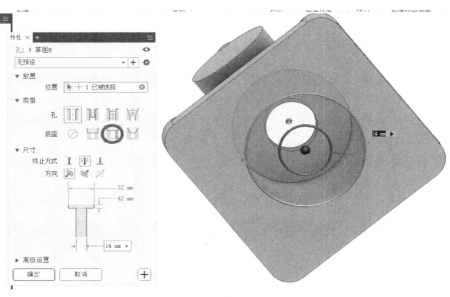

图 8-75　创建内部阶梯孔

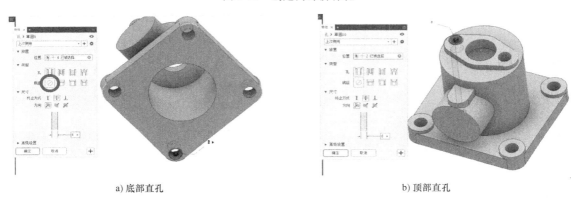

a) 底部直孔　　　　　　　　　　　　b) 顶部直孔

图 8-76　创建顶部、底部直孔

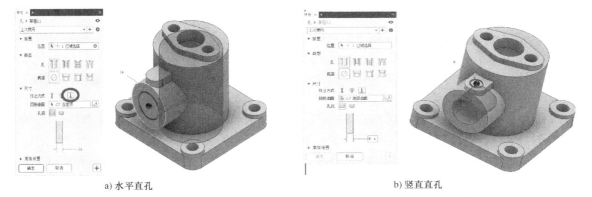

a) 水平直孔　　　　　　　　　　　　b) 竖直直孔

图 8-77　创建前部凸台上的水平、竖直直孔

所示，利用"孔"命令，选择前部凸台上部凸台的上表面为放置平面，根据提示选择外部轮廓圆弧，使孔中心被约束在此圆弧的圆心，设置孔直径为"6"，终止方式为"到"，根据

提示选择终止位置为刚创建的水平孔圆柱面，完成前部凸台上竖直直孔的创建。

8.8.2　生成剖视图表达

第 6 章介绍了用 Inventor 生成组合图视图的方法，本小节重点讲解如何生成剖视表达的工程图。以图 8-77b 所示最终生成的立体为对象，设计表达方案为：主视图选用半剖视图并带有局部剖视，左视图选用全剖视图，俯视图采用视图表达。利用 Inventor 软件生成其工程图的步骤如下。

1. 新建工程图文件

依次单击选择"文件"→"新建"→"工程图"命令，接着选择"Standard. idw"选项，如图 8-78 所示。

图 8-78　新建工程图

2. 设置图纸幅面

如图 8-79 所示，右击浏览器中的"图纸"，接着选择"编辑图纸"命令，在弹出的"编辑图纸"对话框中将图纸大小选择为"A2"，选择"横向"选项，单击"确定"按钮。

3. 视图选取和放置

如图 8-80 所示，首先单击"基础视图"按钮，选择造型文件，比例选择"2：1"，样式选择"不显示隐藏线"，完成视图基本设置。接着在图纸内用鼠标选取主视图位置，单击鼠标左键放置主视图，再向下拖动鼠标选取俯视图位置。由于左视图采用全剖视图表达，因此不进行投影。然后向主视图右下角拖动鼠标，出现斜线时右击鼠标放置轴测图。最后在浏览器中右击轴测图，选择"编辑视图"选项，样式选择"不显示隐藏线"，并且打开"着色"功能。

4. 创建主视半剖视图辅助边界线

将主视图改为半剖视图之前，首先需要定义一个闭合边界的截面轮廓。

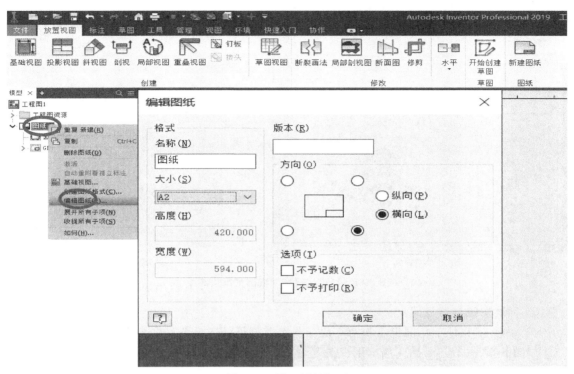

图 8-79　设置图纸幅面

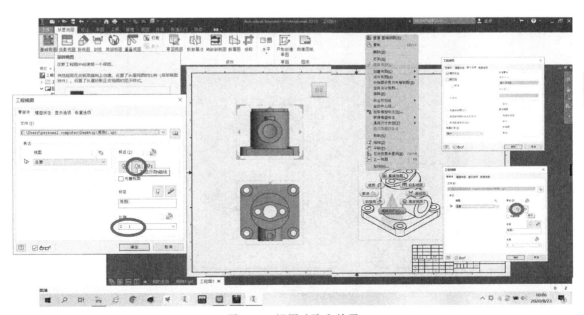

图 8-80　视图选取和放置

　　首先用鼠标左键点选主视图，再选择"开始创建草图"命令，如图 8-81a 所示，进入草图界面。绘制矩形，约束一条边与主视图对称中心线重合，并保证其包含全部被剖切部分，如图 8-81b 所示，最后单击"完成草图"按钮退出草图界面。

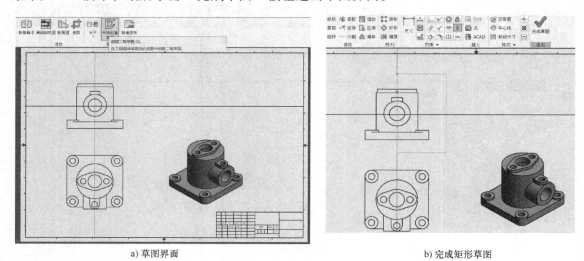

| a) 草图界面 | b) 完成矩形草图 |

图 8-81　创建主视半剖视图辅助边界线

5. 创建主视半剖视图

在 Inventor 软件中，剖视图和局部剖视图均用"局部剖视图"命令来完成创建。

如图 8-82 所示，选择"局部剖视图"命令，在弹出的"局部剖视图"对话框中，根据提示，利用俯视图完成剖切深度设置，单击"确定"按钮完成主视半剖视图。最后关闭矩形草图的可见性。

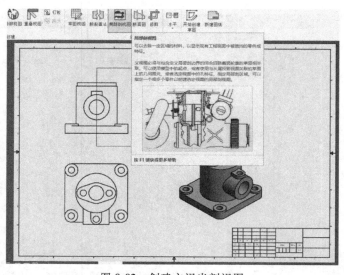

图 8-82　创建主视半剖视图

6. 创建局部剖视图

首先创建主视图中的局部剖视图部分，点选主视图，选择"开始创建草图"命令，用"样条曲线"命令绘制封闭轮廓，如图 8-83a 所示，单击"完成草图"按钮退出草图界面。选择"局部剖视图"命令，根据提示，在俯视图选择深度，如图 8-83b 所示，此时，样条曲线的剖切部分会变成粗线，修改其特性，将线宽选择为"0.18"，单击"确定"按钮，则波浪线这一段就变成了细线。

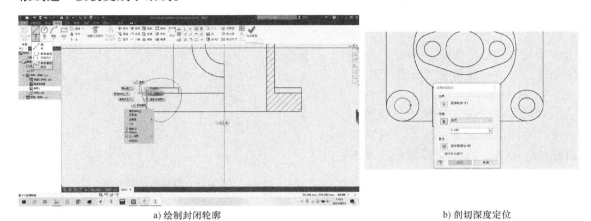

a) 绘制封闭轮廓　　　　　　　　　　　　　　　　b) 剖切深度定位

图 8-83　创建局部剖视图

7. 创建全剖左视图

选择"剖视"命令，接着在主视图附近根据提示，捕获对称中心线，确定剖切面位置。接着向右拖动鼠标一段距离，单击弹出的"继续"按钮，确定左视图位置后单击"确定"按钮。双击生成的全剖左视图上方的标记，删除横线和比例，如图 8-84b 所示。

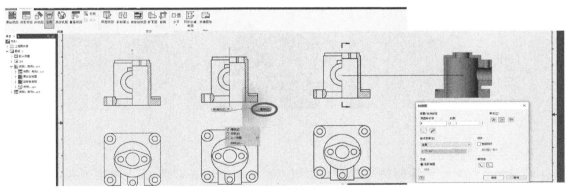

a) 确定剖切面

267

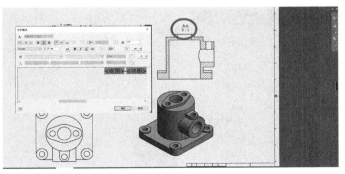

b) 修改标记

图 8-84　创建全剖左视图

8. 绘制中心线

如图 8-85 所示，依次点选视图并右击，在弹出的菜单中选择"自动中心线"命令，将适用的特征打开，单击"确定"按钮，绘制出各视图所需中心线。将中心线调整至合适长度。

9. 标注尺寸

如图 8-86 所示，依次点选视图并右击，在弹出的菜单中选择"检索模型标注"命令，首先全部选中，单击"确定"按钮，再逐一筛选，删除不合适的尺寸，调整合适尺寸的位置。然后用"标注尺寸"命令分别标出其他所缺尺寸。

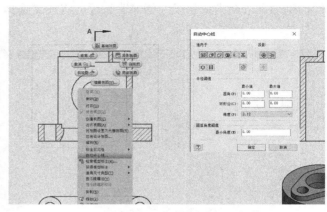

图 8-85　绘制中心线

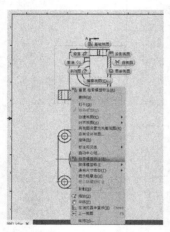
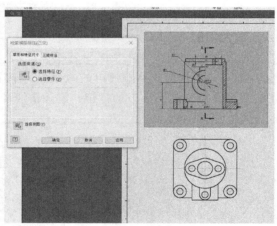

图 8-86　标注尺寸

10. 添加文本

经过调整之后，若标题栏没有出现比例数据，则如图 8-87 所示，在比例处填写文本"2：1"；完成工程图，最后保存文件。

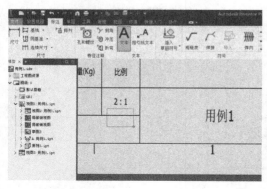

图 8-87　添加文本

本 章 小 结

本章是本书的重点章节，介绍了国家标准中规定的各种机件的基本表达方法，优先采用第一角画法。

1）视图主要用于表达物体的外部形状，一般只画其可见部分。分为基本视图、向视图、局部视图和斜视图。

2）剖视图主要用于表达物体的内部形状。分为全剖视图、半剖视图和局部剖视图。可以采取不同的剖切方式：单一剖切面、几个平行的剖切面、几个相交的剖切面（交线垂直于某一基本投影面）。应视物体的结构特点采取不同的剖切方式。

3）断面图主要用于表达物体的断面形状。分为移出断面图、重合断面图。应注意剖视图和断面图的区别：剖视图是体的投影，断面图是面的投影。

4）局部放大图主要用于表达物体的局部细小结构。

5）规定画法和简化画法主要用于图形、标注等，在不影响机件表达清楚的前提下，可以提高绘图工作效率。

在掌握这些表达方法的基础上，还应灵活运用这些表达方法，如何灵活运用上述的表达方法，正确、清楚、简练地表达物体的形状是学习本章的主要目的。此外，应掌握视图、剖视图和断面图的标注内容及规律。

本章简要介绍了第三角画法，在学习中应注意与第一角画法对比。

本章还介绍了用 Inventor 生成剖视表达的工程图，在学习中应注意手工绘图与计算机设计软件出图中的异同。

第 9 章

标准件和常用件

结构形状、尺寸、标记和技术要求完全标准化了的零部件称为标准件。工程中常见的标准件有螺纹紧固件、轴承、键和销等。为了便于专业化生产，提高生产效率，国家标准将标准件的画法、精度等均予以规定。常用件为部分结构标准化了的零件。工程中的常用件有齿轮、弹簧等。通过本章的学习，应掌握标准件和常用件的基本知识、规定标记、规定画法，并能在机械图样上正确表达和标注。了解参数计算和查表方法，为以后学习机器或部件中零件的连接、支承、传动等内容及其画法打下一定的基础。

9.1 螺纹

9.1.1 螺纹的基本知识

螺纹为标准结构，是螺纹紧固件上常用的结构之一。

1. 螺纹的形成

当一个平面图形（如三角形、梯形、矩形等）绕着圆柱面做螺旋运动时，形成的圆柱螺旋体称为螺纹。

在圆柱外表面上形成的螺纹称为外螺纹；在圆柱内表面上形成的螺纹称为内螺纹；内、外螺纹必须成对使用，可用于连接和传动，如图 9-1 所示。

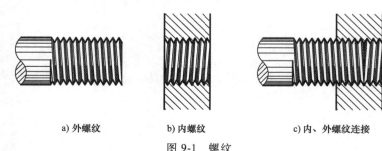

a) 外螺纹　　　　b) 内螺纹　　　　c) 内、外螺纹连接

图 9-1　螺纹

常用的螺纹加工方法有车削、碾压，以及用丝锥、板牙等工具加工。图 9-2a 所示为外螺纹车削法，图 9-2b 所示为内螺纹车削法，图 9-2c 所示为碾压外螺纹的方法，图 9-2d 所示

为手工加工内、外螺纹的丝锥和板牙，手工加工螺纹的方法常用于直径较小的螺纹。

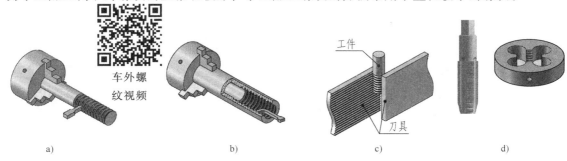

车外螺
纹视频

a)   b)   c)   d)

图 9-2　螺纹的加工方法

2. 螺纹要素

螺纹由下列五种要素确定。

（1）牙型　在通过螺纹轴线的剖切面上，所得到的螺纹剖面形状称为螺纹的牙型。常见的牙型有三角形、梯形、锯齿形等。

（2）螺纹直径　螺纹直径有大径、小径、中径之分，如图 9-3 所示。

大径是指与外螺纹的牙顶或内螺纹牙底相重合的假想圆柱面或圆锥面的直径。大径为公称直径。国家标准规定，螺纹（管螺纹除外）的大径为螺纹的公称直径；图样上标注螺纹直径时，一般只标螺纹的公称直径（即大径）。内、外螺纹的大径分别用 D、d 表示。

小径是指与外螺纹牙底或内螺纹牙顶相重合的假想圆柱面或圆锥面的直径。内、外螺纹的小径分别用 D_1、d_1 表示。

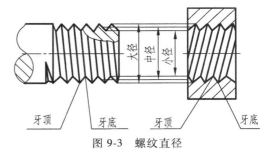

图 9-3　螺纹直径

中径是一个假想圆柱面或圆锥面的直径，其母线通过牙型上的沟槽和凸起宽度相等的地方。内、外螺纹的中径分别用 D_2、d_2 表示。

（3）线数　螺纹有单线和多线之分。当圆柱面上只有一条螺旋线时，所形成的螺纹称为单线螺纹；当圆柱面上有两条或两条以上在轴向等距离分布的螺旋线时，形成的螺纹称为多线螺纹。螺纹的线数用 n 表示，如图 9-4 所示。

（4）螺距和导程　相邻两牙在中径线上对应点间的轴向距离称为螺距，用 P 表示；同

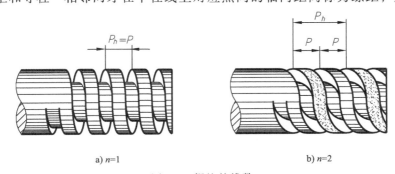

a) $n=1$　　　　　　　　　　　　b) $n=2$

图 9-4　螺纹的线数

271

一条螺旋线上相邻两牙在中径线上对应点间的距离称为导程，用 P_h 表示。如图 9-4 所示。对于单线螺纹，螺距等于导程；对于多线螺纹，螺距 $P = P_h/n$。

（5）旋向　螺纹的旋向有右旋和左旋之分，顺时针旋转时旋入的螺纹称为右旋螺纹，逆时针旋转时旋入的螺纹称为左旋螺纹。或者将轴线铅垂放置（不剖），螺纹的可见部分右侧高者为右旋螺纹，左侧高者为左旋螺纹。判断旋向的方法如图 9-5 所示。

内、外螺纹连接的条件是螺纹的五个要素必须完全相同，否则内、外螺纹不能互相旋合使用。

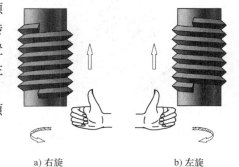

a) 右旋　　　　b) 左旋

图 9-5　螺纹的旋向

9.1.2　螺纹种类

1. 按螺纹要素是否标准分类

标准螺纹：牙型、直径和螺距均符合国家标准的螺纹。

特殊螺纹：牙型符合国家标准，直径或螺距不符合国家标准的螺纹。

非标准螺纹：牙型不符合国家标准的螺纹。

2. 按螺纹的用途分类

连接螺纹：如普通螺纹、管螺纹。

传动螺纹：如梯形螺纹。

常用标准螺纹的分类、牙型及其符号详见表 9-1。

表 9-1　常用标准螺纹的分类、牙型及其符号

螺纹分类			牙型及牙型角	特征代号	说明
连接螺纹	普通螺纹	粗牙普通螺纹	60°	M	用于一般零件的连接
		细牙普通螺纹			与粗牙螺纹大径相同时,细牙螺纹的螺距小,小径大,且强度高,多用于精密零件、薄壁零件或负荷大的零件上,还常用于承受变载、冲击、振动载荷的连接
	管螺纹	55°非密封管螺纹	55°	G	用于非螺纹密封的低压管路的连接
		55°密封管螺纹 圆锥外螺纹	55°	R	用于螺纹密封的中、高压管路的连接

（续）

螺纹分类			牙型及牙型角	特征代号	说明
连接螺纹	管螺纹	55°密封管螺纹 圆锥内螺纹	55°	RC	用于螺纹密封的中、高压管路的连接
		55°密封管螺纹 圆柱内螺纹	55°	RP	
传动螺纹	梯形螺纹		30°	Tr	可双向传递运动及动力,常用于需承受双向力的丝杠传动
	锯齿形螺纹			B	只能传递单向动力,例如螺旋压力机的传动丝杠采用这种螺纹

9.1.3 螺纹的规定画法

1. 外螺纹的画法

螺纹的牙顶（大径线）和螺纹终止线用粗实线绘制，螺纹的牙底（小径线）用细实线绘制，在倒角或倒圆部分处的细实线也应画出。在投影为圆的视图中，大径画粗实线圆，小径画细实线圆，只画约 3/4 圈，倒角圆省略不画，如图 9-6a 所示。在剖视图中，螺纹终止线只画出大径和小径之间的部分，剖面线应画到粗实线处，如图 9-6b 所示。当需要表示螺尾时，用与轴线成 30°的细实线绘制，如图 9-6c 所示。

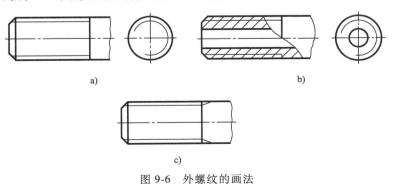

a)   b)

c)

图 9-6　外螺纹的画法

273

2. 内螺纹的画法

内螺纹（螺孔）一般应画剖视图，画剖视图时，牙顶（小径线）和螺纹终止线用粗实线表示。牙底（大径线）用细实线表示。在投影为圆的视图中，小径圆画粗实线圆，大径圆画细实线圆，只画约 3/4 圈，倒角圆省略不画，如图 9-7a 所示。

内螺纹未取剖视时，大径线、小径线、螺纹终止线均画虚线，如图 9-7b 所示。

对于不通螺孔，应将钻孔深度和螺纹孔深度分别画出。注意钻孔顶端应画成 120°，如图 9-7c 所示。

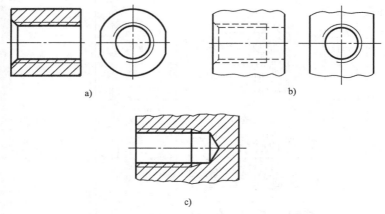

图 9-7　内螺纹的画法

3. 内、外螺纹连接的画法

在绘制螺纹连接的剖视图时，其连接部分应按外螺纹的画法绘制，其余部分仍按各自的画法绘制，如图 9-8 所示。注意内、外螺纹相应的直径线必须对齐，通过实心杆件的轴线剖开时，实心杆件按不剖处理，仅画外形。

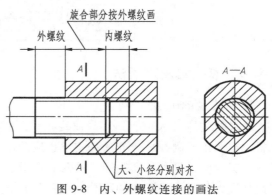

图 9-8　内、外螺纹连接的画法

9.1.4　螺纹标记

由于螺纹采用了统一规定的画法，为识别螺纹的种类和要素，必须按规定格式对螺纹进行标记。

1. 普通螺纹的标记

| 特征代号 | 尺寸代号 | -公差带代号 | -旋合长度代号 | -旋向代号 |

（1）特征代号　普通螺纹的特征代号为 "M"。

（2）尺寸代号　单线螺纹的尺寸代号为 "公称直径×螺距"，多线螺纹的尺寸代号为 "公称直径×Ph 导程 P 螺距"。公称直径、螺距、导程的单位均为 mm。单线粗牙普通螺纹的螺距省略标注。

（3）公差带代号　螺纹的公差带代号包含中径和顶径的公差带代号，顶径指外螺纹的大径和内螺纹的小径。中径公差带代号在前，顶径公差带代号在后。各直径的公差带代号由表示公差等级的数字和表示公差带位置的字母（内螺纹用大写字母，外螺纹用小写字母）组成，如 6H、5g 等。

若螺纹的中径公差带与顶径公差带的代号不同，则分别标注，如 4H5H、5h6h。若螺纹的中径公差带与顶径公差带的代号相同，则只标注一个公差带代号，如 6H、6g。螺纹尺寸代号与公差带代号之间用"-"号分开。

（4）旋合长度代号　螺纹旋合长度是指两个互相配合的螺纹，沿螺纹轴线方向互相旋合部分的长度（螺纹端倒角不包括在内）。

普通螺纹旋合长度分为短（S）、中（N）、长（L）三种。当旋合长度为 N 时，省略标注。必要时，也可用数值注明旋合长度。

（5）旋向代号　当为右旋螺纹时，"旋向"省略标注。左旋螺纹用"LH"表示。

（6）螺纹标注示例　普通螺纹的标注示例见表 9-2。

2. 梯形螺纹的标记

| 特征代号 | 尺寸代号 |-| 公差带代号 |-| 旋合长度代号 |

（1）特征代号　梯形螺纹的特征代号为"Tr"。

（2）尺寸代号　单线梯形螺纹的尺寸代号为"公称直径×螺距"，多线螺纹的尺寸代号为"公称直径×导程（P 螺距）"。公称直径、螺距和导程的单位均为 mm。对标准左旋螺纹，其标记应添加左旋代号"LH"。右旋梯形螺纹不标注其旋向代号。

（3）公差带代号　梯形螺纹公差带代号仅包含中径公差带代号。由表示公差等级的数字和表示公差带位置的字母组成（内螺纹用大写字母，外螺纹用小写字母），如 7H、8e 等。

（4）旋合长度代号　旋合长度分为中（N）、长（L）两种。当旋合长度为 N 时，省略标注。

（5）螺纹标注示例　梯形螺纹的标注示例见表 9-2。

3. 锯齿形螺纹的标记

锯齿形螺纹的特征代号为"B"，其标记形式与梯形螺纹相同，标注示例见表 9-2。

4. 管螺纹的标记

| 特征代号 | 尺寸代号 | 公差等级代号 |-| 旋向代号 |

（1）特征代号　55°非密封管螺纹的特征代号为"G"。

55°密封管螺纹有两种配合形式，即圆柱内螺纹与圆锥外螺纹（"柱与锥"）配合、圆锥内螺纹与圆锥外螺纹（"锥与锥"）配合。因此，55°密封管螺纹特征代号有四种：圆柱内管螺纹用 RP 表示，与其配合的圆锥外螺纹用 R_1 表示；圆锥内螺纹用 Rc 表示，与其配合的圆锥外螺纹用 R_2 表示。

（2）尺寸代号　管螺纹的尺寸代号指带有螺纹的管的内孔直径，常用尺寸代号有 1/8、1/4、1/2、1、1½等。

（3）公差等级代号　外管螺纹的公差等级分 A、B 两级，内管螺纹则不标注。

（4）旋向代号　左旋管螺纹标注"LH"，右旋管螺纹省略标注。

（5）螺纹标注示例　必须指出，管螺纹的标注与上述普通螺纹、梯形螺纹、锯齿形螺纹三种螺纹的标注完全不同，而是采用指引线形式标注，指引线从大径线引出，见表 9-2。

表 9-2　标准螺纹的标记示例

螺纹种类		标记图例	说明
普通螺纹	粗牙内螺纹	M20-6H	粗牙螺纹不标注螺距,旋向为右,省略标注。中径和顶径公差带相同,只标注一个代号"6H"。中等旋合长度"N"省略标注
	细牙外螺纹	M20×2-5g6g-S-LH	细牙螺纹标注螺距,左旋螺纹要标注"LH"。中径与顶径公差带不同,则分别标注"5g"与"6g"。短旋合长度"S"
		M20×2-6g	细牙外螺纹,旋向为右,省略标注。螺纹中径与顶径公差带相同,只标注一个代号"6g"。中等旋合长度"N"省略标注
	内、外螺纹旋合	M20×2-6H/6g	内、外螺纹旋合时,公差带代号用斜线分开,左侧为内螺纹公差带代号,右侧为外螺纹公差带代号。旋向为右,省略标注。中等旋合长度"N"省略标注
梯形螺纹	内螺纹	Tr40×7-7H	梯形螺纹,中径公差带代号为7H。旋向为右,省略标注。中等旋合长度"N"省略标注
	外螺纹	Tr40×14(P7)LH-8e-L	梯形螺纹,导程为14,螺距为7,线数为2。旋向为左,用"LH"标注。中径公差带代号为8e,旋合长度为L
		Tr40×12(P3)-7e	梯形螺纹,导程为12,螺距为3,线数为4。旋向为右,省略标注。中径公差带代号为7e。中等旋合长度"N"省略标注
	内、外螺纹旋合标记	Tr52×8-7H/7e	梯形螺纹,螺距为8,单线。旋向为右,省略标注。内螺纹公差带代号为7H,外螺纹公差带代号为7e。中等旋合长度"N"省略标注

（续）

螺纹种类		标记图例	说明
锯齿形 螺纹	内螺纹	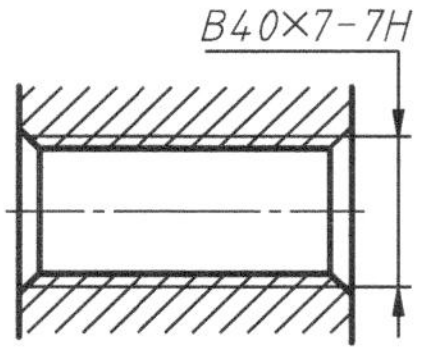 B40×7-7H	锯齿形螺纹,螺距为7,旋向为右,省略标注。中径公差带代号为7H。中等旋合长度"N"省略标注
	外螺纹	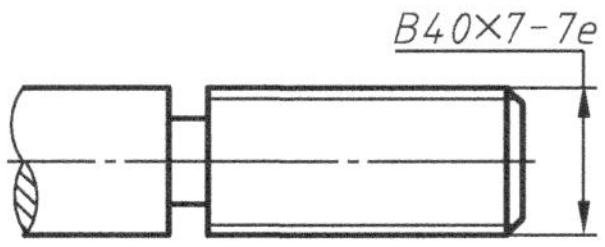 B40×7-7e	锯齿形螺纹,螺距为7,旋向为右,省略标注。中径公差带代号为7e。中等旋合长度"N"省略标注
55°非密 封管 螺纹	内螺纹	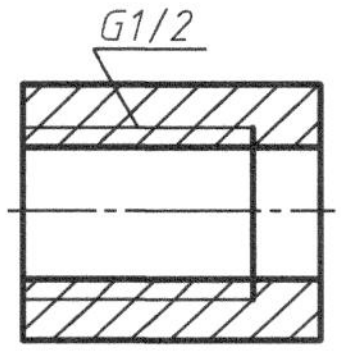 G1/2	管螺纹的尺寸代号用管口通径英寸的数值表示,G1/2指用于管口通径为1/2in管子上的螺纹。旋向为右,省略标注。内螺纹的中径公差等级只有一种,省略标注
	A级外螺纹	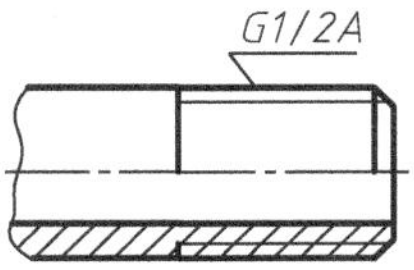 G1/2A	外螺纹中径的公差等级为A级。旋向为右,省略标注
	B级外螺纹	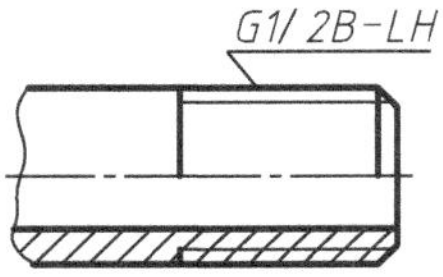 G1/2B-LH	外螺纹中径的公差等级为B级。旋向为左,用"LH"标注
	内、外螺纹旋合	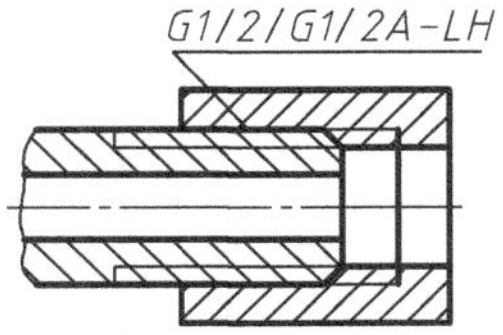 G1/2/G1/2A-LH	圆柱管螺纹旋合时,管螺纹的标记用斜线分开,左侧为内螺纹标记,右侧为外螺纹标记。旋向为左,用"LH"标注
55°密封 管螺纹	圆柱内螺纹	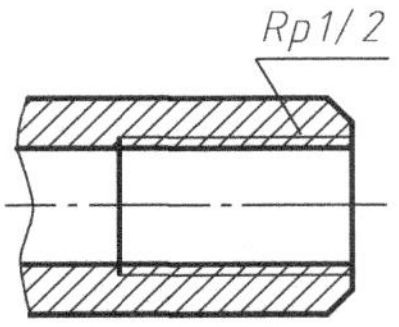 Rp1/2	55°密封管螺纹的内、外螺纹均只有一种公差,不标注。Rp1/2指管口通径为1/2in。旋向为右,省略标注
	圆锥内螺纹	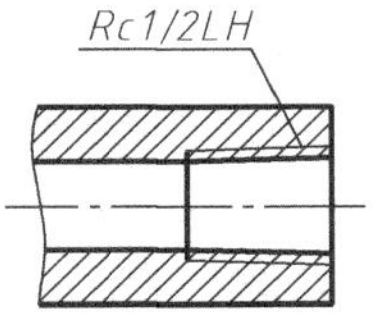 Rc1/2LH	旋向为左,标注"LH"

277

（续）

螺纹种类		标记图例	说明
55°密封 管螺纹	与圆柱内螺纹配合 的圆锥外螺纹	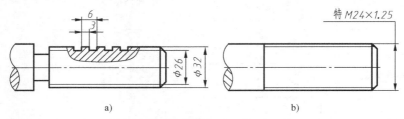$R_1 1/2$	$R_1 1/2$ 表示与圆柱内螺纹配合的圆锥外螺纹,管 口通径为1/2in。旋向为右,省略标注
	与圆锥内螺纹配合 的圆锥外螺纹	$R_2 1/2LH$	$R_2 1/2$ 表示与圆锥内螺纹配合的圆锥外螺纹,管 口通径为1/2in。旋向为左,标注"LH"

5. 非标准螺纹的标注

非标准螺纹应标注出螺纹的大径、小径、螺距和牙型的尺寸,如图9-9a所示。

6. 特殊螺纹的标注

特殊螺纹的标注,应在牙型符号前加注"特"字,并注出大径和螺距,如图9-9b所示。

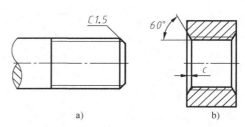

图9-9　非标准螺纹和特殊螺纹的标注

9.1.5　螺纹的局部结构

1. 螺纹端部的倒角

为了便于内、外螺纹装配和防止端部螺纹损伤,在螺纹端部常加工出倒角,如图9-10所示。倒角尺寸见表B-5。

2. 退刀槽

在加工螺纹时,为了便于退刀,在螺纹终止处,先加工出退刀槽,再加工螺纹,如图9-11所示。退刀槽尺寸见表B-5。

图9-10　螺纹端部的倒角

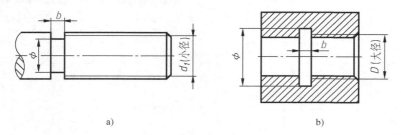

图9-11　退刀槽

车退刀槽视频

3. 不通的螺孔

加工不通的螺孔时，先钻孔再攻螺纹，钻头端部的圆锥角约为118°。为简化作图，钻孔底部的圆锥孔均画成120°角，如图 9-12b 所示。为了便于攻螺纹、保证螺纹的有效长度，钻孔深度要大于螺纹长度，其多余部分称为钻孔余量。为简化作图，钻孔余量常取为 0.5D（D 为螺纹大径），如图 9-12b 所示。

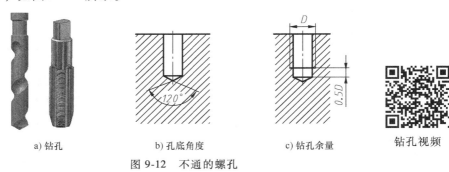

a) 钻孔   b) 孔底角度   c) 钻孔余量   钻孔视频

图 9-12   不通的螺孔

4. 螺纹孔相贯线的画法

两螺纹孔或螺纹孔与光孔相贯时，其相贯线按螺纹的小径画出，如图 9-13 所示。

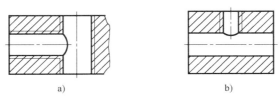

a)   b)

图 9-13   螺纹孔相贯线的画法

9.2   螺纹紧固件及其连接

9.2.1   螺纹紧固件

用螺纹起连接和紧固作用的某些零件称为螺纹紧固件。常用的螺纹紧固件有螺栓、双头螺柱、螺钉、螺母、垫圈等，如图 9-14 所示。

a) 六角头螺栓 b) 双头螺柱 c) 开槽圆柱头螺钉 d) 开槽盘头螺钉 e) 开槽沉头螺钉 f) 内六角圆柱头螺钉

g)开槽锥端紧定螺钉 h) 六角螺母 i) 六角开槽螺母 j) 侧面开槽圆螺母 k) 平垫圈 l) 弹簧垫圈 m) 外舌止动垫圈

图 9-14   螺纹紧固件

1. 螺纹紧固件的标记

螺纹紧固件的结构型式及尺寸均已标准化。各种紧固件均有相应的规定标记，其完整标记由名称、标准编号、尺寸、产品型式、性能等级或材料等级、产品等级、扳拧型式、表面处理组成，一般主要标注前四项。

常用的一些螺纹紧固件及其规定标记见表 9-3。

表 9-3　常用螺纹紧固件的图例和标记示例

名称及国标号	图例	标记及说明
六角头螺栓 A 级和 B 级 GB/T 5782—2016		螺栓 GB/T 5872 M10×60，表示 A 级六角头螺栓，螺纹规格 $d=$ M10，公称长度 $l=60$mm
双头螺柱 （$b_m=1.25d$） GB/T 898—1988		螺栓 GB/T 898 M10×50，表示 B 型双头螺柱，两端均为粗牙普通螺纹，螺纹规格 $d=$ M10，公称长度 $l=50$mm
开槽沉头螺钉 GB/T 68—2016		螺钉 GB/T 68 M10×60，表示开槽沉头螺钉，螺纹规格 $d=$ M10，公称长度 $l=60$mm
开槽长圆柱 端紧定螺钉 GB/T 75—2018		螺钉 GB/T 75 M5×25，表示开槽长圆柱端紧定螺钉，螺纹规格 $d=$ M5，公称长度 $l=25$mm
I 型六角螺母 A 级和 B 级 GB/T 6170—2015		螺母 GB/T 6170 M12，表示 A 级 I 型六角螺母，螺纹规格 $D=$ M12
I 型六角开槽螺母 A 级和 B 级 GB/T 6178—1986		螺母 GB/T 6178 M16，表示 A 级 I 型六角开槽螺母，螺纹规格 $D=$ M16
平垫圈　A 级 GB/T 97.1—2002		垫圈 GB/T 97.1 8，表示平垫圈，规格为 8mm，力学性能为 200HV，不经表面处理、产品等级为 A 级
标准型弹簧垫圈 GB/T 93—1987		垫圈 GB/T 93 20，表示标准型弹簧，规格（螺纹大径）为 20mm

2. 螺纹紧固件的画法

螺纹紧固件零件图的画法见附录 C，其尺寸的确定有两种方法：查表法和比例法。

查表法就是根据螺纹紧固件的规定标记从有关标准的表格中查出各紧固件的具体尺寸。

为了画图简便，通常采用比例画法。各紧固件采用比例画图时，除了公称长度需计算或查表确定外，螺纹紧固件的其他各部分尺寸均与螺纹大径成一定的比例，见表 9-4。

表 9-4　螺栓、螺母、垫圈的比例画法

图形		比例尺寸
六角头螺栓		d、l 由结构决定 $b = 2d\,(l \leqslant 2d$ 时 $b = l)$ $e = 2d$ $x = 0.15d$ $k = 0.7d$ $d_1 = 0.85d$
六角螺母		$e = 2d$ $m = 0.8d$
垫圈		$d_1 = 1.1d$ $d_2 = 2.2d$ $h = 0.15d$

9.2.2　螺纹紧固件连接的画法

螺纹紧固件连接的基本形式有：螺栓连接（图 9-15a）、双头螺柱连接（图 9-15b）、螺钉连接（图 9-15c）。采用哪种连接应视连接需要而确定。画装配图时，应按下列规定绘图。

1）两零件的接触面画一条线，不接触面画两条线。

2）相邻两零件的剖面线应不同，要方向相反或间隔不等。但同一个零件在各个视图中的剖面线方向和间隔应一致。

3）在剖视图中，若剖切面通过螺纹紧固件的轴线时，这些紧固件按不剖绘制。

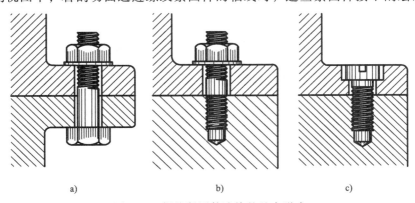

a)　　　　　　　　　b)　　　　　　　　　c)

图 9-15　螺纹紧固件连接的基本形式

1. 螺栓连接及其画法

螺栓连接常用的紧固件有螺栓、螺母、垫圈，用于被连接件都不太厚、能加工成通孔且要求连接力较大的情况，如图 9-15a 所示。

（1）螺栓连接的画法步骤

1）根据螺栓、螺母、垫圈的标记，在有关标准中查出它们的全部尺寸。

2）确定螺栓的公称长度 l 时，可按以下方法计算，如图 9-16 所示。

$$l \geq \delta_1 + \delta_2 + h + m + a$$

其中，a 取 $0.2 \sim 0.4d$。

由 l 的初算值，在螺栓标准的 L 公称系列值中，选取一个与之相近的标准值，一般取其大值。

例如，已知螺纹紧固件的标记为：螺栓　GB/T 5782 M20×l；螺母　GB/T 6170 M20；垫圈 GB/T 97.1 20；被连接件的厚度 $\delta_1 = 25$，$\delta_2 = 25$。

解：由表 C-4、表 C-6 查得　　　　$m = 18$，$h = 3$

取　　　　　　　　　　　　　　　$a = 0.3 \times 20 = 6$

计算　　　　　　　　　$l \geq 25 + 25 + 3 + 18 + 6 = 77$

根据 GB/T 5782 查得最接近的标准长度为 80，即是螺栓的有效长度，同时查得螺栓的螺纹长度 b 为 46。

3）螺栓连接的画图步骤如图 9-17 所示。

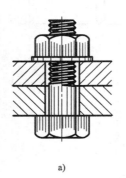

图 9-16　螺栓连接

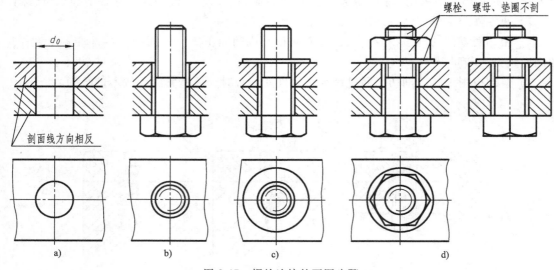

图 9-17　螺栓连接的画图步骤

对六角头螺栓头部及六角螺母上的交线，可按图 9-18 绘制（用圆弧代替双曲线）。

为了提高画图速度，螺栓连接可按表 9-4 中的比例关系画图，主要以螺栓公称直径为依据，但不得把按比例关系计算的尺寸作为螺纹紧固件的尺寸进行标注。

在部件装配图中，螺栓连接允许按简化画法绘制，如图 9-19 所示。

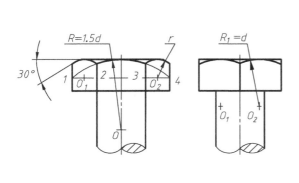

图 9-18　六角头螺栓头部的交线画法　　　　图 9-19　螺栓连接的简化画法

（2）画螺栓连接时应注意的问题

1）被连接件的孔径必须大于螺栓的大径，$d_0 = 1.1d$，如图 9-17a 所示。否则成组装配时，常由于孔间距有误差而装不进去。

2）在螺栓连接剖视图中，被连接零件的接触面（投影图上为线）画到螺栓大径处，如图 9-17d 所示。

3）螺母及螺栓的六角头的三个视图应符合投影关系，如图 9-17d 所示。

4）螺栓的螺纹终止线必须画到垫圈之下（应在被连接两零件接触面的上方），否则螺母可能拧不紧。

2. 螺钉连接及其画法

螺钉连接多用于受力不大的零件之间的连接。被连接零件中的一个零件有通孔，而另一个零件的孔一般为不通的螺纹孔，如图 9-20 所示。

（1）螺钉连接的画法步骤

1）根据螺钉的标记，在有关标准中，查出螺钉的全部尺寸。

2）确定螺钉的公称长度 l，如图 9-21d 所示。

初算　　　　　　　　$l = \delta_1 + l_1$

根据初算出的 l 值，在螺钉的相关标准中，选取与其近似的标准值，作为最后确定的 l 值。

3）螺钉的旋入端长度 l_1 与被连接件的材料有关，可参照表 9-5 的 b_m 值近似选取。

4）按图 9-21 所示的画图步骤画出螺钉连接图。在连接图上允许不画出 $0.5d$ 的钻孔余量，如图 9-21d 中螺孔下部的画法。

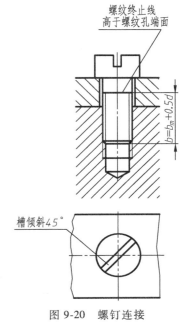

螺纹终止线高于螺纹孔端面

$b = b_m + 0.5d$

槽倾斜45°

图 9-20　螺钉连接

283

（2）画螺钉连接时应注意的问题　螺钉头部的槽（在投影为圆的视图上）不按投影关系绘制，应画成与中心线成45°，也可按图 9-21d 绘制。

为使螺钉连接牢固，螺钉的螺纹长度 b 和螺孔的螺纹长度都应大于旋入深度 b_m，即螺钉装入后，其上的螺纹终止线必须高出下板的上端面。螺钉的下端与螺纹孔的终止线之间应留有 $0.5d$ 的间隙。b 的值可按图 9-21 给出的比例关系确定。

螺钉头部可按图 9-22 给出的比例尺寸绘制。

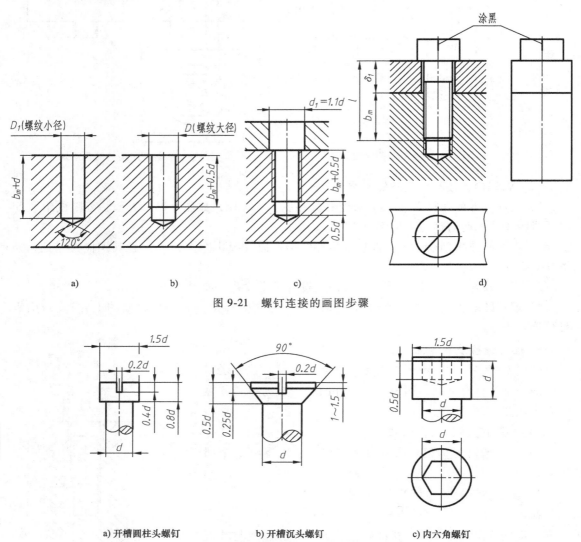

图 9-21　螺钉连接的画图步骤

　　a) 开槽圆柱头螺钉　　　　　b) 开槽沉头螺钉　　　　　c) 内六角螺钉

图 9-22　螺钉头部的比例画法

图 9-23 为常见螺钉连接图。

3. 双头螺柱连接及其画法

双头螺柱连接常用的紧固件有双头螺柱、螺母、垫圈。螺柱连接一般用于被连接件之一较厚，不适合加工出通孔，且要求连接力较大的情况，此时将其上部的较薄零件加工出通孔，如图 9-24 所示。

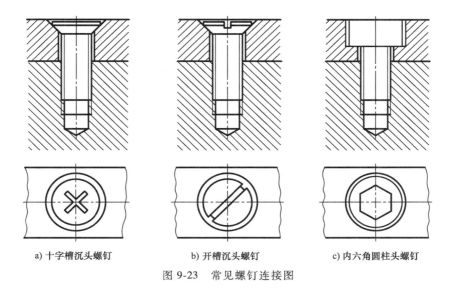

a) 十字槽沉头螺钉   b) 开槽沉头螺钉   c) 内六角圆柱头螺钉

图 9-23　常见螺钉连接图

　　双头螺柱连接的下部类似螺钉连接，而其上部类似螺栓连接。

　　双头螺柱两端带有螺纹，一端称为紧定端，其有效长度为 l，螺纹长度为 b，另一端为旋入端，其长度为 b_m，如图 9-24 所示。

　　双头螺柱有效长度的计算与螺栓有效长度的计算类似，l 初算后的数值与相应的标准长度系列核对，如不符，应选取标准值，如图 9-25 所示。

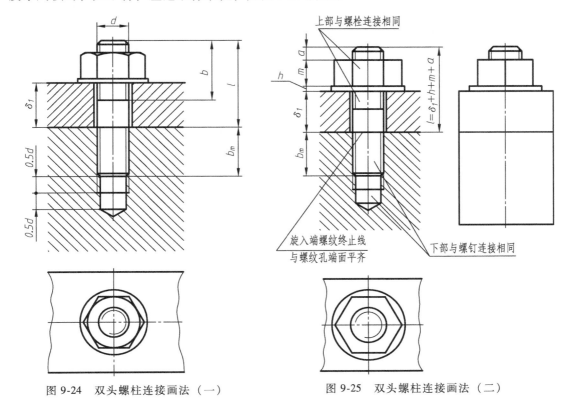

图 9-24　双头螺柱连接画法（一）　　　　　图 9-25　双头螺柱连接画法（二）

285

为了保证连接牢固，应使旋入端完全旋入螺纹孔中，即画图时旋入端的终止线应与螺纹孔口的端面平齐，如图 9-25 所示。

旋入端长度 b_m 值参照表 9-5 选取。

表 9-5 双头螺柱及螺钉旋入深度参考值

被旋入零件的材料	旋入端长度 b_m	国家标准
钢、青铜	$b_m = d$	GB/T 897—1988
铸铁	$b_m = 1.25d$	GB/T 898—1988
	$b_m = 1.5d$	GB/T 899—1988
铝	$b_m = 2d$	GB/T 900—1988

9.3 键、销及其连接

9.3.1 键及其连接

键用于连接轴和轴上的传动件（如齿轮、带轮等），使轴和传动件不发生相对转动，以传递扭矩或旋转运动，如图 9-26 所示。

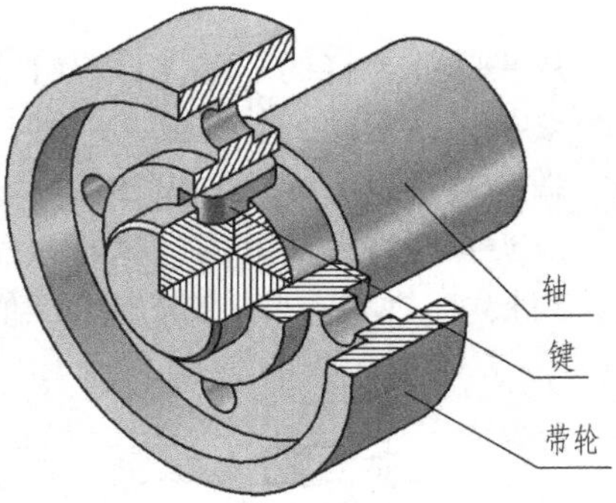

常用键的型式有普通平键、半圆键和钩头楔键，普通平键分 A 型、B 型、C 型，如图 9-27 所示。

键是标准件，表 9-6 给出了它们的型式、标记和连接画法。

键连接图采用剖视表达，当轴上采用局部剖，且剖切面沿键的纵向剖切时，键按不剖绘制；当剖切面垂直键的纵向剖切时，键应画出剖面线，见表 9-6。

图 9-26 键的作用

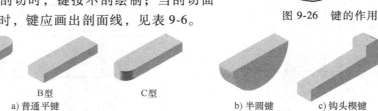

A型　B型　C型
a) 普通平键　　b) 半圆键　　c) 钩头楔键

图 9-27 常用键的型式

表 9-6 常用键的种类、型式、标记和连接画法

名称及标准	型式及主要尺寸	标记	连接画法
普通平键 A 型 GB/T 1096—2003	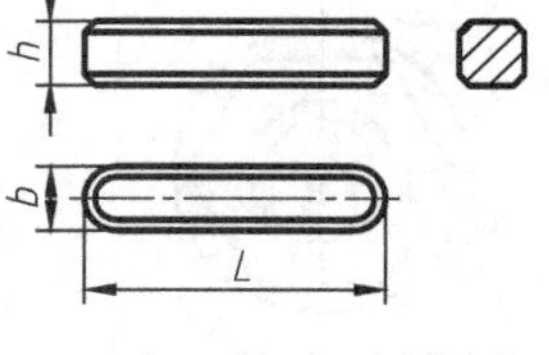	GB/T 1096 键 $b×h×L$	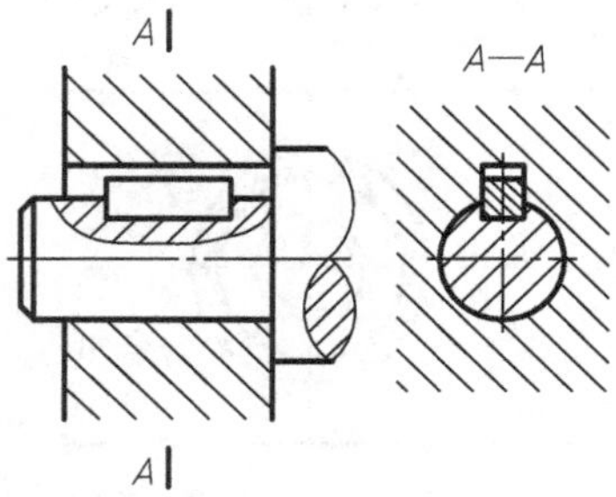

（续）

名称及标准	型式及主要尺寸	标记	连接画法
半圆键 GB/T 1099.1—2003		GB/T 1099.1 键 b×h×D	
钩头楔键 GB/T 1565—2003		GB/T 1565 键 b×L	

  轴和轮毂上键槽的画法和尺寸标注如图 9-28 所示，键和键槽尺寸根据轴的直径可在附录 C 中查得。

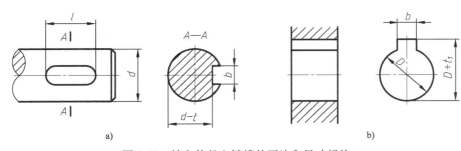

a)   b)

图 9-28　轴和轮毂上键槽的画法和尺寸标注

铣削键槽视频

9.3.2　销及其连接

  销的种类较多，通常用于零件间的连接或定位。常用的销有圆柱销、圆锥销和开口销，开口销常与槽型螺母配合使用，起防松作用。

  销是标准件。表 9-7 给出了圆柱销、圆锥销和开口销的型式、标记和连接画法。

  注意：画销连接图时，当剖切面通过销的轴线时，销按不剖绘制，轴取局部剖，如表 9-7 中的连接画法所示。

  圆锥销的公称直径是小端直径。

表 9-7　销的种类、型式、标记和连接画法

名称及标准	型式及主要尺寸	简化标记	连接画法
圆柱销 GB/T 119.2—2000	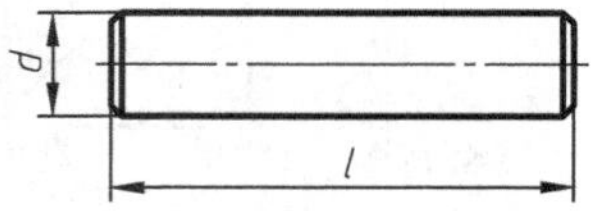	销 GB/T 119.2 $d×l$	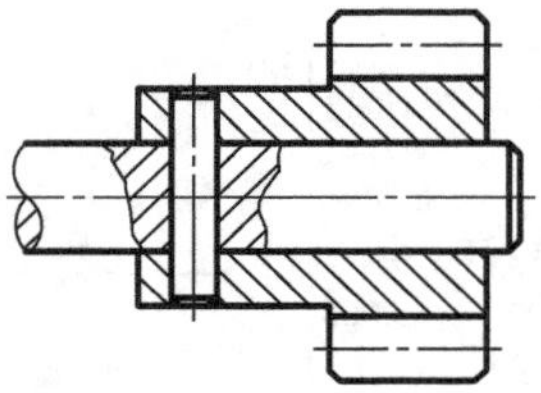
圆锥销 GB/T 117—2000	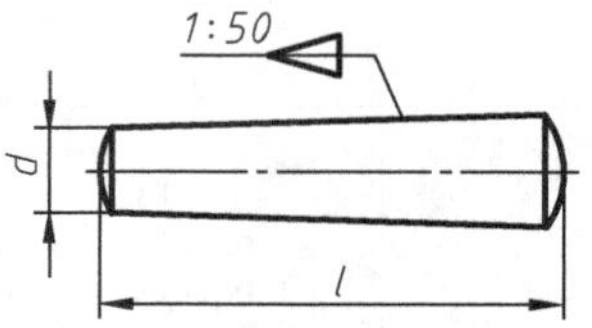 1:50	销 GB/T 117 $d×l$	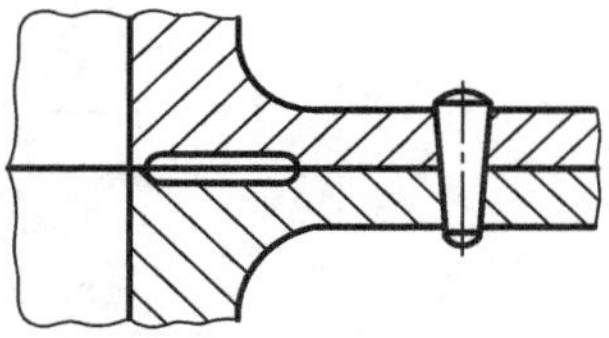
开口销 GB/T 91—2000	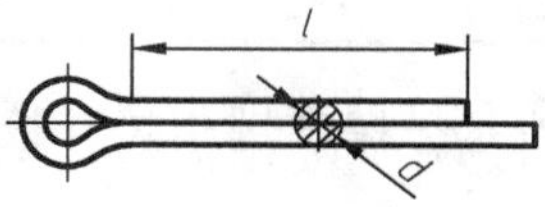	销 GB/T 91 $d×l$	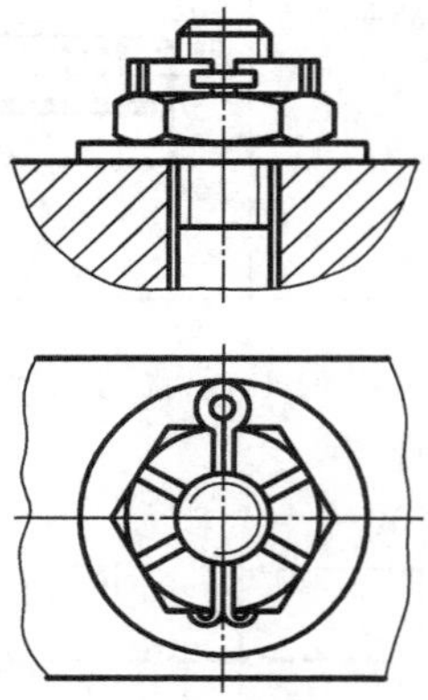

9.4　齿轮

　　齿轮是机械中常用的零件。本节介绍它们的基本知识和规定画法。

　　齿轮是机器中的传动零件，用来将主动轴的转动传送到从动轴上，以实现功率传递、变速及换向等功能。

　　按两轴的相对位置不同，齿轮可分为如下三大类。

　　圆柱齿轮：如图 9-29a 所示，用于传递两平行轴的运动。

　　锥齿轮：如图 9-29b 所示，用于传递两相交轴的运动。

　　蜗杆蜗轮：如图 9-29c 所示，用于传递两相错且垂直轴的运动。

　　齿轮上的齿称为轮齿，按轮齿方向的不同可分为直齿、斜齿、人字齿等。图 9-29a 中的圆柱齿轮就分别表示了这三种不同的轮齿方向。锥齿轮也有直齿、斜齿等型式。

　　齿形轮廓曲线有渐开线、摆线及圆弧等，通常采用渐开线齿廓。

直齿圆柱齿轮   斜齿圆柱齿轮   人字齿圆柱齿轮

a) 圆柱齿轮

b) 锥齿轮   c) 蜗杆蜗轮

图 9-29　齿轮

常见的齿轮一般包含轮齿、轮缘、轮毂、辐板（或轮辐）、轴孔和键槽六部分，如图 9-30 所示。轮齿是齿轮的主要结构，它的形状和尺寸已标准化，加工齿轮时，只需根据几个主要参数选用合适的齿轮刀具即可，因此画图时不需详细画出齿形。齿轮的画法应遵守 GB/T 4459.2—2003 中的有关规定。

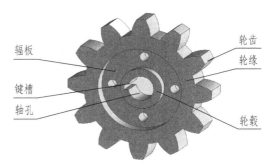

图 9-30　齿轮的结构

9.4.1　圆柱齿轮

1. 各部分的名称和尺寸关系

标准直齿圆柱齿轮各部分的名称和尺寸关系如图 9-31 所示。

（1）齿顶圆直径 d_a　通过轮齿顶部的圆周直径，相应的圆称为齿顶圆。

（2）齿根圆直径 d_f　通过轮齿根部的圆周直径，相应的圆称为齿根圆。

（3）分度圆直径 d　齿顶圆和齿根圆之间的一个圆的直径，在该圆的圆周上，齿厚（s）和槽宽（e）相等（对标准齿轮而言），该圆称为分度圆。

（4）齿距 p　分度圆上两个相邻齿对应点间的弧长，对标准齿轮，$s=e$，$p=s+e$。

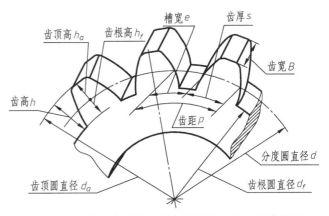

图 9-31　标准直齿圆柱齿轮各部分的名称和尺寸关系

（5）齿高 h　从齿顶到齿根的径向距离，$h=h_a+h_f$。

齿顶高 h_a：从齿顶圆到分度圆的径向距离。

289

齿根高 h_f：从分度圆到齿根圆的径向距离。

（6）模数 m　如果齿轮的齿数为 z，则有

$$d=(p/\pi)z$$

令 $p/\pi=m$，则 $d=mz$。

模数的单位是 mm，它是齿轮的重要参数。为了设计和制造方便，已将模数标准化，圆柱齿轮标准模数（GB/T 1357—2008）见表9-8。

表9-8　圆柱齿轮标准模数　　　　　　　　　　　（单位：mm）

第一系列	1 1.25 1.5 2 2.25 3 4 5 6 8 10 12 16 20 25 32 40 50
第二系列	1.125 1.375 1.75 2.25 2.75 3.5 4.5 5.5 (6.5) 7 9 11 14 18 22 28 36 45

注：应优先选用第一系列，避免选用括号内的模数。

（7）节圆（d'）　当两齿轮啮合时，如图9-32所示，在两齿轮中心的连线上，两齿廓的接触点称为节点（P）。以 O_1、O_2 为圆心，分别过节点 P 所做的两个圆称为节圆，两节圆相切，其直径分别用 d_1'、d_2' 表示。

当标准齿轮按理论位置安装时，节圆和分度圆是重合的，即

$$d_1'=d_1$$
$$d_2'=d_2$$

设计齿轮时，需先确定模数、齿数（基本参数），其他各部分尺寸均可根据模数和齿数计算求出。标准直齿圆柱齿轮的计算公式见表9-9。显然，模数 m 是反映轮齿大小的一个参数，模数越大，齿厚、齿高就越大，即轮齿越大。

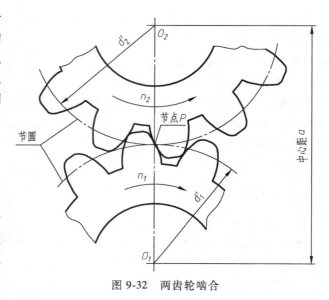

图9-32　两齿轮啮合

表9-9　标准直齿圆柱齿轮各部分计算公式

名称	代号	计算公式
模数	m	根据设计或测绘定出（应选用标准数值）
齿数	z	根据运动要求选定。z_1 为主动轮齿数，z_2 为从动轮齿数
分度圆直径	d	$d_1=mz_1$，$d_2=mz_2$
齿顶高	h_a	$h_a=m$
齿根高	h_f	$h_f=1.25m$
齿高	h	$h=2.25m$
齿顶圆直径	d_a	$d_{a1}=m(z_1+2)$，$d_{a2}=m(z_2+2)$

（续）

名称	代号	计算公式
齿根圆直径	d_f	$d_{f1}=m(z_1-2.5)$，$d_{f2}=m(z_2-2.5)$
齿距	p	$p=\pi m$
中心距	a	$a=1/2(d_1+d_2)=m/2(z_1+z_2)$
压力角	α	20°（我国规定标准齿轮的压力角 α 一般为 20°）
传动比	i	$i=n_1/n_2=d_2/d_1=z_2/z_1$ n_1 为主动齿轮的转速(r/min)，n_2 为从动齿轮的转速(r/min)

2. 圆柱齿轮的规定画法（GB/T 4459.2—2003）

（1）单个圆柱齿轮画法　表示轴孔有键槽的齿轮可采用两个视图进行表达，如图 9-33 所示。此外也可用一个视图和一个局部视图进行表达，即左视图中只画键槽口。

在这两个视图中，齿顶圆和齿顶线用粗实线绘制；分度圆和分度线用细点画线绘制；齿根圆和齿根线用细实线绘制，但也可省略不画，如图 9-33a 所示。

齿轮可采用半剖视图或全剖视图，这时，齿根线用粗实线绘制，轮齿一律按不剖处理，如图 9-33b 所示。

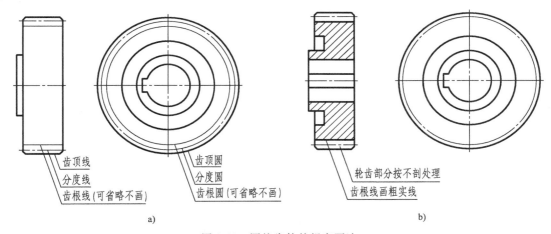

齿顶线
分度线
齿根线（可省略不画）

齿顶圆
分度圆
齿根圆（可省略不画）

轮齿部分按不剖处理
齿根线画粗实线

a)　　　　　　　　b)

图 9-33　圆柱齿轮的规定画法

如需要表示轮齿（斜齿、人字齿）的方向时，可用三条与轮齿方向一致的细实线表示，如图 9-34 所示。

图 9-35 给出了圆柱齿轮的图样格式，图形按前面所述的规定画出。

轮齿部分的三个直径尺寸，只需注出分度圆直径和齿顶圆直径。

图样中必须有参数表，一般放在图样的右上角。参数表应列出模数、齿数、压力角等基本参数，其他项目可根据需要增加。

图样中的技术要求一般放在该图样的右下角。图 9-35 未注写尺寸数字和表面粗糙度参数数值。

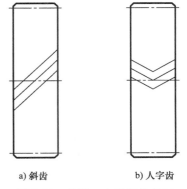

a)斜齿　　　　b)人字齿

图 9-34　斜齿、人字齿的方向

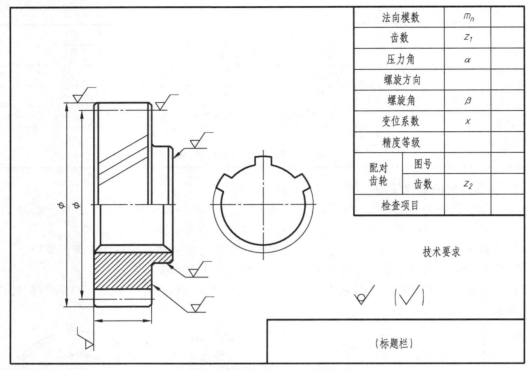

法向模数	m_n	
齿数	z_1	
压力角	α	
螺旋方向		
螺旋角	β	
变位系数	x	
精度等级		
配对齿轮	图号	
	齿数	z_2
检查项目		

技术要求

(标题栏)

图 9-35   圆柱齿轮的图样格式

（2）圆柱齿轮啮合画法   在垂直于圆柱齿轮轴线的投影面上的视图中，啮合区内的齿顶圆均用粗实线绘制，如图 9-36b 所示，其省略画法如图 9-36c 所示。

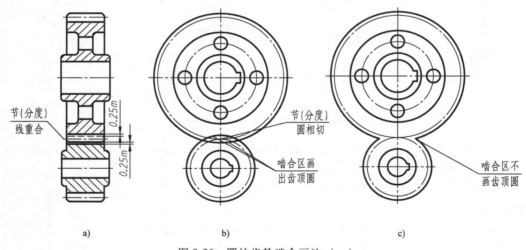

图 9-36   圆柱齿轮啮合画法（一）

在平行于齿轮轴线的投影面上的外形视图中，啮合区只用粗实线画出节线，齿顶线和齿根线均不画。在两齿轮其他处的节线仍用细点画线绘制，如图 9-37a 所示。如需表示轮齿的方向，画法与单个齿轮相同，如图 9-37b、c 所示。

画剖视图时，若剖切面通过两啮合齿轮的轴线，规定在啮合区内将一个齿轮的轮齿用粗实线绘制；另一个齿轮被遮挡的齿顶线用细虚线绘制，也可省略不画；两齿轮的节线重合，用细点画线绘制，如图 9-36a 所示。当剖切面不通过轴线时，按不剖绘制。

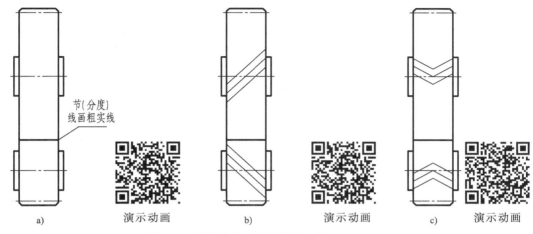

a)　演示动画　　　　　　　　b)　演示动画　　　　　　　　c)　演示动画

图 9-37　圆柱齿轮啮合画法（二）

9.4.2　锥齿轮

锥齿轮用于两相交轴之间的传动，以两轴相交成直角的锥齿轮传动应用最广泛。锥齿轮各部分名称和尺寸关系如图 9-38 所示。由于锥齿轮的轮齿位于锥面上，因此轮齿的齿厚从大端到小端逐渐变小，模数和分度圆也随之变化。为了便于设计和制造，规定几何尺寸的计算以大端为准，因此以大端模数为标准模数来计算大端轮齿的各部分尺寸。

在画单个锥齿轮时，可用一个视图，如图 9-38 所示；也可用一个视图和一个局部视图。

锥齿轮啮合图如图 9-39 所示，两齿轮的轴线垂直相交，两齿轮分度圆锥面相切，锥顶交于一点。啮合区的画法与两圆柱齿轮啮合画法相同。

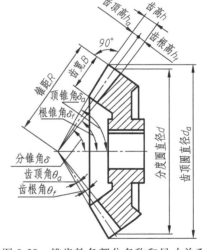

图 9-38　锥齿轮各部分名称和尺寸关系

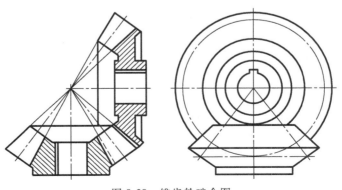

图 9-39　锥齿轮啮合图

9.4.3 蜗杆蜗轮

蜗杆蜗轮用来传递空间交叉两轴间的回转运动，最常见的情况是两轴交叉成直角。工作时，蜗杆为主动件，蜗轮为从动件。蜗杆的齿数 z_1 称为头数，相当于螺纹的线数。

蜗杆常用单头或双头，蜗杆旋转一周，蜗轮只转过一个齿或两个齿。因此，采用蜗杆蜗轮传动时，可得到较大的传动比（$i = z_2/z_1$，z_2 为蜗轮齿数）。一般对圆柱齿轮或锥齿轮而言，传动比越大，齿轮所占的空间也就相对增大，而蜗杆蜗轮没有这个缺点，因此被广泛地应用于传动比较大的机械传动中。蜗杆蜗轮传动的缺点是摩擦大、发热多、效率低。

一对啮合的蜗杆和蜗轮，必须有相同的模数和齿形角。规定在通过蜗杆轴线并垂直于蜗轮轴线的主平面内，蜗杆、蜗轮的模数、齿形角为标准值。蜗轮的齿形主要取决于蜗杆的齿形，蜗轮一般是用形状和尺寸与蜗杆相同的蜗轮滚刀来加工的。

蜗杆的各部分名称和尺寸关系如图 9-40 所示。画图时，注意用细点画线画出分度线，根据需要，可画出轴向和法向齿形的局部放大图。

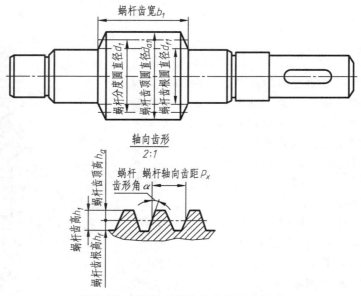

图 9-40　蜗杆的各部分名称和尺寸关系

蜗轮的各部分名称和尺寸关系如图 9-41 所法。蜗轮一般用两个视图表示，也可用一个视图及一个局部视图表示。蜗轮的齿顶加工成凹圆弧形（半径为 R_{a2}），以增加与蜗杆的接触面积，同样齿根部分也相应地下凹，喉圆和分度圆的直径规定在过蜗杆轴线并垂直蜗轮轴线的主平面内。此外，还有一个最大的圆称为蜗轮齿顶圆，其直径以 d_{e2} 表示。

在与蜗杆轴线垂直的投影面上所得的视图中，蜗轮被蜗杆遮住的部分不必画出，如图 9-42 中的主视图所示；当改用剖视图表示时，在啮合区中，蜗杆齿顶圆用粗实线绘制，蜗轮的齿顶圆用细虚线绘制或省略不画，如图 9-42 中的主视图所示。

在与蜗杆轴线平行的投影面上所得的视图中，啮合区只画蜗轮齿顶圆和蜗杆齿顶线，节圆与节线相切，如图 9-42 中的左视图所示；而用局部剖视图表示时，啮合区的画法如图 9-43 中的左视图所示。

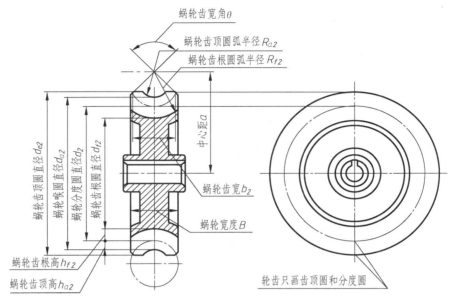

图 9-41 蜗轮的各部分名称和尺寸关系

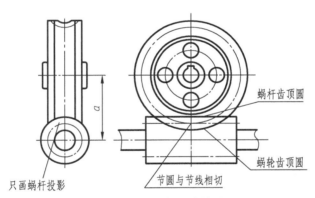

图 9-42 蜗杆蜗轮啮合外形图

295

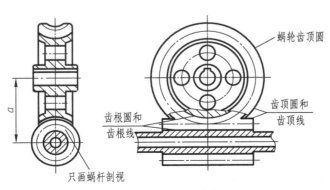

图 9-43 蜗杆蜗轮啮合剖视图

9.5 滚动轴承

滚动轴承是一种支承旋转轴的组件。由于其具有摩擦力小、结构紧凑等优点，已被广泛采用。滚动轴承也是一种标准件。

1. 滚动轴承的结构、分类和代号

滚动轴承的种类很多，但结构大体相同，一般是由外圈、内圈、滚动体和保持架组成，如图 9-44 所示。滚动轴承的外圈装在机座的轴孔内，内圈套在轴上，在大多数情况下，外圈固定不动而内圈随轴转动。

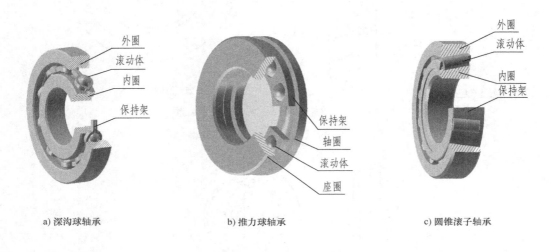

a) 深沟球轴承   b) 推力球轴承   c) 圆锥滚子轴承

图 9-44　滚动轴承

滚动轴承的结构型式、特点、承载能力、类型和内径尺寸等均采用代号来表示。轴承代号由基本代号、前置代号和后置代号构成，其排列如下：

前置代号	基本代号	后置代号

基本代号是轴承代号的基础，前置、后置代号是补充代号。其含义和标注见 GB/T 272—2017。

基本代号由轴承类型代号、尺寸系列代号和内径代号构成。轴承类型代号用数字或字母表示，"0"表示双列角接触球轴承，并且省略不写；"1"表示调心球轴承，有时也可省略；"2"表示调心滚子轴承和推力调心滚子轴承；"3"表示圆锥滚子轴承；"4"表示双列深沟球轴承；"5"表示推力球轴承；"6"表示深沟球轴承；"7"表示角接触球轴承；"8"表示推力圆柱滚子轴承；"N"表示圆柱滚子轴承；"NN"表示双列或多列圆柱滚子轴承；"U"表示外球面球轴承；"QJ"表示四点接触球轴承。尺寸系列代号由轴承的宽（高）度系列代号和直径系列代号组合而成。内径代号见表 9-10。

表 9-10　滚动轴承的内径代号

轴承公称内径/mm		内径代号	示例
10~17	10	00	深沟球轴承 6200:表示公称直径 $d=10$mm
	12	01	调心球轴承 1201:表示公称直径 $d=12$mm
	15	02	圆柱滚子轴承 NU202:表示公称直径 $d=15$mm
	17	03	推力球轴承 51103:表示公称直径 $d=17$mm
20~480(22,28,32 除外)		公称直径除以 5 的商数,当商数为个位数,需在商数左边加"0"	调心滚子轴承 22308:表示公称直径 $d=40$mm 圆柱滚子轴承 NU1096:表示公称直径 $d=480$mm
22,28,32		用公称直径毫米数直接表示,但在与尺寸系列之间用"/"分开	调心滚子轴承 230/500:表示公称直径 $d=500$mm 深沟球轴承 62/22:表示公称直径 $d=22$mm

【例 9-1】 写出深沟球轴承 6206 的含义及规定标记。

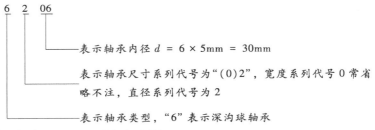

规定标记:滚动轴承 6206　GB/T 276—2013

【例 9-2】 写出推力圆柱滚子轴承 81107 的含义及规定标记。

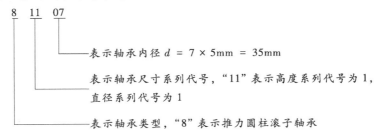

规定标记:滚动轴承 81107　GB/T 4663—2017

2. 滚动轴承的画法（GB/T 4459.7—2017）

滚动轴承是标准件,不需画零件图。在画装配图时,可根据国家标准所规定的简化画法或示意画法表示。画图时,应先根据轴承代号由国家标准中查出轴承的外径 D、内径 d、宽度 B 等几个主要尺寸,然后,将其他部分按其尺寸与主要尺寸的比例关系画出。

在装配图中,一般采用简化画法（含通用画法和特征画法）及规定画法。常用滚动轴承的规定画法和简化画法见表 9-11。

表 9-11　常用滚动轴承的规定画法和简化画法

类型	规定画法 （下部采用了通用画法）	简化画法	
		特征画法	通用画法
深沟球轴承			
推力球轴承			当不需要确切地表示外形轮廓、载荷特征、结构特征时
圆锥滚子轴承			

9.6 弹簧

9.6.1 弹簧的用途和类型

弹簧是一种能储存能量的零件，可用来减振、夹紧、储能和测量等。

弹簧的种类很多，常见的弹簧有螺旋弹簧、涡卷弹簧、板弹簧、碟形弹簧等，分别如图 9-45 ~ 图 9-48 所示。

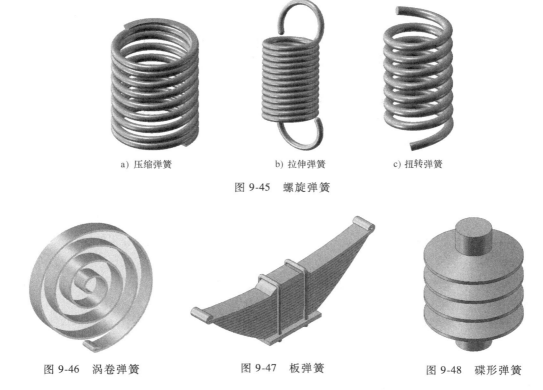

a) 压缩弹簧   b) 拉伸弹簧   c) 扭转弹簧

图 9-45   螺旋弹簧

图 9-46   涡卷弹簧   图 9-47   板弹簧   图 9-48   碟形弹簧

根据外形不同，螺旋弹簧分为圆柱螺旋弹簧和截锥螺旋弹簧。而根据工作时承受外力的不同，螺旋弹簧还可分为压缩弹簧、拉伸弹簧和扭转弹簧，如图 9-45 所示。

弹簧虽不是标准件，但与其相关的某些内容也有标准，如圆柱螺旋压缩弹簧的端部结构及代号、尺寸系列、技术要求，以及画法和图样示例等均有标准。本节重点介绍应用最广的圆柱螺旋压缩弹簧的画法。

9.6.2 圆柱螺旋压缩弹簧的术语和尺寸关系 （GB/T 2089—2009）

圆柱螺旋压缩弹簧由钢丝绕成，一般将两端圈并紧后磨平，使其端面与轴线垂直，便于支承。圆柱螺旋压缩弹簧的形状和尺寸如图 9-49 所示。

（1）材料直径 d 制造弹簧的材料的直径。

（2）弹簧外径 D_2 弹簧的最大直径。

（3）弹簧内径 D_1　弹簧的最小直径，$D_1 = D_2 - 2d$。

（4）弹簧中径 D　弹簧外径和内径的平均值，$D = (D_1 + D_2)/2 = D_2 - d = D_1 + d$。

（5）节距 t　相邻两有效圈上对应点间的轴向距离。

（6）有效圈数 n　弹簧中参加弹性变形进行有效工作的圈数。

（7）支承圈数 n_2　并紧磨平的若干圈不产生弹性变形，称为支承圈，支承圈圈数 n_2 一般有 1.5、2、2.5 三种。

（8）总圈数 n_1　支承圈数和有效圈数之和，$n_1 = n + n_2$。

（9）自由高度 H_0　弹簧并紧磨平后在不受外力情况下的全部高度，称为自由高度。支

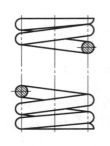
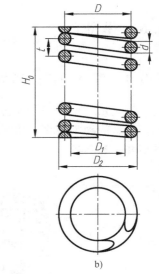
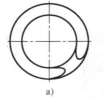

图 9-49　圆柱螺旋压缩弹簧的形状和尺寸

承圈为 2.5 时，$H_0 = nt + 2d$；支承圈为 2 时，$H_0 = nt + 1.5d$；支承圈为 1.5 时，$H_0 = nt + d$。

（10）旋向　分右旋和左旋，常用右旋。

（11）展开长度 L　弹簧展开后的弹簧丝全长或弹簧坯料的长度。

9.6.3　弹簧的规定画法（GB/T 4459.4—2003）

已知一圆柱螺旋压缩弹簧的 H_0、d、D_2、n_1、n_2，其画图步骤如图 9-50 所示。关于弹簧的画法，具体有如下规定。

1）螺旋弹簧在平行于轴线的投影面上所得的图形可画成视图，如图 9-49a 所示，也可画成剖视图，如图 9-49b 所示，其各圈的轮廓线应画成直线。

2）螺旋弹簧均可画成右旋，但对左旋的螺旋弹簧，无论画成左旋或右旋，一律要注出旋向"左"字。

3）螺旋弹簧的有效圈数多于四圈时，中间各圈可省略不画，如图 9-50 所示。当中间各圈省略后，可适当缩短弹簧的长度，并将两端用细点画线连起来。

4）弹簧画法实际上只起一个符号的作用，因此无论支承圈的圈数多少和并紧情况如何，均按图 9-50 所示形式绘制（支承圈有 2.5 圈）。

必要时也可按支承圈的实际结构绘制。

5）在装配图中，被弹簧遮挡的结构一般不画出，可见部分应从弹簧的外轮廓线或从弹簧丝剖面的中心线画起，如图 9-51a 所示。

当弹簧被剖切时，剖面直径或厚度在图形上小于或等于 2mm，也可用涂黑表示，如图 9-51b 所示。但如果弹簧内部还有零件，为了便于表达，则可按图 9-51c 所示的示意图形式绘制。

圆柱螺旋压缩弹簧的零件图如图 9-52 所示。其图形一般采用两个或一个视图表示。弹簧的参数应直接标注在图形上，当直接标注有困难时，可在"技术要求"中说明；当需要表明弹簧的力学性能时，必须用图解表示。图 9-52 中直角三角形的斜边反映外力与弹簧变

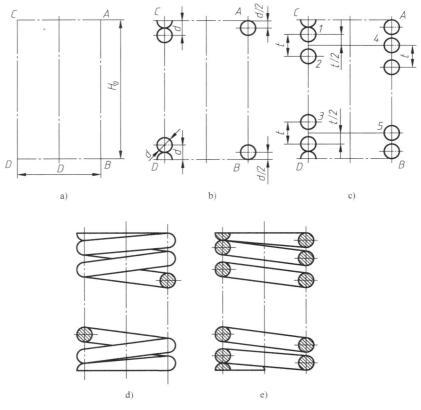

图 9-50　圆柱螺旋压缩弹簧画图步骤

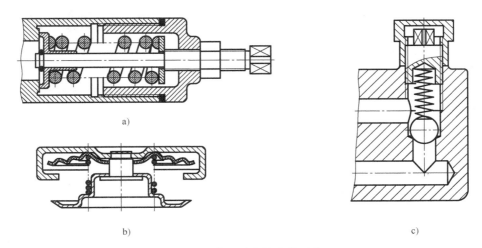

图 9-51　装配图中的弹簧画法

形之间的关系，F_1、F_2 为工作载荷，F_j 为工作极限载荷，f_1、f_2 为变形量，f_j 为极限载荷下的变形量。

301

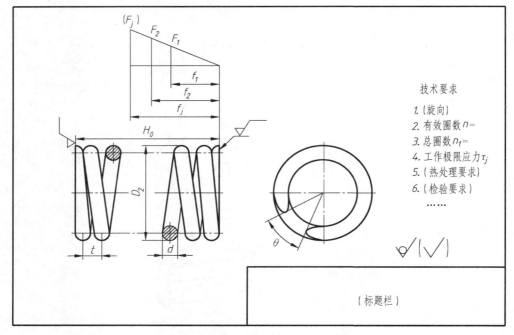

图 9-52　圆柱螺旋压缩弹簧的零件图

9.7　Inventor 中标准件的调用和常用件的创建及装配

Inventor 的资源中心中有大量标准件，可通过选择标准代号和输入规格尺寸直接调用，无需自己建模。常用件可利用"设计加速器"进行创建。可在"部件"环境下完成装配。

9.7.1　从资源中心调用标准件

调用标准件必须在部件环境下启动标准件"库"，再选择需要的标准代号和规格尺寸即可。以调用螺钉为例简述标准件的调用步骤，其他标准件的调用操作与此类似。

1. 进入"部件"环境

在启用指定项目后，单击"新建"按钮，在弹出的"新建文件"对话框中选中"Metric"（米制）文件夹中的"standard（mm）.iam"部件模板，在对话框的右侧可见其单位为"毫米"，如图 9-53 所示。单击"创建"按钮，而后即进入部件环境，如图 9-54 所示。

图 9-53　选择部件模板

2. 从资源中心调用标准件

若想调用一个标记为"螺钉 GB/T 65 M10×30"的螺钉，首先在操作指令栏的"装配"选项卡中，单击展开"放置"下拉列表，选择"从资源中心装入"选项，如图 9-54 所示。弹出的"从资源中心放置"对话框如图 9-55a 所示，从中选择所需的标准件"螺钉 GB/T 65—2000"（螺钉在"螺栓"下的"开槽和内六角圆柱"子文件夹中）。为便于查找，可在"查看"菜单中将查看方式切换为"详细列表"，如图 9-55b 所示，单击"确定"按钮。

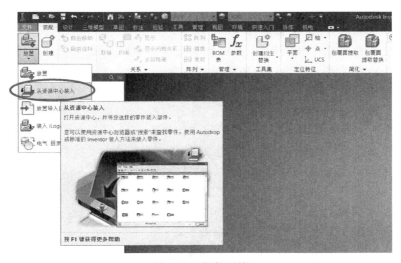

图 9-54 部件环境

a) 缩略图显示   b) 详细列表显示

图 9-55 从资源中心选择螺钉

3. 选择标准件规格尺寸

选择标准件规格尺寸的操作可分为无其他零件和已有其他零件两种情况。

（1）当前部件环境下无其他零件 在这种情况下，在图形窗口空白处单击鼠标左键，弹出的标准件参数设置对话框如图 9-56 所示，可在其中选择规格尺寸"M10"和公称长度"30"（还可选择"作为自定义"单选项），选择完单击"确定"按钮。图形窗口将显示螺钉的预览，拖动鼠标到合适的位置，单击左键即可完成一个螺钉的创建。可连续单击鼠标左键继续创建螺钉，也可单击鼠标右键，螺钉上将出现如图 9-57a 所示提示，单击"确定"按钮结束本次调用（单击"确定"按钮的位置不生成零件）。

（2）当前部件环境下已有零件存在　在这种情况下，系统会根据孔的直径和零件厚度自适应地生成规格尺寸，此时，有两种放置标准件的方式。

1）若在图形窗口空白处单击鼠标左键，则弹出标准件参数设置对话框，如图 9-56 所示。后续步骤同上。

2）若选中零件的孔，系统会弹出图 9-57b 所示提示，即根据感应到的孔口位置实时显示安装状态。提示框给了如图 9-58 所示的 4 种选择：如果尺寸不合适，则可单击图 9-58a 所示"更改尺寸"按钮，系统会弹出图 9-56 所示对话框，设置规格尺寸后单击"确定"按钮完成调用和装配；如果单击如图 9-58b 所示"螺栓联接"按钮，系统会弹出"螺栓联接零部件生成器"，下文将以例题的形式详述进一步操作；如果尺寸合适，则可单击如图 9-58c 所示"应用"按钮，完成当前插入后继续进行下一次插入；也可单击图 9-58d 所示"放置"按钮，系统会在完成当前插入后停止插入零件。

图 9-56　选择螺钉规格尺寸

a) 放置在图形窗口空白处

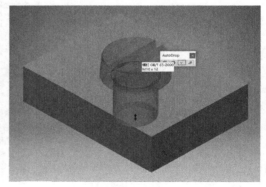

b) 放置在零件孔口处

图 9-57　放置螺钉

9.7.2　利用设计加速器创建齿轮、轴及紧固件装配

Inventor 设计加速器提供一组生成器和计算器，在输入简单或详细的机械属性或参数后，系统会自动创建符合机械原理的零部件。例如，可以使用"动力传动"设计加速器设计齿轮、轴等；可以在选择零件或孔后，使用螺栓连接生成器插入螺栓。在此需要注意的是，在开始使用任何生成器或计算器之前，必须先保存部件。

在部件环境中开启设计加速器，需选择"设计"选项卡，如图 9-59 所示。其主要包括"紧固""结构件""动力传动""弹簧" 4 个面板，下面通过实例简述"紧固"和"动力传动"设计加速器的功能。

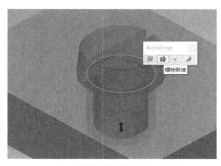

a)"更改尺寸"按钮　　　　　　　b)"螺栓联接"按钮

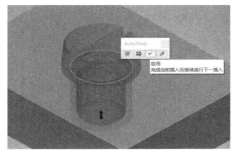
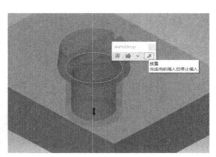

c)"应用"按钮　　　　　　　d)"放置"按钮

图 9-58　放置标准件的 4 种选择

图 9-59　"设计"选项卡

【例 9-3】 利用设计加速器生成一组螺钉连接组件。

操作步骤：

（1）进入部件环境　新建名称为"螺钉联接"的项目，并使其为激活状态。选中"Metric"（米制）文件夹中的"standard（mm）.iam"部件模板，如图 9-53 所示，进入部件环境。

（2）装入被连接件

1）装入已创建的上板零件。在"装配"选项卡依次选择"放置"→"放置"命令，如图 9-60 所示。系统弹出"装入零部件"对话框，选择已创建的 40mm×30mm×

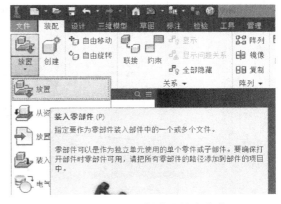

图 9-60　装入已创建的被连接件

10mm 的"上板"零件，单击"打开"按钮。

2）在位创建 40mm×30mm×35mm 的下板零件。单击"装配"选项卡上的"创建"按钮，如图 9-61a 所示。系统弹出"创建在位零部件"对话框，如图 9-61b 所示，命名新零件为"下板"，单击"确定"按钮，即进入草图环境。在上板零件的底面创建二维草图，并对底面各边使用"投影几何图元"命令，完成后单击"完成草图"按钮。拉伸 35mm，如图 9-61c 所示，单击"确定"按钮完成创建，再单击"返回"按钮回到部件环境。

a) 在位创建零件　　　　b)"创建在位零部件"对话框　　　　c) 在位拉伸下板

图 9-61　在位创建下板

（3）利用"螺栓联接"设计加速器创建螺钉连接组件

1）在"设计"选项卡上单击"螺栓联接"按钮，如图 9-62a 所示，接着在弹出的"设计加速器"对话框中单击"确定"按钮，以在创建设计加速器零部件之前保存部件文档，如图 9-62b 所示。确定后可为该组部件命名为"螺钉联接"，单击"保存"按钮后系统弹出"螺栓联接零部件生成器"对话框。将孔"类型"选择为"盲孔联接类型"；在"放置"选项组中选择默认的"线性"方式；在"起始平面""线性边 1""线性边 2"依次高亮显示时，在上板中依次选择上表面、与第一条边相距 20mm 位置、与第二条边相距 15mm 位置；当"盲孔起始平面"高亮显示时，选择下板的上表面；然后选择标准米制螺纹"GB Metric profile"，并选择螺纹直径为"10mm"，此时 Inventor 系统自动计算出被连接件孔的推荐值，如图 9-62a 所示。

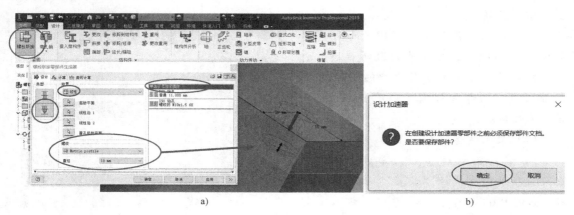

a)　　　　　　　　　　　　　　　　b)

图 9-62　利用"螺栓联接零部件生成器"创建连接孔

2）单击"单击以添加紧固件"按钮，如图 9-62a 所示，系统会弹出从资源中心加载的螺栓标准件，选择"标准"为"GB"，"类别"为"螺栓"，再选择所需的"螺钉 GB/T 65—2000"，如图 9-63a 所示，系统会给出螺栓的公称尺寸"M10×25"，如图 9-63b 所示，最后单击"确定"按钮完成螺钉连接组件的创建。

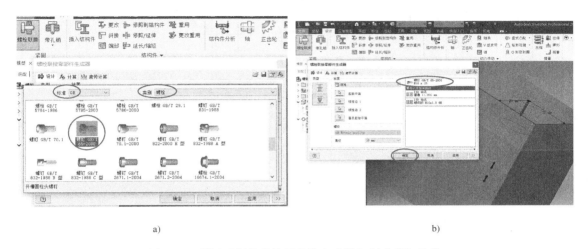

a)   b)

图 9-63   利用"螺栓联接零部件生成器"创建螺钉连接

说明：如果是螺栓连接，孔"类型"要选择"贯通联接类型" ▥，"终止平面"选择下板的另一侧表面，并要在单击"单击以添加紧固件"按钮后，分别添加螺栓、垫圈、螺母，如图 9-64a 所示，单击"确定"按钮，完成螺栓连接组件的创建，如图 9-64b 所示。

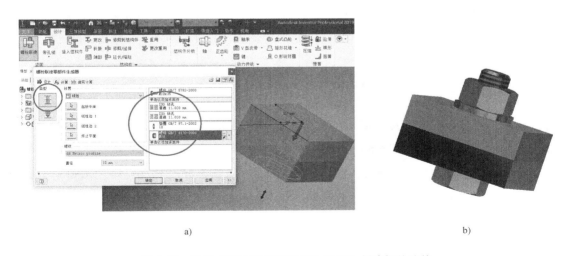

a)   b)

图 9-64   利用"螺栓联接零部件生成器"创建螺栓连接

【例 9-4】 利用设计加速器生成如图 9-65 所示的轴。

307

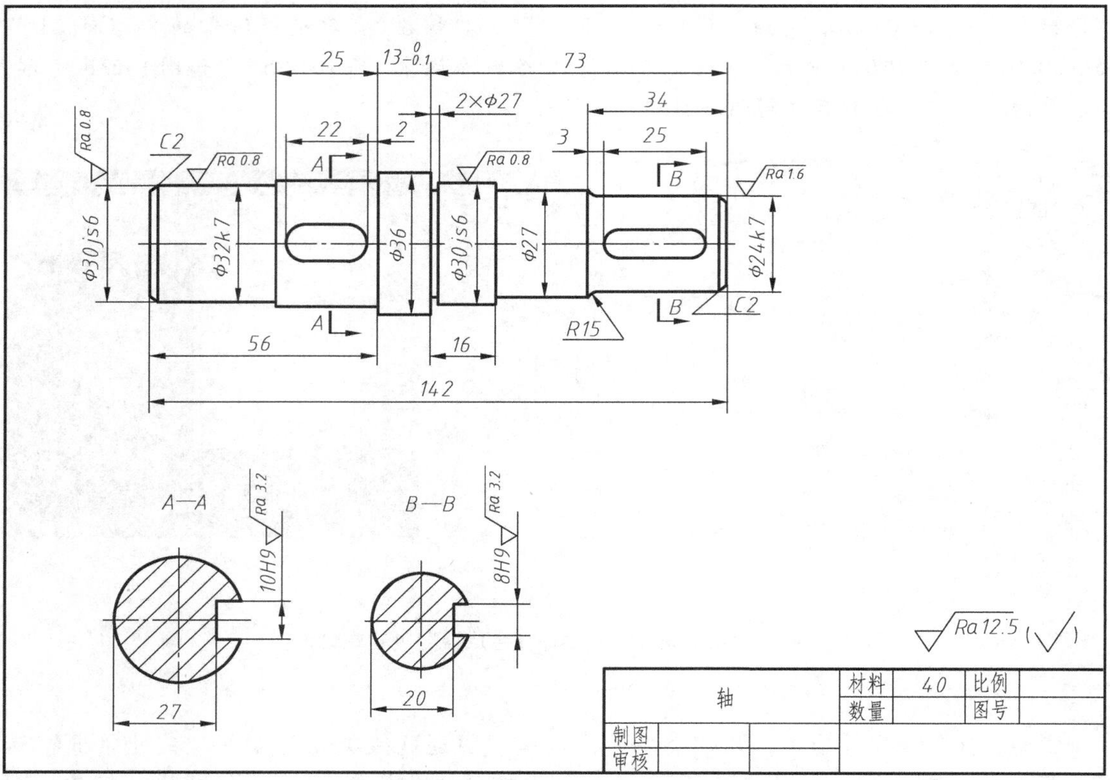

图 9-65　轴零件图

操作步骤：

（1）进入部件环境　新建名称为"轴系"的项目，并使其为激活状态。选中"Metric"（米制）文件夹中的"standard（mm）．iam"部件模板（图9-53），进入部件环境。

（2）利用"轴"设计加速器创建轴　在"设计"选项卡上单击"轴"按钮，如图9-66a所示，接着在弹出的"设计加速器"对话框中单击"确定"按钮，以在创建设计加速器零部件之前保存部件文档，如图9-62b所示。然后为该组部件命名为"轴系"，单击"确定"按钮后系统弹出"轴生成器"对话框，如图9-66a所示。

（3）利用"轴生成器"创建轴段并编辑相关特征

1）初始创建时已有4段轴段，可根据要创建的轴段数和轴段特征，在"截面"列表框右侧单击"插入圆柱""圆锥""多边形轴段"按钮进行创建，如图9-66b所示；也可在多余轴段截面树右侧单击"删除"按钮 ❌ 删除该轴段，如图9-66a所示。本例中可再添加2段圆柱截面轴段，共6段轴段。

2）编辑轴段的截面类型。轴段的截面类型有圆柱、圆锥和多边形3种，可单击"截面类型"右侧的三角按钮 ▾ 改变截面类型，如图9-67a所示。若单击选择"圆柱"选项，则可在弹出的"圆柱体"对话框中修改尺寸，如图9-67b所示。

a)   b)

图 9-66   "轴生成器"对话框

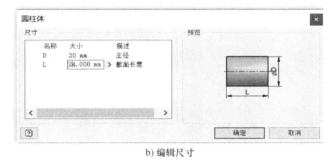

a) 截面类型   b) 编辑尺寸

图 9-67   利用"轴生成器"编辑截面特征

3）编辑轴段的左、右端面特征。按照"端部特征"和"非端部特征"有不同的选项。"端部特征" ▲ ◣ 指轴的两端特征和大轴径轴段的两端特征，可选特征如图 9-68a 所示。"非端部特征" ⊟ 指轴径小的连接轴段的特征。对于这两类特征，系统都会自动判断并推荐显示，因此建议先设好各轴段直径尺寸后再添加端面特征。

可单击特征按钮右侧的三角按钮 ▾ 选择特征，系统会弹出相应的修改尺寸对话框。例如，选择"倒角"特征，如图 9-68a 所示，则可在图 9-68b 所示"倒角"对话框中修改倒角尺寸；选择"圆角"特征，如图 9-68c 所示，则可在图 9-68d 所示"圆角"对话框中修改尺寸；如果选择"螺纹"特征，如图 9-68a 所示，则可在图 9-68e 所示"螺纹"对话框中修改尺寸，选择 GB 米制的螺纹，系统会根据轴径自动给出推荐值，若需修改，则可单击相应参数进行输入或选择。

4）添加轴段的截面特征。根据截面类型不同，可用截面会有所不同，供选择的截面特征如图 9-69a 所示。例如，当选择"添加键槽"选项时，系统会根据轴径自动显示一个推荐键槽，单击键槽参数后面的 ⋯ 按钮，系统会弹出"键槽"对话框，选择需要的键"GB/T 1096—2003—A"，本例中第二轴段要选择距"从第二条边测量"的位置确定方式，修改"x

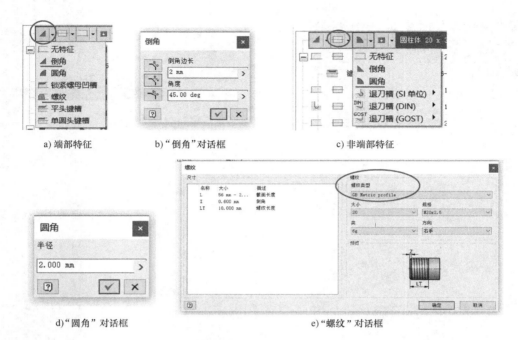

a) 端部特征   b)"倒角"对话框   c) 非端部特征

d)"圆角"对话框   e)"螺纹"对话框

图 9-68　利用"轴生成器"编辑端面特征

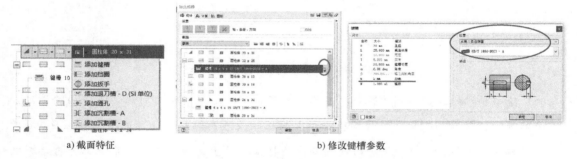

a) 截面特征   b) 修改键槽参数

图 9-69　利用"轴生成器"添加键槽

为 2mm",如图 9-69b 所示,还可根据需要修改键槽长度 L 等相应参数。

(4) 修改、完成轴的创建　参照图 9-65 所示零件图修改各截面特征参数,单击"确定"按钮,完成设计加速器生成的轴,如图 9-70b 所示。若需修改,可在"模型"浏览器中选择"轴" 　　,单击鼠标右键,在弹出的快捷菜单中选择"使用设计加速器进行编辑"选项,如图 9-70a 所示,重新打开"轴生成器"对话框进行编辑和修改。若轴上还有其他结构是设计加速器无法完成的,则要进入到零件环境继续进行细节的创建和修改,直至完成轴的创建。

【例 9-5】　利用设计加速器生成直齿圆柱齿轮。已知设计参数:模数 $m = 2$mm,中心距 $a = 70$mm,主动轮齿数 $z_1 = 17$,齿宽 $B = 34$mm,从动轮齿数 $z_2 = 53$,齿宽 $B = 26$mm。

 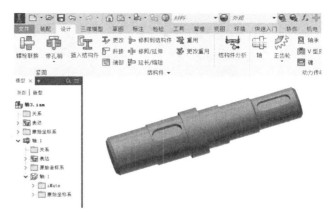

a) "使用设计加速器进行编辑"选项   b) 利用设计加速器生成的轴

图 9-70   轴的编辑与创建结果

操作步骤:

1) 设计加速器中的齿轮零部件设计主要包括正齿轮生成器、蜗轮生成器和锥齿轮生成器三种,如图 9-71 所示。在"设计"选项卡上单击"正齿轮"按钮,首先要保存部件文档,单击"确定"按钮后可为该组部件命名为"齿轮啮合",单击"确定"按钮后系统会弹出"正齿轮零部件生成器"对话框,如图 9-72a 所示。

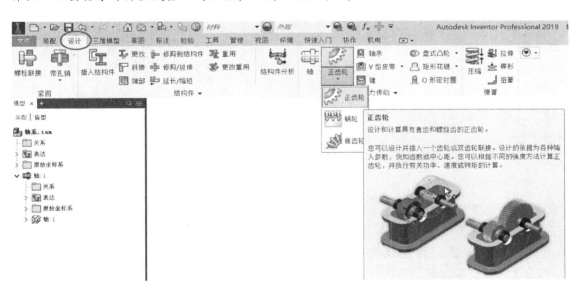

图 9-71   齿轮设计加速器

2) 通过切换"设计向导"下拉列表中的选项,如图 9-72b 所示,可以输入各参数值,如图 9-72a 所示。设置完成后单击"计算"按钮,直到得到结果,单击"确定"按钮,得到一组啮合的齿轮,如图 9-72c 所示。

3) 双击大齿轮,进入零件设计环境,通过"创建二维草图"(草图尺寸参见图 9-73a)和"拉伸"命令,完成轴孔和键槽的创建,如图 9-73 所示。

a)"正齿轮零部件生成器"对话框

b)"设计向导"下拉列表

c)设计加速器生成的正齿轮

图 9-72　利用"正齿轮零部件生成器"创建齿轮

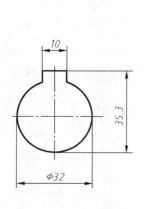

a)轴孔和键槽尺寸

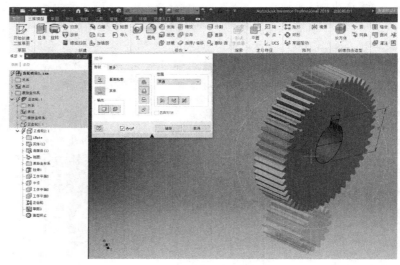

b)拉伸创建轴孔和键槽

图 9-73　大齿轮轴孔和键槽的创建

9.7.3　轴承和键的调用及轴系装配

1. 进入部件环境

双击"轴系"项目文件，打开 Inventor 部件环境。

2. 放置自创零件

利用"放置"命令放置例 9-4 生成的轴和例 9-5 生成的带有轴孔和键槽的大齿轮及套筒（自行创建，尺寸参见图 9-74a），可单击单个零件"自由移动"和"自由旋转"按钮后调整各零件之间的位置，如图 9-74b 所示。

3. 调用键

单击展开"放置"下拉列表，选择"从资源中心装入"选项。在弹出的"从资源中心

a) 套筒尺寸

b) 放置轴、大齿轮和套筒

图 9-74　放置自创零件

放置"对话框中，在"类别视图"窗口中依次单击展开"轴用零件"→"键"→"键-机制"→"圆形"文件夹，接着在右侧的"圆形"文件夹窗口中选择"GB/T 1096—2003—A"型键，如图 9-75a 所示，单击"确定"按钮。弹出的键参数对话框如图 9-75b 所示，在其中选择"轴径"为"30-38"，"宽度×高度"为"10×8"，"平键公称长度"为"22"，选择"作为自定义"单选项再单击"确定"按钮，可将该键保存在项目文件夹中作为一个普通零件使用。在适当位置放置键的模型后，单击鼠标右键，再单击"确定"按钮，即完成调用。

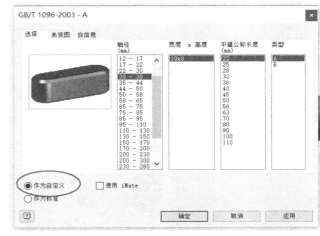

a)"从资源中心放置"对话框

b) 键参数对话框

图 9-75　调用键

4. 调用轴承

单击展开"放置"下拉列表，选择"从资源中心装入"选项。在弹出的"从资源中心放置"对话框中，在"类别视图"窗口中依次单击展开"轴用零件"→"轴承"→"球轴承"→"深沟球轴承"文件夹，接着在右侧的"深沟球轴承"文件夹窗口中选择"滚动轴承GB/T 276—1994 60000 和 160000 型"轴承，如图 9-76a 所示，单击"确定"按钮则系统弹出轴承参数对话框，如图 9-76b 所示。选择"尺寸规格"为"6206"，再选择"作为自定义"单选项，单击"确定"按钮后将该轴承保存在项目文件夹中作为一个普通零件使用。在合适位置连续 2 次单击指定位置后，单击鼠标右键，再单击"确定"按钮完成调用，如图 9-77 所示。可单击 [图] 按钮激活"自由动态观察"状态，再用鼠标拖动键零件，使零件处于便于添加约束的位置。

a)"从资源中心放置"对话框

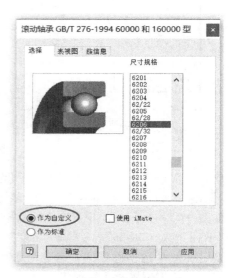

b)轴承参数对话框

图 9-76　调用轴承

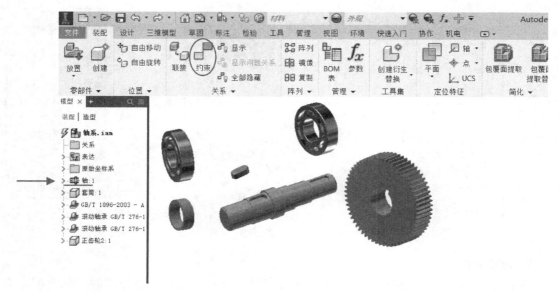

图 9-77　完成键和轴承调用

5. 键与轴的装配

（1）确定固定件　一个装配实体中至少要有一个基础零件被固定。若要解除某一零件的固定状态或要固定某一零件，可在模型浏览器中用鼠标右键单击该零件的名称，在弹出的快捷菜单中选择或取消选择"固定"选项。本例中，设置"轴：1"为固定件，如图 9-77 所示。

（2）为键零件添加约束

1）在"装配"选项卡中单击"约束"按钮，如图 9-77 所示，则系统弹出"放置约束"对话框，并默认生成"配合"约束类型，如图 9-78a 所示。系统自动提示选择相互配合的面，依次单击键的底面和键槽底面，如图 9-78b 所示。

注意：箭头垂直于面，即选择"面法向"。单击对话框中的"应用"按钮，两面自动生成相对配合，如图 9-78c 所示。

a)"放置约束"对话框　　　　　b) 选择要添加约束的表面　　　　c) 两表面相对

图 9-78　添加两表面的配合约束

2）单击"视图"选项卡中的"自由度"按钮，键零件上显示出键的自由度符号，如图 9-79a 所示，可见键还有 3 个自由度。可用鼠标拖动键零件观察。

3）在"装配"选项卡中单击"约束"按钮，在弹出的"放置约束"对话框中选择"配合"约束，分别单击键的头部半圆柱面和键槽的半圆柱孔面（可以看到模型上出现轴线），如图 9-79b 所示。单击后"放置约束"对话框如图 9-79c 所示，根据箭头方向选择"求解方法"中的"对齐"方式，再单击"应用"按钮，所选两轴重合，此时，键仅剩一个旋转自由度，如图 9-79d 所示。重复此操作，选择"配合"约束，分别单击键的另一侧头部半圆柱面和键槽的另一侧半圆柱孔面，如图 9-80a 所示，根据箭头方向仍选择"求解方法"中的"对齐"方式，单击"应用"按钮，使另一侧所选两轴重合，完成键与轴的装配。

注意：为了便于操作，在选择键和键槽圆柱面之前，可单击选中键，使用单个零件的"自由移动"命令将键转开，如图 9-80a 所示。

6. 轴与齿轮的装配

（1）将轴插入齿轮中　在"装配"选项卡中单击"约束"按钮，在弹出的"放置约束"对话框中选择"插入"约束类型，如图 9-81a 所示。

单击选择齿轮键槽的端面圆轮廓和轴肩端面圆轮廓（选择时应使两轴箭头方向相对），如图 9-81b 所示，单击对话框中的"应用"按钮，即可将轴插入齿轮中，如图 9-81c 所示。查看齿轮的自由度，发现还有 1 个绕轴旋转的自由度未被限制。

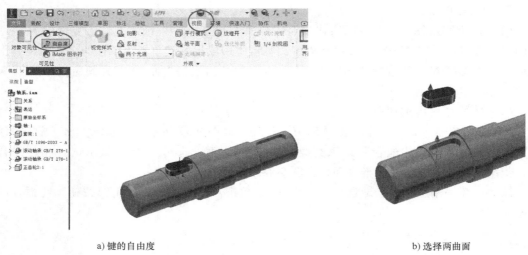

a) 键的自由度

b) 选择两曲面

c) 轴对齐"放置约束"对话框

d) 轴线重合

图 9-79　添加两轴线的配合约束

a) 选择另一侧两曲面

b) 轴线重合

图 9-80　完成键与轴的装配

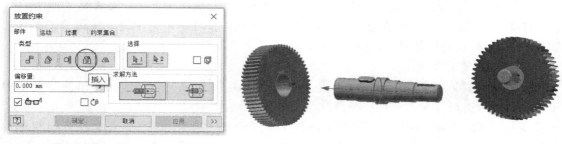

a) 选择"插入"约束类型

b) 选择两端面圆轮廓

c) 完成插入

图 9-81　将轴插入齿轮中

（2）消除轴的旋转自由度完成装配

1）为消除轴的旋转自由度，先将轴移出，并将两个需添加配合的平面调整到便于观察的位置，如图 9-82a 所示。

注意： 这种位置的调整并不影响各零件已经添加的约束。当添加了新的约束后，零件会恢复到原来约束好的位置。

2）选择"配合"约束类型，分别单击选择齿轮键槽的侧面和键的侧面，如图 9-82a、b 所示，单击对话框中的"应用"按钮，完成齿轮、键和轴的装配，如图 9-82c 所示。

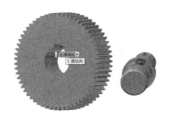

a) 调整零件位置并选择键槽侧面　　　　　　　b) 选择键侧面　　　　　　　c) 完成装配

图 9-82　完成齿轮装配

7. 装配套筒及轴承

（1）将套筒插入齿轮中　选择"插入"约束类型，单击选择套筒的端面圆轮廓和齿轮键槽端面圆轮廓，如图 9-83a 所示，单击对话框中的"应用"按钮，则将套筒插入齿轮中，如图 9-83b 所示。

（2）将轴承插入齿轮中　选择"插入"约束类型，单击选择轴左侧轴承的端面圆轮廓和套筒端面圆轮廓，如图 9-84a 所示，单击对话框中的"应用"按钮，再单击轴右

a) 选择两端面圆轮廓　　　　　　b) 完成插入

图 9-83　将套筒插入齿轮中

侧轴承的端面圆轮廓和轴肩圆轮廓，如图 9-84b 所示，再单击对话框中的"应用"按钮，则将轴承插入齿轮中，如图 9-84c 所示。从而完成该"轴系"上各零件的装配。

a) 选择轴承和套筒端面圆轮廓　　　　　　b) 选择轴承和轴肩端面圆轮廓　　　　　　c) 完成两轴承的插入

图 9-84　将轴承插入齿轮中

8. 后续操作

根据提示对零部件进行打包并压缩，最后进行命名和保存。

本 章 小 结

本章主要介绍了标准件和常用件。学习时，应围绕着标准件和常用件的规定画法及标准件的标注来展开，具体应掌握如下内容。

1）螺纹的画法及标记，螺纹紧固件及其连接画法。

2）键、销的种类、型式、标记和连接画法。

3）齿轮、弹簧和轴承的结构尺寸、画法、相应标记。

本章还介绍了？Inventor中标准件的调用方法，以及常用件的创建及装配方法，应在学习中更深入地理解标准件的标记、规格尺寸，以及标准件的连接画法与实物之间的对照关系。

第 10 章

零 件 图

　　任何机器或部件都是由若干零件按一定关系装配而成的，零件是组成机器的不可拆分的最小单元。表达单个零件结构形状、尺寸和技术要求的图样称为零件图。零件图是制造和检验零件的主要依据，是设计和生产过程中的主要技术资料。

　　从标准化的角度，可将零件分为标准件与非标准件两大类。标准件（螺纹连接件、滚动轴承、键、销等）的结构尺寸根据国家标准规定的标准系列确定，由专业厂家生产，一般不需画出零件图；非标准件的结构、形状、尺寸要根据它们在机器中的作用进行设计和确定，必须画出零件图，才能进行加工生产。

　　本章主要介绍绘制和阅读零件图的方法，包括零件的结构分析、表达方法、尺寸注法及技术要求。

10.1　零件图的内容及绘制过程

　　零件图表达了零件的结构形状、尺寸大小和技术要求，如图 10-1 所示。一张完整的零件图应包括以下四个方面的内容。

　　（1）一组图形　选用一组适当的图形（视图、剖视图、断面图及其他规定画法），完整清晰地表达出零件各部分的结构形状。

　　（2）完整尺寸　零件图上要完整、清晰、合理地标注出零件制造、检验的全部尺寸。

　　（3）技术要求　用代号、符号、数字或文字注明零件在制造、检验时应达到的技术指标，如表面粗糙度、尺寸公差、几何公差、材料的热处理和表面处理等方面的要求。国家标准规定，技术要求可以用符号标注在图上或在图纸的空白处统一写出，需用文字说明的，可在图纸右下方空白处注写。

　　（4）标题栏　填写零件的名称、材料、数量、图样比例、图纸编号、出图单位及对图纸具体负责的相关人员的责任签署等内容。

　　绘制零件图一般按以下过程进行：分析与设计零件结构、选择表达方案、绘图、标注尺寸、注写技术要求、填写标题栏。

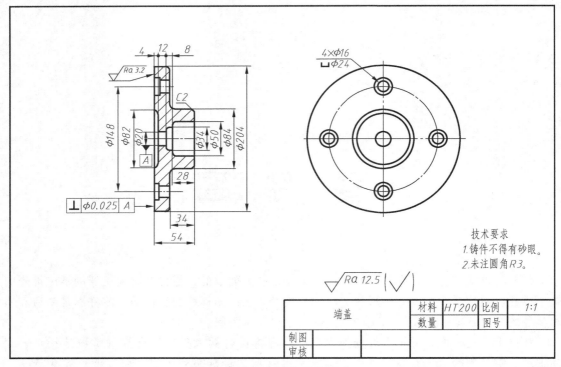

图 10-1 端盖零件图

10.2 零件的结构分析与设计

零件是组成机器的最基本单元。在机器中，每个零件都有相应的作用，如支承、传动、密封、连接、定位等一项或几项功能；相邻零件间可能是固定不动的，也可能有相对运动；可能是紧密的，也可能有间隙……零件上必须设计出对应的结构，并有确定的结合方式，才能保证结合可靠、装配方便。因此，零件的结构形状不仅取决于零件在机器中的作用，而且与零件的制造工艺及与相邻零件的连接方式有关，故零件的结构分析与设计就是对零件的几何形状、工艺结构、尺寸大小、材料选择等进行分析和造型的过程。

10.2.1 零件的结构分析

零件的结构分析是指分析零件的结构和形状，以理解清楚零件各部分之间的形体特征和连接关系的过程。零件的结构设计主要是针对零件的功能性结构和工艺性结构两方面进行设计：功能性结构即零件的主体结构，主要满足零件的传动、定位、密封、连接、支承、安装等功能；工艺性结构设计需满足零件的毛坯制造、加工方法、测量手段、安装要求等工艺性要求，工艺性要求主要确定零件的局部结构。

1. 零件的功能要求决定其主体结构

如图 10-2a 所示，箱体类零件是机器或部件中的基础零件，在机器中的主要作用是包容、支承和定位，故主体结构为空腔。图 10-2b 所示零件为回转轴，它主要用来支承齿轮、带轮等传动件，以及传递扭矩和承受载荷，因此其主体结构为回转体。图 10-2c 所示支架属于叉架类零件，安装固定后起连接、支承作用，故主体结构由连接、支承和安装三部分组成。

a) 箱体　　　　　　　　　　b) 轴　　　　　　　　　　c) 支架

图 10-2　不同类型的零件

2. 零件的外形应与内部结构相呼应

在构型设计时，应注意零件外形与内部结构要呼应。图 10-3 所示喷射器下腔体，其内腔为不同直径的孔，对应外部为不同直径的柱面，并保持壁厚均匀。

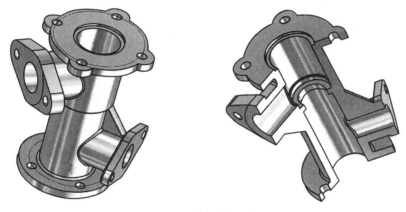

图 10-3　喷射器下腔体

3. 相邻零件结构应相互协调

部件中，相邻零件的接触面形状应协调一致。在图 10-4 所示齿轮泵中，泵体、泵盖及垫片紧密接触，它们的形状是一致的。

321

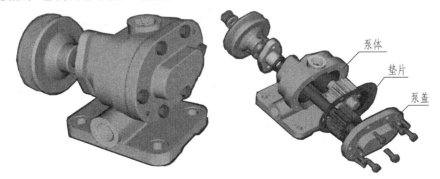

泵体

垫片

泵盖

图 10-4　齿轮泵

4. 考虑制造工艺和连接装配，确定零件的工艺结构和局部结构

如图 10-5a 所示，为便于安装和保护零件表面，通常在孔口和轴端做出倒角；为保证两个零件的轴向定位面接触良好，通常在轴肩处加工出退刀槽。如图 10-5b 右图所示，为便于使用工具安装螺钉，零件中设置了工艺孔。

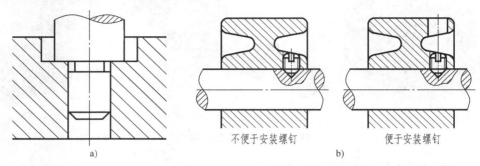

不便于安装螺钉　　　　便于安装螺钉

a)　　　　　　　　　　　　b)

图 10-5　零件工艺结构

总之，零件的构型不仅必须与设计要求相适应，还需要便于加工和装配。零件的主体结构取决于零件在机器中的功能，零件的局部结构取决于零件的工艺要求，零件的内形与外形、相邻结构之间都应该是相互协调的。

零件结构分析的最终目的是为更好地了解零件，从而使设计出的零件图的表达方案既完整清晰，又符合加工的要求。

10.2.2　零件的常见工艺结构

零件的设计除了满足零件本身的功能要求外，其结构形状还应满足加工、测量、装配等过程提出的一系列工艺要求，这里介绍一些常见工艺对零件结构的要求。

1. 铸造零件的工艺结构

（1）铸造圆角　一些零件的毛坯是通过铸造的方法制成的，如图 10-6a 所示。为防止铸造砂型落砂，避免铸件冷却时产生裂纹，在铸造毛坯时，各表面相交处都应做成圆角，称为铸造圆角。铸造圆角半径与铸件壁厚相适应，一般取 3~5mm，如图 10-6b 所示。表面若经机械加工，则画成尖角。

（2）起模斜度　用铸造的方法制造零件的毛坯时，为了便于在砂型中取出模样，一般沿模样起出方向做出 1:20 的斜度，这个斜度称为起模斜度，如图 10-6b 所示。起模斜度一般直接画出，也可采用简化画法，按其小端尺寸直接画出图形，如图 10-6c 所示。

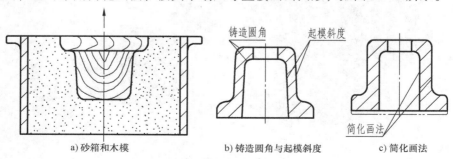

a) 砂箱和木模　　　　b) 铸造圆角与起模斜度　　　　c) 简化画法

图 10-6　零件上的常见结构（一）

（3）**壁厚均匀过渡** 铸件壁厚应尽量均匀，如图 10-7a 所示，否则会因铸件各处冷却不均匀而产生裂纹或缩孔，如图 10-7b 所示。壁厚不能保持一致时，应逐渐过渡，如图 10-7c 所示。

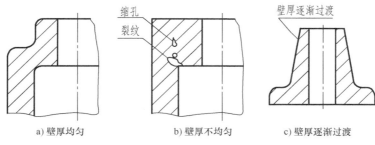

a) 壁厚均匀 b) 壁厚不均匀 c) 壁厚逐渐过渡

图 10-7 零件上的常见结构（二）

（4）**凸台和凹坑** 零件上与其他零件相接触的面，均应经过加工。为了减少加工面，同时保证两表面接触良好，常在接触表面处设计出凸台、凹坑或开槽，如图 10-8 所示。

（5）**过渡线** 铸造、锻造零件上相邻表面之间，一般有圆角过渡，因而使零件表面的交线变得不明显。画图时还应用细实线画出交线的投影，但两端不与轮廓线相接，这种交线的投影称为过渡线，如图 10-9 所示。

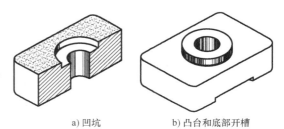

a) 凹坑 b) 凸台和底部开槽

图 10-8 零件上的常见结构（三）

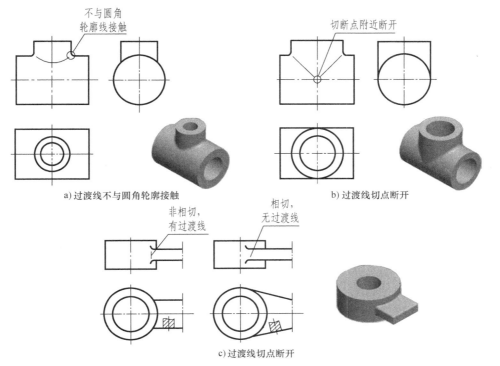

a) 过渡线不与圆角轮廓接触 b) 过渡线切点断开

c) 过渡线切点断开

图 10-9 零件上的常见结构（四）

2. 零件加工面的工艺结构

（1）倒角和圆角　为了便于装配并保证装配时零件表面不受损伤，通常在轴端和孔口处加工出倒角，如图 10-10a 所示，一般采用 45°锥面倒角。为避免因应力集中而产生裂纹，往往在轴肩处加工出圆角，称为倒圆，如图 10-10b 所示。

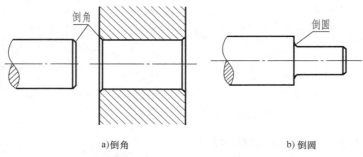

a)倒角　　　　　　　　　　　　　b)倒圆

图 10-10　零件上的常见结构（五）

（2）退刀槽和越程槽　为便于在加工时退刀，以及保证在装配时相邻零件的可靠接触，应在轴肩处加工出车刀的退刀槽和砂轮的越程槽，如图 10-11 所示。

（3）不通孔结构　用麻花钻加工的不通孔，由于钻头的顶角接近 120°，所以钻孔的底部应有一个 120°的锥角，如图 10-12 所示。

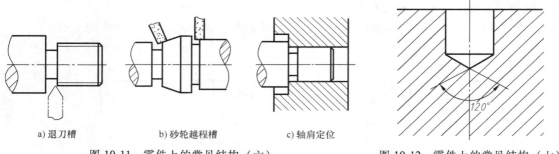

a) 退刀槽　　　　　b) 砂轮越程槽　　　　c) 轴肩定位

图 10-11　零件上的常见结构（六）　　　　　图 10-12　零件上的常见结构（七）

（4）槽加工　为便于一次对刀加工，零件上退刀槽槽宽、键槽槽宽应尽量一致；另外，为便于加工和安装，轴向键槽通常开在轴的同一方位，如图 10-13b 所示。

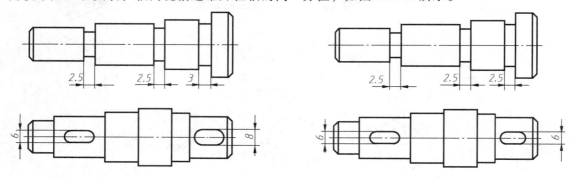

a) 退刀槽、键槽不同宽，不能一次对刀加工　　　　　b) 槽宽一致，只需一次对刀加工

图 10-13　零件上的常见结构（八）

（5）**孔加工**　钻孔轴线应垂直于零件表面，如图 10-14b 所示。

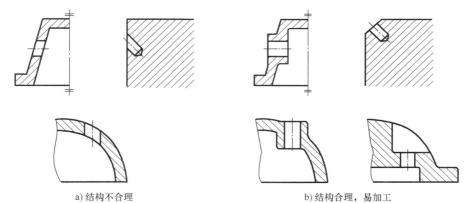

a) 结构不合理　　　　　　　　　　　b) 结构合理，易加工

图 10-14　零件上的常见结构（九）

（6）**尽量减少装夹、走刀次数，减少加工面**　如图 10-15 所示，为提高加工效率、降低加工成本、提高零件的接触精度，设计零件结构时要尽量减少装夹、走刀次数，减少加工面。

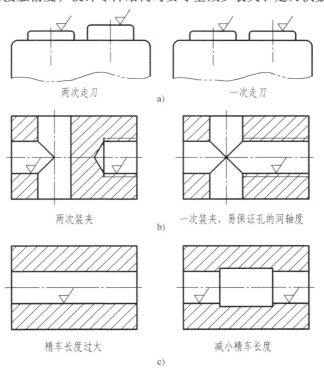

两次走刀　　　　　a)　　　　　一次走刀

两次装夹　　　b)　　一次装夹，易保证孔的同轴度

精车长度过大　　　c)　　减小精车长度

图 10-15　零件上的常见结构（十）

10.2.3　零件结构分析举例

【**例 10-1**】　图 10-16 所示装配体为油杯轴承。油杯轴承是一种滑动轴承，两个油杯轴承共同支承轴做旋转运动，通过润滑油减小摩擦。

轴承底座位于轴承的下方，通过方头螺栓与轴承盖连接在一起，形成圆孔，包容轴衬；底面与其他零件连接，固定轴承。下面以图 10-17 所示的轴承底座为例，应用零件的结构分析方法，确定轴承座各部分的结构和功能。

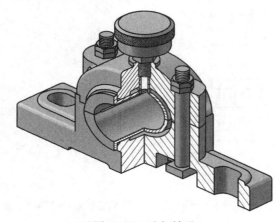

图 10-16　油杯轴承

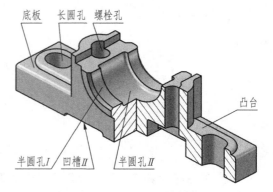

图 10-17　轴承底座主体功能结构和主体工艺结构

针对轴承底座的功能结构和工艺结构进行分析设计：功能要求决定零件的主体结构，制造、加工、测量、安装等工艺性要求决定零件的局部结构。

（1）主体功能结构

底板：安装油杯轴承。

半圆孔Ⅰ：包容下轴衬。

长圆孔：安装螺栓，便于微调轴承位置。

螺栓孔：连接轴承座和轴承盖。

轴承底座的主要功能是包容轴衬、与其他零件连接、固定轴承，对应的这些结构是实现轴承底座基本使用功能必不可少的。

（2）主体工艺结构

凹槽Ⅱ：减小底面加工面积，提高接触精度。

凸台：减小螺栓连接接触面加工面积，增大长圆孔强度。

半圆孔Ⅱ：为铸造设计的非加工面，减小半圆孔Ⅰ与轴衬的接触面积，提高孔加工精度。

（3）辅助功能结构（图 10-18）

凹槽Ⅰ：保证轴承盖与底座半圆孔Ⅰ的轴线精度。

圆锥台：利用端面保证下轴衬轴向定位，同时便于拆卸。

如图 10-18 所示，轴承座与轴承盖之间只通过螺栓连接无法保证轴承座与轴承盖半圆孔的同轴度，故设计辅助功能结构凹槽Ⅰ，与轴承盖通过槽宽配合，保证上、下两个半圆孔的同轴度；为保证下轴衬与底座上的半圆孔Ⅰ轴向精确定位，半圆孔两端设计出圆锥台，与下轴衬长度方向配合，圆锥台的设计可以减小加工面积，提高加工精度，同时便于拆卸。

（4）辅助工艺结构

倒角：易于装配，并保证下轴衬与半圆孔Ⅰ配合良好。

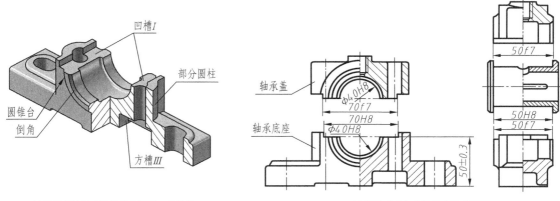

a) 轴承底座辅助功能结构和辅助工艺结构　　　　　　　b) 轴承底座与其他零件装配情况

图 10-18　轴承底座的辅助结构和装配情况

方槽Ⅲ：容纳方头螺栓，防止其旋转解锁。

部分圆柱：保证孔壁厚度均匀，增大螺栓孔周围强度。

【例 10-2】　图 10-19a 所示齿轮油泵常用于机床的润滑系统。主要由泵体、泵盖、主动齿轮轴、从动齿轮轴、密封装置等零件组成。图 10-19b 所示零件为泵体，对泵体做结构分析。

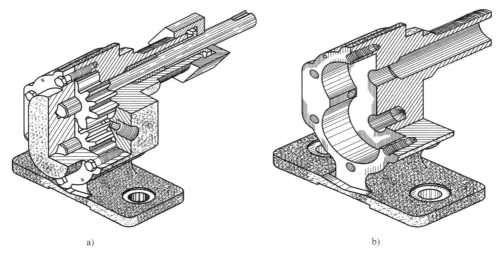

a)　　　　　　　　　　　　　　　　　　　b)

图 10-19　齿轮油泵和泵体

泵体主要有以下功能。

1）构成内腔，以包容一对齿轮，支承齿轮轴。

2）与泵盖连接，形成密封的腔室。

3）连接进、出油孔以输入和输出润滑油。

4）将齿轮油泵安装在机架上。

泵体的主体功能结构如下。

1）8 字形腔体，包容主、从动齿轮轴，协调油压。

2）主、从动轴孔，包容轴及密封装置。

3）外螺纹连接密封压盖。

4）侧壁两个螺纹孔连接进、出油管。

5）底板，固定支承齿轮油泵。

泵体的局部工艺结构如下。

1）腔体、底板和支撑板呈对称分布，使得造型匀称、稳定、美观。

2）设置铸造圆角和起模斜度，壁厚均匀。

3）设置底板凹槽，两侧的螺栓锪孔。

4）设置外螺纹退刀槽。

10.3 零件的表达方案

10.3.1 零件的表达方案选择

为了将零件每一部分的结构形状和相对位置都表达得完整、正确、清晰，便于绘图和读图，必须根据零件的结构特点、作用和加工方法，合理选用一组最简明的图形来表达零件。

选择零件表达方案一般遵循以下原则。

1）表达信息量最多的视图应作为主视图。

2）在保证表达完整性的前提下，使图形数量最少。

3）尽量避免使用虚线表达零件的结构。

4）避免不必要的细节重复。

1. 主视图的选择

主视图是零件图的核心，其选择的合理与否直接影响到绘图、看图的方便程度。选择主视图时应先确定零件的位置，再确定投射方向。

（1）确定零件的摆放位置 主视图应尽量符合零件的加工位置或工作位置。

1）加工位置。加工位置是零件在加工时在机床上的装夹位置。回转类零件（轴、轴套、盘盖、轮）主要在车床和磨床上加工，无论其工作位置如何，一般均将轴线水平放置绘制主视图，以便在加工时直接将图、物对照观察，如图10-20所示。

2）工作位置。工作位置是零件在机器中安装和工作的位置。主视图与工作位置一致，便于想象零件的工作状况，有利于阅读图样，通常箱体类、叉架类零件以工作位置作为主视图摆放位置，如图10-21所示。

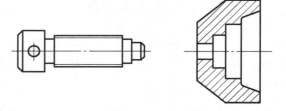

图10-20 回转类零件主视图按加工位置摆放

3）便于画图的位置。有些箱体或叉架类零件工作位置倾斜，例如，汽车机油泵在工作位置上泵体是倾斜的，如图10-22a所示，若选此位置作为泵体的主视图位置，则画图很不方便。因此这类零件一般应选放正的位置为主视图位置，如图10-22b所示。

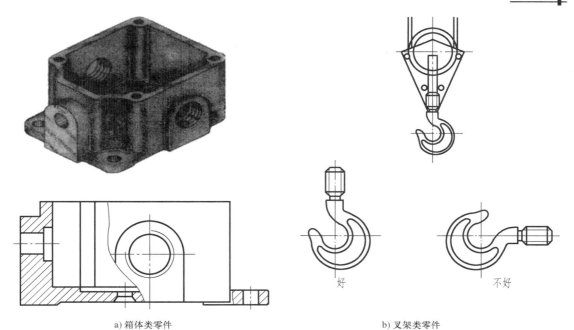

a) 箱体类零件   b) 叉架类零件

图 10-21　箱体类、叉架类零件主视图按工作位置摆放

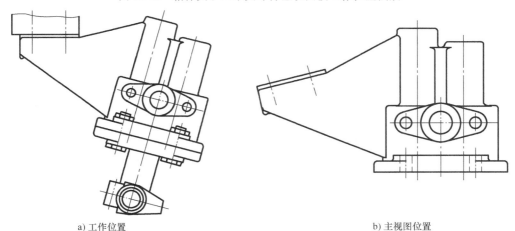

a) 工作位置   b) 主视图位置

图 10-22　按放正位置摆放

329

（2）**确定零件的投射方向**　应选择最能反映零件形体特征的方向作为获得主视图的投射方向，即主视图应尽可能多地展现零件的内、外结构形状及它们之间的相对位置关系。

如图 10-23 所示的轴承底座，为便于理解工作原理和安装情况，零件主视图位置选择了工作位置，但投射方向有 A、B 两个方向可供选择，若选 B 方向投

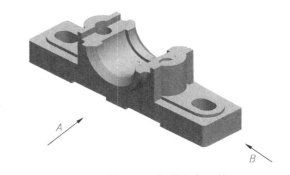

图 10-23　轴承底座投射方向比较

射，得到半剖的主视图如图 10-24b 所示，轴承座的形状特征反映不出来，且各局部形体的层次反映不明显。经比较，沿 A 方向投射能得到较多反映零件结构的主视图，所以选择 A 方向为主视图投射方向，如图 10-24a 所示。

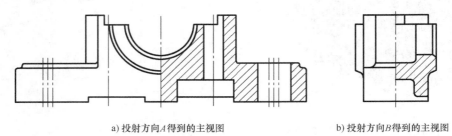

a) 投射方向A得到的主视图   b) 投射方向B得到的主视图

图 10-24   不同投射方向所得主视图

2. 其他视图和表达方法的选择

确定主视图后，往往还需要选择适当数量的其他视图和恰当的表示方法，把零件的内、外结构形状表达清楚。其选择原则是：在配合主视图完整、清楚地表达零件结构形状的前提下，尽量减少其他视图的数量，应优先选择基本视图并在基本视图上做剖视图、断面图等。确定其他视图时应注意以下几个方面。

1）每个视图都要有明确的表达重点，各视图表达的主要内容尽量不重复。

2）根据零件的内部结构选择恰当的剖视图和断面图，对未表达清楚的局部形状和细小结构选用合适的局部视图、局部放大图。

3）能采用省略、简化画法表达的地方尽量采用省略、简化画法。

零件图的表达方式并不是唯一的，应该在比较几个方案后，选择最优的表达方式。

图 10-25 为比较优选后的轴承座零件图。主视图表达轴承底座的形状特征和各组成部分的相对位置，俯视图表达底板、螺栓孔、长圆孔、凸台和部分圆柱的形状。左视图采用阶梯剖，用全剖视图表达方槽Ⅲ的宽度和半圆孔Ⅰ、Ⅱ的结构形状。

采用上述三个视图，就将轴承座的内、外结构形状完全表达清楚了。

10.3.2   典型零件的表达方法

根据零件的结构形状，一般将其分为回转类零件、叉架类零件、箱体类零件。回转类零件又细分为轴套类零件、盘盖类（轮盘类）零件。虽然零件的结构形状千变万化，但在实践中，各类零件的表达方法都有大致的共识，因此，掌握典型零件的结构特点和表达方法对正确画出零件图是非常重要的。

1. 轴套类零件

轴套类零件的主体结构大多为同轴回转体，一般起支承旋转零件、传递动力的作用，因此常带有键槽、轴肩、螺纹退刀槽或砂轮越程槽、倒角、倒圆等结构，主体上往往还有固定其他零件的销孔、凹孔、凹槽等。

轴套类零件主要在车床上加工，因此，主视图按加工位置放置，即轴线水平放置，一般大端在左，小端在右。一般只选用一个基本视图（主视图）表达外形；其他结构，如孔、槽等常采用移出断面图、局部视图、局部剖视图来表达；细小结构，如螺纹退刀槽、砂轮越程槽等可采用局部放大图来表达。

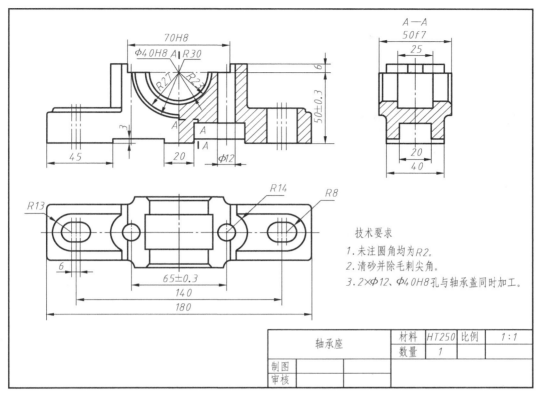

图 10-25　轴承座零件图

若必须沿轴向剖切，轴类零件通常采用局部剖。

如图 10-26 所示的轴，其右端有销孔，在主视图上采用局部剖视图表达，螺纹退刀槽的细部结构用局部放大图表达；两个键槽分别用断面图表达。

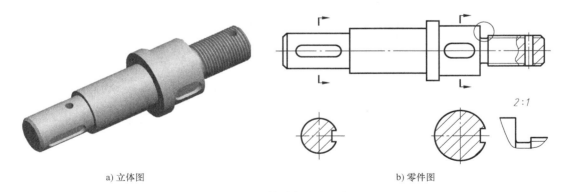

a) 立体图　　　　　　　　　　　　　　b) 零件图

图 10-26　轴零件的表达方法

图 10-27 所示的套筒，其外形简单，内部结构相对复杂，因此主视图采用了全剖的表达方法，两个移出断面图分别表示中间的螺纹孔和左侧圆柱面上的两个平面。

表达轴套类零件时，如果零件较长，且截面形状一致或规律变化时，可将零件断开后缩短绘制。

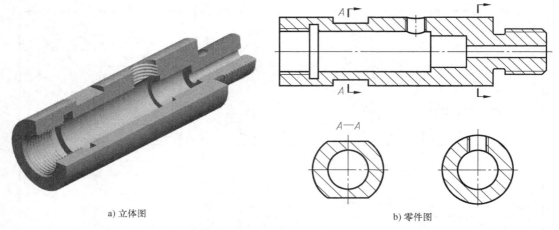

a) 立体图   b) 零件图

图 10-27   套筒零件的表达方法

2. 盘盖类零件

盘盖类零件的基本形状多为轴向尺寸较小、径向尺寸较大的扁平盘状，齿轮、带轮、手轮、端盖及图 10-28 所示的法兰盘，均属于此类零件。

这类零件也主要在车床上加工，主视图按加工位置放置。主视图的投射方向可按图 10-28 所示方向选取，也可取其左视图的投射方向。盘盖类零件常有沿圆周分布的孔、槽、肋、凸缘及轮辐等结构，故表达方法一般以两个基本视图为主，配以局部视图或剖视图表达局部结构；细部结构可以采用局部放大的方法表达；对称结构可用简化画法，只画图形的 1/2 或 1/4。

如图 10-28 所示零件图中，主视图以全剖视图表示其内部结构，左视图表达螺栓孔的数量和分布情况，局部放大图表示法兰密封槽的结构形状。

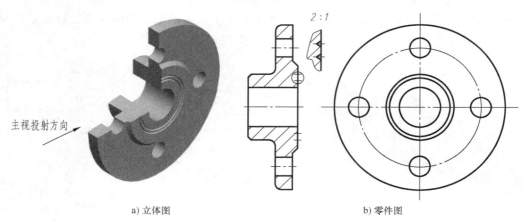

主视投射方向

a) 立体图   b) 零件图

图 10-28   法兰盘零件图

3. 叉架类零件

叉架类零件包括支座、支架、连杆、拨叉等。其特点是结构比较复杂且不规则，通常由承托、支撑部分（如肋板）及底板组成，主要起支承限位等作用。承托部分一般称为工作部分，底板用来安装固定，支撑部分将二者连接起来。这类零件加工位置多变，因此主视图一般取工作位置或自然放置位置。表达方法常以两个或三个基本视图来表达主要结构形状，

并用局部视图或斜视图表达倾斜部分的形
状，用局部剖视图、断面图表达内部结构
和肋板断面的形状。

图 10-29 所示支座，其主视图表示零
件的外形，辅以局部剖视图表达沉头孔的
结构；俯视图表达底座外形和安装孔的定
位，以剖视图表达肋板的尺寸；左视图以
全剖视图主要表达内孔形状。

图 10-30 所示支架，其主视图按工作
位置放置，以视图表达零件的外形，以局
部剖视图表达工作部分锁紧孔和安装部分
沉头孔的结构和尺寸，移出断面图表达肋
板的结构和尺寸；左视图表达底座外形和
安装孔的位置，局部剖视图主要表达工作
部分内孔结构和尺寸；A 向视图表达工作部分锁紧孔的结构和位置。

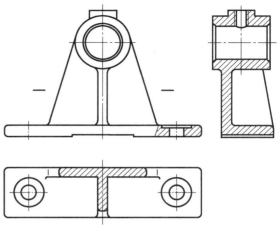

图 10-29 叉架类零件（一）

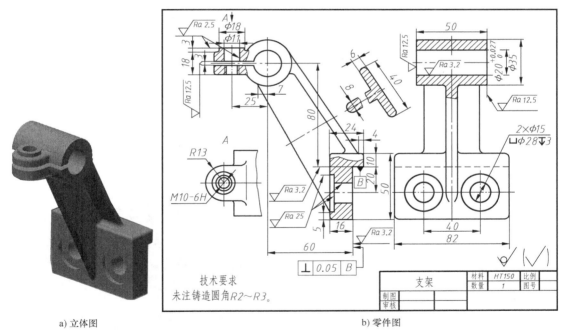

a) 立体图

b) 零件图

图 10-30 叉架类零件（二）

4. 箱体类零件

箱体类零件在机器或部件中用于容纳、支承其他零部件，常见的零件有箱体、泵体、阀
体、机座等。这类零件体积较大，结构形状一般都较复杂。通常是在毛坯上进行切削形成
的，加工表面及其加工方法也较多，其主视图一般选择工作位置，或选择放正的位置，表达
方法一般以三个或更多基本视图为主，再根据零件的具体情况，辅以一些局部视图、局部剖
视图等表达局部结构。

图 10-31 所示的箱体为行程开关的外壳，可以看出，由于要安装开关机构，故箱体上有接线的进出孔及按钮孔，并且外壳上有固定用的安装孔和连接上盖用的螺纹孔。表达方案具体如下。

1）主视图采用了局部剖视图，这样零件的主要外形结构、内部形状及壁厚均得以表达。

2）俯视图表达外壳的形状和底孔、连接上盖的螺纹孔的分布，辅以局部剖视图表达后壁的通孔。

3）左视图表达左端的按钮孔、前后接线孔及外壳的内部结构，亦采用局部视图。

4）此外，为表示底板的形状及底板孔的尺寸，采用了仰视图。

5）用局部视图表达前、后凸台的形状和尺寸。

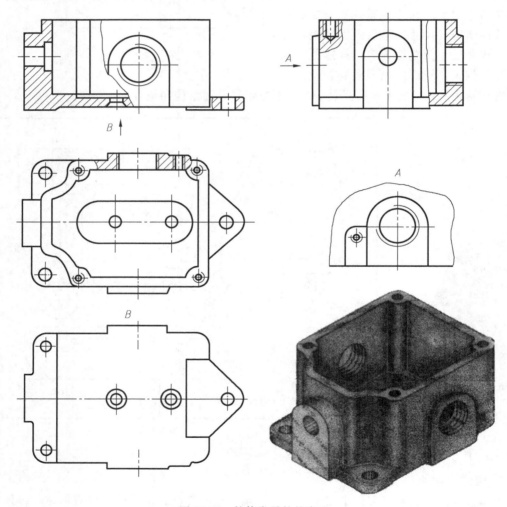

图 10-31　箱体类零件的表达

10.3.3　选择表达方案应考虑的几个问题

较复杂的零件，其表达方案往往不是唯一的。需对有关因素进行综合分析比较，最终选出较优方案。一般应考虑下述四个方面的问题。

（1）**一组图形间的关系**　在确定主视图的同时，考虑需选择哪几个基本视图和选用什么辅助图形。一般情况下，根据主要形体结构选择基本视图，而其局部结构形状则选择辅助图形来表达。

（2）**零件内、外结构形状表达**　视图、剖视图和断面图的选用应统一考虑。一般来说，内形较外形复杂时可用全剖视图；内、外结构形状均需表达时，可用半剖视图或局部剖视图；若投射后重叠结构较多时，则可在同一方向上用几个图形（视图、剖视图或断面图）分别表达不同层次的结构。

（3）**集中与分散表达**　集中是指充分发挥每个视图的作用。一个视图应尽可能表达较多的结构，但应避免在同一视图上过多地使用局部剖视图，致使图形支离破碎，甚至影响重点结构的表达。所以，主视图应重点表达主要形体或重点结构，适当地将局部结构分散到其他基本视图上，或者画成辅助图形来表达。

（4）**便于标注尺寸**　选用的一组图形，应便于合理地标注尺寸和技术要求。也可以通过标注一个或几个尺寸，使视图简化或减少视图数量。

10.4　零件图的尺寸标注

在零件图上标注尺寸，除要求尺寸完整、清晰，并符合国家标准中尺寸注法的规定外，还要求标注合理，即一方面符合设计要求，另一方面还应便于制造、测量、检验和装配。

合理标注尺寸的内容包括如何处理设计与工艺要求的关系，怎样选择尺寸基准，以及按照什么原则和方法标注主要尺寸和非主要尺寸等。本节仅介绍公称尺寸的标注。

10.4.1　尺寸基准及其选择

尺寸基准指零件在机器中，或者在加工及测量时用以确定其位置的点、线、面。尺寸基准分为两类，用以确定零件在机器或部件中的位置及其几何关系的基准，即满足设计要求的基准，称为设计基准。一般是用来确定零件在机器中准确位置的接触面、对称面、回转面的轴线等。例如，图 10-32 所示轴承底座中的底面、前后对称面、左右对称面都是设计基准。而在加工或测量时所依据的基准，即满足工艺要求的基准，称为工艺基准。例如，图 10-32 所示轴承底座的上端面是测量凹槽深度尺寸 6 所依据的工艺基准。

从设计基准出发标注的尺寸，可以直接反映设计要求，能体现所设计零件在部件中的功能要求。

从工艺基准出发标注的尺寸，可以直接反映工艺要求，便于操作和保证加工、测量质量。

在标注尺寸时，最好能把设计基准和工艺基准统一起来，这样，既能满足设计要求、又能满足工艺要求。当二者不能统一时，主要尺寸应从设计基准出发进行标注。

正确选择尺寸基准是合理标注尺寸的重要前提。任何零件都有长、宽、高三个方向的尺寸，一般在三个方向上各选一个设计基准作为主要基准，根据需要，还可以选择若干辅助基准。主要基准和辅助基准之间一定有一个关联尺寸。

如图 10-32 所示，由于轴承底座在左右方向上有对称面，因此长度方向上的结构尺寸

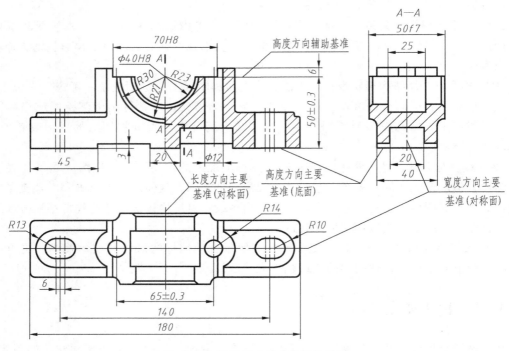

图 10-32 轴承底座尺寸基准的选择

（螺栓孔、长圆孔的定位尺寸 65、140，凹槽的配合尺寸 70H8 及 180、20 等）都选用其左右对称面作为基准，它是底座长度方向上的主要基准。该方向的辅助基准有两个方头螺栓孔的轴线、长圆孔的对称中心线等。尺寸 $\phi12$、$R14$、6 分别是从这些辅助基准出发标注的。

　　根据底座的设计要求，底座半圆孔的轴线距底面的距离 50±0.3 为重要的性能尺寸，底面又是底座的安装面，因此选择底面作为高度方向上的主要基准。高度方向的辅助基准为凹槽的底面，用它来确定凹槽的深度尺寸 6。

　　底座前后方向具有对称面，选择该平面作为宽度方向上的主要基准，50f7、40、20、25 均以此为基准标注。

10.4.2　合理标注尺寸的一般原则

1. 主要尺寸应直接标注

　　主要尺寸一般是直接影响零件装配精度和工作性能的尺寸，这些尺寸应从设计基准出发直接注出，而不是靠其他尺寸推算出来。

　　标注出的尺寸是加工时要保证的尺寸。由于零件尺寸受机床、量具精度等因素的影响，因此以所注的尺寸来限制一定的误差范围。而由其他尺寸计算得到的尺寸，其误差范围是各个尺寸误差的总和，显然其尺寸精度大大低于直接注出尺寸的部分。所以，主要尺寸必须直接标注。

　　图 10-33a 中，轴承座的轴心高度尺寸未直接注出，而靠尺寸 $b+c$ 确定；底板上 $\phi6$ 螺纹孔的中心距靠 $d-2e$ 来确定。由于轴心高和孔心距是保证两轴承座同心的主要尺寸，这种注法显然是不合理的。正确注法应如图 10-33b 所示。

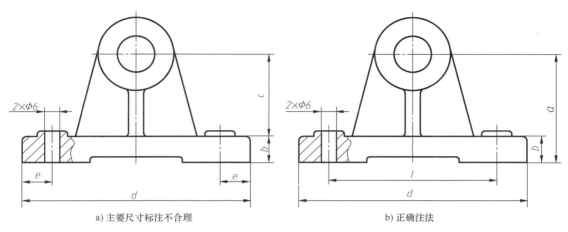

a) 主要尺寸标注不合理   b) 正确注法

图 10-33 主要尺寸直接标注

2. 避免出现封闭的尺寸链

零件图上一组相关尺寸构成零件尺寸链，如图 10-34a 所示轴的尺寸 a_1、a_2、a_3 和 a_4。标注尺寸时，应将要求不高的一个尺寸空下来不注，例如，图 10-34b 中没有标注轴肩尺寸 a_2，这样将加工误差累积到这个尺寸上，以保证精度要求较高的其他尺寸。若注成图 10-34a 所示的封闭形式，尺寸误差就会超标而无法加工出来。

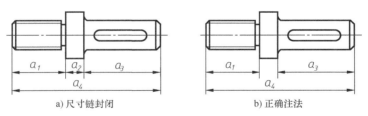

a) 尺寸链封闭   b) 正确注法

图 10-34 尺寸链不封闭

3. 符合加工顺序

按加工顺序标注的尺寸，便于看图、测量，且易保证加工精度。图 10-35 所示零件，其加工顺序为：下料、车外圆、钻孔、车退刀槽、精加工内圆孔，故图 10-35a 所示的尺寸注法是符合加工顺序、便于测量的；而图 10-35b 所示的尺寸注法不符合加工顺序，不便测量，

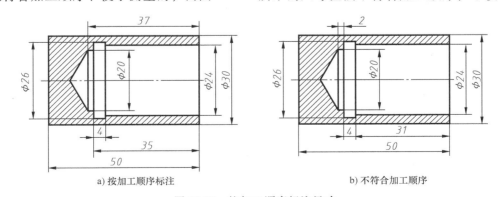

a) 按加工顺序标注   b) 不符合加工顺序

图 10-35 按加工顺序标注尺寸

因此不宜采用。

4. 便于测量

图 10-36a 中的台阶孔应标注大孔深度，便于测量；若按图 10-36b 所示的方式标注，则尺寸 18 显然不易测量。退刀槽是由切槽刀直接加工的，刀宽由退刀槽宽度确定，故应直接标注退刀槽宽度，如图 10-36c 所示的尺寸 2。

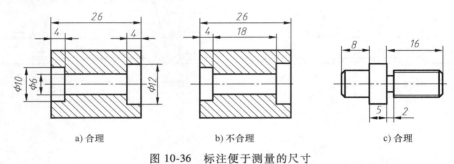

<table>
<tr><td>a) 合理</td><td>b) 不合理</td><td>c) 合理</td></tr>
</table>

图 10-36　标注便于测量的尺寸

10.4.3　零件上常见典型结构的尺寸注法

1. 零件典型结构尺寸注法

表 10-1、表 10-2 列出了零件典型结构的尺寸注法。

表 10-1　倒角、退刀槽的尺寸注法

结构名称	图例	说明
倒角		一般 45° 倒角按 "C 宽度" 注出，30° 或 60° 倒角应分别注出宽度和角度
退刀槽		一般按 "槽宽×槽深" 或 "槽宽×直径" 注出

2. 零件尺寸标注举例

在零件图上标注尺寸的一般步骤是：①分析装配关系，进行零件构形分析；②确定主要尺寸；③选择尺寸基准；④按设计要求标注主要尺寸；⑤按工艺要求和形体标注其他尺寸。

表 10-2　常见孔的尺寸注法

类别	序号	旁注法	普通注法	说明
光孔	1	4×φ5▽10　　4×φ5▽10	4×φ5	4 个直径为 φ5 的均匀分布的孔,孔深为 10
	2	4×φ5H7▽10　4×φ5H7▽10 ▽12	4×φ5H7	4 个直径为 φ5 的均匀分布的孔,公差等级为 H7,深度为 10,孔全深为 12
螺纹孔	3	3×M6-7H　　3×M6-7H	3×M6-7H	3 个螺纹孔,公称直径为 M6,公差等级为 7H
	4	3×M6-7H▽10　3×M6-7H▽10	3×M6-7H▽10	3 个螺纹孔,公称直径为 M6,公差等级为 7H,螺纹孔深度为 10
	5	3×M6-7H▽10　3×M6-7H▽10 ▽12	3×M6-7H	3 个螺纹孔,公称直径为 M6,公差等级为 7H,螺纹孔深度为 10,光孔深度为 12
沉孔	6	4×φ6　　4×φ6 ⌴φ12×90°	90° φ12 φ6	4 个锥形沉孔,直径为 φ12,锥角为 90°
	7	4×φ6　　4×φ6 ⌴φ14　⌴φ12×90°	φ14 4×φ6	4 个阶梯孔,锪平直径为 φ14,深度不需要标注

【例 10-3】 标注减速箱中轴的尺寸。

按轴的工作情况和加工特点，选择轴线为径向的主要基准，端面 A 为长度方向的主要基准，设计基准与工艺基准统一。

轴的径向尺寸均由主要基准出发进行标注；长度方向上有主要基准 A、辅助基准 B、C、D。

尺寸 7 为主要基准 A 与辅助基准 B 之间的关联尺寸，以 B 为基准，标注尺寸 55；从基准 C 标注尺寸 28；从右端面出发，标注尺寸 55，确定辅助基准 D；从基准 B、D 出发，分别标注两个键槽的定位尺寸 5，并注出两个键槽的长度 45。再按典型结构尺寸注法注出键槽的其余尺寸及退刀槽、倒角尺寸。尺寸标注结果如图 10-37 所示。

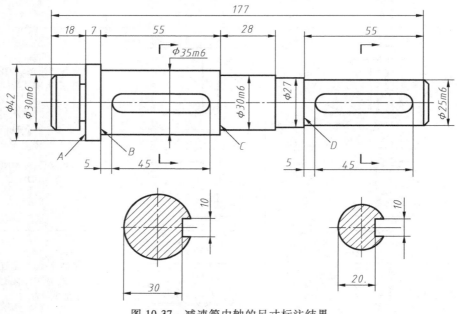

图 10-37　减速箱中轴的尺寸标注结果

10.5　零件图的技术要求

零件图的技术要求是用来说明零件在制造时应达到的一些质量要求，包括表面结构、尺寸公差、几何公差、热处理和表面镀涂层及零件制造检验、试验的要求等。依照有关国家标准规定，技术要求在图样中有两种表达方法：一种是用规定的符号、代号直接标注在图样上，如表面粗糙度、尺寸公差、几何公差；另一种是在技术要求条目下用文字书写，如热处理要求等。本节主要介绍表面结构、尺寸公差和几何公差的基本知识及其标注方法。

10.5.1　表面结构

1. 表面结构的概念

表面结构是表面粗糙度、表面波纹度、表面原始轮廓度等的总称，它出自零件几何表面偶然或重复的偏差，这些偏差形成了零件表面的形貌。

无论零件加工得如何精细，放大后观察还是可以看见表面高低不平的状况。这种零件表面上所具有的较小间距的峰、谷所组成的微观几何形状特性，称为表面粗糙度，如图 10-38 所示。

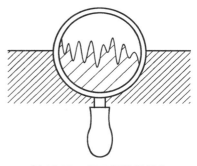

表面粗糙度是表示零件表面微观几何形状的特征量，主要与加工方法、切削刃形状、进给量及加工时的塑性变形等因素有密切关系。

表面粗糙度是评定零件表面质量的一项重要技术指标。它对零件的配合、耐磨性、耐蚀性、密封性和外观

图 10-38　表面粗糙度概念

等都有影响。因此，在保证机器性能的前提下，应根据零件不同的作用，恰当地选择表面粗糙度参数及其数值。

表面波纹度是由间距比表面粗糙度大得多的随机或接近周期形式的成分构成的介于微观与宏观之间的几何误差，通常是由机床或工件的挠曲、振动、颤动、材料应变及其他外部影响造成的。与表面粗糙度一样，表面波纹度也是影响零件表面结构质量的主要指标。

本书主要介绍表面粗糙度的内容。

2. 表面结构参数

国家标准《产品几何技术规范（GPS）　表面结构　轮廓法　术语、定义及表面结构参数》（GB/T 3505—2009）规定了评定表面结构质量的三个主要轮廓参数组：R 轮廓参数（表面粗糙度参数）、W 轮廓参数（波纹度参数）、P 轮廓参数（原始轮廓参数）。其中，表面粗糙度参数中轮廓算术平均偏差 Ra 和轮廓最大高度 Rz 是评定表面结构的主要参数，使用时优先选用参数 Ra，参数单位为 μm。Ra 值越小，表面质量要求越高，表面越光滑，反之，表面质量越低，零件表面越粗糙。

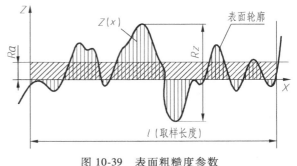

图 10-39　表面粗糙度参数

（1）**轮廓算术平均偏差 Ra**　Ra 是指在一个取样长度 l 内，纵坐标值 $Z(x)$（被测表面轮廓在任一位置距 X 轴的高度）绝对值的算术平均值，如图 10-39 所示。

其表达式为

$$Ra = \frac{1}{l}\int_0^l |Z(x)|\,\mathrm{d}x$$

或近似表示为

$$Ra = \frac{1}{l}\sum_{i=1}^n |Z_i|$$

显然，Ra 数值大的表面粗糙，数值小的表面光滑。Ra 的数值见表 10-3。

341

表 10-3　表面粗糙度 Ra 的数值　　　　　　　　　　（单位：μm）

Ra	0.012	0.40	12.5
	0.025	0.80	25
	0.05	1.60	50
	0.1	3.2	100
	0.20	6.3	

表 10-4 给出常用 Ra 数值及其相应的加工方法及应用。

表 10-4　表面粗糙度数值对应加工方法

$Ra/\mu m$	加工方法	应用举例
50 25	粗车、粗铣、粗刨、钻、粗齿锉刀和粗砂轮加工等	表面粗糙度值最大的加工面，一般用于非工作表面和非接触表面
12.5	粗车、刨、立铣、平铣、钻	不重要的接触面或不接触面。如凸台顶面、轴的端面、倒角、穿入螺纹紧固件的光孔表面
6.3 3.2 1.6	精车、精铣、精刨、铰孔等	较重要的接触面，转动和滑动速度不高的配合面和接触面。如轴套、齿轮端面、键及键槽工作面
0.8 0.4 0.2	精铰、磨削、抛光等	要求较高的接触面、转动和滑动速度较高的配合面和接触面。如齿轮工作面、导轨表面、主轴轴颈表面、销孔表面
0.1 0.05 0.025 0.012	研磨、超级精密加工等	要求密封性能较高的表面、转动和滑动速度极高的表面、气精密量具表面、气缸内表面及活塞环表面、精密机床主轴轴颈表面等

（2）**轮廓最大高度 Rz**　Rz 是指在取样长度 l 内，最大轮廓峰高与最大轮廓谷深之和，如图 10-39 所示。评定表面结构质量时，通常不单独使用 Rz，而是将其与 Ra 一起使用。

3. 表面结构符号及代号

GB/T 3505—2009 规定了表面结构要用代号标注在图样上，代号由符号、数字、说明文字共同组成，图样上所标注的表面结构的符号代号是该表面完工后的要求。表面结构的各项参数应按零件表面的功能给出，若零件表面仅需要加工，但对表面结构的参数没有要求时，可以只注出表面结构的符号。

（1）**表面结构图形符号**　表面结构图形符号的画法如图 10-40 所示，其中的尺寸 d'、H_1、H_2 见表 10-5。

a) 基本图形符号　　　　　b) 扩展图形符号　　　　　c) 完整图形符号

图 10-40　表面结构图形符号的画法

表 10-5　表面结构图形符号的尺寸　　　　　　（单位：mm）

轮廓线的线宽 b	0.35	0.5	0.7	1	1.4	2	2.8
数字和字母高度 h	2.5	3.5	5	7	10	14	20
符号线宽 d'、字母宽度 d	0.25	035	0.5	0.7	1	1.4	2
高度 H_1	3.5	5	7	10	14	20	28
高度 H_2	8	11	15	21	30	42	60

图样中表示零件表面结构的符号及含义见表 10-6。

表 10-6　表面结构的符号及含义

表面结构图形符号	意义及说明
	**基本图形符号**，表示表面可用任何工艺方法获得。当不加表面结构参数值或有关说明（如表面处理、局部热处理状况等）时，仅适用于简化代号标注
	**扩展图形符号**，在基本图形符号上加一横线，表示指定表面是用去除材料的方法获得，如通过机械加工获得的表面
	**扩展图形符号**，在基本图形符号上加一个小圆，表示指定表面是用不去除材料的方法获得，或者用于保持上道工序形成的表面，不管这种表面是通过去除材料还是不去除材料的方式形成的
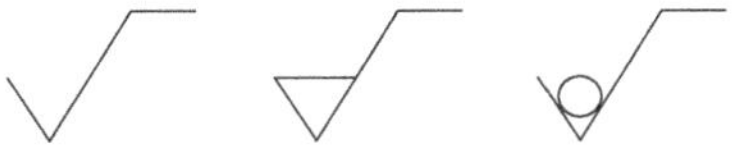	**完整图形符号**，当要求标注表面结构特征的补充信息时，应在上述三个图形符号的长边上加一横线
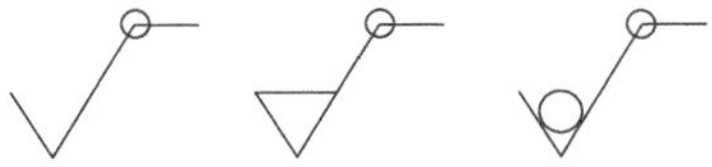	当在图样某个视图上构成封闭轮廓的各表面有相同结构要求时，可在表面结构完整图形符号上加一圆圈，标注在图样中工件的封闭轮廓线上，表示该视图上各表面有相同的表面结构要求

（2）表面结构完整图形符号的组成　表面结构完整图形符号是指在表面结构图形符号周围，按功能要求加注表面结构的参数或其他有关数字。注写位置如图 10-41 所示。

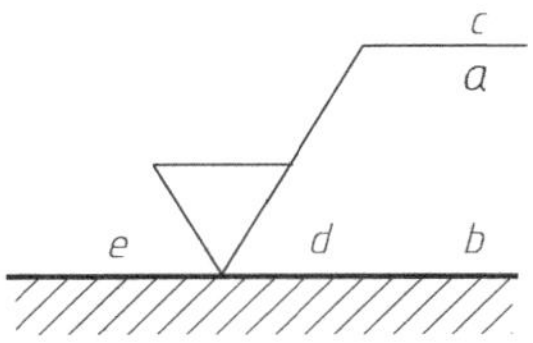

图 10-41 中各字母所示位置可注写的内容如下。

位置 a：注写表面结构的单一要求，包括表面结构参数代号、极限值和取样长度（单位为 μm）。

图 10-41　表面粗糙度
参数的注写位置

位置 a 和 b：注写两个或多个表面结构要求。

位置 c：注写加工方法、表面处理、涂层或其他加工工艺要求等。如车、磨、镀等加工方法。

位置 d：注写所要的表面纹理和纹理的方向，如 "=" "X" "M"。

位置 e：注写加工余量，以 mm 为单位给出数值。

如果采用一般加工方法就能达到表面质量要求，则表面结构代号只需注出 Ra 的允许值，b、c、d 等项均可省略。表面粗糙度参数 Ra 的标注示例见表 10-7。

343

表 10-7 表面粗糙度参数 *Ra* 的标注示例（GB/T 131—2006）

符号	意义	符号	意义
$\sqrt{}$ Ra 3.2	用任何方法获得的表面，表面粗糙度 *Ra* 的上限值为 3.2μm	$\sqrt{}$ Ra 3.2	用去除材料方法获得的表面，表面粗糙度 *Ra* 的上限值为 3.2μm
Ra 3.2	用不去除材料方法获得的表面，表面粗糙度 *Ra* 限值为 3.2μm	U Ra 3.2 L Ra 1.6	用去除材料方法获得的表面，表面粗糙度 *Ra* 的上限值为 3.2μm，下限值为 1.6μm
−0.8/Ra 1.6	*Ra* 的上限值为 1.6μm，取样长度为 0.8μm		

表面粗糙度参数 *Rz* 的标注示例见表 10-8。

表 10-8 表面粗糙度参数 *Rz* 的标注示例（GB/T 131—2006）

符号	意义	符号	意义
$\sqrt{}$ Rz 3.2	用任何方法获得的表面，表面粗糙度 *Rz* 的上限值为 3.2μm	Ra 3.2 Rz 12.5	用去除材料方法获得的表面，表面粗糙度 *Ra* 的上限值为 3.2μm，*Rz* 的下限值为 12.5μm
U Rz 3.2 L Rz 1.6	用不去除材料方法获得的表面，表面粗糙度 *Rz* 限值为 3.2μm，下限值为 1.6μm	Ra max 3.2 Rz max 12.5	用去除材料方法获得的表面，表面粗糙度 *Ra* 的最大值为 3.2μm，*Rz* 的最大值为 12.5μm

4. 表面结构在图样上的标注

（1）标注规则

1）表面结构符号、代号一般标注在可见轮廓线、尺寸界线、引出线或其延长线上，在同一张图样上，每一表面一般只标注一次，并尽可能靠近有关的尺寸线。

2）符号尖端必须从材料外指向加工表面。

3）代号为不带横线的非完整图形符号时，表面粗糙度参数值的注写和读取方向与 GB/T 4458.4 规定的尺寸数字的注写和读取方向一致。

（2）标注示例 有关标注方法的图例见表 10-9。

表 10-9 表面结构标注图例

图例	意义
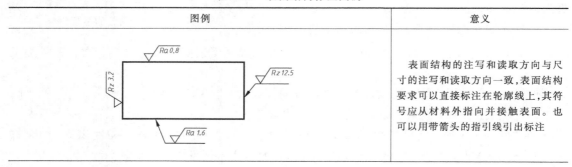	表面结构的注写和读取方向与尺寸的注写和读取方向一致，表面结构要求可以直接标注在轮廓线上，其符号应从材料外指向并接触表面。也可以用带箭头的指引线引出标注

（续）

图例	意义
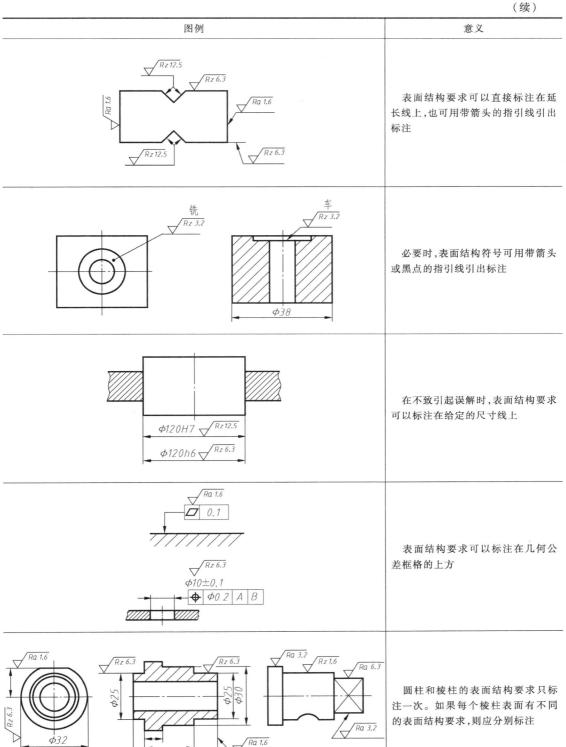	表面结构要求可以直接标注在延长线上，也可用带箭头的指引线引出标注
	必要时，表面结构符号可用带箭头或黑点的指引线引出标注
	在不致引起误解时，表面结构要求可以标注在给定的尺寸线上
	表面结构要求可以标注在几何公差框格的上方
	圆柱和棱柱的表面结构要求只标注一次。如果每个棱柱表面有不同的表面结构要求，则应分别标注

345

（续）

图例	意义
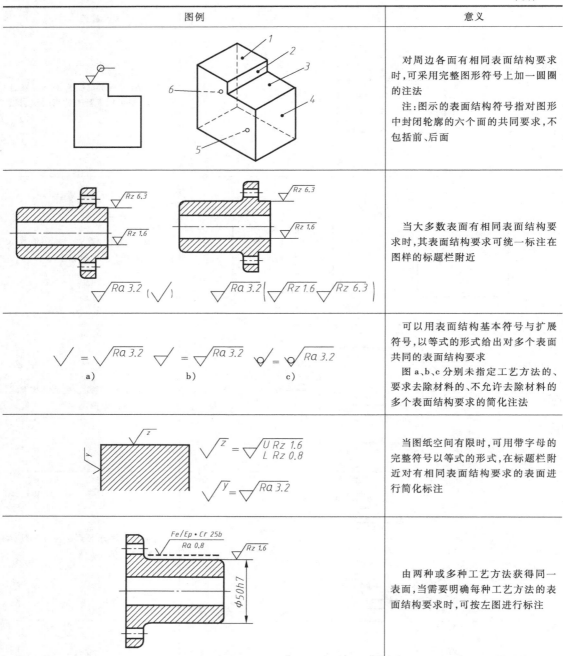	对周边各面有相同表面结构要求时，可采用完整图形符号上加一圆圈的注法 注：图示的表面结构符号指对图形中封闭轮廓的六个面的共同要求，不包括前、后面
	当大多数表面有相同表面结构要求时，其表面结构要求可统一标注在图样的标题栏附近
	可以用表面结构基本符号与扩展符号，以等式的形式给出对多个表面共同的表面结构要求 图 a、b、c 分别未指定工艺方法的、要求去除材料的、不允许去除材料的多个表面结构要求的简化注法
	当图纸空间有限时，可用带字母的完整符号以等式的形式，在标题栏附近对有相同表面结构要求的表面进行简化标注
	由两种或多种工艺方法获得同一表面，当需要明确每种工艺方法的表面结构要求时，可按左图进行标注

5. 表面粗糙度参数值的选用

　　表面粗糙度参数值要根据零件与零件的接触状况、配合要求、相对运动速度等来选定，一般来说，工作表面比非工作表面参数值小，运动表面比静止表面参数值小，具体可参照表 10-10 选择。出于对零件加工经济性的考虑，在满足设计或使用要求的前提下，零件表面粗糙度的参数值应尽可能大，以降低加工成本。

346

表 10-10　表面状况与 Ra 参数选用值　　　　　　　（单位：μm）

表面状况	相对运动表面	静止接触表面	不接触表面	不去除材料表面
Ra 参数选用值	0.4、0.8、1.6、3.2	3.2、6.3	12.5、25	50

10.5.2　尺寸公差

在零件图上，每个尺寸都应有尺寸公差的要求，尺寸公差的数据取自国家标准《产品几何技术规范（GPS）　线性尺寸公差 ISO 代号体系　第 1 部分：公差、偏差和配合的基础》（GB/T 1800.1—2020），该标准是依据互换性的原则制定的。

在成批或大量生产中，只要在一批相同规格的零件中任取一件，该零件不需修配加工就能装配到机器或部件上，且能够满足性能要求，零件的这种性质称为互换性。互换性原则在机器制造中的应用，大大地简化了零件、部件的制造和装配过程，显著提高了生产效率和专业化程度，降低了生产成本，保证了产品质量的稳定性。

标准化是实现互换性的保证。GB/T 1800.1—2020、GB/T 1800.2—2020 等国家标准对尺寸极限与配合分别做了规定。

并不是每个尺寸的极限偏差都是互换性的要求。在零件加工过程中，由于机床精度、刀具磨损、测量误差等因素的影响，不可能也没有必要将零件的尺寸做得绝对准确。因此，在满足产品功能要求的前提下，为了工艺性和经济性，必须允许零件的实际尺寸在一个合理的范围内变动，所以每个尺寸都有尺寸公差的要求。

1. 极限与配合的基本术语（GB/T 1800.1—2020）

把零件的尺寸限制在一定的范围内，才能保证零件具有互换性、满足产品要求，因此规定了极限尺寸。零件加工后的实际尺寸应在极限尺寸的最大值与最小值之间，尺寸的这一变动量称为尺寸公差，简称公差。

GB/T 1800.1—2020 规定了有关公差的术语和定义，下面以图 10-42 所示销轴为例加以说明。

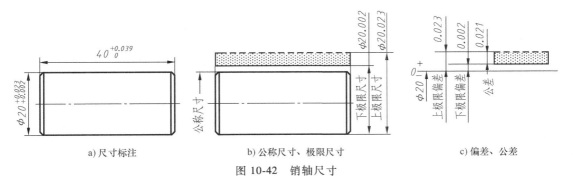

a) 尺寸标注　　　　b) 公称尺寸、极限尺寸　　　　c) 偏差、公差

图 10-42　销轴尺寸

（1）公称尺寸　由图样规范定义的理想形状要素的尺寸。如图 10-42a 所示的销轴直径 $\phi20$、长度 40，它们是根据零件的性能和工艺要求，通过必要的计算和实验确定的尺寸。

（2）实际尺寸　拟合组成要素的尺寸，也就是实际测量获得的尺寸。

（3）极限尺寸　尺寸要素的尺寸所允许的极限值。其中，尺寸要素允许的最大尺寸称为上极限尺寸，尺寸要素允许的最小尺寸称为下极限尺寸。为了满足要求，实际尺寸应位于上、下极限尺寸之间，含极限尺寸。如图 10-42b 所示，销轴的上极限尺寸为 $\phi 20.023$，下极限尺寸为 $\phi 20.002$。

（4）**偏差** 某值与其参考值之差。对于尺寸偏差，参考值是公称尺寸，某值是实际尺寸。相对于公称尺寸，存在上极限偏差和下极限偏差，其中：

$$上极限偏差 = 上极限尺寸 - 公称尺寸$$
$$下极限偏差 = 下极限尺寸 - 公称尺寸$$

国家标准规定内尺寸要素（如孔）的上极限偏差用 ES 表示，下极限偏差用 EI 表示；外尺寸要素（如轴）的上极限偏差用 es 表示，下极限偏差用 ei 表示。上、下极限偏差都是一个带符号的值，其可以是负值、零值或正值。如图 10-42c 所示，销轴的上、下极限偏差分别为：

$$es = (20.023 - 20)\,\text{mm} = +0.023\,\text{mm}$$
$$ei = (20.002 - 20)\,\text{mm} = +0.002\,\text{mm}$$

（5）**公差** 公差等于上极限尺寸与下极限尺寸的差值，也等于上极限偏差与下极限偏差的差值。它是尺寸所允许的变动量，是一个没有符号的绝对值。如图 10-42c 所示，销轴的公差为：

$$(20.023 - 20.002)\,\text{mm} = (0.023 - 0.002)\,\text{mm} = 0.021\,\text{mm}$$

2. 公差带（GB/T 1800.1—2020）

（1）**公差** 公差极限之间（包括公差极限）的尺寸变动值。公差带包含在上极限尺寸和下极限尺寸之间，由公差大小和相对于公称尺寸的位置确定，如图 10-43 所示。公差大小是一个标准公差等级与被测要素的公称尺寸的函数。公差带的位置，即基本偏差的信息由一个或多个字母标示，称为基本偏差标示符。

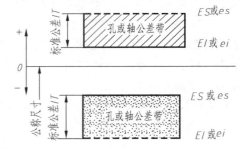

图 10-43 公差带相对于公称尺寸位置的示意图

（2）**标准公差等级** 用字符 IT 和等级数字表示，如 IT7。共有 20 个等级，即 IT01、IT0、IT1、IT2、…、IT18，"IT"代表"国际公差"。随着标准公差等级的增大，尺寸的精确程度依次降低，公差数值依次增大，其中 IT01 精度最高，IT18 精度最低。

需要指出的是，对一定的公称尺寸而言，公差等级越高，公差数值越小，尺寸精度越高；属于同一公差等级的公差数值，公称尺寸越大，对应的公差数值越大，但被认为具有同等的精确程度。公称尺寸至 3150mm 的标准公差数值见表 10-11。

（3）**基本偏差** 定义了与公称尺寸最近的极限尺寸的那个极限偏差。对于孔，其基本偏差标示符为大写字母 A、B、C、…、ZA、ZB、ZC；对于轴，其基本偏差标示符为小写字母 a、b、c、…、za、zb、zc，如图 10-44 所示。关于基本偏差，有如下说明。

1）基本偏差的概念不适用于 JS 和 js。它们的公差极限是相对于公称尺寸线对称分布的。

2）对于孔，A~H 为下极限偏差，J~ZC 为上极限偏差。对于轴，a~h 为上极限偏差，j~zc 为下极限偏差。

表 10-11　公称尺寸至 3150mm 的标准公差数值

公称尺寸/mm 大于	至	IT01	IT0	IT1	IT2	IT3	IT4	IT5	IT6	IT7	IT8	IT9	IT10	IT11	IT12	IT13	IT14	IT15	IT16	IT17	IT18
		标准公差数值																			
		μm													mm						
—	3	0.3	0.5	0.8	1.2	2	3	4	6	10	14	25	40	60	0.1	0.14	0.25	0.4	0.6	1	1.4
3	6	0.4	0.6	1	1.5	2.5	4	5	8	12	18	30	48	75	0.12	0.18	0.3	0.48	0.75	1.2	1.8
6	10	0.4	0.6	1	1.5	2.5	4	6	9	15	22	36	58	90	0.15	0.22	0.36	0.58	0.9	1.5	2.2
10	18	0.5	0.8	1.2	2	3	5	8	11	18	27	43	70	110	0.18	0.27	0.43	0.7	1.1	1.8	2.7
18	30	0.6	1	1.5	2.5	4	6	9	13	21	33	52	84	130	0.21	0.33	0.52	0.84	1.3	2.1	3.3
30	50	0.6	1	1.5	2.5	4	7	11	16	25	39	62	100	160	0.25	0.39	0.62	1	1.6	2.5	3.9
50	80	0.8	1.2	2	3	5	8	13	19	30	46	74	120	190	0.3	0.46	0.74	1.2	1.9	3	4.6
80	120	1	1.5	2.5	4	6	10	15	22	35	54	87	140	220	0.35	0.54	0.87	1.4	2.2	3.5	5.4
120	180	1.2	2	3.5	5	8	12	18	25	40	63	100	160	250	0.4	0.63	1	1.6	2.5	4	6.3
180	250	2	3	4.5	7	10	14	20	29	46	72	115	185	290	0.46	0.72	1.15	1.85	2.9	4.6	7.2
250	315	2.5	4	6	8	12	16	23	32	52	81	130	210	320	0.52	0.81	1.3	2.1	3.2	5.2	8.1
315	400	3	5	7	9	13	18	25	36	57	89	140	230	360	0.57	0.89	1.4	2.3	3.6	5.7	8.9
400	500	4	6	8	10	15	20	27	40	63	97	155	250	400	0.63	0.97	1.55	2.5	4	6.3	9.7
500	630			9	11	16	22	32	44	70	110	175	280	440	0.7	1.1	1.75	2.8	4.4	7	11
630	800			10	13	18	25	36	50	80	125	200	320	500	0.8	1.25	2	3.2	5	8	12.5
800	1000			11	15	21	28	40	56	90	140	230	360	560	0.9	1.4	2.3	3.6	5.6	9	14
1000	1250			13	18	24	33	47	66	105	165	260	420	660	1.05	1.65	2.6	4.2	6.6	10.5	16.5
1250	1600			15	21	29	39	55	78	125	195	310	500	780	1.25	1.95	3.1	5	7.8	12.5	19.5
1600	2000			18	25	35	46	65	92	150	230	370	600	920	1.5	2.3	3.7	6	9.2	15	23
2000	2500			22	30	41	55	78	110	175	280	440	700	1100	1.75	2.8	4.4	7	11	17.5	28
2500	3150			26	36	50	68	96	135	210	330	540	860	1350	2.1	3.3	5.4	8.6	13.5	21	33

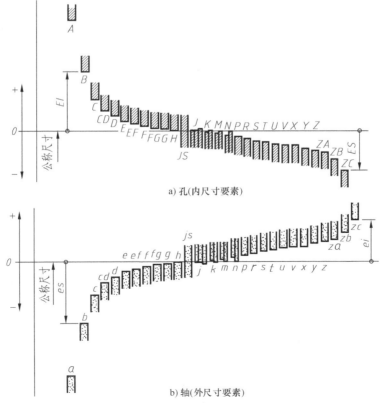

a) 孔(内尺寸要素)

b) 轴(外尺寸要素)

图 10-44　公差带（基本偏差）相对于公称尺寸位置的示意说明

349

不同尺寸的孔、轴的基本偏差可由 GB/T 1800.2 查得，表 D-2、表 D-4 进行了摘录，便于学习时查用。

（4）**公差带代号**　由基本偏差标示符和标准公差等级组成。对于孔和轴，公差带代号分别由代表孔的基本偏差的大写字母和轴的基本偏差的小写字母与代表标准公差等级的数字的组合标示。

如："H8" 表示基本偏差标示符为 H、标准公差等级为 IT8 的孔公差带代号。

"g7" 表示基本偏差标示符为 g、标准公差等级为 IT7 的轴公差带代号。

当基本尺寸和公差带代号确定时，可根据表 D-2、表 D-4 查得极限偏差值。

【例 10-4】　已知孔的公称尺寸为 $\phi48$，标准公差等级为 IT8，基本偏差标示符为 H，写出公差带代号，并查出极限偏差值。

解：由公差带代号定义可得，公差带代号为 $\phi48H8$。

查表 10-11 可得，标准公差数值为 0.039mm。

查表 D-2 可得，下极限偏差 $EI = 0$。

可求出，上极限偏差 $ES = EI + IT = 0 + 0.039\text{mm} = +0.039\text{mm}$

公差带相对于公称尺寸位置的示意图如图 10-45 所示。

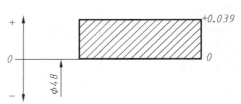

图 10-45　$\phi48H8$ 孔的公差带相对于公称尺寸位置的示意图

【例 10-5】　已知轴的公称尺寸为 $\phi48$，标准公差等级为 IT7，基本偏差标示符为 g，写出公差带代号，并查出极限偏差值。

解：公差带代号为 $\phi48g7$。

查表 10-11 可得，标准公差数值为 0.025mm。

查表 D-3、表 D-4 可得，上极限偏差 $es = -0.009\text{mm}$。

可求出，下极限偏差 $ei = es - IT = -0.009\text{mm} - 0.025\text{mm} = -0.034\text{mm}$。

公差带相对于公称尺寸位置的示意图如图 10-46 所示。

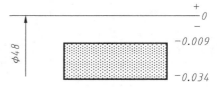

图 10-46　$\phi48g7$ 轴的公差带相对于公称尺寸位置的示意图

3. 配合与基准制

（1）**配合**　类型相同且待装配的外尺寸要素（轴）和内尺寸要素（孔）之间的关系称为配合。配合的尺寸要素不仅限于孔和轴，也包括各种包容件和被包容件。

根据使用要求不同，孔和轴配合可能出现不同的松紧程度。国家标准将配合分为以下三类。

1）间隙与间隙配合。当轴的直径小于孔的直径时，孔和轴的尺寸之差称为间隙。孔和轴装配时总是存在间隙（包括最小间隙为零）的配合称为间隙配合。此时孔的实际尺寸大于轴的实际尺寸，孔的公差带完全在轴的公差带之上，如图 10-47 所示。

2）过盈与过盈配合。当轴的直径大于孔的直径时，孔和轴的尺寸之差称为过盈。孔和轴装配时总是存在过盈（包括最小过盈为零）的配合称为过盈配合。此时，孔的实际尺寸小于轴的实际尺寸，轴的公差带完全在孔的公差带之上，如图 10-48 所示。

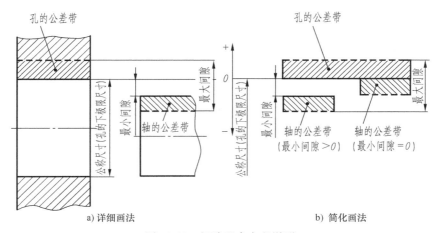

a) 详细画法　　　　　　　　　　b) 简化画法

图 10-47　间隙配合定义说明

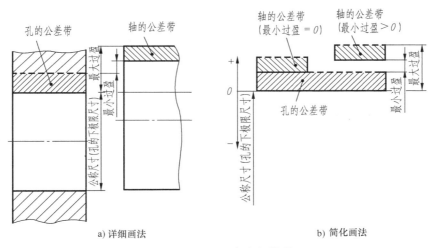

a) 详细画法　　　　　　　　　　b) 简化画法

图 10-48　过盈配合定义说明

3）过渡配合。轴和孔相配时，可能有间隙也可能有过盈的配合，称为过渡配合。此时孔的公差带和轴的公差带相互重叠，如图 10-49 所示。

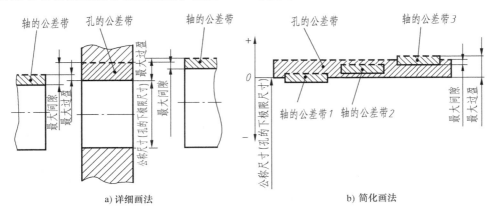

a) 详细画法　　　　　　　　　　b) 简化画法

图 10-49　过渡配合定义说明

（2）**配合的基准制**　在制造配合的零件时，使其中一种零件作为基准件，它的基本偏差固定不变，通过改变另一种非基准件的基本偏差来获得各种不同性质配合的制度称为配合制度。国家标准规定配合制度有基孔制配合和基轴制配合。

1）基孔制配合。孔的基本偏差为零的配合称为基孔制配合，如图 10-50 所示。

基孔制配合中的孔称为基准孔，基本偏差标示符为"H"，其下极限偏差为零。在基孔制配合中，轴的基本偏差为 a～h 时，用于间隙配合；轴的基本偏差为 j～zc 时，用于过渡或过盈配合。基孔制配合中的轴称为配合件。如轴承内孔与轴的配合就属于基孔制。

2）基轴孔配合。轴的基本偏差为零的配合称为基轴制配合，如图 10-51 所示。

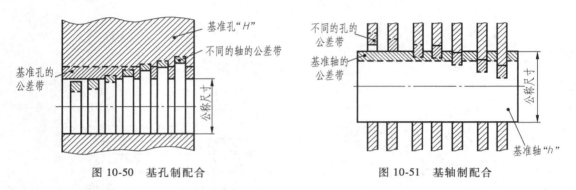

图 10-50　基孔制配合　　　　　　　　图 10-51　基轴制配合

基轴制配合中的轴称为基准轴，基本偏差标示符为"h"，其上极限偏差为零。在基轴制配合中，孔的基本偏差为 A～H 时，用于间隙配合；孔的基本偏差为 J～ZC 时，用于过渡或盈配合。基轴制配合中的孔称为配合件，如轴承外圈直径与箱体孔的配合就属于基轴制配合。

（3）**配合标注**　配合标注包括相同的公称尺寸和用孔、轴公差带代号组成的分式，分子表示孔的公差带代号，分母表示轴的公差带代号。如 $\frac{H8}{f7}$、$\frac{H9}{h9}$、$\frac{P7}{h6}$ 等，也可写成 H8/f7、H9/h9、P7/h6 的形式。显然，在配合标记中有"H"者为基孔制配合，有"h"者为基轴制配合。

4. 公差与配合的选用

（1）**公差带和配合的优先选用**　相互配合的孔和轴虽然具有相同的公称尺寸，但若孔和轴各自的公差带不确定，二者结合后，可组成数量繁多的各种配合，难以使用。因此，国家标准规定了优先、常用和一般用途的公差带及与之相应的常用和优先选用的配合。具体选用时请查阅有关标准，首先采用优先公差带和优先配合，其次选择常用配合，再次选择一般用途的公差带和配合。优先、常用配合见表 10-12、表 10-13。

（2）**基准制的选择**　实际生产中选用基孔制配合还是基轴制配合，要从机器的结构、工艺要求、经济性等方面考虑。一般情况下应优先选用基孔制配合，这是为了加工方便，因为孔加工困难，而轴加工容易。但若与标准件形成配合，则应按标准件确定基准制配合。例如，与滚动轴承内圈配合的轴应按基孔制配合；与滚动轴承外圈配合的孔应按基轴制配合。轴承的基准制如图 10-52 所示。

表 10-12　基孔制优先、常用配合（摘自 GB/T 1800.1—2020）

基准孔	轴																				
	a	b	c	d	e	f	g	h	js	k	m	n	p	r	s	t	u	v	x	y	z
	间隙配合								过渡配合			过盈配合										
H6							$\frac{H6}{g5}$	$\frac{H6}{h5}$	$\frac{H6}{js5}$	$\frac{H6}{k5}$	$\frac{H6}{m5}$	$\frac{H6}{n5}$	$\frac{H6}{p6}$								
H7						$\frac{H7}{f6}$	$\frac{H7}{g6}$	$\frac{H7}{h6}$	$\frac{H7}{js6}$	$\frac{H7}{k6}$	$\frac{H7}{m6}$	$\frac{H7}{n6}$	$\frac{H7}{p6}$	$\frac{H7}{r6}$	$\frac{H7}{s6}$	$\frac{H7}{t6}$	$\frac{H7}{u6}$		$\frac{H7}{x6}$		
H8					$\frac{H8}{e7}$	$\frac{H8}{f6}$		$\frac{H8}{h7}$	$\frac{H8}{js7}$	$\frac{H8}{k7}$	$\frac{H8}{m7}$				$\frac{H8}{s7}$		$\frac{H8}{u7}$				
				$\frac{H8}{d8}$	$\frac{H8}{e8}$	$\frac{H8}{f8}$		$\frac{H8}{h8}$													
H9				$\frac{H9}{d8}$	$\frac{H9}{e8}$	$\frac{H9}{f8}$		$\frac{H9}{h8}$													
H10		$\frac{H10}{b9}$	$\frac{H10}{c9}$	$\frac{H10}{d9}$	$\frac{H10}{e9}$			$\frac{H10}{h9}$													
H11		$\frac{H11}{b11}$	$\frac{H11}{c11}$	$\frac{H11}{d10}$				$\frac{H11}{h10}$													

注：标注 ◤ 的为优先配合。

表 10-13　基轴孔优先、常用配合（摘自 GB/T 1800.1—2020）

基准轴	孔																				
	A	B	C	D	E	F	G	H	JS	K	M	N	P	R	S	T	U	V	X	Y	Z
	间隙配合								过渡配合			过盈配合										
H5							$\frac{G6}{h5}$	$\frac{H6}{h5}$	$\frac{Js6}{h5}$	$\frac{K6}{h5}$	$\frac{M6}{h5}$	$\frac{N6}{h5}$	$\frac{P6}{h5}$								
H6						$\frac{F7}{h6}$	$\frac{G7}{h6}$	$\frac{H7}{h6}$	$\frac{Js7}{h6}$	$\frac{K7}{h6}$	$\frac{M7}{h6}$	$\frac{N7}{h6}$	$\frac{P7}{h6}$	$\frac{R7}{h6}$	$\frac{S7}{h6}$	$\frac{T7}{h6}$	$\frac{U7}{h6}$		$\frac{X7}{h6}$		
h7					$\frac{E8}{h7}$	$\frac{F8}{h7}$		$\frac{H8}{h7}$													
h8				$\frac{D9}{h9}$	$\frac{E9}{h9}$	$\frac{F9}{h8}$		$\frac{H9}{h8}$													
					$\frac{E8}{h9}$	$\frac{F8}{h9}$		$\frac{H8}{h9}$													
h9				$\frac{D9}{h9}$	$\frac{E9}{h9}$	$\frac{F9}{h9}$		$\frac{H9}{h9}$													
		$\frac{B10}{h9}$	$\frac{C10}{h9}$	$\frac{D10}{h9}$				$\frac{H10}{h9}$													

注：标注 ◤ 的为优先配合。

353

（3）**公差等级的选择** 公差等级的高低不仅影响产品的性能，还影响加工的经济性。考虑到孔的加工比轴的加工困难，因此选用公差等级时，通常孔比轴低一级。在一般机械中，重要的精密部位选用 IT5、IT6，一般部位常选用 IT6 ~ IT8，次要部位选用 IT8、IT9。

5. 公差与配合的标注方法

（1）**零件图上公差的注法** 零件图上通常只标注公差，不标注配合，可按图 10-53 所示三种形式之一标注。

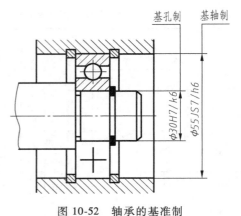

图 10-52　轴承的基准制

可以在公称尺寸后面注出公差带代号，如 $\phi 40h7$；也可以在公称尺寸后面注出极限偏差值，如 $\phi 40_{-0.025}^{0}$；还可以两者同时注出，如 $\phi 40h7({}_{-0.025}^{0})$。

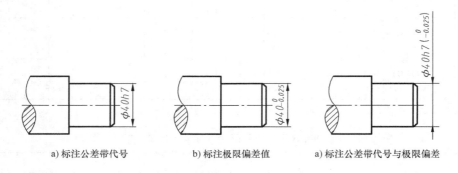

a) 标注公差带代号　　　　b) 标注极限偏差值　　　　a) 标注公差带代号与极限偏差

图 10-53　零件图上公差的标注

标注时应注意如下事项。

1）当采用极限偏差值标注时，极限偏差值的数字比公称尺寸数字小一号，下极限偏差值与公称尺寸注在同一底线上，且上、下极限偏差的小数点必须对齐，小数点后的位数必须相同，如 $20_{-0.025}^{+0.010}$。

2）若上、下极限偏差值相同，则极限偏差值只注写一次，并在极限偏差与公称尺寸之间注出符号"±"，极限偏差值与公称尺寸数字高度相同，如 $\phi 40 \pm 0.012$。

3）若一个极限偏差值为零，仍应注出零，零前无"±"号，并与下极限偏差值或上极限偏差值小数点前的个位数对齐，如 $\phi 20_{0}^{+0.021}$。

（2）**装配图中配合的注法** 装配图中，配合部分的尺寸应以相同的公称尺寸和以孔、轴公差带代号构成的分式注出，分子表示孔的公差带代号，分母表示轴的公差带代号，如 $\dfrac{H8}{f7}$ 或 H8/f7。配合标注的一般形式如下。

1）基孔制配合的标注方法：

$$\text{公称尺寸}\dfrac{\text{基准孔的基本偏差标示符（H）标准公差等级数字}}{\text{轴的基本偏差标示符标准公差等级数字}}$$

基孔制配合的标注如图 10-54 所示。

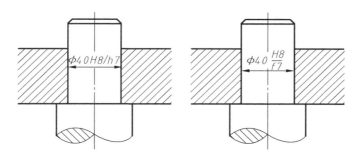

图 10-54　基孔制配合的标注

2）基轴制配合的标注方法：

$$公称尺寸\frac{孔的基本偏差标示符\ 标准公差等级数字}{基准轴的基本偏差标示符（h）\ 标准公差等级数字}$$

基轴制配合的标注如图 10-55 所示。

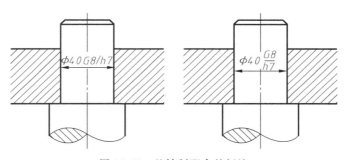

图 10-55　基轴制配合的标注

10.5.3　几何公差简介

在进行零件加工时，不仅会产生尺寸误差，还会出现形状和位置的误差。例如，在加工圆柱时，可能会出现一头粗一头细的情况，加工阶梯轴时，可能会出现各段轴线不重合的现象等，如图 10-56 所示。这种误差属于形状和位置的误差，它们对机器的精度和使用寿命都有影响。因此，对于重要的零件而言，不仅要控制尺寸的误差，还要控制形状和位置的误差。

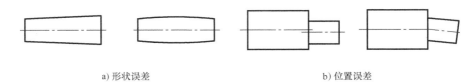

a) 形状误差　　　　　　　　　　　　b) 位置误差

图 10-56　形状和位置误差

几何公差是指零件的实际形状和实际位置相对于理想形状和位置的允许变动量。与表面粗糙度、尺寸公差一样，几何公差也是评定零件质量的一项重要指标。对于一般零件来说，其几何公差可由尺寸公差、机床加工精度等加以保证，而有些要求较高的零件，则应根据设计要求，在零件图上标注出国家标准所规定的几何公差。

GB/T 1182—2018 对几何公差的有关定义、术语、符号及标注方法做了相应的规定。

1. 几何公差的定义和术语

（1）**要素** 构成零件几何特征的点、线或面。

（2）**实际要素** 零件上实际存在的要素，测量时由测得的要素来代替。

（3）**被测要素** 图样上给出了几何公差要求的要素，是测量的对象。

（4）**基准要素** 零件上用来确定被测要素方向、位置或跳动的要素，在图样上用基准代号进行标注。

（5）**形状公差** 单一实际要素的形状所允许的变动全量。

（6）**方向公差** 关联实际要素对基准在方向上允许的变动量。

（7）**位置公差** 关联实际要素的位置对基准要素所允许的变动全量。

（8）**跳动公差** 关联实际要素绕基准轴线一周或连续回转时所允许的最大跳动量。

2. 几何公差的代号及注法

按国家标准规定，在零件图上直接用代号标注几何公差，若无法用代号标注，允许在技术条件中用文字说明。

几何公差代号用公差框格来表示，公差框格由若干个小方格组成，并在相应的小方格中标出公差的特征符号、公差数值、基准代号等。

几何公差的几何特征、符号见表 10-14。

表 10-14 几何特征符号

公差类型	几何特征	符号	有无基准	公差类型	几何特征	符号	有无基准
形状公差	直线度	——	无	方向公差	线轮廓度	⌒	有
	平面度	▱	无		面轮廓度	⌓	有
	圆度	○	无	位置公差	位置度	⌖	有或无
	圆柱度	⌭	无		同心度（用于中心点）	◎	有
	线轮廓度	⌒	无		同轴度（用于轴线）	◎	有
	面轮廓度	⌓	无		对称度	═	有
方向公差	平行度	//	有		线轮廓度	⌒	有
	垂直度	⊥	有		面轮廓度	⌓	有
	倾斜度	∠	有	跳动公差	圆跳动	↗	有
					全跳动	⌰	有

3. 公差框格的形式及内容

框格由细实线画出，由若干个小格组成，如图 10-57，框格从左至右填写的内容为：第一格填写几何特征符号；第二格填写几何公差数值和有关符号；第三格填写基准代号和有关符号。

根据项目的特征和要求，框格的小格数可以增减。

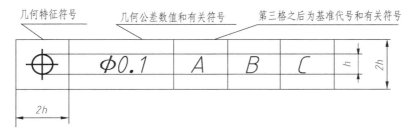

图 10-57　公差框格和有关符号的填写

4. 基准的表示方法

与被测要素的相关基准用一个大写字母表示，字母标注在基准方格内，与一个三角形相连，三角形可以涂黑，也可以不涂黑，如图 10-58 所示。

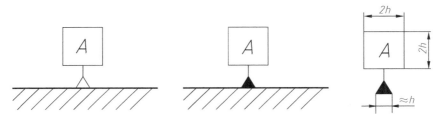

图 10-58　基准的表示方法

5. 几何公差的放置方法

标注几何公差时，要用带箭头的指引线将框格与被测要素相连，具体标注方法如下。

1）当被测要素为轮廓线或表面时，将箭头指在该要素的轮廓线上或轮廓线的延长线上，且必须与尺寸线明显错开，如图 10-59 所示。

2）当一个表面有几何公差要求时，可直接在面上用一个小黑点引出参考线，将箭头指在参考线上，如图 10-60 所示。

3）当被测要素为轴线、中心平面时，指引线的箭头应与该要素的尺寸线对齐，如图 10-61 所示。

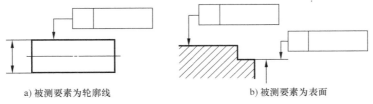

a) 被测要素为轮廓线　　　　　　b) 被测要素为表面

图 10-59　几何公差的标注（一）

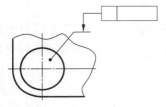

图 10-60　几何公差的标注（二）

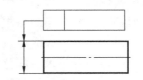

图 10-61　几何公差的标注（三）

6. 基准的放置方法

带基准字母的基准三角形应按如下规定放置。

1）当基准要素为轮廓线或表面时，基准三角形放置在要素的轮廓线或其延长线上，且必须与尺寸线明显错开，如图 10-62a 所示。

2）当基准要素为轴线或中心平面时，基准三角形应放置在该尺寸线的延长线上，如图 10-62b 所示。

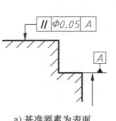

a) 基准要素为表面

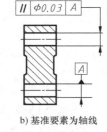

b) 基准要素为轴线

图 10-62　几何公差的标注（四）

7. 几何公差标注示例

图 10-63 所示为轴的零件图，其中标有四处几何公差，分别表示左端 $\phi20$ 圆柱面的轴线、右端 $\phi12$ 圆柱面的轴线对于右端 $\phi20$ 圆柱面轴线的同轴度允许变动量位于 $\phi0.010$ 的圆柱形包络区；$\phi25$ 圆柱左、右端面对于右端 $\phi20$ 圆柱轴线的垂直度允许变动量为 0.03mm。

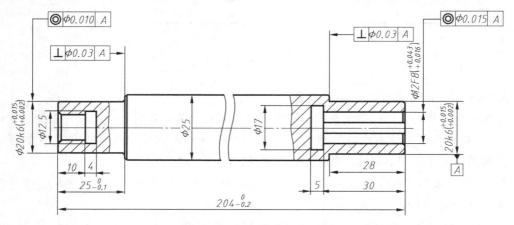

图 10-63　几何公差标注示例

10.5.4　其他技术要求

除前述几项基本的技术要求外，技术要求还应包括对表面的特殊加工及修饰、对表面缺陷的限制、对材料性能的要求，对加工方法、检验和实验方法的具体指示等，其中有些项目可单独写成技术文件。

1. 零件毛坯的要求

对于铸造或锻造的毛坯零件，应有必要的技术说明。例如，铸件的圆角、气孔及缩孔、裂纹等影响零件使用性能的现象应有具体的限制，锻件去除氧化皮等。

2. 热处理要求

热处理对于金属材料力学性能的改善与提高有显著作用，因此在设计机器零件时常提出热处理要求。例如，轴类零件的调质处理 42~45HRC，齿轮轮齿的淬火等。

热处理要求一般写在技术要求条目中，对表面渗碳及局部热处理的要求也可直接标注在视图上。

3. 对表面涂层、修饰的要求

根据零件用途的不同，常对一些零件表面提出必要的特殊加工和修饰的要求。例如，为防止零件表面生锈，非加工面应喷漆。再如，为防滑，工具手把表面应做滚花加工等。

4. 对试验条件与方法的要求

为保证部件的安全使用，常需提出试验条件等要求，如化工容器中的压力试验、强度试验，以及齿轮泵的密封要求等。

综上所述，在填写技术要求时，应注意以下几个问题。

1）用代号形式在图样上标注技术要求时，采用的代号及标注方法要符合国家标准规定。

2）用文字说明技术要求时，说明文字上方应写出"技术要求"字样的标题。

3）齿轮轮齿参数、弹簧参数要以表格方式注在图样的右上角。

4）说明文字中有多项技术要求时，应按主次及工艺过程顺序加以排列，并编上顺序号。

5）说明文字应简明扼要、准确。

10.6　用 AutoCAD 绘制零件图

在零件图的技术要求中，有文字也有符号，用 AutoCAD 绘制零件图时，可以将表面结构符号等符号定义为"块"，插入到图形中。本节重点介绍 AutoCAD 中的"块"命令。

在 AutoCAD 中，"块"是绘制在几个图层上的不同颜色、线型和线宽特性的对象的组合，是 AutoCAD 为用户提供的管理对象的重要功能之一。块是一个单一的对象，通过拾取块中的任一条线段，就可以对块进行编辑。块可以存储在当前文件中，也可以单独存储为图形文件，可插入到其他任何图形中。

AutoCAD 常用的块命令见表 10-15。

表 10-15　AutoCAD 常用块命令

命令名称	功　　能
BLOCK	将所选图形定义成块
WBLOCK	将指定对象或已定义过的块存储为图形文件
INSERT	将块或图形插入当前图形中
ATTDEF	定义块属性
ATTEDIT	更改块属性
BATTMAN	管理当前图形中块的属性

【例 10-6】　将表面结构符号定义为块，插入到图 10-64 所示的图形中。

此例是在当前图形中进行块定义，使用 BLOCK 命令来创建块。作图步骤如下。

1. 创建块定义

（1）创建块的对象 绘制表面结构符号作为将要定义为"块"的图形，如图 10-65 所示。

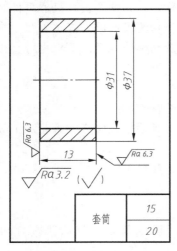

图 10-64 套筒零件图

图 10-65 表面结构符号

（2）定义块的属性 为便于在插入块的同时加入表面粗糙度数值，实现图形与文本的结合，可使用"定义属性"（ATTDEF）命令，如图 10-66a 所示，可在弹出的"属性定义"对话框中给表面结构符号添加块属性，如图 10-66b 所示（对正选"中上"），单击"确定"按钮后选择表面结构符号横线的中间点处，如图 10-66c 所示，单击鼠标左键确定，结果如图 10-66d 所示。双击属性"RA"，可在弹出的"编辑属性定义"对话框中对其参数进行编辑，如图 10-66e 所示。

360

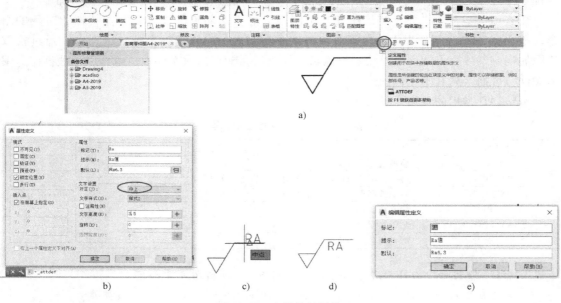

图 10-66 定义块的属性

（3）**启动 BLOCK 命令创建块**　如图 10-67a 所示，在"块"面板中单击"创建"按钮，启动 BLOCK 命令；在弹出的"块定义"对话框中，将要创建的块命名为"粗糙度"，选择"基点"为"拾取点"，如图 10-67b 所示；用鼠标在块对象图形中拾取块的插入点，如图 10-67c 所示；再在"块定义"对话框中将"对象"选择为"选择对象"，如图 10-67b 所示；用鼠标在块对象图形中框选要定义为块的图形和属性，即如图 10-66d 所示的全部元素，单击鼠标左键确定，系统便会弹出"编辑属性"对话框，如图 10-67d 所示，可在其中编辑属性值，单击"确定"按钮，则完成块及属性的定义，结果如图 10-67e 所示。双击该块，可在弹出的"增强属性编辑器"中编辑"属性"值，如图 10-68a 所示；也可编辑"文字选项"，如图 10-68b 所示；还可编辑块的"特性"，如图 10-68c 所示。

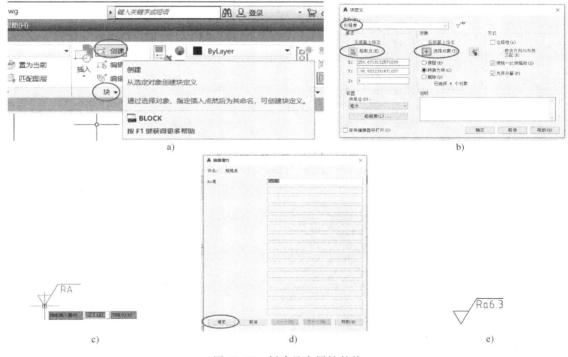

图 10-67　创建具有属性的块

注意：此时创建的块定义是在当前图形中的。若想将该块插入到其他任何图形中，则可使用 WBLOCK 命令来实现。

（4）**写块**　在命令行提示区键入"W"，选择默认的 W（WBLOCK）命令，如图 10-69a 所示，系统会弹出"写块"对话框，如图 10-69b 所示；在该对话框中，可将"源"选择为"对象"，将定义的块存储为图形文件；也可选择"整个图形"，并将当前图形另存为块文件；还可选择"块"，并将所定义的"粗糙度"块存储为图形文件，使之可插入到其他图形文件中，如图 10-69b 所示。

注意：要确保将块文件存储到容易查找的文件夹。

创建块定义后，可以根据需要插入、复制和旋转块。如需更改块，则可使用 EXPLODE 命令将块分解后修改。

2. 插入块

（1）**启动 INSERT 命令**　通常，每个块都是单个图形文件，可能保存在具有类似图形文

图 10-68 块的"增强属性编辑器"

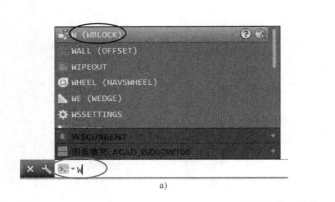

a)

b)

图 10-69 写块

件的文件夹中，也可能是在当前的图形中。当需要将块插入到当前图形文件中时，可使用 INSERT 命令。可在命令提示区输入"I"，选择默认的 I（INSERT）命令，如图 10-70a 所示，系统便会弹出"插入"对话框，如图 10-70b 所示。也可在"块"面板中单击"插入"按钮，如图 10-70c 所示，此时其下拉列表会显示图形中已定义的块，选择已有的块即可直接插入到图中；或者单击面板中的"更多选项"按钮，打开"插入"对话框。

（2）修改块的特性　在第一次将图形作为块插入时，需要在"插入"对话框中单击"浏览"按钮以找到图形文件，也可通过"名称"下拉列表框选择图形中已定义的块，以调入所要插入的块。"插入"对话框中的"比例"与"旋转"两项可根据实际绘图情况选择，例如，图 10-64 中套筒左侧的表面结构符号需要旋转 90°，则这两项的设置如图 10-70b 所示；接着勾选"在屏幕上指定"后单击"确定"按钮，就可以在图中指定位置插入该表面结构符号了。如需修改，可双击需修改的块，打开相应的对话框和编辑器进行更改。

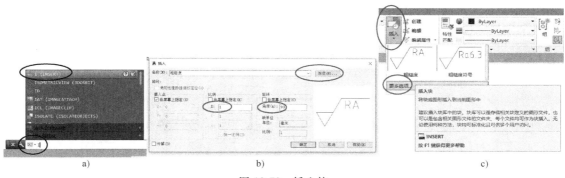

图 10-70　插入块

　　若标注零件图形下方或右侧的表面粗糙度，则需先用"多重引线"命令画出带箭头的引线。可选择"注释"选项卡中的"引线"面板，先单击面板右下角的箭头，如图 10-71a 所示，系统弹出"多重引线样式管理器"，如图 10-71b 所示，单击"新建"或"修改"按钮，可在弹出的"修改多重引线样式"对话框中对"引线格式""引线结构""内容"进行设置，如图 10-71c 所示。具体设置、标注及零件图中其他技术要求符号的创建和标注，请读者自行实践解决。

图 10-71　多重引线设置

10.7　用 Inventor 生成零件工程图

10.7.1　泵体建模

　　泵体是齿轮油泵的主要部分，是输油动力齿轮的承载体，同时也是连接进油管和出油管的中间媒介，通过动力齿轮的转动，轮齿将液体从进油口带至出油口，其零件图和三维模型如图 10-72 所示。复杂零件的建模重点是层次顺序和子结构完整，下面简要介绍主要操作步骤。

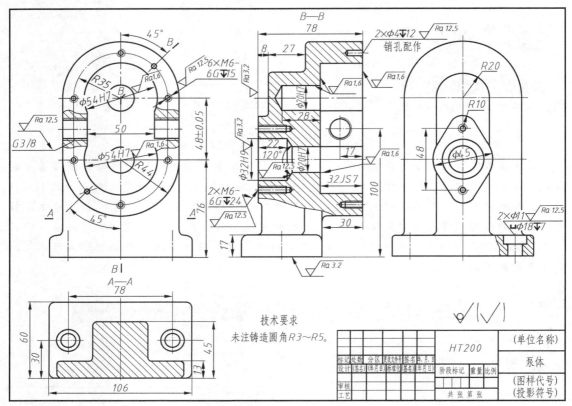

a) 零件图

b) 三维模型

图 10-72　泵体

1. 拉伸底板

用"拉伸"命令创建一个高 17mm、长 106mm、宽 60mm 的长方体，如图 10-73 所示。

2. 拉伸主体部分

在图 10-74a 所示的长方体端面，用"平面"命令创建一个新平面，然后在该平面上绘制图 10-74b 所示的草图，再拉伸 43mm 得到主体部分的外形立体。

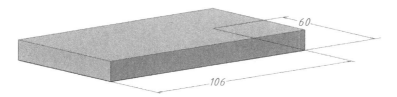

图 10-73　拉伸底板

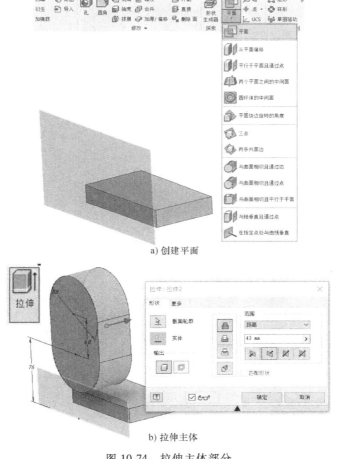

a) 创建平面

b) 拉伸主体

图 10-74　拉伸主体部分

3. 拉伸支撑板、后凸和腔体

首先拉伸前支撑板，如图 10-75a 所示；然后在主体的后表面创建草图，拉伸后凸，如图 10-75b 所示；接着利用 27 和 45 两个尺寸，在相应表面上创建草图，拉伸上、下两个后支撑板，如图 10-75c 所示；最后求差，拉伸腔体，如图 10-75d 所示。

4. 打孔和倒圆

如图 10-76a 所示，先在外表面上打 φ20mm 的通孔，再打带 120°锥底的 φ32mm 的大孔；同理打从动齿轮轴孔。如图 10-76b 所示，在泵体侧面上创建草图置圆心点后，使用"孔"命

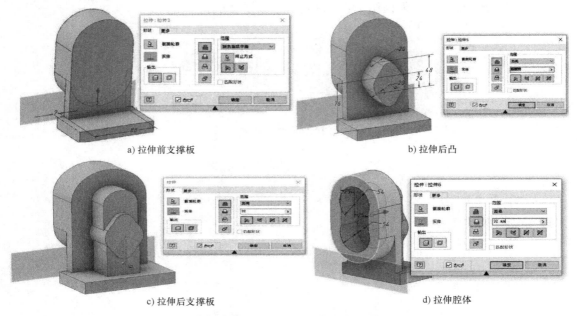

a) 拉伸前支撑板   b) 拉伸后凸

c) 拉伸后支撑板   d) 拉伸腔体

图 10-75　拉伸支撑板、后凸和腔体

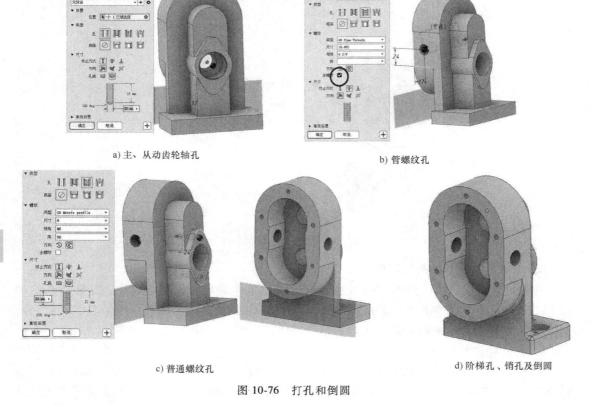

a) 主、从动齿轮轴孔   b) 管螺纹孔

c) 普通螺纹孔   d) 阶梯孔、销孔及倒圆

图 10-76　打孔和倒圆

令，选择螺纹孔，类型为 GB Pipe Threads，规格为 G 3/8，打贯通的管螺纹孔。如图 10-76c
所示，在后凸部分打两个螺纹孔，在泵体正面打六个螺纹孔，类型为 GB Metric profile。如
图 10-76d 所示，打剩余的销孔、底板阶梯孔，最后把工作平面设为不可见，在相应位置倒
圆，完成泵体建模。

10.7.2 泵体工程图

在完成泵体建模后，创建零件工程图，具体操作步骤如下。

1. 视图生成

如图 10-77 所示，选好主视图方向，创建左视图；选中左视图，单击"投影视图"按
钮，创建后视图。由主视图，单击"剖视"按钮，创建全剖的俯视图。分别对主视图、左
视图和后视图作局部剖视图：选中视图，单击"开始创建草图"按钮，由样条曲线画出要
剖出位置的草图，单击"完成草图"按钮；选中视图，单击"局部剖视图"按钮；在其他
视图中设置好剖切深度，生成局部剖视图，选中波浪线并设置为细实线。最后给各个视图添
加中心线。创建剖视图时，需要注意剖面线的一致性。

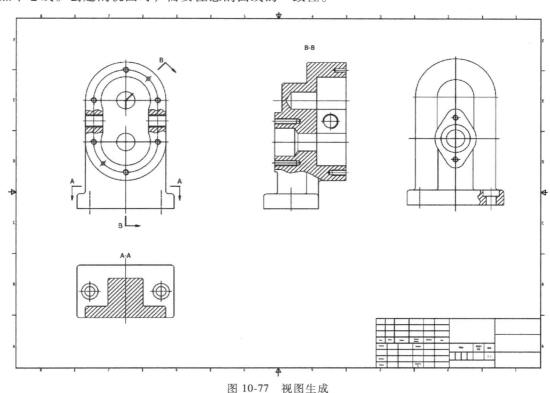

图 10-77 视图生成

2. 尺寸标注

需标注的尺寸如图 10-78 所示，对于普通尺寸标注，用右键菜单中"检索模型标注"命
令和下拉菜单中的"标注"命令两种方式都可完成标注，这里省略操作步骤。下面重点介
绍如何创建尺寸公差及螺纹尺寸。

（1）标注尺寸公差 添加带公差尺寸 48 ± 0.5 的操作方法为：按照添加普通尺寸的方法
拉出如图 10-79a 所示的尺寸，放置好尺寸后，用鼠标左键双击尺寸数字，系统弹出编辑尺

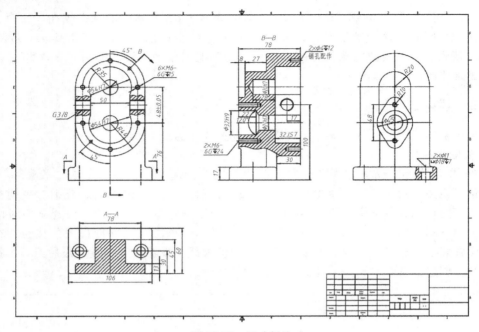

图 10-78　尺寸标注

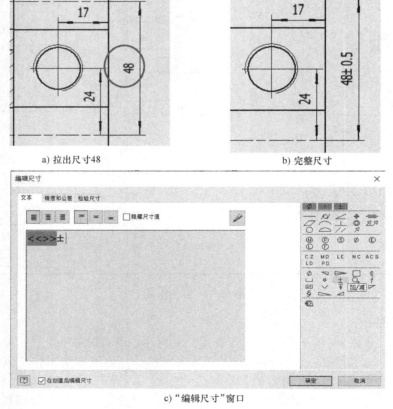

a) 拉出尺寸48　　　　　　　　　b) 完整尺寸

c)"编辑尺寸"窗口

图 10-79　标注尺寸公差

寸窗口，如图 10-79c 所示，添加符号"±"及数字"0.5"，单击"确定"按钮，生成图 10-79b 所示完整尺寸。

（2）标注螺纹尺寸　管螺纹和普通螺纹的标注方法相同，下面以普通螺纹为例，介绍螺纹孔的标注方法：先单击"孔和螺纹"按钮，如图 10-80a 所示，若视图中的螺纹以圆形显示，则单击大径圆，移动鼠标拖出标注箭头，双击螺纹尺寸，在系统弹出的"编辑孔注释"窗口中添加孔符号，如图 10-80b 所示，完成后单击"确定"按钮。

在螺纹尺寸上单击鼠标右键，取消勾选菜单中的单一尺寸线，使指引线出现双箭头，如图 10-80c 所示。若要标注如图 10-80d 所示的样式，则单击"孔和螺纹"按钮，选择螺纹与中心线的交点单击即可，若需要去除箭头，则双击箭头的绿点，将样式改成"无"。

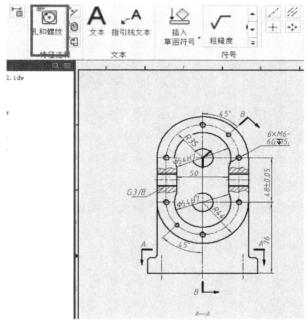

a)"孔和螺纹"按钮

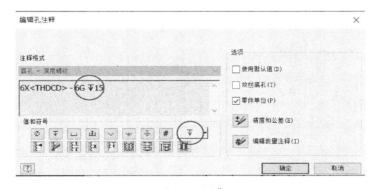

b)"编辑孔注释"窗口

图 10-80　标注螺纹尺寸

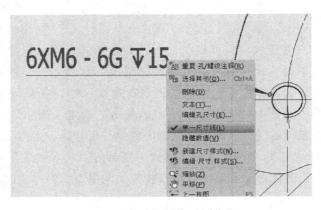

c) 取消勾选"单一尺寸线"

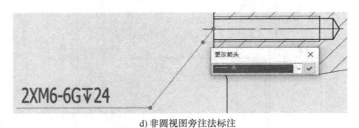

d) 非圆视图旁注法标注

图 10-80　标注螺纹尺寸（续）

3. 标注表面粗糙度

如图 10-81a 所示，首先在"标注"选项卡中单击"粗糙度"按钮，若需要粗糙度符号

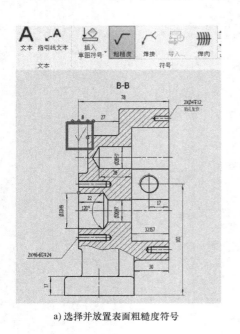

a) 选择并放置表面粗糙度符号

b)"表面粗糙度"窗口

图 10-81　标注表面粗糙度

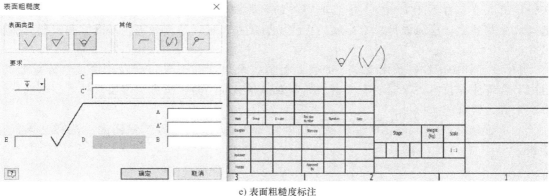

c) 拖出箭头后再次单击鼠标左键　　　　　　　　　　　d) 添加指引线

e) 表面粗糙度标注

图 10-81　标注表面粗糙度 (续)

紧贴视图轮廓线，则用鼠标拖动表面粗糙度符号，在需要标注的轮廓线位置单击一下线条。拖动鼠标发现有箭头指向轮廓线时，不要单击左键第二下，只需单击右键，再单击"继续"按钮。

　　注意：箭头的方向很重要，它决定表面粗糙度符号放置在轮廓线的哪一端。在表面粗糙度窗口中进行编辑，如图 10-81b 所示。

　　如果表面粗糙度是用箭头指向线条的形式，则需要在上述步骤第一次单击鼠标左键后，拖出箭头并第二次单击鼠标左键来放置箭头，如图 10-81c 所示，之后的操作与图 10-81b 相同。若需要以同一种表面粗糙度表示附近几个端面，则可对放置后的表面粗糙度符号单击鼠标右键，在弹出的菜单中选择"添加顶点/指引线"选项，如图 10-81d 所示，然后选择需要指向的端面，当箭头在绿点处时单击鼠标左键即可生成。最后，一个物体上相同且数量最多的表面粗糙度统一标注在标题栏附近，如图 10-81e 所示。

4. 技术要求和标题栏

　　使用"文本"命令添加技术要求及标题栏的信息，调整好整个工程图的位置，使其布局合理，最终生成图 10-72a 所示零件图。

本 章 小 结

零件图是零件加工、检验所必需的技术资料，其内容与生产实践密切联系，需要在实践中逐步掌握。在学习本章内容时，应注意从以下几个方面入手。

1）绘制零件图的主要步骤是选择视图、合理标注零件图尺寸及注写技术要求。

2）零件图视图选择的重点是主视图的选择，应根据零件在机器中的作用和制造工艺的要求，进行零件的形体分析和结构分析，从而了解零件的结构特征，并能根据其工作位置、加工位置和形状特征选择主视图，然后选择其他视图，经过分析、比较确定零件的最佳表达方案。

3）只有在零件图上合理标注尺寸，才能满足零件的设计要求，并保证零件的加工性能。合理标注尺寸的前提是正确选择尺寸基准。零件的尺寸基准分为设计基准和工艺基准，在很多情况下二者不能统一。一般选取零件的对称面、底面、端面、轴线等作为尺寸基准，选择尺寸基准后，应从设计基准出发，标注主要尺寸，设计基准和工艺基准之间一般有关联尺寸。

4）在零件图上注写技术要求，如表面粗糙度及尺寸的极限与配合，也是十分重要的。但由于合理注写技术要求需要有丰富的专业知识和实践经验，故本章仅要求技术要求的标注方法正确，符合国家标准。

本章还介绍了用 AutoCAD 绘制零件图及用 Inventor 生成零件工程图的方法和具体操作步骤。

第 11 章

装　配　图

装配图是表达产品中各零部件的连接、装配关系及技术要求的图样，是进行产品设计、装配、检验、安装、调试和维修时所必需的技术文件。本章介绍装配图的内容、画法、部件测绘、读装配图和拆画零件图。

11.1　装配图的内容及表达

11.1.1　装配图的作用和内容

1. 装配图的作用

机器或部件都是由若干零件按一定的装配关系和技术要求装配而成的。表示机器或部件的图样称为装配图。

装配图分为总装配图和部件装配图。总装配图是表达完整机器的图样，主要表达机器的全貌、工作原理、各组成部分之间的相对位置、机器的技术性能等。部件装配图是表达机器中某个部件或组件的图样，主要表达部件的工作性能、零件之间的装配和连接关系、主要零件的结构，以及部件装配时的技术要求等。

在设计产品、改进原产品时，一般都要由设计人员根据设计要求构思方案，在理论分析和有关计算的基础上先画出装配图，再根据装配图进行零件设计，接着画出全部零件图并交付制造部门加工，最后汇总所有零件（包括标准件）并根据装配图组装、调试成合格机器。对于产品制造，装配图是制订装配工艺规程、进行装配和检验的技术依据。在机器使用和维修时，也需要通过装配图了解机器的工作原理和构造。因此要求装配图能够充分反映设计意图，表达出部件或机器的工作原理、性能结构、零件之间的装配关系，以及必要的技术数据。

2. 装配图的内容

现以图 11-1 所示齿轮油泵的装配图为例，说明装配图一般应包括的内容。

（1）一组图形　图形表达机器或部件的工作原理及结构、各零件之间的装配、连接、传动关系和零件的主要结构形状。如图 11-1 所示的齿轮油泵装配图选用了两个基本视图并采用主视图全剖、左视图半剖表达。

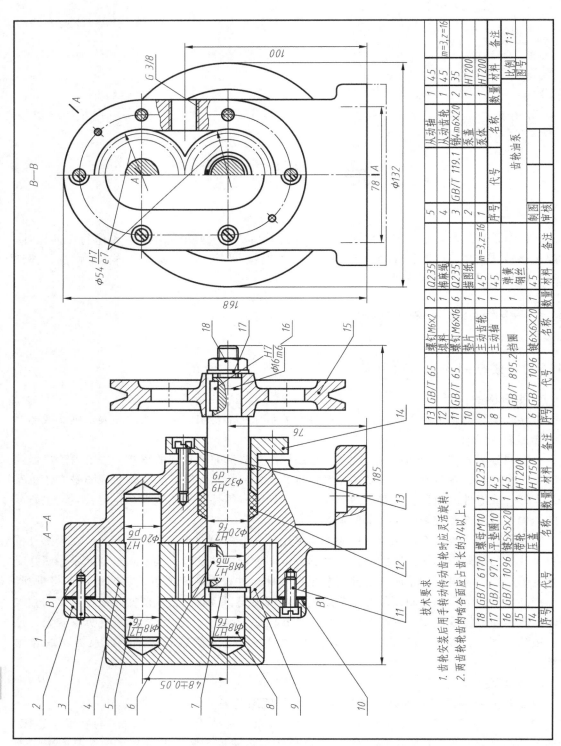

图 11-1 齿轮油泵装配图（一）

技术要求

1. 齿轮安装后用手转动传动齿轮时应灵活旋转。
2. 两齿轮齿的啮合面应占齿长的3/4以上。

序号	代号	名称	数量	材料	备注
5		从动轴	1	45	
4		从动齿轮	1	45	m=3,z=16
3	GB/T 119.1	销4m6×20	2	35	
2		泵盖	1	HT200	
1		泵体	1	HT200	

齿轮油泵

		比例	1:1
		图号	

| 制图 | |
| 审核 | |

序号	代号	名称	数量	材料	备注
13	GB/T 65	螺钉M6×2	2	Q235	
12		填料	1	棉麻绳	
11	GB/T 65	螺钉M6×16	6	Q235	
10		垫片	1	描图纸	
9		主动齿轮	1	45	m=3,z=16
8		主动轴	1	45	
7	GB/T 895.2	挡圈	1		
6	GB/T 1096	键6×6×20	1	45	

序号	代号	名称	数量	材料	备注
18	GB/T 6170	螺母M10	1	Q235	
17	GB/T 97.1	平垫圈10	1	45	
16	GB/T 1096	键5×5×20	1	45	
15		带轮	1	HT200	
14		压盖	1	HT150	

（2）必要的尺寸　装配图中应注出与部件或机器有关的性能、规格、装配、安装、外形等方面的尺寸。如图 11-1 所示的齿轮油泵装配图中，G3/8 为规格尺寸，185、φ132、168 为外形尺寸，φ18H7/f6 为配合尺寸等。

（3）技术要求　技术要求应提出与部件或机器有关的性能、装配、检验、调试、使用等方面的要求。如图 11-1 所示的齿轮油泵装配图中，用文字注明了在装配和检验时的技术要求。

（4）零件的编号和明细栏　明细栏应说明部件或机器的组成情况，如零件的代号、名称、数量和材料等。如图 11-1 所示的齿轮油泵装配图对各零件进行了编号，并在明细栏中填写了各对应零件的相关信息。

（5）标题栏　标题栏应填写图名、比例、图号、设计单位，以及制图、审核人员的签名和日期等。

11.1.2　装配图的表达方法

第 8 章介绍过的机件的图样画法都可以用来表达机器、部件和组件。此外，由于装配图以表达工作原理、装配关系为主，在装配图中还指定了一些表达方法。

1. 相邻零件间轮廓线的画法

两相邻零件的接触面或配合面只用一条轮廓线表示，如图 11-1 主视图中的泵盖 2 与齿轮 9、4 的接触面，左视图中齿轮 9、4 齿顶圆与泵体 1 内腔的配合面，图 11-2 中的轴、孔配合面及轴肩的接触面均画一条线。

未接触的两表面画两条轮廓线，若空隙很小可夸大表示，如图 11-1 主视图中的压盖 14 内孔与主动轴 8 外圆的轮廓线，图 11-2 所示的键顶部轮廓线与其上方孔的轮廓线均应画两条线。

2. 剖面线的画法

相邻的两个（或两个以上）金属零件，剖面线的倾斜方向应相反，或者方向一致而间隔不等以示区别，如图 11-1 主视图中的泵盖 2 与泵体 1 的剖面线方向即相反，而齿轮 4 与泵盖 2 的剖面线方向一致，但间隔不等，又如图 11-2 中 A—A 视图的剖面线所示。

同一零件在不同视图中的剖面线方向和间隔必须一致。如图 11-2 中轴的剖面线画法所示。厚度小于等于 2mm 的狭小面积的剖面区域，可用涂黑代替剖面符号。如图 11-1 主视图中垫片 10 的画法。

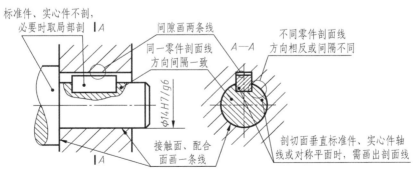

图 11-2　装配图的规定画法

3. 实心零件的画法

在装配图中，对于紧固件及轴、连杆、球、钩子、键、销等实心零件，当按纵向剖切，且剖切面通过其对称平面或与对称平面相平行的平面或轴线时，这些零件均按不剖绘制，如图 11-1 主视图中轴 8 和 5、螺钉 13、键 6、销 3 等的画法。如需要特别表明这些零件上的局部结构，如凹槽、键槽、销孔等，则可用局部剖视图表示，如图 11-1 主视图中的轴 8、图 11-2 主视图中的轴均采用了局部剖视图。若剖切面垂直于轴线，则应画出剖面线，如图 11-1 左视图中的轴 5 和 8、螺钉 11 及销 3 等的剖切画法，又如图 11-2 左视图中轴和键的剖切画法。

4. 沿零件的结合面剖切和拆卸画法

在装配图中，可假想沿某些零件的结合面剖切，这时零件的结合面不画剖面线，其他被剖切的零件则要画剖面线，如图 11-1 中的 *B—B* 剖视图及图 11-4 中的 *A—A* 剖视图所示。当某些零件遮住必须表示的装配关系时，可将某些零件拆卸后绘制，需要说明时可加注"拆去 XX 等"，如图 11-3 中油杯轴承的俯视图是按拆去轴承盖、上轴衬、螺栓、螺母等零件绘制的。应注意，拆卸画法是一种假想的画法，不等于机器或部件中没有这些零件了，因此在其他视图上仍应画出它们的投影。

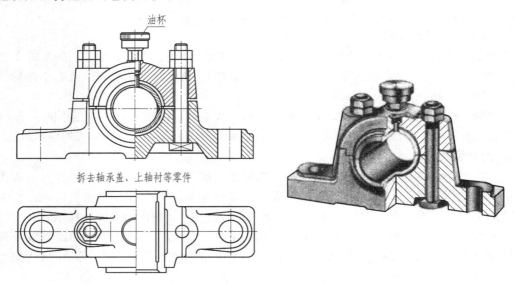

图 11-3　油杯轴承拆卸画法

5. 零件移出画法

在装配图中，可以单独画出某一零件的视图。但必须在所画视图的上方注出该零件的视图名称及零件序号或零件名称，在装配图上相应零件的附近用箭头指明投射方向，并注上与视图名称相同的字母，如图 11-4 中泵盖的 *B* 向视图所示。

6. 假想画法

在装配图中，当需要表示某些零件的运动范围或极限位置时，可用细双点画线画出表示该运动零件的极限位置，如图 11-5 所示的手柄的极限位置表示方法。相邻辅助零件用细双点画线绘制，一般不应遮挡其后面的零件，如图 11-4 中的主视图和图 11-6 所示。

7. 夸大画法

在装配图中，对薄片零件、弹簧或较小间隙等，允许适当夸大画出，如图 11-6 中的垫片所示。

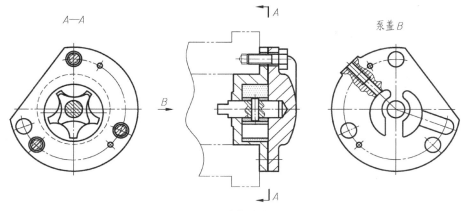

图 11-4　零件移出画法

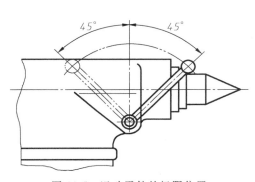

图 11-5　运动零件的极限位置

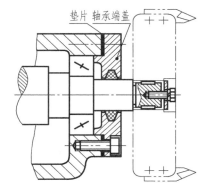

图 11-6　假想画法

8. 简化画法

1）对于装配图中若干相同的零件组，如螺栓连接、螺钉连接等，可仅详细地画出一组或几组，其余只需用细点画线表示装配位置，如图 11-6 中的螺钉连接和图 11-7 所示。

2）在装配图中，零件的工艺结构，如小圆角、倒角、退刀槽等可不画出，如图 11-8 所示。

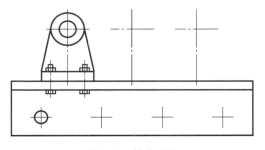

图 11-7　简化画法

3）在装配图中，当剖切面通过的某个部件为标准化产品或该部件已由其他图形表示清楚时，可按不剖绘制，如图 11-3 中的油杯所示。

4）在用剖视图表达的装配图中，当不致引起误解时，剖切面后不需表达的部分可省略不画，如图 11-9 中的 B—B 视图所示。

5）在剖视图的剖切面中可再做一次局部剖视，采用这种表达方法时，两个剖切面的剖面线应同方向、同间隔，但要互相错开，并用引出线标注其名称，如图 11-10a 中的 B—B 视图、图 11-10b 中的 B—B 视图所示。当剖切位置很明显时，也可省略标注。这种表达方法称为"剖中剖"。

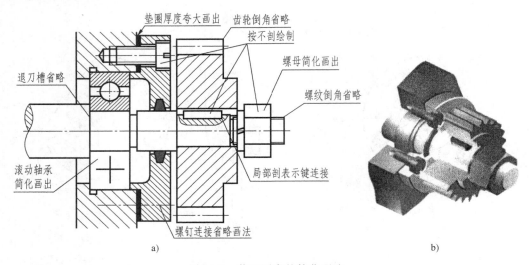

垫圈厚度夸大画出　齿轮倒角省略

按不剖绘制

退刀槽省略

螺母简化画出

螺纹倒角省略

滚动轴承
简化画出

局部剖表示键连接

螺钉连接省略画法

a)

b)

图 11-8　装配图中的简化画法

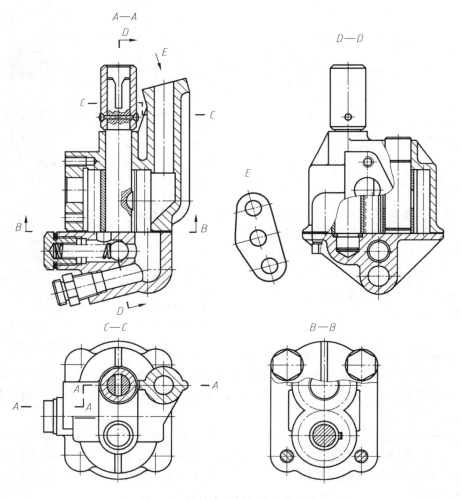

图 11-9　沿结合面剖切及简化画法

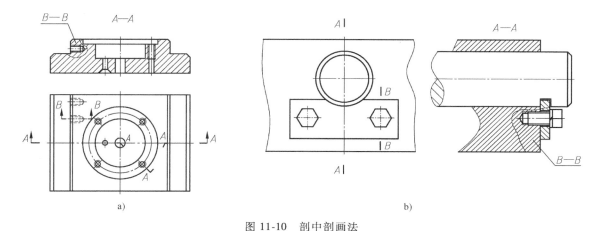

图 11-10　剖中剖画法

11.2　装配图的尺寸标注和技术要求

11.2.1　装配图的尺寸标注

由于装配图与零件图不同，装配图上不必注出全部结构尺寸，而仅需要标注以下几类尺寸。

1. 规格尺寸

规格尺寸也称为性能尺寸，它反映该部件或机器的规格和工作性能，这类尺寸在设计时要首先确定，如图 11-1 所示的齿轮油泵装配图中，G3/8 为规格尺寸，表示了油泵进出油口的直径大小，它与单位时间的流量有关。

2. 装配尺寸

装配尺寸表示零件间的装配关系和重要的相对位置，是用以保证部件或机器的工作精度和性能要求的尺寸。如图 11-1 所示齿轮油泵装配图中的 ϕ18H7/f6、ϕ16H7/m6 等配合尺寸，以及两个齿轮中心距 48±0.05 等表示重要的相对位置的尺寸。

3. 外形尺寸

外形尺寸表示部件或机器的总长、总宽和总高，以便于装箱运输和安装时掌握其总体大小，如图 11-1 所示齿轮油泵的外形尺寸为 185（长）、ϕ132（宽）、168（高）。

4. 安装尺寸

安装尺寸是将部件或机器安装到其他部件、机器或地基上所需要的尺寸。如图 11-1 所示齿轮油泵左视图中的尺寸 78 为安装尺寸。

5. 其他重要尺寸

除以上四类尺寸外，在装配图上有时还需要注出一些其他重要尺寸，如装配时的加工尺寸，设计时的计算尺寸（为保证强度、刚度的重要结构尺寸）等。

11.2.2　装配图的技术要求

装配图上一般应注写以下几方面的技术要求。

1）装配过程中的注意事项和装配后应满足的要求，如保证间隙要求、精度要求、润滑方法、密封要求等。

2）检验、试验的条件和规范，以及操作要求等。

3）部件或机器的性能规格参数（非尺寸形式的），以及运输使用时的注意事项和涂饰要求等。

11.3 装配图中零件、部件序号和明细栏

11.3.1 零件、部件序号

装配图中所有零件、部件都必须编号（序号或代号），以便读图时根据编号对照明细栏找出各零件、部件的名称、材料及其在图上的位置，同时也为图样管理提供方便。

编号时应遵守以下各项国家标准的规定。

1）相同的零件、部件用同一个序号，一般只标注一次。

2）指引线（细实线）应自所指零件的可见轮廓内引出，并在末端画一圆点，如图 11-11 所示。当所指部分（很薄的零件或涂黑的剖切面）内不宜画圆点时，可在指引线的末端画出箭头，并指向该部分的轮廓，如图 11-12 所示。

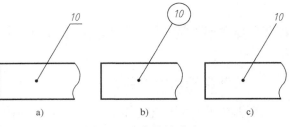

图 11-11 序号的形式

3）序号写在横线（细实线）上方或圆（细实线）内，如图 11-11a、b 所示；序号数字比图中尺寸数字大一号或两号。

序号也可直接写在指引线附近，如图 11-11c 所示，其字高则比尺寸数字大两号。

同一装配图中，编号的形式应一致。

4）各指引线不允许相交。当通过有剖面线的区域时，指引线不应与剖面线平行。指引线可画成折线，但只可曲折一次，如图 11-13 所示。

5）一组紧固件或装配关系清楚的零件组可采用公共指引线，如图 11-14 所示。

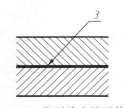

图 11-12 指引线末端画箭头

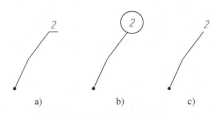

图 11-13 折线指引线

6）编写序号时要排列整齐、顺序明确，因此规定序号按水平或竖直方向排列在一条直线上，并依顺时针或逆时针顺序排列，如图 11-1 所示。

11.3.2 明细栏

明细栏是机器或部件中全部零件、部件的详细目录，其内容一般有序号、代号、名称、

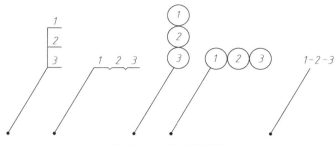

图 11-14　公共指引线

数量、材料及备注。应注意明细栏中的序号必须与图中所注的序号相一致。

　　明细栏一般配置在装配图中标题栏的上方，按自下而上的顺序填写，如图 11-1 所示。当由下而上延伸空间不够时，可紧靠在标题栏的左边再由下向上延续，注意必须要有表头。

　　特殊情况下，明细栏不画在图上时，可作为装配图的续页按 A4 幅面单独给出。

　　备注项内可填写有关的工艺说明，如发蓝、渗碳等；也可注明该零件、部件的来源，如外购件、借用件等；对齿轮一类的零件，还可注明必要的参数，如模数、齿数等。

11.4　合理的装配结构

　　装配体构型与装配工艺结构紧密相关。为了满足部件或机器的性能要求，便于拆装维修，在机器构型设计时应考虑装配结构的合理性，以下介绍几种常见的装配结构。

11.4.1　接触面与配合面的合理结构

　　1）两零件在同一方向上只能有一对表面接触，这样既能保证零件接触良好，又降低了加工要求，如图 11-15a 所示。

　　2）轴与孔配合时，在径向上，不能有两对圆柱面同时接触，在轴向上，也不能有两对水平端面同时接触，只能有一个轴肩端面接触，如图 11-15b、c 所示。

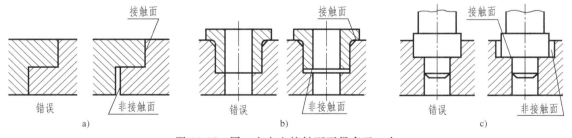

图 11-15　同一方向上接触面不得多于一个

11.4.2　接触面转折处的合理结构

　　两配合件接触面的转折处，要求零件上的孔设计出倒角，或者在轴肩的根部加工出退刀槽，以保证端面接触良好，如图 11-16 所示。具体结构尺寸应查阅相关标准。

11.4.3　便于拆装的合理结构

　　1）为了便于拆装零件，设计时，必须留出足够的工具活动空间，螺栓、螺钉等零件的拆装空间等，以保证装配的可能性，如图 11-17 所示。

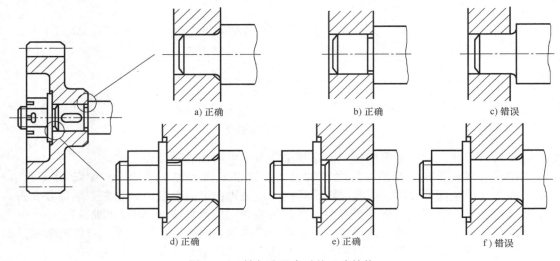

a) 正确　　　　　　b) 正确　　　　　　c) 错误

d) 正确　　　　　　e) 正确　　　　　　f) 错误

图 11-16　轴与孔配合时的正确结构

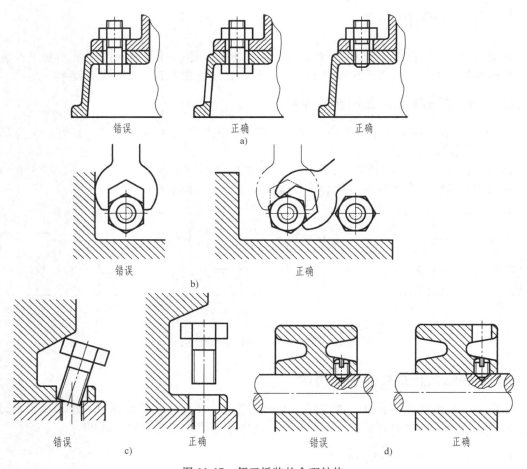

错误　　　　　正确　　　　　正确

a)

错误　　　　　　　　　正确

b)

错误　　　　　　正确　　　　　错误　　　　　正确

c)　　　　　　　　　　　　　　　d)

图 11-17　便于拆装的合理结构

2）在滚动轴承装配结构中，由于滚动轴承的内圈与轴、外圈与轴承座孔通常为过渡配合，拆卸轴承需要使用工具。因此，这两种装配结构都要留出拆卸时工具的施力点，与外圈结合零件的台肩直径及与内圈结合的轴肩直径应取合适的尺寸，以便于轴承的拆卸，如图 11-18 和图 11-19 所示。

3）为使两零件在拆装时易于定位，并保证一定的定位精度，常采用销定位。圆柱销、圆锥销定位的装配结构分别如图 11-20a、b 所示。

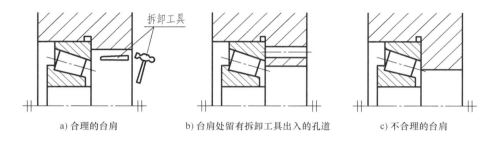

a) 合理的台肩   b) 台肩处留有拆卸工具出入的孔道   c) 不合理的台肩

图 11-18　滚动轴承外圈相对台肩的合理结构

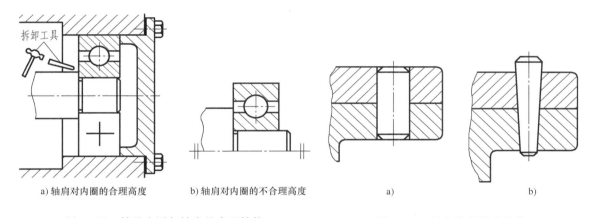

a) 轴肩对内圈的合理高度   b) 轴肩对内圈的不合理高度   a)   b)

图 11-19　轴承内圈与轴肩的合理结构   图 11-20　销定位的装配结构

11.4.4　轴上零件的定位和固定结构

通常将机器的某个轴及轴上所安装的诸多零件统称为轴系。为防止工作时轴上零件产生轴向窜动，轴系中的每个零件都必须采用一定的结构来定位和固定。一般采用轴肩定位和键连接、轴端螺母、挡圈来固定。以下为轴上零件常见的固定结构。

（1）轴肩定位　　轴肩定位是轴上常见的定位形式，如图 11-21a 所示，带轮的左端面靠轴肩定位。

（2）螺母和轴端螺纹固定　　如图 11-21a 所示，带轮的右端面采用了这种固定形式。为了防止螺母松动，还可采用圆螺母及止动垫圈固定，如图 11-21b 所示。

（3）滚动轴承的固定　　为防止滚动轴承在工作时产生轴向窜动，可根据工作需要，对内、外圈采用不同形式进行固定，如图 11-22 所示。

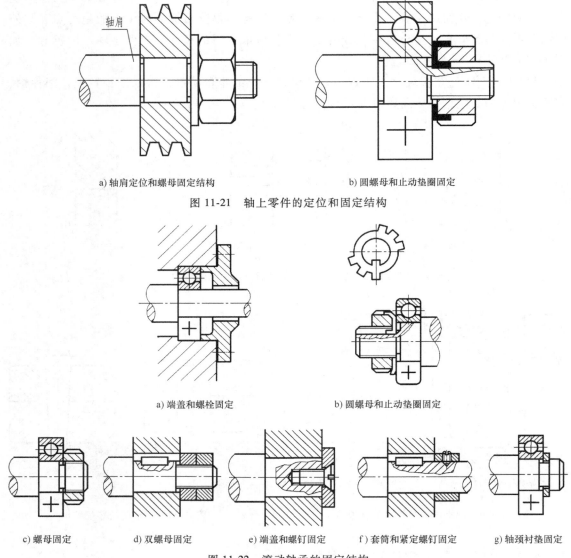

a) 轴肩定位和螺母固定结构   b) 圆螺母和止动垫圈固定

图 11-21   轴上零件的定位和固定结构

a) 端盖和螺栓固定   b) 圆螺母和止动垫圈固定

c) 螺母固定   d) 双螺母固定   e) 端盖和螺钉固定   f) 套筒和紧定螺钉固定   g) 轴颈衬垫固定

图 11-22   滚动轴承的固定结构

11.4.5   螺纹防松装置

为避免紧固件由于机器工作时的振动而变松，需采用各种防松锁紧装置，如图 11-23 所示。

11.4.6   密封装置

1）为防止内部的油液或气体向外泄漏，同时，也防止外部的灰尘等异物进入机器，常采用密封装置，如图 11-24 所示。

2）对于滚动轴承，为防止外部的灰尘和水分等异物进入轴承，同时防止轴承的润滑剂泄漏，可采用密封圈、毡圈和垫圈密封，如图 11-25 所示。

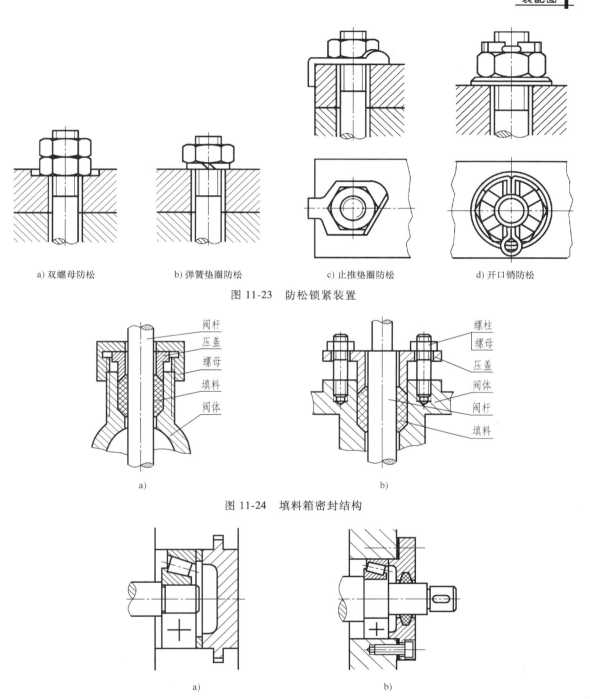

a) 双螺母防松   b) 弹簧垫圈防松   c) 止推垫圈防松   d) 开口销防松

图 11-23   防松锁紧装置

a)   b)

图 11-24   填料箱密封结构

a)   b)

图 11-25   滚动轴承的密封结构

385

11.5   部件测绘及装配图的画法

部件测绘与装配图绘制是设计人员的必备技能和常见工作。下面简要介绍部件测绘的方法及画装配图的方法和步骤。

11.5.1 部件测绘

部件测绘是根据现有的机器或部件，绘制出全部非标准零件的草图，再根据这些草图绘制出装配图和零件图的过程。它对现有设备的改进、维修、仿造和先进技术的引进有着重要意义。

机器或部件的设计与制造过程通常为：根据功能和用途设计工作原理简图，再由简图进行设计计算，并画出总装配图和各部件的装配图，然后由装配图拆画零件图，零件图经检查、审核批准后即可投入生产加工，而后对加工出的零件进行检验，确认合格后则可将其按装配图装配成机器或部件。下面以图 11-1 及图 11-26a 所示的齿轮油泵为例，对该过程进行简要介绍。

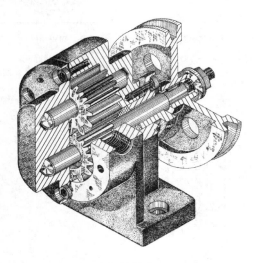

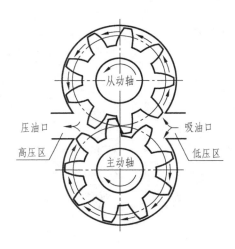

a) 齿轮油泵立体图   b) 齿轮油泵的工作原理

图 11-26　齿轮油泵

1. 分析了解测绘对象

首先了解测绘对象的使用情况和改进意见，全面分析其工作原理、装配关系和结构特点。齿轮油泵是用于机器润滑系统中的部件，其工作原理如图 11-26b 所示，当泵体中的一对齿轮啮合传动时，吸油口一侧的轮齿逐渐分离，退出啮合，齿间的容积逐渐增大形成局部真空，形成低压区，油箱中的油液在外界大气压力作用下，经吸油管进入吸油口。吸入到齿间的油液随齿轮旋转被带到左侧压油口。由于左侧的轮齿逐渐进入啮合而使齿间容积逐渐减小，油液被挤压形成高压油，并被输送到压力油路中去。

一对齿轮分别被安装在主、从动轴上，轴的两端由泵体和泵盖支承，泵盖与泵体之间的定位和连接分别是销定位和螺钉连接，其间形成工作时需要的封闭容积，泵盖、泵体结合面之间由垫片来实现密封和间隙调整（也可用密封胶密封）。油泵工作时的运动和动力由带轮经主动轴传入。

2. 画装配示意图

在了解测绘对象的基础上，为了记录零件的相对位置、工作原理和装配关系，为绘制装配图做准备，应先画出装配示意图。

画装配示意图，就是用简单图线和机构运动简图的规定符号画出装配体中各零件的大致轮廓，用以说明零件之间的装配关系和相对位置，以及装配体的传动情况和工作原理等，其作用是指明该装配体中有哪些零件和它们装在什么地方，以便将拆散的零件按原样重新装配复原，也可供画装配图时参考。画出示意图后，要同时给各零件编上序号或写出其名称，如图 11-27 所示，编号对应的内容参见图 11-1 中的明细栏。画好装配图后，即可准备拆卸零件并绘出零件草图。

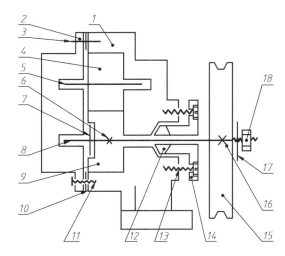

图 11-27　齿轮油泵装配示意图

3. 拆卸部件或零件

拆卸部件或零件必须按顺序进行，也可先将部件分为若干组成部分，再依次拆卸。在拆卸时应注意以下几点。

1）注意拆卸顺序，严防破坏性拆卸，以免损坏机器零件或影响精度。

2）拆卸后将各零件按类妥善保管，防止混乱和丢失。

3）要将所有零件进行编号、登记并注写零件名称，最好对每个零件都挂一个对应的标签。

4. 画零件草图

部件中的零件可分为两类。一类是标准件，如螺栓、垫圈、螺母、键、销及滚动轴承等，只要测出其规格尺寸，然后查阅标准手册，按规定标记将其登记在明细栏内（如螺钉 GB/T 65 M6×16），不必画零件草图。另一类为非标准件，所有非标准件均需画出全部的零件草图。零件草图是用目测比例、徒手绘制的方法画出的图，但不是潦草的图，它的内容和要求与零件工作图相同，是绘制零件工作图的依据。因此绘制零件草图同样应做到表达完整、线型分明、尺寸齐全、字体工整、图面整洁，并要注明零件的名称、编号、件数、材料及必要的技术要求等，图 11-28 ~ 图 11-30 为齿轮油泵的一套零件图。

5. 常见的测量工具及测量方法

虽然草图的比例是目测确定的，但零件的尺寸要标注真实尺寸，应先画出零件草图的图形和全部尺寸线，然后用量具测量，再注写测得的尺寸数字。几种常见的测量工具如图 11-31 所示。下面介绍几种测量方法。

1）测量直线尺寸的常用方法如图 11-32 所示。

2）测量内径和深度的常用方法如图 11-33 所示。

3）测量中心距和中心高的常用方法如图 11-34 所示。

4）拓印法测量圆角与圆弧的常用方法，如图 11-35 所示。

对于零件上的标准要素，如键槽、倒角、退刀槽、螺纹等，测量后，应查阅有关标准，选择与测量结果相近的标准数据标注在图上。

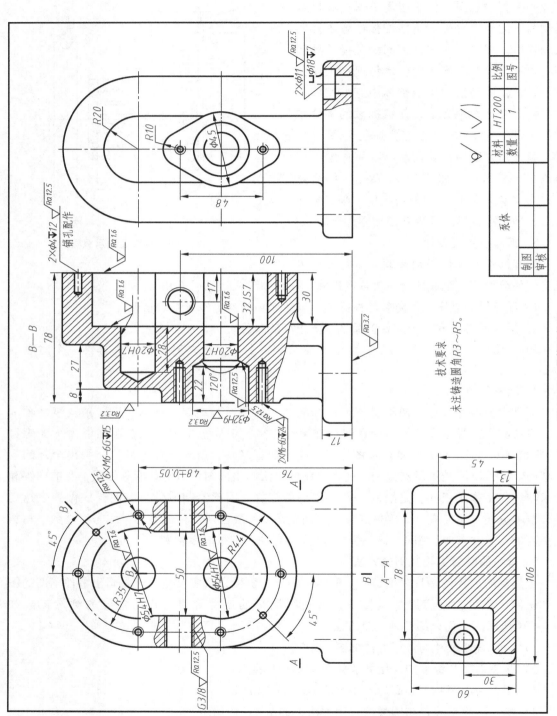

图 11-28 泵体零件图

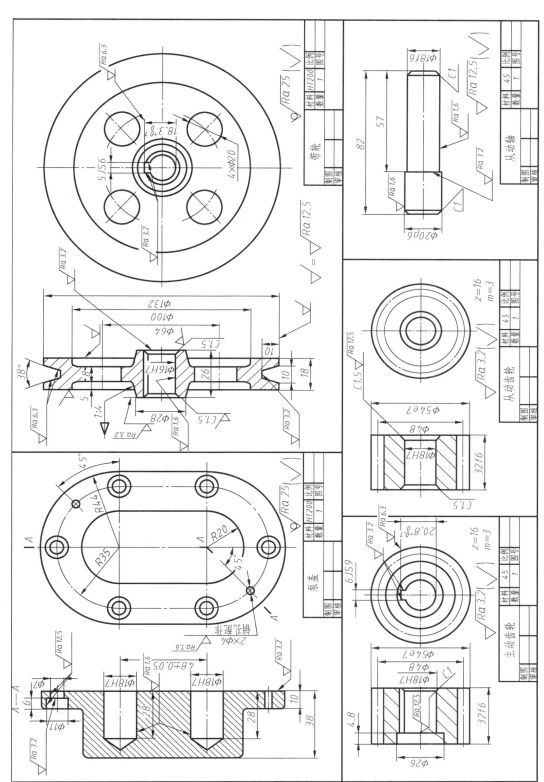

图 11-29 泵盖、带轮、从动齿轮、被动齿轮、从动轴零件图

389

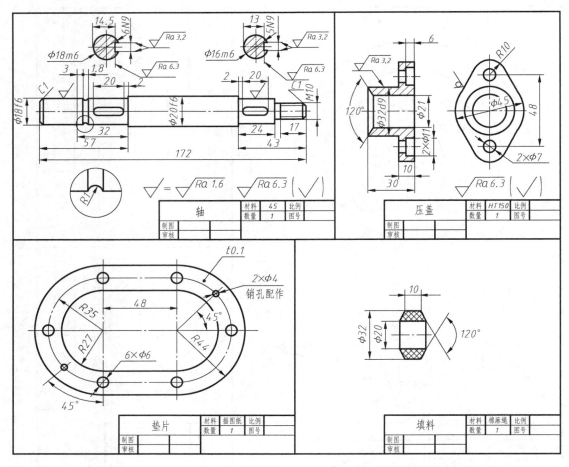

图 11-30　轴（主动齿轮轴）、压盖、垫片、填料零件图

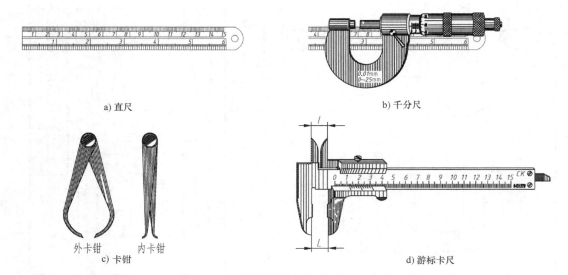

a) 直尺

b) 千分尺

c) 卡钳

外卡钳　内卡钳

d) 游标卡尺

图 11-31　常见的测量工具

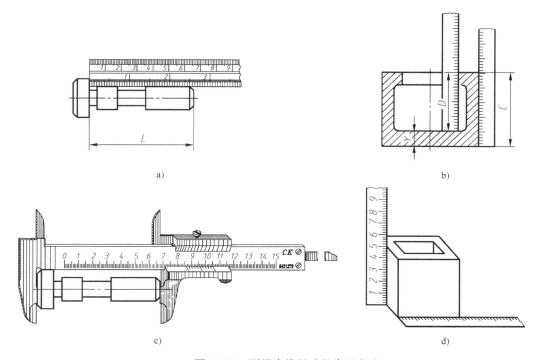

a)

b)

c)

d)

图 11-32　测量直线尺寸的常用方法

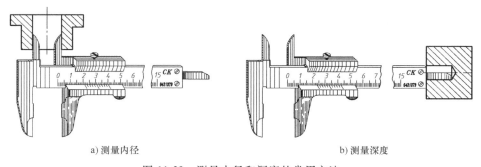

a) 测量内径　　　　　　　　　　　　　　　　　b) 测量深度

图 11-33　测量内径和深度的常用方法

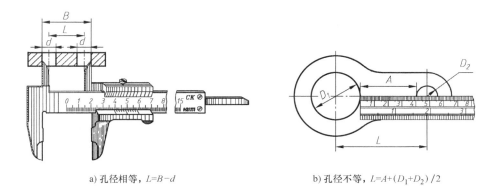

a) 孔径相等，$L=B-d$　　　　　　　　　　b) 孔径不等，$L=A+(D_1+D_2)/2$

图 11-34　测量中心距和中心高的常用方法

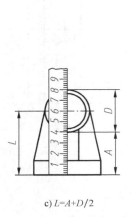
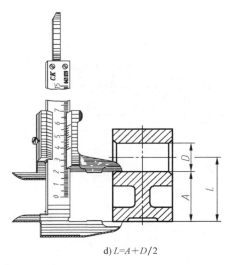

c) L=A+D/2   d) L=A+D/2

图 11-34   测量中心距和中心高的常用方法（续）

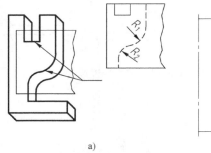
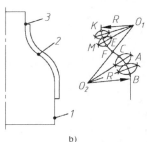

a)   b)

图 11-35   拓印法测量圆角与圆弧的常用方法

11.5.2   画装配图的方法和步骤

现仍以齿轮油泵为例介绍画装配图的方法和步骤。

画装配图时，首先要分析机器或部件的工作情况和装配结构特征，然后选择一组图形，着重表达机器或部件的工作原理、各零件之间的装配关系及零件的主要结构形状。

1. 确定视图方案

首先选主视图，同时兼顾其他视图，通过综合分析、对比后确定一组图形。

1）选择主视图。主视图应充分表达部件或机器的主要装配干线，并尽可能符合其工作位置或习惯放置位置。此外，主视图还应尽可能反映该部件的结构特点、工作状况及零件之间的装配关系，且能明显地表示出部件的工作原理。主视图通常取剖视，以表达零件主要装配干线（如工作系统、传动线路）。如图 11-1 所示的齿轮油泵装配图，其主视图符合齿轮油泵的工作位置，并采用 A—A 局部剖视图，以使剖切面通过两个齿轮轴线和螺钉、销孔及安装底板的中心，将齿轮之间的啮合情况及所有零件之间的装配关系表达得比较清楚。

2）选择其他视图。其他视图应能补充主视图尚未表达或表达得不够充分的部分。一般情况下，部件中的每一种零件至少应在视图中出现一次。如图 11-1 所示，增加一个半剖的左视图，表达出齿轮油泵的工作原理及泵盖的定位、装配形式，同时将泵体上两个安装孔表示出来了。

3）装配图的视图选择还要考虑机器或部件的安装尺寸和用户接口尺寸的表达需要，同时还应使每种零件都是在视图中可见的，以便编排序号。

4）装配图并不要求将每一个零件的结构形状都表达清楚，但对表达工作原理或装配关系起重要作用的零件结构，必要时可单独画出其视图。

如果部件比较复杂，还可以同时考虑几种表达方案，然后进行比较，最后选定一个较好的表达方案。

由于装配图的用途不同，图形数量可以有差异。图 11-1 所示齿轮油泵的装配图，主视图取齿轮油泵的工作位置，为了清楚地表达各零件间的装配关系，采用了局部剖视图；左视图为半剖视图，未剖部分表达油泵外形，被剖开部分表达了主动齿轮和从动齿轮啮合情况，以及齿轮油泵的工作原理，此图适合装配时使用。而在设计过程中所画的装配图，不仅需要表达装配关系，并应将零件的主要形状表达清楚，这种装配图中的图形较多。图 11-36 是同一个齿轮油泵的另一种表达方案，考虑到压盖 14 的结构形状及泵体 1 的外形结构尚未表达清楚，可增加 D 向视图；考虑到齿轮油泵底板形状的表达和安装尺寸标注的需要，可增加底板的 C—C 剖视图，这张装配图不仅表达了装配体的工作原理和各零件间的装配关系，还清楚地反映了各个零件的结构和形状，便于对零件进行设计制造。

2. 确定图纸图幅和绘图比例

按照选定的表达方案，根据部件或机器的总体尺寸大小及复杂程度来确定绘图的比例。确定图幅时，除了要考虑图形所占的面积外，还要留出尺寸标注、技术要求、明细栏、标题栏的位置等，并选用标准的图纸幅面。

3. 画装配图的步骤（以图 11-1 为例）

1）布置图面。根据视图方案，按视图数量及大小合理布置各视图的具体位置，画出各视图的主要轴线、对称中心线或基准线，并留出标题栏、明细栏、零件编号、尺寸标注和技术要求等所需位置，按照零件的数量画出明细栏，如图 11-37 所示。

2）绘制部件中主要零件的主体结构轮廓。不同的机器或部件，都有决定其特性的主体结构，在绘图时必须根据设计计算结果或测绘得到的草图，首先绘制出部件中主要零件的主体结构轮廓。一般从主视图开始，几个视图结合起来画，因为有些零件结构的实形反映在其他视图上。如图 11-38 所示，首先绘制出决定齿轮油泵功能的齿轮与轴的结构轮廓。

3）绘制与主体结构直接相关的重要零件轮廓。在机器中保证主体结构能正常工作的重要零件，应接着按一定顺序画出。部件中的各个零件，通常都依一定的装配关系分布在一条或几条装配干线上，画图时，可沿这些装配干线按定位和遮挡关系依次将各零件表达出来。它们主要是一些支承、包容或与主体结构相连接的重要零件，如泵体、端盖、压盖、带轮等结构，图 11-39 所示图形即是围绕两条传动轴的装配干线来绘制的。

4）绘制其他次要零件和细节。逐步画出主体结构与重要零件的细节，以及各种连接件如键、销、螺钉等、如图 11-40 所示。

5）标注尺寸。按照齿轮油泵的工作原理及结构特点、装配关系及安装要求等标注相关尺寸。

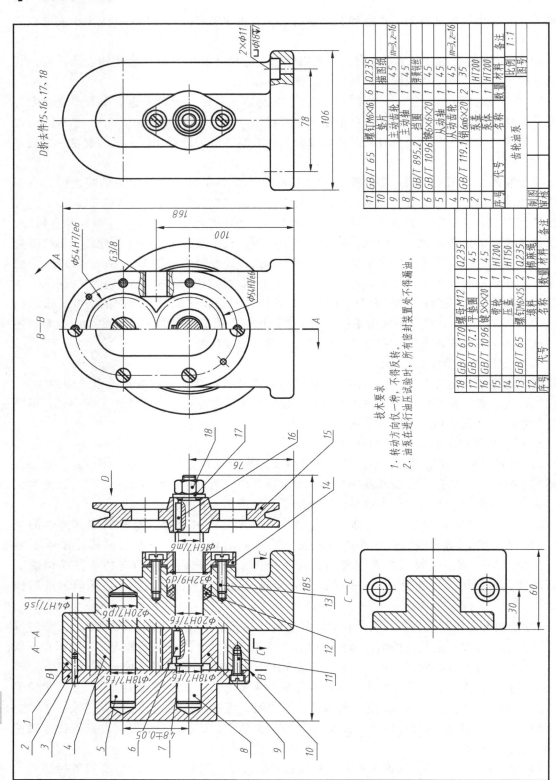

D拆去件15、16、17、18

2×Φ11
└Φ18平

78
106

B—B

Φ54H7/e6
G3/8
Φ54H7/e6

168
100

A

技术要求

1. 转动方向仅一种，不得反转。
2. 油泵在进行油压试验时，所有密封装置处不得漏油。

序号	代号	名称	数量	材料	备注
11	GB/T 65	螺钉M6×36	6	Q235	
10			1	油封纸	
9		垫片	1		4.5
8		主动齿轮	1		m=3,z=16
7	GB/T 895.2	主动轴	1	弹簧挡圈	4.5
6	GB/T 1096	键6×6×20	1		4.5
5		从动齿轮	1		m=3,z=16
4		从动轴	1		4.5
3	GB/T 119.1	销6×20	2	35	
2		泵盖	1	HT200	
1		泵体	1	HT200	
序号	代号	名称	数量	材料	备注

齿轮油泵

	制图		比例	1:1
	审核		图号	

序号	代号	名称	数量	材料	备注
18	GB/T 6170	螺母M12	1	Q235	
17	GB/T 97.1	平垫圈	1		4.5
16	GB/T 1096	键5×5×20	1	HT200	
15		带轮	1	HT150	
14		压盖	1	Q235	
13	GB/T 65	螺钉M6×25	2	橡胶毛毡	
12		填料	1		
序号	代号	名称	数量	材料	备注

18
17
16
15
76

D

Φ6H7/m6
Φ32H9/d9

C—C

60
30

A—A

Φ4H7/s6
Φ20H7/p6
Φ20H7/f6

185

Φ18H7/f6
Φ18H7/f6

50±0.05
48±0.05

14
13
12
11
10
9
8

1
2
3
4
5
6
7

图11-36 齿轮油泵装配图（二）

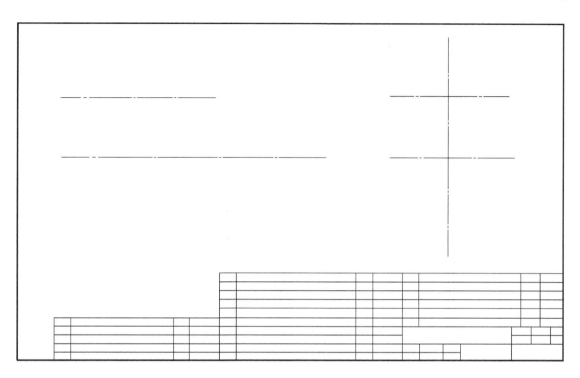

图 11-37　布置图面

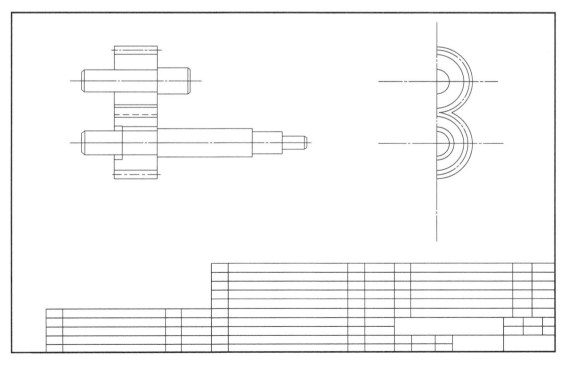

395

图 11-38　绘制部件中主要零件的主体结构轮廓

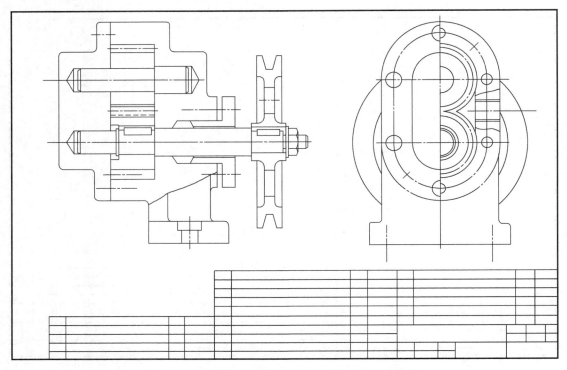

图 11-39　绘制与主体结构直接相关的重要零件轮廓

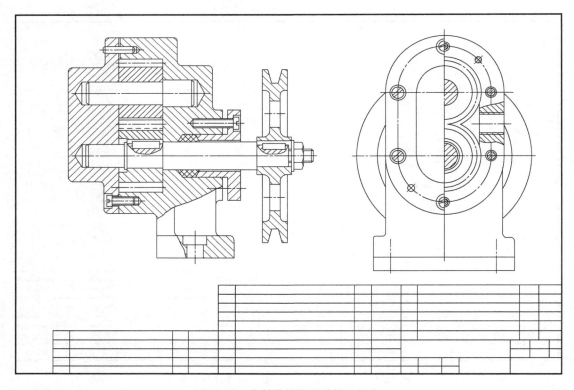

图 11-40　绘制其他次要零件和细节

6）标注各视图的剖切位置和视图名称等。

7）编写零件序号，填写明细栏和标题栏，注写技术要求，详细检查、核对底稿无误后再加深图线，完成的装配图如图 11-1 所示。

4. 画零件应注意的先后顺序

绘制装配图时，通常以主视图为中心，同步画出每个零件的各个视图。在画各零件时，应注意以下先后顺序。

1）画单个零件时，先画出反映其形状特征的视图，再按投影关系画出其他视图。如图 11-39 所示，泵体和泵盖的左视图反映其形状特征，应先画出，然后再画出其主视图。

2）在剖视图中，由于内部零件遮挡了外部零件，在不影响零件定位的情况下，一般可将零件由内向外逐个画出，即先画装配轴线上的轴、杆等实心零件，再分别沿轴向或径向依次画装在轴上的其他零件。但有些部件也常常从壳体或机座画起，将其他零件按次序逐一画出，即从外向内画，这种画法更便于布图。可根据装配体的复杂程度和视图表达方案，对各零件的画图顺序进行选择。如图 11-36 所示齿轮油泵装配图的表达方案，其中的视图较多，可以采用从外向内的顺序逐个画出各零件，例如先画出泵体，再画轴及轴上各零件，先按照定位关系画出零件的主要轮廓，再依次画出不被遮挡的细节。

3）先画出起定位作用的零件，再画出其他零件，这样可减小作图误差。

4）依次画某个零件时，先从有定位作用的结构画起，这样可保证零件间的位置关系准确。

11.6 读装配图及拆画零件图

11.6.1 读装配图

在机械设备的设计、制造、装配、使用、维修及技术交流中，经常要读装配图。读装配图就是通过分析装配图中的视图、尺寸等，了解机器或部件的运动关系、工作原理、各零件之间的装配关系、机器或部件的整体结构形状、各主要零件的结构和尺寸关系等，从而获得零件结构设计、加工制造及装配过程所需要的信息。因此，工程技术人员必须具备熟练的读图能力。

1. 读装配图的一般方法

一部机器或一个部件的设计，总是要使其具有某种特定的用途，即具有某种功能。较复杂的机器或部件往往包含若干个由零、部件组成的结构，通过它们的作用来实现机器或部件的总功能，因此这些结构的作用可称为分功能。通过读图，可掌握机器或部件的装配关系和工作原理，读图实质上是对其各级功能及实现方法进行分析和掌握。

机器或部件的总功能往往不难得到，生疏者常可通过分析其输入、输出的能量，物料等方面的区别与关系得出。例如，齿轮油泵的总功能为液体增压，机床的总功能为物料加工，电动机的总功能为能量转换等。对于机器或部件的分功能，一般可通过专业经验、技术咨询、产品说明书等相关资料，结合对装配图的了解来得出。

读装配图可采用功能分析的方法。一般沿传动路线，首先读懂各部分结构的装配关系和相应分功能的实现方法，然后通过对各分功能实现方法的综合，得出总功能的实现方法，即机器或部件的工作原理。

2. 读装配图的要求

1）明确部件的名称、用途及组成。

2）明确部件的功能和工作原理。

3）明确零件间的装配关系和连接关系。

4）明确部件的装拆步骤和方法。

5）明确主要零件的主要结构形状。

3. 读装配图的步骤

下面以蝶阀为例，说明读装配图的一般步骤。蝶阀的装配图如图 11-41 所示。

（1）概括了解

1）阅读有关设计资料。阅读与部件相关的技术资料、说明书等，对该部件做初步了解。

2）阅读标题栏。阅读标题栏及技术要求，了解机器或部件的名称、用途等。读图 11-41 所示装配图，可知，该部件的名称是"蝶阀"。

3）阅读明细栏。对照阅读零件序号和明细栏，了解该部件所包含零件的种类、数量及有关信息．再查找每个零件在图中的位置、名称、材料、规格等，并大致推断每个零件的功用。

4）了解视图的数量、名称和表达重点，分析各部分结构所承担的主要功能。

蝶阀是串联在管道输送系统中的一个阀类部件，其功能是开通或关断管道中的气流或液流。由图 11-41 中的明细栏可知该部件由 13 种零件组成，其中 5 种为标准件。阀体 1 和阀盖 5 为壳体类铸件。其他零件围绕齿杆 12 和阀杆 4 形成两条装配干线。

三个视图中，主视图主要表达整个部件的外形结构，两处局部剖视分别表示阀杆的装配及其与阀门 2 的连接情况。左视图取全剖视图，表达了阀杆装配干线及阀盖与阀体的连接和装配情况。全剖视的俯视图表达了齿杆装配干线的情况。

（2）分析装配关系和工作原理 在概括了解的基础上，从传动关系入手，沿各装配干线，分析各部分零件的装配关系和子功能，看懂部件的工作原理。

蝶阀的运动由齿杆 12 做轴向移动传入，经其左前端的齿条与齿轮 7 啮合，运动传递至阀杆装配干线，齿轮 7 通过半圆键 8 带动阀杆 4 转动，实现阀门的开关。螺钉 11 在齿杆 12 移动时起定位和导向作用，垫片 13 对阀盖 5、阀体 1 的结合面起密封作用，对阀杆起调节轴向间隙的作用。螺钉 6 把阀盖 5 与阀体 1 连接在一起，阀盖 5 的横向定位由 $\phi30H7/h6$ 的配合实现。

（3）分析主要零件结构及其作用，分离零件 由于标准件形状和结构都比较简单，因此需要分析的主要是常用件和一般零件。分析时，应遵循先主要零件、后次要零件，先主要结构、再细小结构的步骤进行。根据零件编号、投影关系、剖面线的方向和间隔等，分离出零件。用形体分析、线面分析、结构分析方法，想清楚各零件形状。通过对主要零件结构及其作用的分析，一方面加深对装配图的理解，另一方面为拆画零件图做准备。

蝶阀中结构较复杂的零件为阀体与阀盖。阀体由主体部分和上、下端凸台构成。主体部分端部呈菱形，中间加工有 $\phi55$ 的阀道和 2 个连接孔，为减小外表面的壁厚，设计有下凹结构。上端凸台顶面与阀盖结合，为长圆形，其上加工有阶梯孔和 3 个螺纹孔。下端凸台为圆形，用以保证其中内孔达到要求的深度。

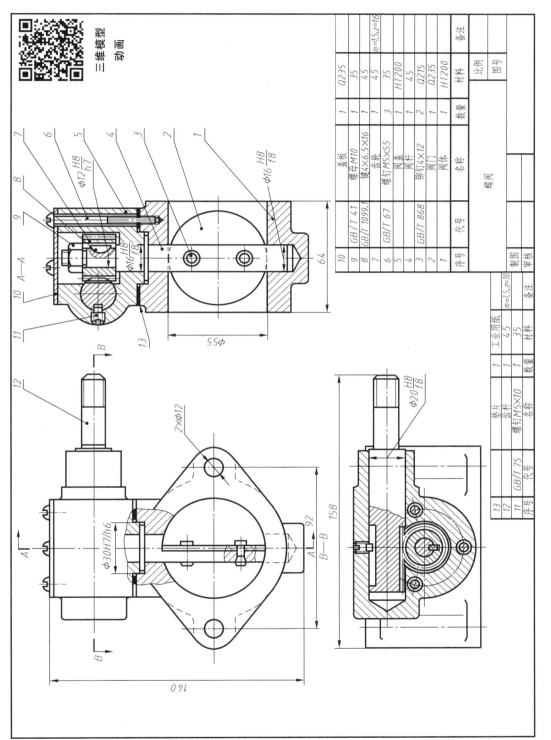

图 11-41　蝶阀装配图

序号	代号	名称	数量	材料	备注
10		盖板	1	Q235	
9	GB/T 41	螺母 M10	1	35	
8	GB/T 1099.1	键4×6.5×16	1	45	
7		齿轮	1	45	m=1.5,z=16
6	GB/T 67	螺钉M5×55	3	35	
5		阀杆	1	HT200	
4		阀盖	1	45	
3	GB/T 868	铆钉4×12	2	Q215	
2		阀门	1	Q235	
1		阀体	1	HT200	
				比例	
		蝶阀		图号	
			制图		
			审核		

13		垫片	1	工业用纸	
12		齿杆	1	45	m=1.5,z=10
11	GB/T 75	螺钉M5×10	1	35	
序号	代号	名称	数量	材料	备注

三维模型
动画

399

阀盖的结构请读者根据装配图并参照图11-42所示蝶阀立体图自行分析。

（4）**综合归纳，看懂全图** 为了对部件有一个全面、整体的认识，还应根据上述分析，再结合装配图中的技术要求和全部尺寸进行研究，并把部件的性能、结构、装配、操作、维修等几方面联系起来研究，对全图综合归纳，进一步理清该部件的装拆顺序、结构形状、装配关系和工作原理等，最终想象出整个部件的立体形状。

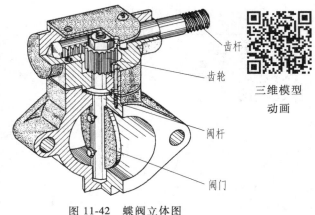

齿杆
齿轮

三维模型动画

阀杆

阀门

图 11-42　蝶阀立体图

11.6.2　由装配图拆画零件图

由装配图拆画零件图是设计工作中的一个重要环节，在产品设计过程中，一般先画出装配图，然后从装配图中拆画出全部非标准件的零件图。拆画零件图应在读懂装配图的基础上进行。下面以拆画图11-41所示蝶阀中阀体1的零件图为例，介绍拆画零件图的一般方法和步骤。

1. 分离零件

1）根据零件的序号和指引线所指部位，确定该零件在装配图中的位置。

2）根据视图的投影关系及剖面线的方向和间隔等，找到该零件在其他视图上的投影及轮廓形状，从而建立该零件各视图间的投影关系。

3）假想将该零件从装配图各视图中分离出来，并从这些不完整的视图中初步确定该零件的大致结构形状。

4）根据零件在装配图中的作用和功能、相邻零件的装配顺序和结构形状的一致性，以及零件结构的对称性等特征进一步分析该零件各处的详细结构，补齐所缺轮廓线以确定零件的形状。

例如，在图11-41所示蝶阀装配图中，首先按序号1及其指引线位置、剖面线的方向和间隔找到阀体在左视图中的投影，再依据投影关系、剖面线的一致性等找出阀体在主、俯两视图中的投影，如图11-43所示。然后假想拆去阀体的相邻零件，恢复其被遮挡部分的投影，如图11-44所示。这样便可将要拆画的零件从装配图中分离出来。

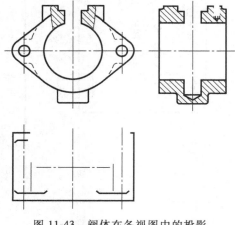

图 11-43　阀体在各视图中的投影

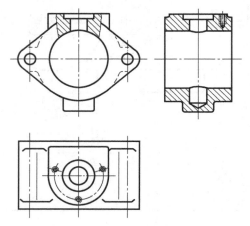

图 11-44　补全被遮挡部分后的阀体投影

2. 确定视图表达方案

一般来讲，装配图的视图表达方案并不一定适合每个零件的形状表达。确定零件的视图表达方案时，可以参照装配图中该零件的表达方法，但绝不能照搬，应根据零件的结构形状特点重新选择或适当调整。对于已分离出来的一组视图，一方面要考虑其表达是否合适，另一方面要考虑其表达是否清楚，例如，是否还有某个结构的形状没有确定，是否需要补画倒角、圆角、退刀槽等工艺结构等。若分离出的一组视图对表达该零件是合适的且清楚的，则可直接采用；否则应对原方案做适当的调整和补充，甚至重新确定表达方案。

这里对于阀体的表达方案进行了适当调整，主视图取半剖视，俯视图取局部剖来表达阀体外形和连接孔，调整后的表达方案如图 11-45 所示。

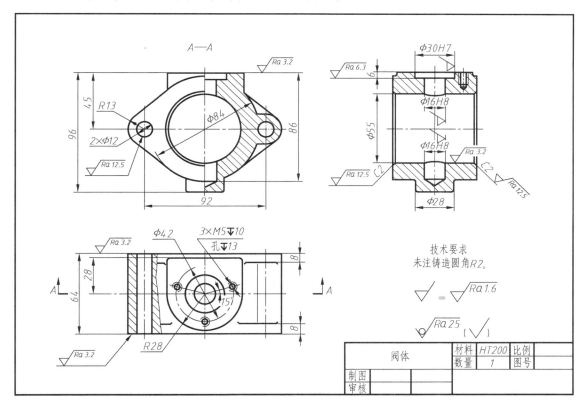

图 11-45　阀体零件图

3. 画零件图

对分离出来的零件投影，不要漏线，且应补全原图中被遮挡的图线。另一方面，也不要画出其他零件（即使是不可拆卸的或过盈配合的零件）的投影。

在装配图中被省略不画的工艺结构，如倒角、圆角、退刀槽等，在零件图中均应画出，其尺寸（如圆角等）可在技术要求中加以说明。

4. 确定并标注零件的尺寸

首先，根据部件的工作性能和使用要求，分析零件各部分尺寸的作用及其对部件的影响。接着，选择主要尺寸基准并确定主要尺寸。然后，按零件图尺寸标注的要求和方法，标注零件的全部尺寸。尺寸数值可以通过以下几种方法获取。

1）对装配图中已注明的尺寸，按所标注的尺寸和公差带代号（或偏差数值）直接标注在零件图上。各零件上有装配关系的尺寸（如配合尺寸），其基本尺寸必须一致。

2）与标准件或标准结构有关的尺寸（如螺纹、销孔、键槽、倒角、退刀槽等），可在明细栏中或在相关的标准中查到。

3）有些尺寸要通过计算来精确确定，如拆画齿轮时的齿顶圆和分度圆直径。

4）对于其他的未知尺寸，可直接从装配图中量取，在标注量取的尺寸时，应注意圆整和比例的协调转换。

5. 标注表面结构

零件上各表面的粗糙度数值应根据其作用和要求确定。一般来说，自由表面的粗糙度数值较大，Ra 可取 12.5μm 或 25μm；静止接触表面的粗糙度数值略小一些，如箱体和底座的底面，Ra 可取 6.3μm 或 12.5μm；配合面，Ra 可取 1.6μm 或 3.2μm；有相对运动的表面，Ra 可取 0.8μm 或 1.6μm；而有密封、耐腐蚀要求的表面，粗糙度数值应更小些，通常 Ra 取 0.4μm 或 0.8μm。

6. 注写其他技术要求和填写标题栏

技术要求直接影响零件的加工质量和使用要求，可参考有关资料和相近产品的图样注写。标题栏应填写完整，零件名称、材料、图号等要与装配图中明细栏所注内容一致。

完成后的阀体零件图如图 11-45 所示。

11.7 Inventor 装配、表达视图及运动仿真

Inventor 使用部件来表达零件的装配关系，部件可以装入用户自行建模的零件，或从资源中心直接引用标准件，也可以使用设计加速器快速完成齿轮、带、键、螺栓连接等常用件的设计和计算。部件装配完成后，可以创建表达视图和运动仿真，以及生成装配工程图。下面分别介绍齿轮油泵部件装配、表达视图和运动仿真的制作。

11.7.1 部件装配

1. 装入并固定泵体

在"齿轮油泵"项目中，新建部件，单击"保存"按钮，将部件文件命名为"齿轮油泵"并保存。

如图 11-46 所示，单击建模窗口右上角的"主视图"按钮，将视角移动到主视图。单击"放置"按钮，选择文件，装入泵体。在建模窗口单击鼠标右键，然后通过"沿 X/Y/Z 轴旋转 90°"命令使零件处于正确方向，再选择"在原点处固定放置"命令，使泵体固定不动。为了便于观察，可以将操作指令栏切换到"工具"选项卡，单击"外观"按钮，接着单击选中零件后，在"外观浏览器"中选择合适的颜色，单击鼠标右键并选择"指定给当前选择"选项，然后关闭"外观浏览器"。

2. 装入被动轴和被动齿轮

如图 11-47 所示，单击"放置"按钮，选择文件"被动齿轮"和"被动轴"（使用<Ctrl>或<Shift>键可选择多项）。使用"插入"约束将二者正确连接并锁定旋转。之后再用"插入"约束将整体固定在泵体的对应孔中，不锁定旋转。

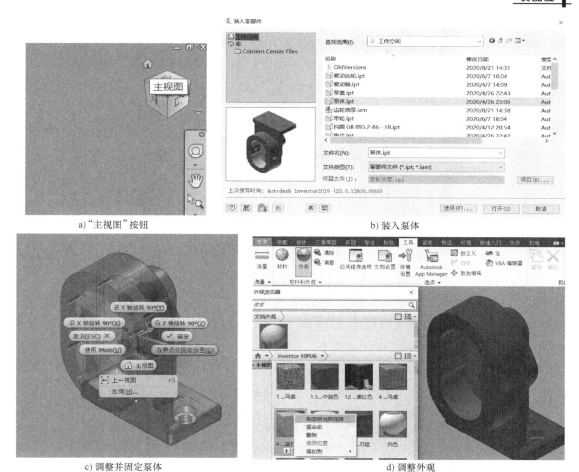

a)"主视图"按钮　　　　　　　　b) 装入泵体

c) 调整并固定泵体　　　　　　　d) 调整外观

图 11-46　装入泵体零件

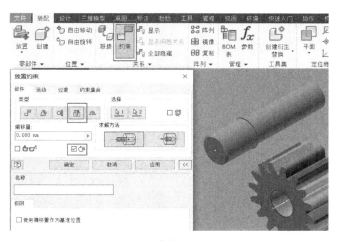

图 11-47　锁定旋转并固定齿轮和轴

3. 装入主动轴及轴上零件

如图 11-48 所示，放置"主动齿轮"和"主动齿轮轴"。在"放置"的下拉菜单中选择

"从资源中心装入"选项，输入挡圈的标准号"895"后搜索，双击选择"挡圈 GB/T 895.1—1986"，在弹出菜单中选择尺寸"18"，在建模窗口中单击放置一个挡圈。重复操作，输入键的标准号"1096"后查询，选择 A 型键，在弹出菜单中选择尺寸后放置键。

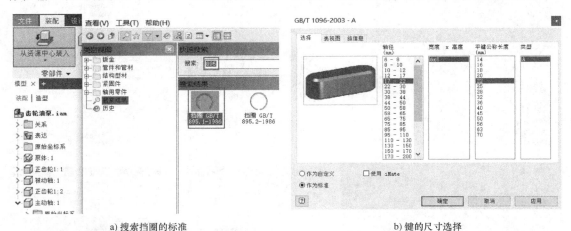

a) 搜索挡圈的标准   b) 键的尺寸选择

图 11-48　用"从资源中心"命令装入挡圈和键

4. 主动轴上零件的约束

如图 11-49 所示，使用"插入"约束，将键一侧的半圆柱面的下沿与键槽底部的圆柱面

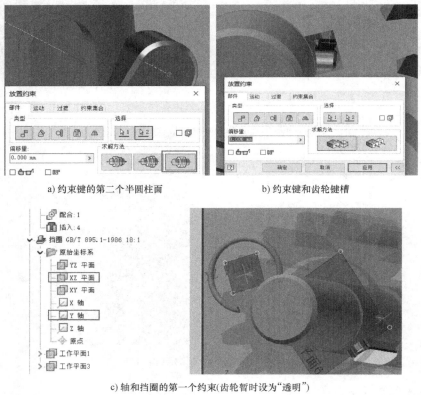

a) 约束键的第二个半圆柱面   b) 约束键和齿轮键槽

c) 轴和挡圈的第一个约束(齿轮暂时设为"透明")

图 11-49　约束轴上零件

边沿对齐，再使用"配合"约束，将键的另一侧半圆柱轴线与键槽另一侧的半圆柱面轴线约束在一起（同轴约束的"求解方法"选择"未定向"即可）。使用"插入"约束，将齿轮无凹槽一侧的孔边缘插入到轴肩的边沿上。此时，齿轮上的键槽尚未与键对齐，键可能被齿轮遮挡。可以拖动齿轮露出键的侧面，再使用"配合"约束，使键和键槽的侧面贴合。

在浏览器中选择"主动轴"并单击鼠标右键，然后选择"编辑"命令。在编辑界面中以"圆环体的中间面"模式在轴上挡圈卡槽的中间面上建立平面，退出零件编辑界面。使用"配合"约束，第一选择集为轴上新建的平面，第二选择集为单击浏览器中挡圈"原始坐标系"的 XZ 平面，应用约束。第二个约束仍为"配合"约束，第一选择集为浏览器中挡圈的 Y 轴，第二选择集为轴的轴线，"求解方法"为"未定向"。再次进入轴的编辑界面，关闭新建平面的可见性，退出编辑界面。检查主动轴系组装，确认无误后使用"插入"约束将其固定在泵体上。

5. 对两轴进行运动约束

如图 11-50 所示，缓慢拖动齿轮调整角度，使两齿轮的轮齿尽量不发生干涉后，选择"约束"命令下"运动"选项卡中的"转动"命令，选择集为两齿轮轴，传动比为 1，"求解方法"为"反向"。完成约束后，轻轻拖动任一齿轮，应能看到两轴自然转动。

图 11-50　转动约束

6. 装入泵盖及其上的螺钉和销

如图 11-51 所示，放置泵盖，使用一个"插入"和一个"未定向"的"配合"来约束泵盖和泵体两侧的半圆柱面（具体方法与约束键和主动齿轮轴相同）。之后从资源中心装入螺钉。查找标准号"65"，双击"螺钉 GB/T 65-2000"，在出现"选择凸圆柱体"提示时选择泵体螺纹孔的圆柱内表面，出现"选择平面"提示时选择泵盖沉头孔的锪平面，系统会自动完成约束并选择公称直径。在"AutoDrop"弹窗中单击"插入多个"按钮，系统可检测到相同的六个螺栓孔，并自动将当前设置应用到其他孔。如果螺钉尾部出现红色箭头，可拖动螺钉尾部直到长度为"16"。如果未出现调整箭头，或者在装入完成后需要再次更改尺寸设置，可选中某一螺钉，在右键弹出菜单中选择"更改尺寸"选项，然后选择尺寸"M6-16"，可以勾选"全部替换"复选框来更改所有同尺寸标准件的尺寸。装入螺钉后，将其拖

a）放置并调整螺钉

b）更改尺寸

c）"联接"命令

图 11-51　装入并约束螺钉和销

动调整到 45°，以便于之后的装配图生成。

再次从资源中心装入销，搜索标准号"119.1"，双击选择其中的 A 型销，选择尺寸"4-20"，放置两个。使用"联接"命令，选择集分别为销孔的边缘和销球面端的边缘，"类型"为"旋转"。如果预览显示的方向不正确，可单击"翻转零部件"按钮。

7. 装入压盖

如图 11-52 所示，放置压盖，先用"配合"约束使压盖轴孔的轴线和泵盖上主动轴轴孔的轴线同轴，注意选择正确的求解方法。然后用"配合"约束使压盖上的一个螺栓孔和泵盖上的对应孔同轴，"求解方法"为"未定向"。最后用"配合"约束使泵盖和压盖相对的表面处于合适的位置，应预留压紧填料所需的偏移量（1~3mm）。

图 11-52　泵盖和压盖间预留偏移量

8. 在位创建填料

如图 11-53 所示，选择"视图"选项卡，单击"半剖视图"按钮，从泵体一个侧面开

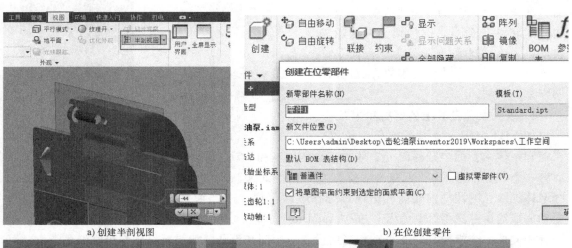

a) 创建半剖视图　　　　　　　　　　　　　b) 在位创建零件

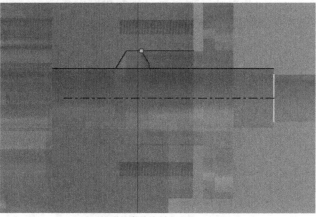

c) 投影轮廓并绘制中心线　　　　　　　　　d) 生成的零件

图 11-53　在位创建填料

始，向内剖切一半的宽度（-44mm）。单击"创建"按钮。将零件命名为"填料"后单击
"确定"按钮，当出现"为基础特征选择草图平面"提示时，在浏览器"齿轮油泵.iam"
下的"原始坐标系"中选择 YZ 平面。单击"开始创建草图"按钮，选择 XY 平面。将压盖
和泵体间空腔的轮廓投影到草图平面，并为其添加回转中心线。退出草图界面并用"旋转"
命令做出填料。退出零件编辑界面，在"视图"选项卡单击"退出剖视图"按钮。

9. 装入带轮及其上零件

如图 11-54 所示，在压盖上装入两个"螺钉 GB/T 65 M6-25"（具体方法与泵盖上螺钉相
同）。放置带轮，从资源中心装入"键 GB/T 1096 5×5×20"并将其约束在键槽中。用"插入"
约束使带轮侧端面边缘与轴肩边缘平齐，使用"配合"约束使其键槽侧面与键侧面贴合。

从资源中心装入"垫圈 GB/T 97.1-2002 10"，按照提示依次选择螺纹面和带轮的端面。
系统将自动计算垫圈尺寸并完成约束。再装入"螺母 GB/T 6170-2000 M8"，按照提示依次
选择螺纹面和垫圈的端面，若系统无法自动选择尺寸或选择错误，则需要将其选中，在右键
弹出菜单的"更改尺寸"中选择正确尺寸。

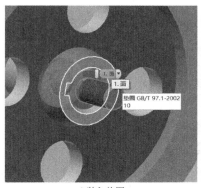
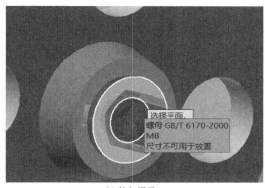

a) 装入垫圈   b) 装入螺母

图 11-54　装入带轮的紧固件

最后，拖动各零件，检查装配关系和约束，以及干涉情况。关闭辅助平面的可见性，保
存文件，完成装配。

11.7.2　表达视图

1) 如图 11-55 所示，首先在装配体文件中打开表达视图，然后在路径中找到此文件，
单击该文件打开。调整模型的位置，在下方时间轴上拖动指针至 1 与 2 之间，单击"捕获照
相机"按钮。

2) 如图 11-56 所示，单击"调整零部件位置"按钮，观察装配图拆装顺序后，将每个
零件逐一拖动至合适位置。带有螺纹的零件还需要进行旋转操作，单击"旋转"按钮后，
用鼠标左键选择并拖动该旋转面使其旋转若干圈。调整其他零件的做法相同，前半部分拆卸
结果如图 11-56c 所示。

3) 如图 11-57 所示，移动模型视角至泵盖的一侧，预留出拖出零件的位置，将时间轴
指针移动至绿条后 1 至 2 个刻度之间。再次单击"捕获照相机"按钮，继续依次拖动零件
至合适位置，最后调整模型位置使整个拆卸结果得以显示，再移动指针预留时间，单击
"捕获照相机"按钮。

a) 创建表达视图　　　　　　　　　　b)"捕获照相机"按钮

图 11-55　新建表达视图

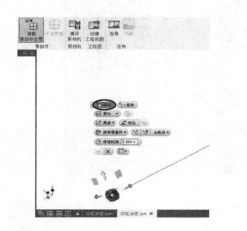

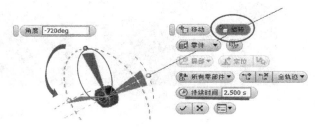

a) 移动零件　　　　　　　　　　　b) 旋转零件

c) 前半部分拆卸结果

图 11-56　调整零部件位置

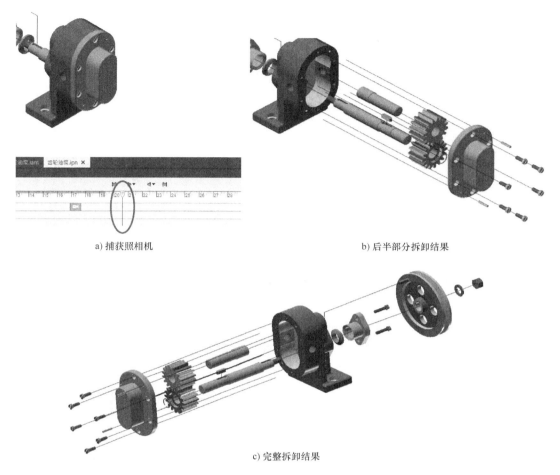

a) 捕获照相机 b) 后半部分拆卸结果

c) 完整拆卸结果

图 11-57 完成拆卸时间轴设置

4）如图 11-58 所示，录制拆装动画。将时间轴指针移至起始位置，单击"发布"选项卡的"视频"按钮，系统弹出"发布为视频"对话框，设定视频的时长范围、分辨率、文件名等。完成后单击"确定"按钮，观察进度条等待完成即可。

11.7.3 运动仿真

在完成齿轮油泵整体装配之后，可以运用"驱动"约束对齿轮油泵进行运动仿真，以模拟工作效果，检验装配关系。并且可以录制一段小视频，展示齿轮油泵运动状态。下面介绍具体操作方法。

1. 隐藏遮挡零件

如图 11-59 所示，为了看清楚齿轮油泵内部的齿轮转动情况，需要隐藏齿轮油泵的泵盖。在泵盖上单击鼠标右键后取消勾选"可见性"，或者使用快捷键<Alt+V>（默认快捷键可能会不同）。隐藏泵盖后，目录树中的零件会变为灰色。

2. 约束运动关系

如图 11-60 所示，在调整齿轮的位置，做到两个齿轮相互啮合之后，通过约束中的"运动"—"转动"—"反转"，以默认传动比（1），对两个齿轮的转动关系进行约束。完成后，

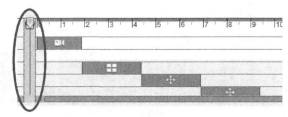

a) 录制前的设定   b) 进度条

图 11-58 录制拆装动画

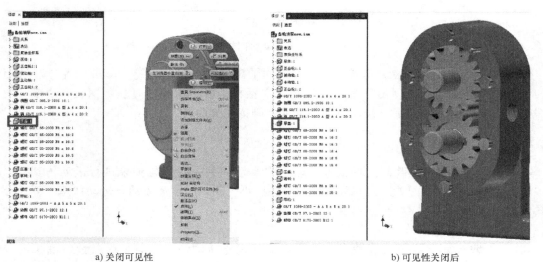

a) 关闭可见性   b) 可见性关闭后

图 11-59 隐藏遮挡零件

一个齿轮就会带动另一个齿轮和相关零件转动。

3. 驱动约束

为了使齿轮能够自动且匀速转动，模拟工作情况，需要对齿轮进行约束。首先添加齿轮过

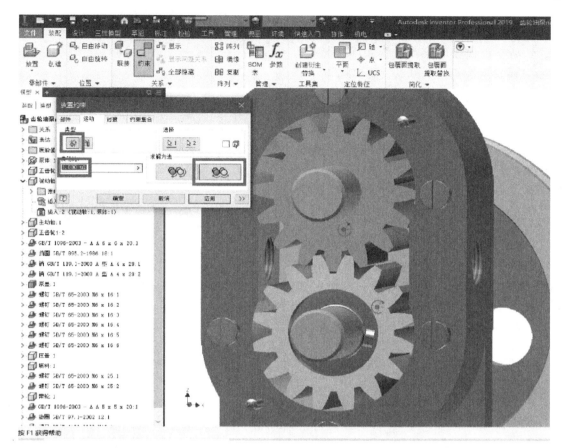

图 11-60　约束齿轮运动关系

轴的一个中心面和泵体一个面之间的角度关系，并且对这个角度关系进行驱动，如图 11-61a
所示。

选择齿轮的 YZ 平面及泵体底座的右端面，设置约束角度为零，产生新的角度约束 11。
用鼠标右键单击零件，使用"驱动"命令进行约束，输入起始和结束角度，单击"播放"
按钮，就可以进行驱动，如图 11-61b 所示。

411

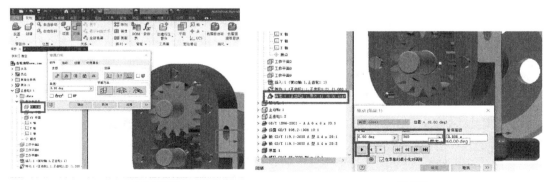

a) 角度约束　　　　　　　　　　　　　　　b) 驱动

图 11-61　驱动齿轮

4. 录制视频

如图 11-62 所示，单击红色"录制"按钮，然后设置视频的保存位置和视频参数，单击"播放"按钮，就可以录制视频。

11.7.4 Inventor Studio（渲染）

Inventor 软件提供了一个专门制作动画的模块——Inventor Studio，为 Inventor 模型制作旋转、隐藏、驱动约束等动画并进行渲染。接下来简略介绍用 Inventor Studio 制作齿轮油泵工作原理渲染动画的操作方法。

1. 参数化角度约束

首先，关闭泵盖可见性；其次，如图 11-63a 所示，在"装配"选项卡中单击

图 11-62　录制视频

"参数"按钮，拉到参数列表底部，单击展开"用户参数"，单击"添加数字"按钮；接着，输入参数名称"角度"，修改"单位/类型"为角度中的度（"deg"），将"表达式"改为 0；然后勾选"关键"和"导出"，最后单击"完毕"按钮。

如图 11-63b 所示，在齿轮（可运动）的 XZ 平面和泵体（固定）外表面之间添加角度约束，并将角度改成"角度（参数名）"，单击"确定"按钮。最后打开泵盖可见性，即可完成参数化角度约束。

2. 调整俯视图

观察齿轮油泵摆放位置，单击建模窗口右上角立体块，调整视角为俯视视角，然后用鼠

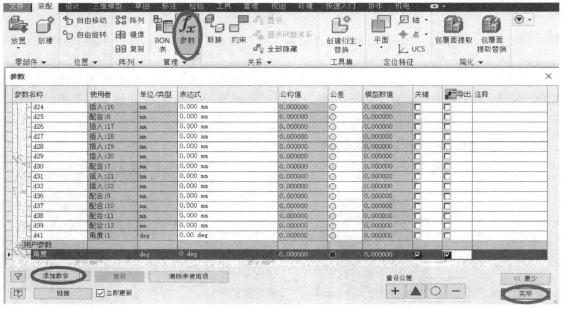

a) 参数表

图 11-63　参数化角度约束

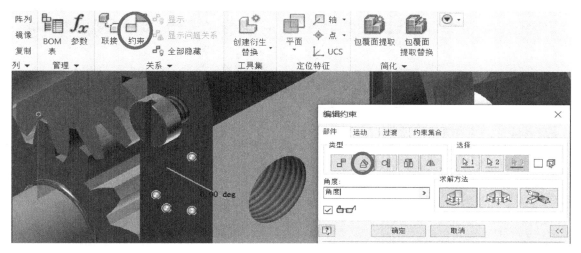

b) 编辑约束

图 11-63　参数化角度约束（续）

标右键单击该块中间汉字，将当前视图设定为俯视图，如图 11-64 所示。

3. 参数调用

在"环境"选项卡中单击"Inventor Studio"按钮，系统自动进入渲染操作界面。如图 11-65 所示，单击"参数收藏夹"按钮，勾选"角度"，单击"确定"按钮。

4. 照相机的放置

首先将模型调整至合适视角，接着如图 11-66 所示，找到左侧栏目中的照相机，在其右键弹出菜单中选择从视图创建照相机；待下方出现照相机 1（或展开后出现照相机 1），右键单击照相机 1，之后选择"编辑"选项；然后调整缩放，使装配体能完全进入镜头视野，最后单击"确定"按钮。

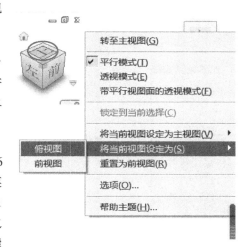

图 11-64　调整俯视图

5. 照相机动画制作

如图 11-67 所示，右键单击"照相机"，选择"照相机动画制作"选项，在弹出的对话框中单击展开"转盘"选项卡，勾选"转盘"选项，调整旋转轴为竖直轴和原点（按照装配时的竖直轴），方向改为逆时针方向，转数改为 0.2r/s，单击时间下的"指定"按钮，改结束时间为 5.0s；单击"确定"按钮。

注意：屏幕下方应出现动画时间轴，若其未显示或被误关闭，则可单击"动画时间轴"按钮将其重新调出。单击右下角第二个按钮，则可展开操作编辑器，以对时间轴快速编辑。展开该按钮前的框，则可以选择照相机 1 为屏幕视角，以便于观察调整。

6. 照相机运动

右键单击照相机 1，再次选择"照相机动画制作"选项。如图 11-68a 所示，在弹出的

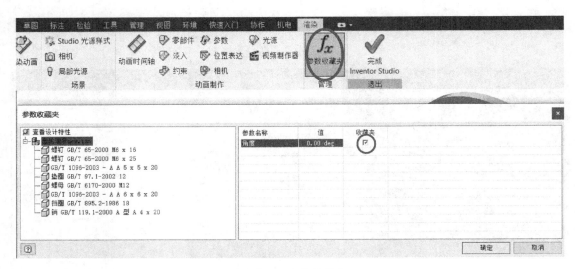

图 11-65　参数收藏夹

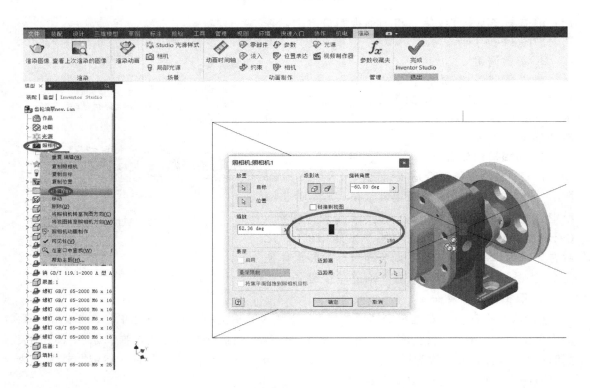

图 11-66　照相机的放置

"照相机动画制作：照相机 1"对话框中，保持在"动画制作"选项卡，单击"时间"选项组中的"指定"按钮，修改开始时间为"5.0s"，结束时间为"10.0s"，单击"定义"按钮。

　　如图 11-68b 所示，在"照相机：照相机 1"对话框中，拖动缩放滑块，使屏幕中照相

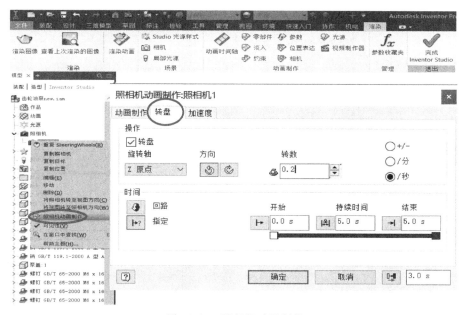

图 11-67　照相机动画制作

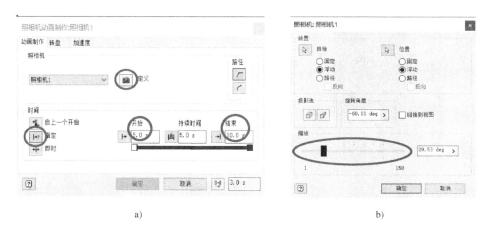

a)　　　　　　　　　　　　　　　　　　　　b)

图 11-68　照相机运动

机视野变小，以能更仔细观察泵体内部结构（适当调整使两齿轮全貌可以在视野内）；单击"确定"按钮，回到原对话框，单击"确定"按钮。

7. 参数动画制作

如图 11-69a 所示，单击展开左栏动画收藏夹，右键单击"角度"，选择"参数动画制作"选项。如图 11-69b 所示，在弹出的"参数动画制作：角度"对话框中，将结束角度改为"360 * 5"（deg），单击"时间"选项组中的"指定"按钮，设置开始时间为"10s"，结束时间为"20.0s"，单击"确定"按钮。

8. 淡显动画制作

如图 11-70a 所示，单击选中装配体中泵盖，接着单击鼠标右键，在弹出的菜单中选择

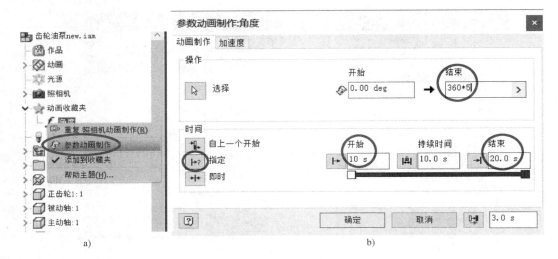

图 11-69　参数动画制作

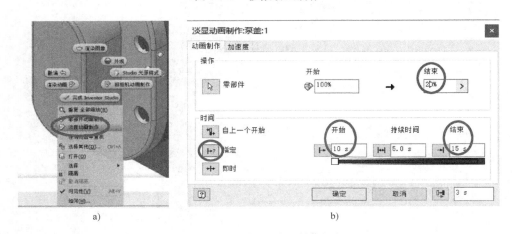

图 11-70　淡显动画制作

"淡显动画制作"选项。如图 11-70b 所示，在弹出的"淡显动画制作：泵盖 1"对话框中，将结束时的透明度调至"20%"，单击时间选项组中的"指定"按钮，设置开始时间为"10s"，结束时间为"15s"，单击"确定"按钮。

9. 渲染输出

先单击屏幕上方"渲染动画"按钮，然后在弹出的渲染动画对话框中进行如下操作。

如图 11-71a 所示，在"输出"选项卡中单击文件夹按钮，找到合适的渲染文件保存位置，将文件保存类型改为 avi（输出文件较大，可用格式工厂软件将 avi 转为 mp4，在保证清晰度不变的前提下大大减小视频大小。若无格式工厂，建议保存类型为 wmv），自主命名文件，单击"保存"按钮，将时间范围的结束时间改为"20.0s"。

如图 11-72b 所示，在"渲染器"选项卡中自主调整"渲染的迭代次数"（建议在 20 次与 30 次之间）；单击"渲染"按钮，等到渲染完成直接关闭窗口，最后单击"完成 Inventor Studio"按钮即可。

a) 输出

b) 渲染器

图 11-71　渲染输出

11.8　用 Inventor 生成装配工程图

Inventor 除了具有强大的三维建模功能外，还可以在零件和装配体三维模型的基础上直接生成二维零件图和装配图，并且提供丰富的工程图编辑功能，满足不同用户的个性化需求。本节以齿轮油泵为例，简要介绍用 Inventor 通过已有的装配体模型直接生成装配图的步骤。齿轮油泵三维模型与三维爆炸图分别如图 11-72 与图 11-73 所示。

11.8.1　创建项目文件

在创建项目时，"Inventor 项目向导"会自动创建项目文件。该文件指定了项目中的文件所在文件夹的路径。这些存储的路径可确保文件之间的链接正常工作。

图 11-72　齿轮油泵三维模型

单击软件初始界面"快速入门"选项卡中的"项目"按钮，再单击"新建"按钮进入"Inventor 项目向导"对话框，如图 11-74 所示，对项目进行命名并指定项目（工作空间）文件夹的路径后，单击"完成"按钮。完成以上设置之后，在指定的文件夹中就会出现格式为 ipj 的项目文件，如图 11-75 所示。关闭软件后，可双击项目文件进入该项目任务，并对项目进行编辑修改。

11.8.2　创建基本视图

新建一个工程图文件，选择提前设置好的 A2 图框模板文件。在"放置视图"选项卡中单击"基础视图"按钮，将左视图导入图纸中，如图 11-76 所示。对于视图中不需要显示的

图 11-73　齿轮油泵三维爆炸图

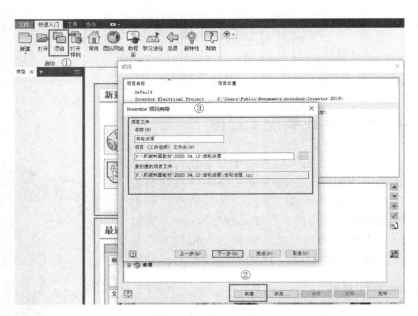

图 11-74　创建项目文件

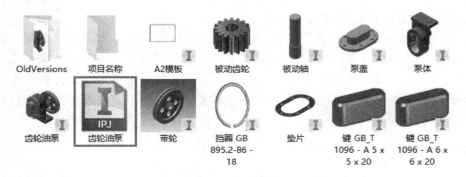

图 11-75　ipj 项目文件

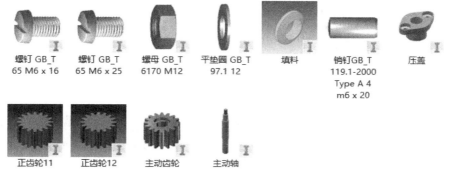

螺钉 GB_T	螺钉 GB_T	螺母 GB_T	平垫圈 GB_T	填料	销钉GB_T	压盖
65 M6 x 16	65 M6 x 25	6170 M12	97.1 12		119.1-2000 Type A 4 m6 x 20	

正齿轮11	正齿轮12	主动齿轮	主动轴

图 11-75　ipj 项目文件（续）

线段，可以用光标选择这些线段后单击鼠标右键，在弹出的快捷菜单栏中去掉"可见性"的勾选即可，如图 11-77 所示。

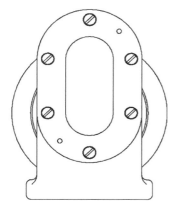

图 11-76　装配图左视图的创建

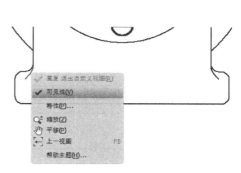

图 11-77　去掉"可见性"勾选的菜单

11.8.3　创建辅助视图

1）在图样中进行旋转剖视图的创建，选择"草图"工具分别在左视图上绘制剖切符号，如图 11-78 所示。在创建完成旋转剖视图之后，为了清晰地表达视图，按照制图规范，装配图中的某些零件是不需要剖切的，如标准件等。此外，需要在左视图剖切线的拐角处用"草图文本"工具补充视图标签"A"。对于不需要剖切的零件，可以通过定义其"不剖"（剖切参与件）属性实现。具体操作如图 11-79 所示，单击模型树视图中装配体旁边的">"按钮，在零件选项中选择剖视图中不剖的零件并单击鼠标右键，在弹出的快捷菜单中单击"剖切参与件"按钮，勾选"无"选项即可。

2）为了区分剖视图中的各个零件，也为了满足机械制图标准，需要对部分零件的剖面线样式进行编辑。首先选择某个零件的剖面线，右键单击该剖面线并选择"编辑"选项，系统弹出"编辑剖面线图案"对话框。这里以零件"填料"为例，由于"填料"的材料属性不是金属，因此其剖面线图案需要修改成为 45°斜方格图案，勾选对话框中的"交叉"选项即可，如图 11-80 所示。其余零件的剖面线只需更改剖面线的角度、比例等即可。需要注

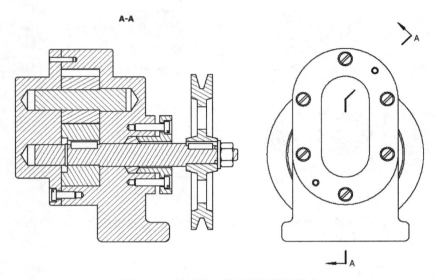

图 11-78　装配图中旋转剖视图的创建

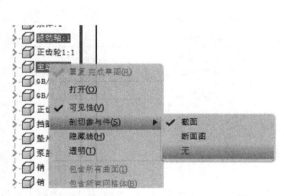

图 11-79　模型树视图及"剖切参与件"的设置

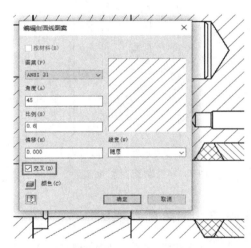

图 11-80　"编辑剖面线图案"对话框

意的是，剖面线的属性设置应使每个零件都能被清晰地区分开。

3）根据工程制图标准及规范要求，齿轮等零件有简化的表达方式，因此还需要对主视图中齿轮视图的表达进行修改。首先，选择齿轮的剖面线，利用右键快捷菜单设置其为"隐藏"，如图 11-81 所示。再对某些轮廓线进行"不可见"的设置，根据齿轮的尺寸参数，利用"草图"工具绘制表达齿轮啮合区域的几何图元。接着，对于螺钉凹槽的投影，为了符合国家标准，需要将原来的凹槽投影轮廓线进行隐藏，再利用草图工具修改其表达。最后，利用"草图"工具添加传动轴键槽处的局部剖视图。在使用"草图"工具时需要注意线型、线宽等的设置，例如，用"草图"工具创建的局部剖视图中，波浪线是细实线，可以选择该图线，再利用右键快捷菜单中的"特性"命令，在"草图特性"对话框中进行设置，如图 11-82 所示，剖视图的修改结果如图 11-83 所示。

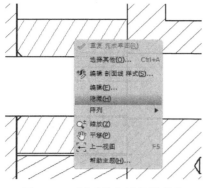

图 11-81　剖面线右键快捷菜单

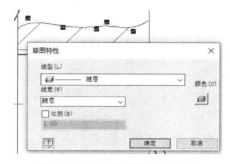

图 11-82　"草图特性"对话框

A-A

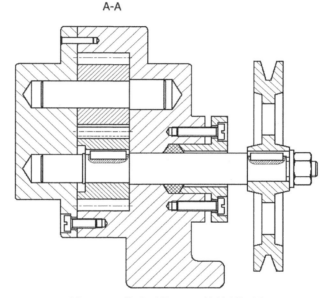

图 11-83　修改后的 *A—A* 旋转剖视图

　　4）在左视图上创建半剖视图。在 Inventor 中，半剖视图的创建是利用"局部剖视图"命令来完成的，如图 11-84 所示。首先需要在左视图上绘制封闭轮廓，如图 11-85 所示。根据零件位置关系和尺寸关系，要求剖切到垫片，选择剖切深度即可完成局部剖视图表达。对于齿轮等有简化表达方式的零件，需要根据简化表达方式的相关标准进行修改、编辑。例如，齿轮啮合区域的修改是根据齿轮的尺寸参数，利用"草图"工具绘制表达齿轮啮合区域的几何图元；管螺纹的局部剖视图修改是利用"草图"工具对进油口的管螺纹进行局部剖视图表达。对于局部剖视图中零件剖面线的修改，与主视图中剖面线的修改方法相同。修

图 11-84　"局部剖视图"命令

改后的左视图如图 11-86 所示。

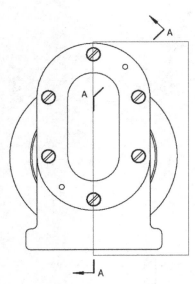

图 11-85　左视图封闭轮廓

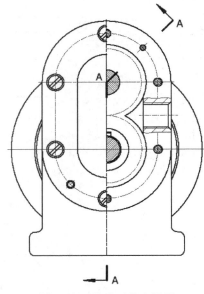

图 11-86　修改后的左视图

5）为了清楚地表达装配图，可以创建一个关联主视图（A—A）的向视图。但是由于 A—A 视图是由左视图关联创建而来，无法再关联创建其他视图。因此这里需要利用基础视图作为辅助来创建向视图。根据投影关系利用基础视图导入 A—A 视图的向视图，如图 11-87 所示。为了表达压盖、泵体等零件，需要在该向视图上对带轮、键、螺母、垫圈四个零件进行不可见设置，如图 11-88 所示。将带轮等四个零件隐藏后，需要对向视图进行局部剖，以表达底座的沉头孔。最后利用"草图文本"工具和"指引线"工具对向视图的性质、来源进行描述表达，如图 11-89 所示。

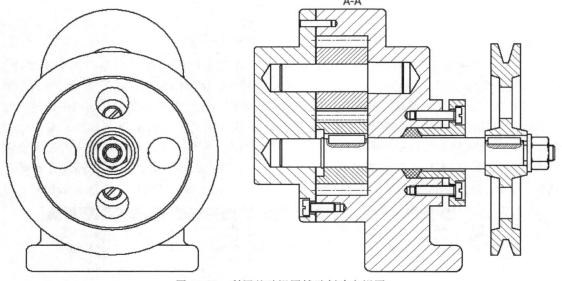

图 11-87　利用基础视图辅助创建向视图

6）为了表达泵体底座的截面，需要创建一个与主视图（A—A）关联的剖视图。同样由于A—A视图无法再关联产生其他视图，因此可以利用D向视图来辅助创建。如图11-90所示，创建好C—C剖视图后，取消C—C视图与D向视图的关联关系，再将C—C剖视图进行相应的旋转，编辑C—C剖视图，取消泵体底座的C—C剖视图"在基础视图中显示投影线"的勾选即可，如图11-91所示。

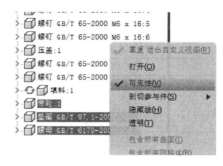

图 11-88　进行不可见设置

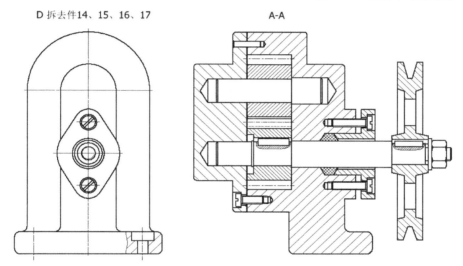

图 11-89　修改后的向视图

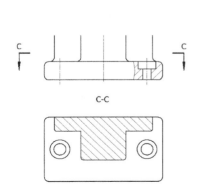

图 11-90　创建 C—C 剖视图

图 11-91　取消 C—C 剖视图"在基础视图中显示投影线"的勾选

7）最后需要利用"草图文本"工具对需要的视图标签进行补充标注，并调整视图位置，如图 11-92 所示。

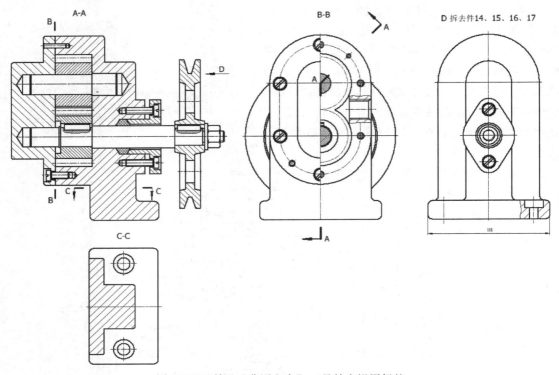

图 11-92　利用"草图文本"工具补充视图标签

11.8.4　装配图后处理

完成视图表达部分后，需要进行图样的标注，主要包括装配图尺寸标注及中心线的标注、零件序号的标注、技术要求及文本说明的注写、标题栏和明细栏的标注。

1）首先，在"标注"选项卡中选择相应的标注工具进行装配尺寸和中心线的标注，如图 11-93 所示。

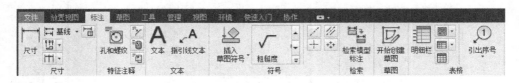

图 11-93　"标注"选项卡

为了便于快速地标注中心线，可以选择某个视图，单击鼠标右键再打开"编辑视图"菜单，如图 11-94 所示，选择"自动中心线"命令，对于有螺纹特征的视图，同样在该菜单内选择"显示螺纹特征"命令。对于漏标的中心线等，可以选择"标注"选项卡中的"中心线"工具进行补充标注。

对于装配图中的尺寸标注，在标注尺寸的同时也需要补充零件之间的配合公差。利用"标注"选项卡中的"尺寸"工具标注需要标注的尺寸，双击尺寸值可以打开"编辑尺寸"

对话框，如图 11-95 所示。输入文本并补充公差的标注，单击铅笔图标可以对文本的字体、大小等进行编辑。在标注直径尺寸时，可以右键单击尺寸后选择尺寸类型为"直径"，也可以编辑直径标注，在单击鼠标右键弹出的快捷菜单中选择"选项"，根据制图标准的要求对箭头、尺寸线、指引线形式进行设置，如图 11-96 所示。

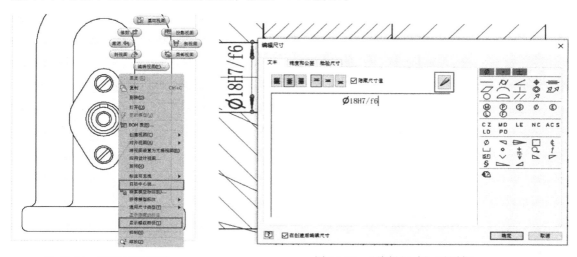

图 11-94　视图编辑菜单　　　　　　　图 11-95　"编辑尺寸"对话框

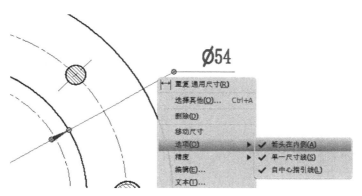

图 11-96　标注尺寸类型菜单

2）标注零件序号。装配图中零件序号的引出有两种方式，一种是手动选择引出，另一种是自动零件序号引出。首先选择一个视图，然后选择"自动引出序号"对话框并进行参数设置，如图 11-97 所示。一般来说，自动标注出来的零件序号是不规则、不整齐的，需要手动调整和编辑处理。在手动调整的过程中，可以对不同零件的序号进行替换，双击零件序号的数字，打开"编辑引出序号"对话框，如图 11-98 所示。对于漏标的零件，可以用"标注"选项卡中的"引出序号"工具进行补充标注。装配图中的技术要求及必要的文本说明，可以利用"草图"或"标注"选项卡中的"文本"工具在图样上填写和编辑。

3）导入标题栏。在浏览器中，展开"工程图资源"下的"标题栏"列表，单击右键弹出菜单，插入设置好的标题栏，输入比例等信息即可，如图 11-99 所示。

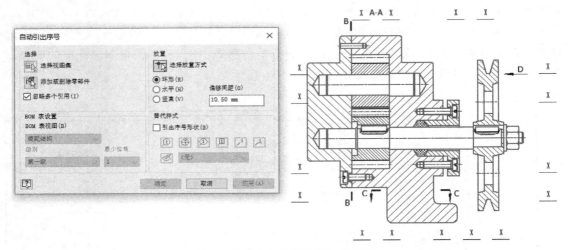

图 11-97 "自动引出序号"对话框

图 11-98 "编辑引出序号"对话框

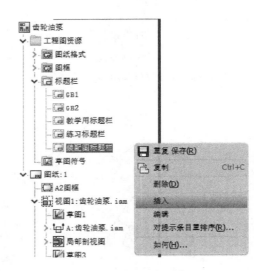

图 11-99 插入标题栏

4）插入明细栏。单击"标注"选项卡中的"明细栏"按钮，系统弹出"明细栏"对话框，按照对话框提示进行操作。首先单击"选择视图"按钮，然后在图纸范围内选择一个视图，系统就会自动选择该装配体生成明细栏。对于明细栏的样式，可以在"标注"选项卡中展开"按标准（明细栏（GB））"下拉列表，选择资源库提前定制好的"简化明细栏"，如图 11-100 所示。单击"确定"按钮，将明细栏导入图样。

在导入的明细栏中，可能会出现部分零件属性缺失、标注形式不符合国家标准要求、零件排序混乱等情况，此时可以左键双击图纸中的明细栏，打开相应的对话框进行修改。根据零件序号对零件排序进行调整，只需选择表格中最左边的空白按钮并按住鼠标进行拖动调整。明细栏编辑结果如图 11-101 所示。

若需对明细栏的表格进行拆分，则选择明细栏中某一行，然后单击鼠标右键打开编辑菜单，选择"表"→"拆分表"命令即可，如图 11-102 所示。

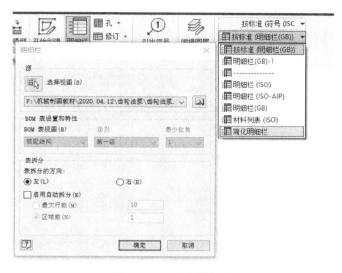

图 11-100　插入明细栏

明细栏: 齿轮油泵.iam

序号	代号	名称	数量	材料	备注
1		泵体	1	HT200	
2		泵盖	1	HT200	
3	GB/T 119.1	销 6m6x20	2	35	
4		被动齿轮	1	45	m=3, z=16
5		被动轴	1	45	
6	GB/T 1096	键 6x6x20	1	45	
7	GB/T 895	挡圈	1	弹簧钢丝	
8		主动轴	1	45	
9		主动齿轮	1	45	m=3, z=16
10	GB/T 65	螺钉 M6x16	6	Q235	
11		填料	1	棉麻绳	
12	GB/T 65	螺钉 M6x25	2	Q235	
13		压盖	1	HT150	
14		带轮	1	HT200	
15	GB/T 1096	键 5x5x20	1	45	
16	GB/T 97.1	平垫圈	1	45	
17	GB/T 6170	螺母 M12	1	Q235	

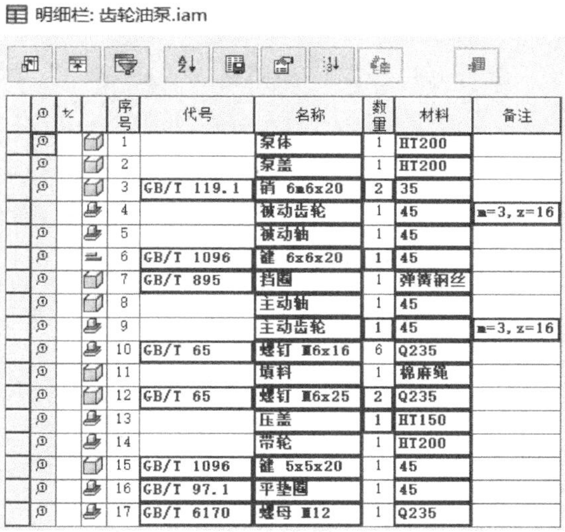

图 11-101　明细栏编辑结果

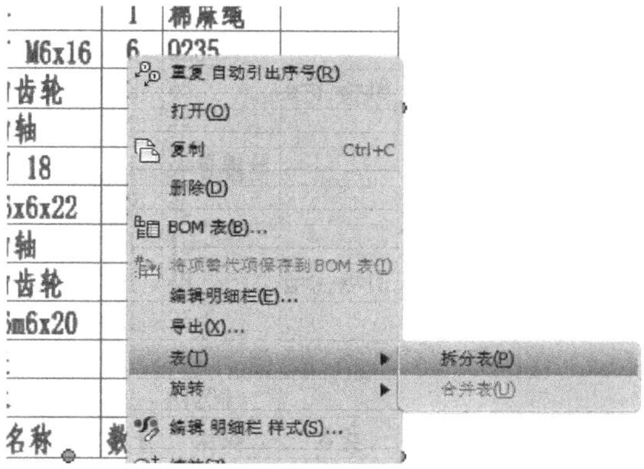

图 11-102　拆分明细栏表格

最后适当调整视图和文本的位置，完成装配图的绘制。基于三维模型直接创建的齿轮油泵装配图如图 11-36 所示。

11.8.5　打包项目文件

“打包”命令可将 Autodesk Inventor 文件及其引用的所有文件打包并保存到一个位置，所有参考选定项目或文件夹中的选定 Autodesk Inventor 文件也可以包含在包中。可以使用“打包”命令归档文件结构、复制一整套文件（同时仍保留对被参照文件的链接）或将一组文件隔离起来，以便进行设计试验。

在齿轮油泵工程图环境下，单击软件左上角“文件”按钮，单击“另存为”按钮右侧的三角形按钮，如图 11-103 所示，选择“打包”命令，系统弹出“打包”对话框，按

图 11-104 所示步骤依次操作即可。打包结束后可以打开目标文件夹，查看打包文件夹的文件，关于齿轮油泵项目的所有文件都在相关的文件夹里，如图 11-105 所示。

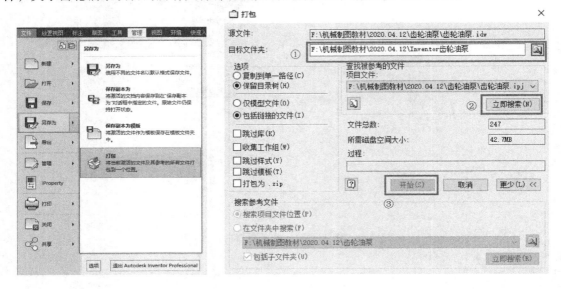

图 11-103 "打包"命令   图 11-104 "打包"对话框

图 11-105 打包目标文件夹

本 章 小 结

由于装配图和零件图在设计、制造过程中起着不同的作用，因而它们有不同的内容和各自的特点。表 11-1 列出了一些主要项目在内容上的异同之处。

表 11-1 装配图和零件图的内容比较

项目内容	零件图	装配图
视图方案选择	表达零件的结构形状	以表达工作原理、装配关系为主
尺寸标注	标注全部尺寸	标注与装配、安装等有关的尺寸
表面粗糙度	需注出	不需注出
尺寸公差	标注偏差值或公差带代号	标注配合代号

（续）

项目内容	零件图	装配图
几何公差	需注出	不需注出
序号和明细栏	无	有
技术要求	标注制造和检验的一些要求	标注性能、装配、调整等的要求

　　画装配图和读装配图是从不同途径培养形体表达能力和分析想象能力，同时也是一种综合运用制图知识、投射理论和制图技能的训练，应当结合自己的认识和经验，在实践中总结出行之有效的绘图方法。

　　本章还介绍了用 Inventor 完成装配体的构型设计、装配及运动仿真，以及生成装配工程图的方法。

附　录

附录 A　尺规绘图工具

表 A-1　尺规绘图工具名称、图例和说明

名称	图例和说明
圆规	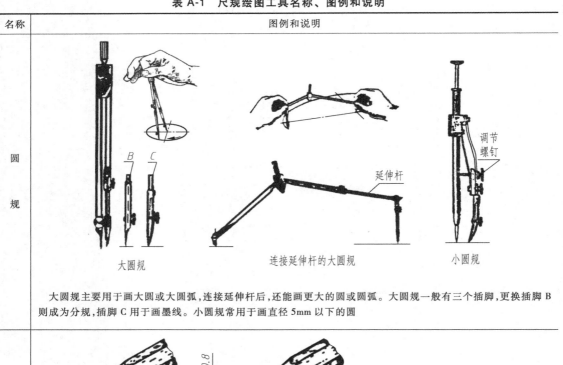大圆规　　连接延伸杆的大圆规　　小圆规 大圆规主要用于画大圆或大圆弧，连接延伸杆后，还能画更大的圆或圆弧。大圆规一般有三个插脚，更换插脚 B 则成为分规，插脚 C 用于画墨线。小圆规常用于画直径 5mm 以下的圆
铅笔	锥状　　　　　铲状 铅笔的铅芯"B"表示软，"H"表示硬。常用 2H、H、HB、B 等型号。尖端可削成锥状或铲状

名称	图例和说明
分规	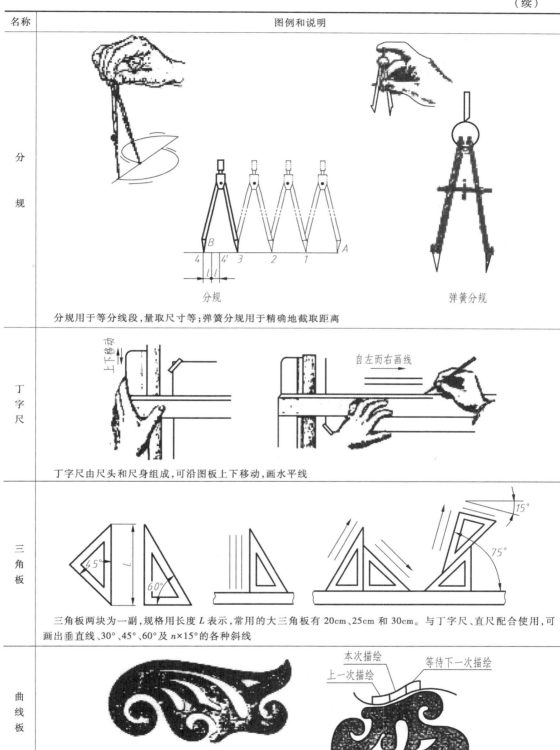分规用于等分线段,量取尺寸等;弹簧分规用于精确地截取距离
丁字尺	丁字尺由尺头和尺身组成,可沿图板上下移动,画水平线
三角板	三角板两块为一副,规格用长度 *L* 表示,常用的大三角板有 20cm、25cm 和 30cm。与丁字尺、直尺配合使用,可画出垂直线、30°、45°、60° 及 *n*×15° 的各种斜线
曲线板	用以绘制非圆曲线。求出非圆曲线上一系列点后,可用曲线板光滑连接

（续）

名称	图例和说明	
擦图片	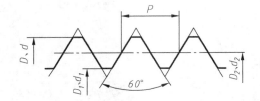	可从各种形式的镂孔中擦去多余的线条，并保持图面清洁
其他	除上述工具外，绘图时还需用胶带纸（贴图）、砂纸（磨铅芯）、毛刷（清除橡皮屑）、橡皮、小刀、量角器、模板等	

附录 B   标 准 结 构

一、普通螺纹 （摘自 GB/T 193—2003、GB/T 196—2003、GB/T 197—2018）

D（d）—内（外）螺纹的大径（公称直径）　P—螺距

D_1（d_1）—内（外）螺纹的小径　D_2（d_2）—内（外）螺纹的中径

标记示例

公称直径为 16mm，螺距为 1.5mm，左旋细牙　螺纹：M16×1.5-LH

表 B-1　普通螺纹基本尺寸 　　　　　　　（单位：mm）

公称直径 D、d		螺距 P		粗牙小径 D_1、d_1	公称直径 D、d		螺距 P		粗牙小径 D_1、d_1
第一系列	第二系列	粗牙	细牙		第一系列	第二系列	粗牙	细牙	
3		0.5	0.35	2.459		22	2.5	2、1.5、1	19.294
	3.5	0.6		2.850	24		3		20.752
4		0.7	0.5	3.242		27	3		23.752
	4.5	0.75		3.688	30		3.5	(3)、2、1.5、1	26.211
5		0.8		4.134		33	3.5	(3)、2、1.5	29.211
6		1	0.75	4.917	36		4	3、2、1.5	31.670
8		1.25	1、0.75	6.647		39	4		34.670
10		1.5	1.25、1、0.75	8.376	42		4.5		37.129
12		1.75	1.25、1	10.106		45	4.5		40.129
	14	2	1.5、(1.25)、1	11.835	48		5	4、3、2、1.5	42.587
16		2	1.5、1	13.835		52	5		46.587
	18	2.5	2、1.5、1	15.294	56		5.5		50.046
20		2.5		17.294					

注：1. 公称直径 D、d 优先选用第一系列，第三系列未列入。

　　2. 括号内尺寸尽可能不用。

　　3. 中径 D_2、d_2 未列入。

　　4. M14×1.25 仅用于发动机的火花塞。

二、梯形螺纹（摘自 GB/T 5796.2—2005、GB/T 5796.3—2005）

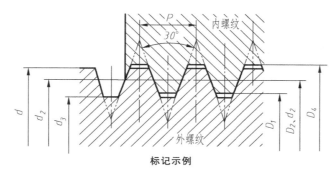

标记示例

公称直径为40mm，导程为14mm，螺距为7mm的左旋双线梯形螺纹：Tr40×14（P7）LH

表 B-2 梯形螺纹基本尺寸 （单位：mm）

公称直径 d 第一系列	公称直径 d 第二系列	螺距 P	中径 $d_2 = D_2$	大径 D_4	小径 d_3	小径 D_1	公称直径 d 第一系列	公称直径 d 第二系列	螺距 P	中径 $d_2 = D_2$	大径 D_4	小径 d_3	小径 D_1
8		1.5	7.250	8.300	6.200	6.500		26	3	24.500	26.500	22.500	23.000
	9	1.5	8.250	9.300	7.200	7.500			5	23.500	26.500	20.500	21.000
		2	8.000	9.500	6.500	7.000			6	22.000	27.000	17.000	18.000
10		1.5	9.250	10.300	8.200	8.500	28		3	26.500	28.500	24.500	25.000
		2	9.000	10.500	7.500	8.000			5	25.500	28.500	22.500	23.000
	11	2	10.000	11.500	8.500	9.000			8	24.000	29.000	19.000	20.000
		3	9.500	11.500	7.500	8.000		30	3	28.500	30.500	26.500	27.000
12		2	11.000	12.500	9.500	10.000			6	27.000	31.000	23.000	24.000
		3	10.500	12.500	8.500	9.000			10	25.000	31.000	19.000	20.000
	14	2	13.000	14.500	11.500	12.000	32		3	30.500	32.500	28.500	29.000
		3	12.500	14.500	10.500	11.000			6	29.000	33.000	25.000	26.000
16		2	15.000	16.500	13.500	14.000			10	27.000	33.000	21.000	22.000
		4	14.000	16.500	11.500	12.000		34	3	32.500	34.500	30.500	31.000
	18	2	17.000	18.500	15.500	16.000			6	31.000	35.000	27.000	28.000
		4	16.000	18.500	13.500	14.000			10	29.000	35.000	23.000	24.000
20		2	19.000	20.500	17.500	18.000	36		3	34.500	36.500	32.500	33.000
		4	18.000	20.500	15.500	16.000			6	33.000	37.000	29.000	30.000
	22	3	20.500	22.500	18.500	19.000			10	31.000	37.000	25.000	26.000
		5	19.500	22.500	16.500	17.000		38	3	36.500	38.500	34.500	35.000
		8	18.000	23.000	13.000	14.000			7	34.500	39.000	30.000	31.000
24		3	22.500	24.500	20.500	21.000			10	33.000	39.000	27.000	28.000
		5	21.500	24.500	18.500	19.000	40		3	38.500	40.500	36.500	37.000
		8	20.000	25.000	15.000	16.000			7	36.500	41.000	32.000	33.000
									10	35.000	41.000	29.000	30.000

注：公称直径优先选用第一系列，第三系列未列入。

三、55°非密封管螺纹（摘自 GB/T 7307—2001）

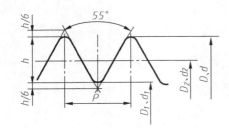

标记示例

尺寸代号为 1/2 的 A 级右旋外螺纹：G1/2A

尺寸代号为 1/2 的右旋内螺纹：G1/2

上述右旋内、外螺纹所组成的螺纹副：G1/2A

当螺纹为左旋时：G1/2A-LH

表 B-3　55°非密封管螺纹的基本尺寸

尺寸代号	每 25.4mm 内的牙数 n	螺距 P/mm	牙高 h/mm	公称直径		
				大径 d=D/mm	中径 d_2=D_2/mm	小径 d_1=D_1/mm
1/16	28	0.907	0.581	7.723	7.142	6.561
1/8	28	0.907	0.581	9.728	9.147	8.566
1/4	19	1.337	0.856	13.157	12.301	11.445
3/8	19	1.337	0.856	16.662	15.806	14.950
1/2	14	1.814	1.162	20.955	19.793	18.631
3/4	14	1.814	1.162	26.441	25.279	24.117
1	11	2.309	1.479	33.249	31.770	30.291
1¼	11	2.309	1.479	41.910	40.431	38.952
1½	11	2.309	1.479	47.803	46.324	44.845
2	11	2.309	1.479	59.614	58.135	56.656
2½	11	2.309	1.479	75.184	73.705	72.226
3	11	2.309	1.479	87.884	86.405	84.926
4	11	2.309	1.479	113.030	111.551	110.072
5	11	2.309	1.479	138.430	136.951	135.472
6	11	2.309	1.479	163.830	162.351	160.872

四、55°密封管螺纹（摘自 GB/T 7306.1—2000、GB/T 7306.2—2000）

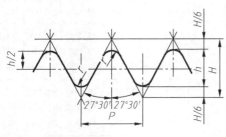

a）圆柱内螺纹的设计牙型

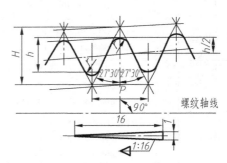

b）圆锥外螺纹的设计牙型

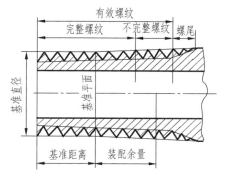

螺纹中径和小径的基本尺寸按下列公式计算

$$d_2 = D_2 = d - h = d - 0.640327P$$
$$d_1 = D_1 = d - 2h = d - 1.280654P$$

标记示例

圆锥内螺纹：Rc1½，与圆锥内螺纹相配合的圆锥外螺纹：$R_2$1½，圆锥内螺纹与圆锥外螺纹所组成的螺纹副 Rc/$R_2$1½。

圆柱内螺纹：Rp1½，与圆柱内螺纹相配合的圆锥外螺纹：$R_1$1½，圆柱内螺纹与圆锥外螺纹所组成的螺纹副 Rp/$R_1$1½。

c) 圆锥外螺纹上各主要尺寸的分布位置

表 B-4 55°密封管螺纹的基本尺寸

尺寸代号	每 25.4mm 内的牙数 n	螺距 P/mm	牙高 h/mm	基准平面内的基本直径			基准距离（基本）/mm	外螺纹的有效螺纹不小于/mm
				大径（基准直径）d=D/mm	中径 d_2=D_2/mm	小径 d_1=D_1/mm		
1/16	28	0.907	0.581	7.723	7.142	6.561	4	6.5
1/8	28	0.907	0.581	9.728	9.147	8.566	4	6.5
1/4	19	1.337	0.856	13.157	12.301	11.445	6	9.7
3/8	19	1.337	0.856	16.662	15.806	14.950	6.4	10.1
1/2	14	1.814	1.162	20.955	19.793	18.631	8.2	13.2
3/4	14	1.814	1.162	26.441	25.279	24.117	9.5	14.5
1	11	2.309	1.479	33.249	31.770	30.291	10.4	16.8
1¼	11	2.309	1.479	41.910	40.431	38.952	12.7	19.1
1½	11	2.309	1.479	47.803	46.324	44.845	12.7	19.1
2	11	2.309	1.479	59.614	58.135	56.656	15.9	23.4
2½	11	2.309	1.479	75.184	73.705	72.226	17.5	26.7
3	11	2.309	1.479	87.884	86.405	84.926	20.6	29.8
4	11	2.309	1.479	113.030	111.551	110.072	25.4	35.8
5	11	2.309	1.479	138.430	136.951	135.472	28.6	40.1
6	11	2.309	1.479	163.830	162.351	160.872	28.6	40.1

五、普通螺纹倒角和退刀槽（摘自 GB/T 3—1997）

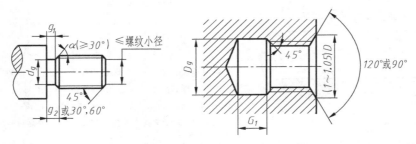

表 B-5 普通螺纹退刀槽尺寸 （单位：mm）

螺距	外螺纹			内螺纹		螺距	外螺纹			内螺纹	
	g_{2max}	g_{1min}	d_g	G_1	D_g		g_{2max}	g_{1min}	d_g	G_1	D_g
0.5	1.5	0.8	$d-0.8$	2		1.75	5.25	3	$d-2.6$	7	
0.7	2.1	1.1	$d-1.1$	2.8	$D+0.3$	2	6	3.4	$d-3$	8	
0.8	2.4	1.3	$d-1.3$	3.2		2.5	7.5	4.4	$d-3.6$	10	$D+0.5$
1	3	1.6	$d-1.6$	4		3	9	5.2	$d-4.4$	12	
1.25	3.75	2	$d-2$	5	$D+0.5$	3.5	10.5	6.2	$d-5$	14	
1.5	4.5	2.5	$d-2.3$	6		4	12	7	$d-5.7$	16	

六、零件倒圆与倒角（摘自 GB/T 6403.4—2008）

1. 型式

注：α 一般采用 45°，也可采用 30° 或 60°。

表 B-6 与直径 φ 相应的倒圆 R、倒角 C 的推荐值 （单位：mm）

φ	<3	>3 ~ 6	>6 ~ 10	>10 ~ 18	>18 ~ 30	>30 ~ 50	>50 ~ 80	>80 ~ 120	>120 ~ 180
C 或 R	0.2	0.4	0.6	0.8	1.0	1.6	2.0	2.5	3.0
φ	>180 ~ 250	>250 ~ 320	>320 ~ 400	>400 ~ 500	>500 ~ 630	>630 ~ 800	>800 ~ 1000	>1000 ~ 1250	>1250 ~ 1600
C 或 R	4.0	5.0	6.0	8.0	10	12	16	20	25

2. 装配型式

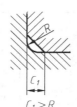

| $C_1 > R$ | $R_1 > R$ | $C < 0.58R_1$ | $C_1 > C$ |

表 B-7　内角倒角、外角倒圆时 C_{max} 与 R_1 的关系　　　　（单位：mm）

R_1	0.1	0.2	0.3	0.4	0.5	0.6	0.8	1.0	1.2	1.6	2.0
C_{max}	—	0.1	0.1	0.2	0.2	0.3	0.4	0.5	0.6	0.8	1.0
R_1	2.5	3.0	4.0	5.0	6.0	8.0	10	12	16	20	25
C_{max}	1.2	1.6	2.0	2.5	3.0	4.0	5.0	6.0	8.0	10	12

七、砂轮越程槽（摘自 GB/T 6403.5—2008）

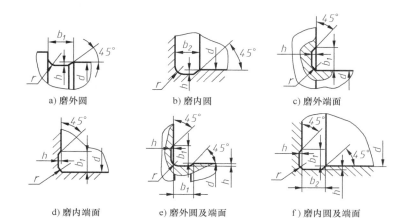

a) 磨外圆　　　　b) 磨内圆　　　　c) 磨外端面

d) 磨内端面　　　e) 磨外圆及端面　　　f) 磨内圆及端面

表 B-8　砂轮越程槽尺寸　　　　（单位：mm）

b_1	0.6	1.0	1.6	2.0	3.0	4.0	5.0	8.0	10
b_2	2.0	3.0		4.0		5.0		8.0	10
h	0.1	0.2		0.3	0.4		0.6	0.8	1.2
r	0.2	0.5		0.8	1.0		1.6	2.0	3.0
d	~10			>10~50		>50~100		>100	

注：1. 越程槽内与直线相交处，不允许产生尖角。

2. 越程槽深度 h 与圆弧半径 r 要满足 $r \leqslant 3h$。

附录 C　常用标准件

一、六角头螺栓（摘自 GB/T 5781—2016、GB/T 5782—2016）

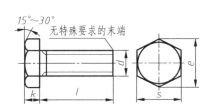

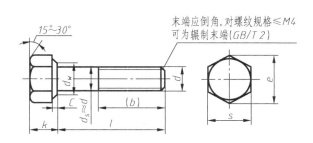

标记示例

螺纹规格 d =M12、公称长度 l =80mm、性能等级为 8.8 级、表面不经处理、产品等级为 A 级的六角头螺栓：

螺栓　GB/T 5782　M12×80

表 C-1　六角头螺栓各部分尺寸　　　　　　（单位：mm）

螺纹规格 d			M3	M4	M5	M6	M8	M10	M12	M16	M20	M24	M30	M36	M42
b 参考 （GB/T 5782）	$l \leqslant 125$		12	14	16	18	22	26	30	38	46	54	66	—	—
	$125 < l \leqslant 200$		18	20	22	24	28	32	36	44	52	60	72	84	96
	$l > 200$		31	33	35	37	41	45	49	57	65	73	85	97	109
C_{max}			0.4	0.4	0.5	0.5	0.6	0.6	0.6	0.8	0.8	0.8	0.8	0.8	1
d_{wmin}	产品等级	A	4.57	5.88	6.88	8.88	11.63	14.63	16.63	22.49	28.19	33.61	—	—	—
		B	4.45	5.74	6.74	8.74	11.47	14.47	16.47	22	27.7	33.25	42.75	51.11	59.95
e_{min}	产品等级	A	6.01	7.66	8.79	11.05	14.38	17.77	20.03	26.75	33.53	39.98	—	—	—
		B、C	5.88	7.50	8.63	10.89	14.20	17.59	19.85	26.17	32.95	39.55	50.85	60.79	71.3
k 公称			2	2.8	3.5	4	5.3	6.4	7.5	10	12.5	15	18.7	22.5	26
s_{max} 公称			5.5	7	8	10	13	16	18	24	30	36	46	55	65
l（商品规格范围）			20~ 30	25~ 40	25~ 50	30~ 60	40~ 80	45~ 100	50~ 120	65~ 160	80~ 200	90~ 240	110~ 300	140~ 360	160~ 440
l 系列			20、25、30、35、40、45、50、55、60、65、70、80、90、100、110、120、130、140、150、160、 180、200、220、240、260、280、300、320、340、360、380、400、420、440												

注：1. A级用于 $d \leqslant 24$ mm 和 $l < 10d$，或者 $\leqslant 150$ mm 的螺栓；B级用于 $d > 24$ mm 或 $l > 10d$，或者 > 150 mm 的螺栓。

　　2. 螺纹规格 d 范围：GB/T 5781—2016 为 M5～M64；GB/T 5782—2016 为 M1.6～M64。

　　3. 公称长度 l 范围：GB/T 5781—2016 为 10～500；GB/T 5782—2016 为 12～500。

　　4. 材料为钢的螺栓性能等级：GB/T 5781—2016 有 4.6、4.8 级，其中 4.8 级为常用；GB/T 5782—2016 有 5.6、8.8、9.8、10.9 级，其中 8.8 级为常用。

　　5. 末端按 GB/T 2—2016 规定。

二、双头螺柱

$b_m = 1d$ （摘自 GB/T 897—1988）　　　　　$b_m = 1.5d$ （摘自 GB/T 899—1988）

$b_m = 1.25d$ （摘自 GB/T 898—1988）　　　　　$b_m = 2d$ （摘自 GB/T 900—1988）

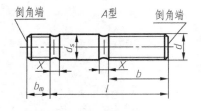
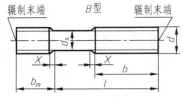

末端按 GB/T 2 规定；$d_s \approx$ 螺纹中径（仅适用于 B 型）；

$x_{max} = 2.5P$ （螺距）

标记示例

两端均为粗牙普通螺纹、d =10mm、l =50mm、性能等级为 4.8 级、不经表面处理、B 型 $b_m = 1.25d$ 的双头螺柱：

螺柱 GB/T 898　M10×50

旋入机体一端为粗牙普通螺纹、旋螺母一端为螺距 P =1mm 的细牙普通螺纹、d =10mm、l =50mm、性能等级为 4.8 级、不经表面处理、A 型、$b_m = 1.25d$ 的双头螺柱：螺柱 GB/T 898　AM10—M10×1×50

表 C-2　双头螺柱各部分尺寸　　　　　　　　　（单位：mm）

螺纹规格	b_m				l/b
	GB/T 897—1988 $b_m = 1d$	GB/T 898—1988 $b_m = 1.25d$	GB/T 899—1988 $b_m = 1.5d$	GB/T 900—1988 $b_m = 2d$	
M5	5	6	8	10	$\dfrac{16\sim(22)}{10}$、$\dfrac{25\sim50}{16}$
M6	6	8	10	12	$\dfrac{20\sim(22)}{10}$、$\dfrac{25\sim30}{14}$、$\dfrac{(32)\sim(75)}{18}$
M8	8	10	12	16	$\dfrac{20\sim(22)}{12}$、$\dfrac{25\sim30}{16}$、$\dfrac{(32)\sim90}{22}$
M10	10	12	15	20	$\dfrac{25\sim(28)}{14}$、$\dfrac{30\sim(38)}{16}$、$\dfrac{40\sim120}{26}$、$\dfrac{130}{32}$
M12	12	15	18	24	$\dfrac{25\sim30}{16}$、$\dfrac{(32)\sim40}{20}$、$\dfrac{45\sim120}{30}$、$\dfrac{130\sim180}{36}$
M16	16	20	24	32	$\dfrac{30\sim(38)}{20}$、$\dfrac{40\sim(55)}{30}$、$\dfrac{60\sim120}{38}$、$\dfrac{130\sim200}{44}$

注：1. 尽可能不采用括号内的规格。

　　2. P 是粗牙螺纹的螺距。

三、螺钉

开槽圆柱头螺钉（GB/T 65—2016）

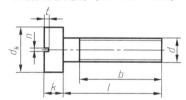

开槽盘头螺钉（GB/T 67—2016）

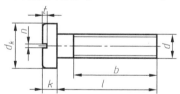

开槽沉头螺钉（GB/T 68—2016）

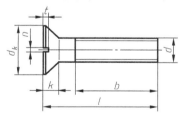

开槽半沉头螺钉（GB/T 69—2016）

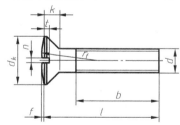

无螺纹部分杆径 ≈ 中径，或者 = 螺纹大径

标记示例

螺纹规格为 M5、公称长度 $l=20$mm、性能等级为 4.8 级、表面不经处理的 A 级开槽圆柱头螺钉：

螺钉　GB/T 65 M5×20

表 C-3　螺钉各部分尺寸　　　　　　　　　（单位：mm）

螺纹规格 d	M3	M4	M5	M6	M8	M10
P(螺距)	0.5	0.7	0.8	1	1.25	1.5
b_{min}	25	38	38	38	38	38
n 公称	0.8	1.2	1.2	1.6	2	2.5

（续）

螺纹规格 d		M3	M4	M5	M6	M8	M10
f	GB/T 69	0.7	1	1.2	1.4	2	2.3
r_f	GB/T 69	6	9.5	9.5	12	16.5	19.5
k_{max}	GB/T 65	2	2.6	3.3	3.9	5	6
	GB/T 67	1.8	2.4	3.0	3.6	4.8	6
	GB/T 68 GB/T 69	1.65	2.7	2.7	3.3	4.65	5
d_{kmax}	GB/T 65	5.5	7	8.5	10	13	16
	GB/T 67	5.6	8	9.5	12	16	20
	GB/T 68 GB/T 69	5.5	8.4	9.3	11.3	15.8	18.3
t_{min}	GB/T 65	0.85	1.1	1.3	1.6	2	2.4
	GB/T 67	0.7	1	1.2	1.4	1.9	2.4
	GB/T 68	0.6	1	1.1	1.2	1.8	2
	GB/T 69	1.2	1.6	2	2.4	3.2	3.8
l 范围	GB/T 65 GB/T 67	4～30	5～40	6～50	8～60	10～80	12～80
	GB/T 68 GB/T 69	5～30	6～40	8～50	8～60	10～80	12～80
l 系列		4、5、6、8、10、12、(14)、16、20、25、30、35、40、50、(55)、60、(65)、70、(75)、80					

注：1. 括号内的规格尽可能不采用。

2. M1.6～M3 的螺钉，公称长度 l 在 30mm 以内的制出全螺纹；GB/T 65、GB/T 67 的 M4～M10 的螺钉，公称长度 l 在 40mm 以内的制出全螺纹；GB/T 68、GB/T 69 的 M4～M10 的螺钉，公称长度 l 在 45mm 以内的制出全螺纹。

四、螺母

1. 1 型六角螺母 C 级（摘自 GB/T 41—2016）、1 型六角螺母（摘自 GB/T 6170—2015）

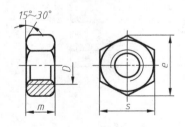

标记示例

螺纹规格为 M12、性能等级为 5 级、表面不经处理、C 级的 1 型六角螺母：
螺母 GB/T 41 M12

螺纹规格为 M12、性能等级为 8 级、表面不经处理、A 级的 1 型六角螺母：
螺母 GB/T 6170 M12

表 C-4 1 型六角螺母各部分尺寸　　　　（单位：mm）

螺纹规格 D		M3	M4	M5	M6	M8	M10	M12	M16	M20	M24	M30	M36
e_{min}	GB/T 41—2016	—	—	8.63	10.89	14.20	17.59	19.85	26.17	32.95	39.55	50.85	60.79
	GB/T 6170—2015	6.01	7.66	8.79	11.05	14.38	17.77	20.03	26.75	32.95	39.55	50.85	60.79
s_{max} 公称	GB/T 41—2016	—	—	8	10	13	16	18	24	30	36	46	55
	GB/T 6170—2015	5.5	7	8	10	13	16	18	24	30	36	46	55

m_{max}	GB/T 41—2016	—	—	5.6	6.4	7.9	9.5	12.2	15.9	19.0	22.3	26.4	31.9
	GB/T 6170—2015	2.4	3.2	4.7	5.2	6.8	8.4	10.8	14.8	18	21.5	25.6	31

注：1. GB/T 41 螺母规格为 M5～M64，GB/T 6170 螺母规格为 M1.6～M64。

2. 对 GB/T 6170 螺母，产品等级 A、B 由公差数值决定，A 级公差数值小，A 级用于 $D \leqslant 16mm$ 的螺母，B 级用于 $D>16mm$ 的螺母。

3. GB/T 41 螺母的性能等级为 5 级，材料为钢的 GB/T 6170 螺母的性能等级有 6、8、10 级，其中 8 级最常用。

2. 六角薄螺母（摘自 GB/T 6172.1—2016）

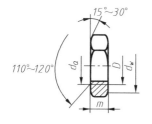 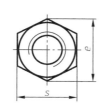

标记示例

螺纹规格为 M12、性能等级为 04 级、表面不经处理、产品等级为 A 级、倒角的六角薄螺母：螺母 GB/T 6172.1　M12

表 C-5　六角薄螺母各部分尺寸　　　　　　（单位：mm）

螺纹规格 D		M3	M4	M5	M6	M8	M10	M12	M16	M20	M24	M30	M36
螺距 P		0.5	0.7	0.8	1	1.25	1.5	1.75	2	2.5	3	3.5	4
d_a	min	3	4	5	6	8	10	12	16	20	24	30	36
	max	3.45	4.6	5.75	6.75	8.75	10.8	13	17.3	21.6	25.9	32.4	38.9
d_w	min	4.6	5.9	6.9	8.9	11.6	14.6	16.6	22.5	27.7	33.2	42.8	51.1
e	min	6.01	7.66	8.79	11.05	14.38	17.77	20.03	26.75	32.95	39.55	50.85	60.79
m	max	1.8	2.2	2.7	3.2	4	5	6	8	10	12	15	18
	min	1.55	1.95	2.45	2.9	3.7	4.7	5.7	7.42	9.10	10.9	13.9	16.9
s	公称＝max	5.5	7	8	10	13	16	18	24	30	36	46	55
	min	5.32	6.78	7.78	9.78	12.73	15.73	17.73	23.67	29.16	35	45	53.8

五、垫圈

1. 平垫圈

平垫圈　C 级（GB/T 95—2002）　　　　平垫圈　倒角型　A 级　　　　　　小垫圈　A 级
平垫圈　A 级（GB/T 97.1—2002）　　　（GB/T 97.2—2002）　　　　　　　（GB/T 848—2002）

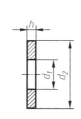 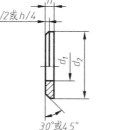 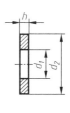

标记示例

标准系列、公称规格为 8mm、由钢制造的硬度等级为 200HV 级、表面不经处理、产品等级为 A 级的平垫圈：
垫圈　GB/T 97.1　8

表 C-6　平垫圈各部分尺寸　　　　　　　　　　　　（单位：mm）

公称规格（螺纹大径 d）		4	5	6	8	10	12	16	20	24	30	36	42	48	56	64
d_{1min} 公称	GB/T 848	4.3	5.3	6.4	8.4	10.5	13	17	21	25	31	37	—	—	—	—
	GB/T 97.1												45	52	62	70
	GB/T 97.2	—														
	GB/T 95	4.5	5.5	6.6	9	11	13.5	17.5	22	26	33	39				
d_{2max} 公称	GB/T 848	8	9	11	15	18	20	28	34	39	50	60	—	—	—	—
	GB/T 97.1	9	10	12	16	20	24	30	37	44	56	66	78	92	105	115
	GB/T 97.2	—														
	GB/T 95	9														
h 公称	GB/T 848	0.5	1	1.6		2	2.5	3		4		5	—	—	—	—
	GB/T 97.1	0.8														
	GB/T 97.2	—	1	1.6		2	2.5	3		4		5	8		10	
	GB/T 95	0.8														

2. 标准型弹簧垫圈（摘自 GB/T 93—1987）

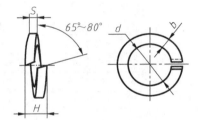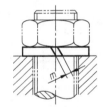

标记示例

规格为 16mm、材料为 65Mn、表面氧化的标准型弹簧垫圈：垫圈　GB/T 93　16

表 C-7　标准型弹簧垫圈各部分尺寸　　　　　　　　（单位：mm）

规格 （螺纹大径）	d		$S(b)$			H		m
	min	max	公称	min	max	min	max	<
2	2.1	2.35	0.5	0.42	0.58	1	1.25	0.25
2.5	2.6	2.85	0.65	0.57	0.73	1.3	1.63	0.33
3	3.1	3.4	0.8	0.7	0.9	1.6	2	0.4
4	4.1	4.4	1.1	1	1.2	2.2	2.75	0.55
5	5.1	5.4	1.3	1.2	1.4	2.6	3.25	0.65
6	6.1	6.68	1.6	1.5	1.7	3.2	4	0.8
8	8.1	8.68	2.1	2	2.2	4.2	5.25	1.05
10	10.2	10.9	2.6	2.45	2.75	5.2	6.5	1.3
12	12.2	12.9	3.1	2.95	3.25	6.2	7.75	1.55
(14)	14.2	14.9	3.6	3.4	3.8	7.2	9	1.8

规格 （螺纹大径）	d		$S(b)$			H		m
	min	max	公称	min	max	min	max	<
16	16.2	16.9	4.1	3.9	4.3	8.2	10.25	2.05
(18)	18.2	19.04	4.5	4.3	4.7	9	11.25	2.25
20	20.2	21.04	5	4.8	5.2	10	12.5	2.5
(22)	22.5	23.34	5.5	5.3	5.7	11	13.75	2.75
24	24.5	25.5	6	5.8	6.2	12	15	3
(27)	27.5	28.5	6.8	6.5	7.1	13.6	17	3.4
30	30.5	31.5	7.5	7.2	7.8	15	18.75	3.75
(33)	33.5	34.7	8.5	8.2	8.8	17	21.25	4.25
36	36.5	37.7	9	8.7	9.3	18	22.5	4.5
(39)	39.5	40.7	10	9.7	10.3	20	25	5
42	42.5	43.7	10.5	10.2	10.8	21	26.25	5.25
(45)	45.5	46.7	11	10.7	11.3	22	27.5	5.5
48	48.5	49.7	12	11.7	12.3	24	30	6

注：1. 尽可能不采用括号内的规格。

　　2. m 应大于 0。

六、紧定螺钉

开槽锥端紧定螺钉（GB/T 71—2018）

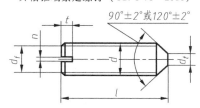

开槽平端紧定螺钉（GB/T 73—2017）

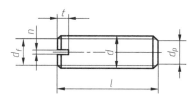

开槽长圆柱端紧定螺钉（GB/T 75—2018）

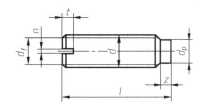

短螺钉时，倒角应制成 120°；

其他长度螺钉倒角制成 90°。

标记示例

螺纹规格为 M5、公称长度 $l=10\text{mm}$、钢制、硬度等级为 14H 级、表面不经处理、产品等级为 A 级的开槽平端紧定螺钉：螺钉 GB/T 73 M5×10

表 C-8　紧定螺钉各部分尺寸　　　　　　　　　（单位：mm）

螺纹规格 d	螺距 P	$d_f \approx$	d_{tmax}	d_{pmax}	$n_{公称}$	t_{max}	z_{max}	l 范围		
								GB/T 71	GB/T 73	GB/T 75
M2	0.4	螺纹小径	0.2	1	0.25	0.84	1.25	3~10	2~10	3~10
M3	0.5		0.3	2	0.4	1.05	1.75	4~16	3~16	5~16
M4	0.7		0.4	2.5	0.6	1.42	2.25	6~20	4~20	6~20
M5	0.8		0.5	3.5	0.8	1.63	2.75	8~25	5~25	8~25
M6	1		1.5	4	1	2	3.25	8~30	6~30	8~30
M8	1.25		2	5.5	1.2	2.5	4.3	10~40	8~40	10~40
M10	1.5		2.5	7	1.6	3	5.3	12~50	10~50	12~50
l 系列	2、2.5、3、4、5、6、8、10、12、（14）、16、20、25、30、35、40、45、50									

注：1. 括号内的规格尽可能不采用。

　　2. 螺纹公差，6g；力学性能等级，14H 或 22H；产品等级，A。

七、键

1. 平键、键槽的剖面尺寸（摘自 GB/T 1095—2003）

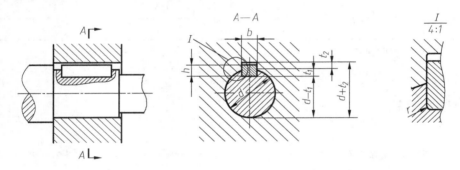

表 C-9　普通平键键槽的尺寸与公差　　　　　　　　　（单位：mm）

键尺寸 $b \times h$	键槽						深度				半径 r	
	宽度 b						轴 t_1		毂 t_2			
	基本尺寸	极限偏差					基本尺寸	极限偏差	基本尺寸	极极偏差		
		正常连接		紧密连接	松连接							
		轴 N9	毂 JS9	轴和毂 P9	轴 H9	毂 D10					min	max
2×2	2	−0.004 −0.029	±0.0125	−0.006 −0.031	+0.025 0	+0.060 +0.020	1.2	+0.1 0	1.0	+0.1 0	0.08	0.16
3×3	3						1.8		1.4			
4×4	4	0 −0.030	±0.015	−0.012 −0.042	+0.030 0	+0.078 +0.030	2.5		1.8		0.16	0.25
5×5	5						3.0		2.3			
6×6	6						3.5		2.8			
8×7	8	0 −0.036	±0.018	−0.015 −0.051	+0.036 0	+0.098 +0.040	4.0	+0.2 0	3.3	+0.2 0	0.25	0.40
10×8	10						5.0		3.3			
12×8	12	0 −0.043	±0.0215	−0.018 −0.061	+0.043 0	+0.120 +0.050	5.0		3.3			
14×9	14						5.5		3.8			

键尺寸 $b×h$	键槽											
	宽度 b						深度				半径 r	
	基本尺寸	极限偏差					轴 t_1		毂 t_2			
		正常连接		紧密连接	松连接		基本尺寸	极限偏差	基本尺寸	极极偏差		
		轴 N9	毂 JS9	轴和毂 P9	轴 H9	毂 D10					min	max
16×10	16	0 −0.043	±0.0215	−0.018 −0.061	+0.043 0	+0.120 +0.050	6.0	+0.2 0	4.3	+0.2 0	0.25	0.40
18×11	18						7.0		4.4			
20×12	20	0 −0.052	±0.026	−0.022 −0.074	+0.052 0	+0.149 +0.065	7.5		4.9		0.40	0.60
22×14	22						9.0		5.4			
25×14	25						9.0		5.4			
28×16	28						10.0		6.4			
32×18	32	0 −0.062	±0.031	−0.026 −0.088	+0.062 0	+0.180 +0.080	11.0		7.4		0.70	1.00
36×20	36						12.0		8.4			
40×22	40						13.0		9.4			
45×25	45						15.0		10.4			
50×28	50						17.0		11.4			
56×32	56	0 −0.074	±0.037	−0.032 −0.106	+0.074 0	+0.220 +0.100	20.0	+0.3 0	12.4	+0.3 0	1.20	1.60
63×32	63						20.0		12.4			
70×36	70						22.0		14.4			
80×40	80						25.0		15.4			
90×45	90	0 −0.087	±0.0435	−0.037 −0.124	+0.087 0	+0.260 +0.120	28.0		17.4		2.00	2.50
100×50	100						31.0		19.5			

注：1. 在零件图中，轴槽深用 $d-t_1$ 标注，$d-t_1$ 的极限偏差值应取负号，轮毂槽深用 $d+t_2$ 标注。

2. 普通平键应符合 GB/T 1096 规定。

3. 平键轴槽的长度公差用 H14。

4. 轴槽、轮毂槽的键槽宽度 b 两侧的表面粗糙度参数 Ra 值推荐为 $1.6 \sim 3.2 \mu m$，轴槽底面、轮毂槽底面的表面粗糙度参数 Ra 值为 $6.3 \mu m$。

5. 以上未述及的相关键槽的其他技术条件，可查阅 GB/T 1096。

2. 普通型 平键（摘自 GB/T 1096—2003）

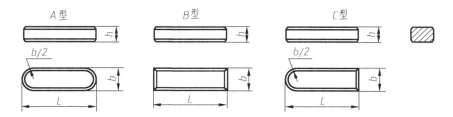

标记示例

宽度 $b=16mm$、高度 $h=10mm$、长度 $L=100mm$ 普通 A 型平键：GB/T 1096 键 16×10×100

宽度 $b=16mm$、高度 $h=10mm$、长度 $L=100mm$ 普通 B 型平键：GB/T 1096 键 B 16×10×100

宽度 $b=16mm$、高度 $h=10mm$、长度 $L=100mm$ 普通 C 型平键：GB/T 1096 键 C 16×10×100

表 C-10 普通平键的尺寸与公差 （单位：mm）

宽度 b	基本尺寸	2	3	4	5	6	8	10	12	14	16	18	20	22
	极限偏差 (h8)	0 −0.014		0 −0.018			0 −0.022		0 −0.027				0 −0.033	

高度 h		基本尺寸	2	3	4	5	6	7	8	8	9	10	11	12	14
	极限偏差	矩形 (h11)	—			—				0 −0.090				0 −0.010	
		方形 (h8)	0 −0.014			0 −0.018			—				—		

长度 L

基本尺寸	极限偏差 (h14)	2	3	4	5	6	8	10	12	14	16	18	20	22
6	0 −0.36			—	—	—	—	—	—	—	—	—	—	—
8					—	—	—	—	—	—	—	—	—	—
10						—	—	—	—	—	—	—	—	—
12	0 −0.43						—	—	—	—	—	—	—	—
14							—	—	—	—	—	—	—	—
16								—	—	—	—	—	—	—
18								—	—	—	—	—	—	—
20	0 −0.52								—	—	—	—	—	—
22		—		标准						—	—	—	—	—
25		—								—	—	—	—	—
28		—									—	—	—	—
32	0 −0.62										—	—	—	—
36		—									—	—	—	—
40		—	—			长度					—	—	—	—
45												—	—	—
50	0 −0.74	—	—	—									—	—
56		—	—	—										—
63		—	—	—	—									
70		—	—	—	—									
80		—	—	—	—									
90	0 −0.87	—	—	—	—	—		范围						
100		—	—	—	—	—	—							
110		—	—	—	—	—	—							
125		—	—	—	—	—	—	—						
140	0 −1.00	—	—	—	—	—	—	—	—					
160		—	—	—	—	—	—	—	—					
180		—	—	—	—	—	—	—	—	—				
200		—	—	—	—	—	—	—	—	—	—			
220	0 −1.15	—	—	—	—	—	—	—	—	—	—	—		
250		—	—	—	—	—	—	—	—	—	—	—	—	

八、销

1. 圆柱销　不淬硬钢和奥氏体不锈钢（摘自 GB/T 119.1—2000）、圆柱销　淬硬钢和马氏体不锈钢（摘自 GB/T 119.2—2000）、圆锥销（摘自 GB/T 117—2000）

（1）圆柱销（GB/T 119.1—2000、GB/T 119.2—2000）

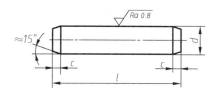

标记示例

公称直径 $d=6$mm、公差为 m6、公称长度 $l=30$mm、材料为钢、不经淬火、不经表面处理的圆柱销：销 GB/T 119.1 6 m6×30

公称直径 $d=6$mm、公差为 m6、公称长度 $l=30$mm、材料为钢、普通淬火（A 型）、表面氧化处理的圆柱销：销 GB/T 119.2 6×30

（2）圆锥销（GB/T 117—2000）

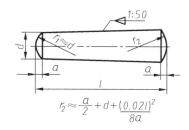

$$r_2 \approx \frac{a}{2} + d + \frac{(0.02l)^2}{8a}$$

标记示例

公称直径 $d=6$mm、公称长度 $l=30$mm、材料为 35 钢、热处理硬度 28~38HRC、表面氧化处理的 A 型圆锥销：销 GB/T 117 6×30

表 C-11　圆柱销、圆锥销的各部分尺寸　　　（单位：mm）

	d	0.8	1	1.2	1.5	2	2.5	3	4	5	6	8	10	12	16	20
圆柱销	$c\approx$	0.16	0.2	0.25	0.3	0.35	0.4	0.5	0.63	0.8	1.2	1.6	2	2.5	3	3.5
	l 范围 GB/T 119.1	2~8	4~10	4~12	4~16	6~20	6~24	8~30	8~40	10~50	12~60	14~80	18~95	22~140	26~180	35~200
	l 范围 GB/T 119.2	—	3~10	—	4~16	5~20	6~24	8~30	10~40	12~50	14~60	18~80	22~100	26~100	40~100	50~100
圆锥销	$a\approx$	0.1	0.12	0.16	0.2	0.25	0.3	0.4	05	0.63	0.8	1	1.2	1.6	2	2.5
	l 范围	5~12	6~16	6~20	8~24	10~35	10~35	12~45	14~55	18~60	22~90	22~120	26~160	32~180	40~200	45~200
	l（公称）系列	2、3、4、5、6、8、10、12、14、16、18、20、22、24、26、28、30、32、35、40、45、50、55、60、65、70、75、80、85、90、95、100、120、140、160、180、200														

注：1. 公称直径 d 的公差，GB/T 119.1—2000 规定为 m6 和 h8，GB/T 119.2—2000 规定为 m6，GB/T 117—2000 规定为 h10，其他公差，如 a11、c11 及 f8，由供需双方协议。

2. GB/T 119.2—2000 规定淬硬钢制成的圆柱销，按淬火方法不同分为普通淬火（A 型）和表面淬火（B 型）两种。

3. 圆锥销有 A 型和 B 型。A 型（磨削）锥面表面粗糙度值 $Ra=0.8\mu$m，B 型（切削或冷镦）锥面表面粗糙度值 $Ra=3.2\mu$m。端面的表面粗糙度值 $Ra=6.3\mu$m。

4. 公称长度 $l>200$mm 时，按 20mm 递增。

2. 开口销（摘自 GB/T 91—2000）

允许制造的型式

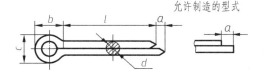

标记示例

公称规格 $d=5$mm、公称长度 $l=50$mm、材料为 Q215 或 Q235、不经表面处理的开口销：销 GB/T 91 5×50

表 C-12　开口销各部分尺寸　　　　　　　　（单位：mm）

公称规格		0.8	1	1.2	1.6	2	2.5	3.2	4	5	6.3	8	10	13	16	20
d_{max}		0.7	0.9	1.0	1.4	1.8	2.3	2.9	3.7	4.6	5.9	7.5	9.5	12.4	15.4	19.3
a_{max}		1.6				2.5		3.2	4			6.3				
c	max	1.4	1.8	2.0	2.8	3.6	4.6	5.8	7.4	9.2	11.8	15.0	19.0	24.8	30.8	38.5
	min	1.2	1.6	1.7	2.4	3.2	4.0	5.1	6.5	8.0	10.3	13.1	16.6	21.7	27.0	33.8
适用的螺栓直径	>	2.5	3.5	4.5	5.5	7	9	11	14	20	27	39	56	80	120	170
	≤	3.5	4.5	5.5	7	9	11	14	20	27	39	56	80	120	170	—
$b \approx$		2.4	3		3.2	4	5	6.4	8	10	12.6	16	20	26	32	40
l 范围		5~16	6~20	8~25	8~32	10~40	12~50	14~63	18~80	22~100	32~125	40~160	45~200	71~250	112~280	160~280
l 系列		5、6、8、10、12、14、16、18、20、22、25、28、32、36、40、45、50、56、63、71、80、90、100、112、125、140、160、180、200、224、250、280														

九、常用滚动轴承

1. 深沟球轴承（摘自 GB/T 276—2013）

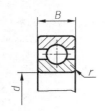

标记示例

类型代号为 6、尺寸系列代号为（0）2，内径为 30mm 的深沟球轴
承：滚动轴承　6206　GB/T 276—2013

表 C-13　深沟球轴承外形尺寸　　　　　　　（单位：mm）

轴承型号	d	D	B	r_{smin}	轴承型号	d	D	B	r_{smin}
19 系列					10 系列				
61900	10	22	6	0.3	6000	10	26	8	0.3
61901	12	24	6	0.3	6001	12	28	8	0.3
61902	15	28	7	0.3	6002	15	32	9	0.3
61903	17	30	7	0.3	6003	17	35	10	0.3
61904	20	37	9	0.3	6004	20	42	12	0.6
61905	25	42	9	0.3	6005	25	47	12	0.6
61906	30	47	9	0.3	6006	30	55	13	1
61907	35	55	10	0.6	6007	35	62	14	1
61908	40	62	12	0.6	6008	40	68	15	1
61909	45	68	12	0.6	6009	45	75	16	1
61910	50	72	12	0.6	6010	50	80	16	1
61911	55	80	13	1	6011	55	90	18	1.1
61912	60	85	13	1	6012	60	95	18	1.1
61913	65	90	13	1	6013	65	100	18	1.1
61914	70	100	16	1	6014	70	110	20	1.1
61915	75	105	16	1	6015	75	115	20	1.1
61916	80	110	16	1	6016	80	125	22	1.1
61917	85	120	18	1.1	6017	85	130	22	1.1
61918	90	125	18	1.1	6018	90	140	24	1.5
61919	95	130	18	1.1	6019	195	145	24	1.5

轴承型号	d	D	B	r_{smin}	轴承型号	d	D	B	r_{smin}
00 系列					02 系列				
16001	12	28	7	0.3	6200	10	30	9	0.6
16002	15	32	8	0.3	6201	12	32	10	0.6
16003	17	35	8	0.3	6202	15	35	11	0.6
16004	20	42	8	0.3	6203	17	40	12	0.6
16005	25	47	8	0.3	6204	20	47	14	1
16006	30	55	9	0.3	6205	25	52	15	1
16007	35	62	9	0.3	6206	30	62	16	1
16008	40	68	9	0.3	6207	35	72	17	1.1
16009	45	75	10	0.6	6208	40	80	18	1.1
16010	50	80	10	0.6	6209	45	85	19	1.1
16011	55	90	11	0.6	6210	50	90	20	1.1
16012	60	95	11	0.6	6211	55	100	21	1.5
16013	65	100	11	0.6	6212	60	110	22	1.5
16014	70	110	13	0.6	6213	65	120	23	1.5
16015	75	115	13	0.6	6214	70	125	24	1.5
16016	80	125	14	0.6	6215	75	130	25	1.5
16017	85	130	14	0.6	6216	80	140	26	2
16018	90	140	16	1	6217	85	150	28	2
16019	95	145	16	1	6218	90	160	30	2
16020	100	150	16	1	6219	95	170	32	2.1

2. 圆锥滚子轴承（摘自 GB/T 297—2015）

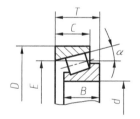

标记示例

类型代号为 3、尺寸系列代号为 03、内径为 60mm 的圆锥滚子轴承：
滚动轴承　30312　GB/T 297—2015

表 C-14　圆锥滚子轴承外形尺寸 （单位：mm）

轴承型号	d	D	T	B	C	α	E	轴承型号	d	D	T	B	C	α	E
02 系列								03 系列							
30205	25	52	16.25	15	13	14°02′10″	41.135	30305	25	62	18.25	17	15	11°18′36″	50.637
30206	30	62	17.25	16	14	14°02′10″	49.990	30306	30	72	20.75	19	16	11°51′35″	58.287
30207	35	72	18.25	17	15	14°02′10″	58.884	30307	35	80	22.75	21	18	11°51′35″	65.769
30208	40	80	19.75	18	16	14°02′10″	65.730	30308	40	90	25.25	23	20	12°57′10″	72.703
30209	45	85	20.75	19	16	15°06′34″	70.440	30309	45	100	27.25	25	22	12°57′10″	81.780
30210	50	90	21.75	20	17	15°38′32″	75.078	30310	50	110	29.25	27	23	12°57′10″	90.633
30211	55	100	22.75	21	18	15°06′34″	84.197	30311	55	120	31.5	29	25	12°57′10″	99.146
30212	60	110	23.75	22	19	15°06′34″	91.876	30312	60	130	33.5	31	26	12°57′10″	107.769
30213	65	120	24.75	23	20	15°06′34″	101.934	30313	65	140	36	33	28	12°57′10″	116.846
30214	70	125	26.25	24	21	15°38′32″	105.748	30314	70	150	38	35	30	12°57′10″	125.244
30215	75	130	27.25	25	22	16°10′20″	110.408	30315	75	160	40	37	31	12°57′10″	134.097

（续）

轴承型号	d	D	T	B	C	α	E	轴承型号	d	D	T	B	C	α	E
13 系列								13 系列							
31305	25	62	18.25	17	13	28°48′39″	44.130	31311	55	120	31.5	29	21	28°48′39″	89.563
31306	30	72	20.75	19	14	28°48′39″	51.771	31312	60	130	33.5	31	22	28°48′39″	98.236
31307	35	80	22.75	21	15	28°48′39″	58.861	31313	65	140	36	33	23	28°48′39″	106.359
31308	40	90	25.25	23	17	28°48′39″	66.984	31314	70	150	38	35	25	28°48′39″	113.449
31309	45	100	27.25	25	18	28°48′39″	75.107	31315	75	160	40	37	26	28°48′39″	122.122
31310	50	110	29.25	27	19	28°48′39″	82.747								

3. 推力球轴承（摘自 GB/T 301—2015）

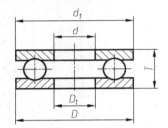

标记示例

类型代号为 5、尺寸系列代号为 13、内径为 50mm 的推力球轴承：

滚动轴承　51310　GB/T 301—2015

表 C-15　推力球轴承外形尺寸　　　　　　　　　　（单位：mm）

轴承型号	d	D	T	D_{1smin}	d_{1smin}	轴承型号	d	D	T	D_{1smin}	d_{1smin}
11 系列						12 系列					
51100	10	24	9	11	24	51200	10	26	11	12	26
51101	12	26	9	13	26	51201	12	28	11	14	28
51102	15	28	9	16	28	51202	15	32	12	17	32
51103	17	30	9	18	30	51203	17	35	12	19	35
51104	20	35	10	21	35	51204	20	40	14	22	40
51105	25	42	11	26	42	51205	25	47	15	27	47
51106	30	47	11	32	47	51206	30	52	16	32	52
51107	35	52	12	37	52	51207	35	62	18	37	62
51108	40	60	13	42	60	51208	40	68	19	42	68
51109	45	65	14	47	65	51209	45	73	20	47	73
51110	50	70	14	52	70	51210	50	78	22	52	78
51111	55	78	16	57	78	51211	55	90	25	57	90
51112	60	85	17	62	85	51212	60	95	26	62	95
51113	65	90	18	67	90	51213	65	100	27	67	100
51114	70	95	18	72	95	51214	70	105	27	72	105
51115	75	100	19	77	100	51215	75	110	27	77	110
51116	80	105	19	82	105	51216	80	115	28	82	115
51117	85	110	19	87	110	51217	85	125	31	88	125
51118	90	120	22	92	120	51218	90	135	35	93	135
51120	100	135	25	102	135	51220	100	150	38	103	150
51122	110	145	25	112	145	51222	110	160	38	113	160
51124	120	155	25	122	155	51224	120	170	39	123	170
51126	130	170	30	132	170	51226	130	190	45	133	187
51128	140	180	31	142	178	51228	140	200	46	143	197
51130	150	190	31	152	188	51230	150	215	50	153	212

轴承型号	d	D	T	D_{1smin}	d_{1smin}	轴承型号	d	D	T	D_{1smin}	d_{1smin}
13 系列						13 系列					
51304	20	47	18	22	47	51320	100	170	55	103	170
51305	25	52	18	27	52	51322	110	190	63	113	187
51306	30	60	21	32	60	51324	120	210	70	123	205
51307	35	68	24	37	68	51326	130	225	75	134	220
51308	40	78	26	42	78	51328	140	240	80	144	235
51309	45	85	28	47	85	51330	150	250	80	154	245
51310	50	95	31	52	95	14 系列					
51311	55	105	35	57	105	51405	25	60	24	27	60
51312	60	110	35	62	110	51406	30	70	28	32	70
51313	65	115	36	67	115	51407	35	80	32	37	80
51314	70	125	40	72	125	51408	40	90	36	42	90
51315	75	135	44	77	135	51409	45	100	39	47	100
51316	80	140	44	82	140	51410	50	110	43	52	110
51317	85	150	49	88	150	51411	55	120	48	57	120
51318	90	155	50	93	155	51412	60	130	51	62	130
						51413	65	140	56	68	140
						51414	70	150	60	73	150
						51415	75	160	65	78	160

附录 D　极限与配合

一、标准公差数值（摘自 GB/T 1800.1—2020）

表 D-1　公称尺寸至 3150mm 的标准公差数值

公称尺寸/mm		标准公差等级																		
		IT01	IT0	IT1	IT2	IT3	IT4	IT5	IT6	IT7	IT8	IT9	IT10	IT11	IT12	IT13	IT14	IT15	IT16	IT17	IT18
大于	至	标准公差数值																		
		μm												mm						
—	3	0.3	0.5	0.8	1.2	2	3	4	6	10	14	25	40	60	0.1	0.14	0.25	0.4	0.6	1	1.4
3	6	0.4	0.6	1	1.5	2.5	4	5	8	12	18	30	48	75	0.12	0.18	0.3	0.48	0.75	1.2	1.8
6	10	0.4	0.6	1	1.5	2.5	4	6	9	15	22	36	58	90	0.15	0.22	0.36	0.58	0.9	1.5	2.2
10	18	0.5	0.8	1.2	2	3	5	8	11	18	27	43	70	110	0.18	0.27	0.43	0.7	1.1	1.8	2.7
18	30	0.6	1	1.5	2.5	4	6	9	13	21	33	52	84	130	0.21	0.33	0.52	0.84	1.3	2.1	3.3
30	50	0.6	1	1.5	2.5	4	7	11	16	25	39	62	100	160	0.25	0.39	0.62	1	1.6	2.5	3.9
50	80	0.8	1.2	2	3	5	13	19	30	46	74	120	190	0.3	0.46	0.74	1.2	1.9	3	4.6
80	120	1	1.5	2.5	4	6	10	15	22	35	54	87	140	220	0.35	0.54	0.87	1.4	2.2	3.5	5.4
120	180	1.2	2	3.5	5	8	12	18	25	40	63	100	160	250	0.4	0.63	1	1.6	2.5	4	6.3
180	250	2	3	4.5	7	10	14	20	29	46	72	115	185	290	0.46	0.72	1.15	1.85	2.9	4.6	7.2
250	315	2.5	4	6	8	12	16	23	32	52	81	130	210	320	0.52	0.81	1.3	2.1	3.2	5.2	8.1

（续）

公称尺寸 /mm		标准公差等级																			
		IT01	IT0	IT1	IT2	IT3	IT4	IT5	IT6	IT7	IT8	IT9	IT10	IT11	IT12	IT13	IT14	IT15	IT16	IT17	IT18
		标准公差数值																			
大于	至	μm													mm						
315	400	3	5	7	9	13	18	25	36	57	89	140	230	360	0.57	0.89	1.4	2.3	3.6	5.7	8.9
400	500	4	6	8	10	15	20	27	40	63	97	155	250	400	0.63	0.97	1.55	2.5	4	6.3	9.7
500	630			9	11	16	22	32	44	70	110	175	280	440	0.7	1.1	1.75	2.8	4.4	7	11
630	800			10	13	18	25	36	50	80	125	200	320	500	0.8	1.25	2	3.2	5	8	12.5
800	1000			11	15	21	28	40	56	90	140	230	360	560	0.9	1.4	2.3	3.6	5.6	9	14
1000	1250			13	18	24	33	47	66	105	165	260	420	660	1.05	1.65	2.6	4.2	6.6	10.5	16.5
1250	1600			15	21	29	39	55	78	125	195	310	500	780	1.25	1.95	3.1	5	7.8	12.5	19.5
1600	2000			18	25	35	46	65	92	150	230	370	600	920	1.5	2.3	3.7	6	9.2	15	23
2000	2500			22	30	41	55	78	110	175	280	440	700	1100	1.75	2.8	4.4	7	11	17.5	28
2500	3150			26	36	50	68	96	135	210	330	540	860	1350	2.1	3.3	5.4	8.6	13.5	21	33

二、基本偏差数值（摘自 GB/T 1800.1—2020）

表 D-2　孔 A~M 的基本偏差数值　　　　　　　　（单位：μm）

公称尺寸 /mm		基本偏差数值																
		下极限偏差，EI											上极限偏差，ES					
		所有公差等级											IT6	IT7	IT8	≤IT8	>IT8	≤IT8	>IT8
大于	至	A[①]	B[①]	C	CD	D	E	EF	F	FG	G	H	JS	J			K[③④]		M[②~④]	
—	3	+270	+140	+60	+34	+20	+14	+10	+6	+4	+2	0		+2	+4	+6	0	0	−2	−2
3	6	+270	+140	+70	+46	+30	+20	+14	+10	+6	+4	0		+5	+6	+10	−1+Δ		−4+Δ	−4
6	10	+280	+150	+80	+56	+40	+25	+18	+13	+8	+5	0		+5	+8	+12	−1+Δ		−6+Δ	−6
10	14	+290	+150	+95	+70	+50	+32	+23	+16	+10	+6	0		+6	+10	+15	−1+Δ		−7+Δ	−7
14	18																			
18	24	+300	+160	+110	+85	+65	+40	+28	+20	+12	+7	0	偏差 = ±ITn/2，式中 n 为标准公差等级数	+8	+12	+20	−2+Δ		−8+Δ	−8
20	30																			
30	40	+310	+170	+120	+100	+80	+50	+35	+25	+15	+9	0		+10	+14	+24	−2+Δ		−9+Δ	−9
40	50	+320	+180	+130																
50	65	+340	+190	+140		+100	+60		+30		+10	0		+13	+18	+28	−2+Δ		−11+Δ	−11
65	80	+360	+200	+150																
80	100	+380	+220	+170		+120	+72		+36		+12	0		+16	+22	+34	−3+Δ		−13+Δ	−13
100	120	+410	+240	+180																
120	140	+460	+260	+200																
140	160	+520	+280	+210		+145	+85		+43		+14	0		+18	+26	+41	−3+Δ		−15+Δ	−15
160	180	+580	+310	+230																

公称尺寸/mm		\multicolumn{19}{c}{基本偏差数值}																	
		下极限偏差，EI												上极限偏差，ES						
		所有公差等级												IT6	IT7	IT8	≤IT8	>IT8	≤IT8	>IT8
大于	至	A①	B①	C	CD	D	E	EF	F	FG	G	H	JS	J			K③④		M②~④	
180	200	+660	+340	+240																
200	225	+740	+380	+260		+170	+100		+50		+15	0	偏差=±ITn/2，式中n为标准公差等级数	+22	+30	+47	−4+Δ		−17+Δ	−17
225	250	+820	+420	+280																
250	280	+920	+480	+300		+190	+110		+56		+17	0		+25	+36	+55	−4+Δ		−20+Δ	−20
280	315	+1050	+540	+330																
315	355	+1200	+600	+360		+210	+125		+62		+18	0		+29	+39	+60	−4+Δ		−21+Δ	−21
355	400	+1350	+680	+400																
400	450	+1500	+760	+440		+230	+135		+68		+20	0		+33	+43	+66	−5+Δ		−23+Δ	−23
450	500	+1650	+840	+480																
500	560					+260	+145		+76		+22	0					0		−26	
560	630																			
630	710					+290	+160		+80		+24	0					0		−30	
710	800																			
800	900					+320	+170		+86		+26	0					0		−34	
900	1000																			
1000	1120					+350	+195		+98		+28	0					0		−40	
1120	1250																			
1250	1400					+390	+220		+110		+30	0					0		−48	
1400	1600																			
1600	1800					+430	+240		+120		+32	0					0		−58	
1800	2000																			
2000	2240					+480	+260		+130		+34	0					0		−68	
2240	2500																			
2500	2800					+520	+290		+145		+38	0					0		−76	
2800	3150																			

① 公称尺寸不大于1mm时，不适用基本偏差 A 和 B。

② 特例：对于公称尺寸大于250mm~315mm的公差带代号 M6，$ES=-9\mu m$（计算结果不是 $-11\mu m$）。

③ 对于标准公差等级至 IT8 的 K、M、N 和标准公差等级至 IT7 的 P~ZC 的基本偏差的确定，应考虑表 D-3 中的 Δ 值。

④ 对于 Δ 值，见表 D-3。

表 D-3 孔 N~ZC 的基本偏差数值（一）

（单位：μm）

公称尺寸/mm 大于	至	N①② ≤IT8	N >IT8	P~ZC ≤IT7	P	R	S	T	U	V	X	Y	Z	ZA	ZB	ZC	Δ IT3	IT4	IT5	IT6	IT7	IT8
—	3	-4	-4	在>IT7 的标准公差等级的基本偏差数值上增加一个Δ值	-6	-10	-14		-18		-20		-26	-32	-40	-60	0	0	0	0	0	0
3	6	-8+Δ	0		-12	-15	-19		-23		-28		-35	-42	-50	-80	1	1.5	1	3	4	6
6	10	-10+Δ	0		-15	-19	-23		-28		-34		-42	-52	-67	-97	1	1.5	2	3	6	7
10	14	-12+Δ	0		-18	-23	-28		-33		-40		-50	-64	-90	-130	1	2	3	3	7	9
14	18	-12+Δ	0		-18	-23	-28		-33	-39	-45		-60	-77	-108	-150	1	2	3	3	7	9
18	24	-15+Δ	0		-22	-28	-35		-41	-47	-54	-63	-73	-98	-136	-188	1.5	2	3	4	8	12
24	30	-15+Δ	0		-22	-28	-35	-41	-48	-55	-64	-75	-88	-118	-160	-218	1.5	2	3	4	8	12
30	40	-17+Δ	0		-26	-34	-43	-48	-60	-68	-80	-94	-112	-148	-200	-274	1.5	3	4	5	9	14
40	50	-17+Δ	0		-26	-34	-43	-54	-70	-81	-97	-114	-136	-180	-242	-325	1.5	3	4	5	9	14
50	65	-20+Δ	0		-32	-41	-53	-66	-87	-102	-122	-144	-172	-226	-300	-405	2	3	5	6	11	16
65	80	-20+Δ	0		-32	-43	-59	-75	-102	-120	-146	-174	-210	-274	-360	-480	2	3	5	6	11	16
80	100	-23+Δ	0		-37	-51	-71	-91	-124	-146	-178	-214	-258	-335	-445	-585	2	4	5	7	13	19
100	120	-23+Δ	0		-37	-54	-79	-104	-144	-172	-210	-254	-310	-400	-525	-690	2	4	5	7	13	19
120	140	-27+Δ	0		-43	-63	-92	-122	-170	-202	-248	-300	-365	-470	-620	-800	3	4	6	7	15	23
140	160	-27+Δ	0		-43	-65	-100	-134	-190	-228	-280	-340	-415	-535	-700	-900	3	4	6	7	15	23
160	180	-27+Δ	0		-43	-68	-108	-146	-210	-252	-310	-380	-465	-600	-780	-1000	3	4	6	7	15	23
180	200	-31+Δ	0		-50	-77	-122	-166	-236	-284	-350	-425	-520	-670	-880	-1150	3	4	6	9	17	26
200	225	-31+Δ	0		-50	-80	-130	-180	-258	-310	-385	-470	-575	-740	-960	-1250	3	4	6	9	17	26
225	250	-31+Δ	0		-50	-84	-140	-196	-284	-340	-425	-520	-640	-820	-1050	-1350	3	4	6	9	17	26
250	280	-34+Δ	0		-56	-94	-158	-218	-315	-385	-475	-580	-710	-920	-1200	-1550	4	4	7	9	20	29
280	315	-34+Δ	0		-56	-98	-170	-240	-350	-425	-525	-650	-790	-1000	-1300	-1700	4	4	7	9	20	29
315	355	-37+Δ	0		-62	-108	-190	-268	-390	-475	-590	-730	-900	-1150	-1500	-1900	4	5	7	11	21	32
355	400	-37+Δ	0		-62	-114	-208	-294	-435	-530	-660	-820	-1000	-1300	-1650	-2100	4	5	7	11	21	32
400	450	-40+Δ	0		-68	-126	-232	-330	-490	-595	-740	-920	-1100	-1450	-1850	-2400	5	5	7	13	23	34
450	500	-40+Δ	0		-68	-132	-252	-360	-540	-660	-820	-1000	-1250	-1600	-2100	-2600	5	5	7	13	23	34

基本偏差数值上极限偏差，ES ｜ >IT7 的标准公差等级 ｜ Δ 值标准公差等级

① 对于标准公差等级至 IT8 的 K、M、N 和标准公差等级至 IT7 的 P~ZC 的基本偏差的确定，应考虑 Δ 值。
② 公称尺寸不大于 1mm 时，不使用标准公差等级大于 IT8 的 N 及 P~ZC 的基本偏差 IV。

表 D-4　孔 N～ZC 的基本偏差数值 （二）　　　　　　（单位：μm）

公称尺寸/mm		基本偏差数值上极限偏差，ES							
大于	至	≤IT8	>IT8	≤IT7	>IT7 的标准公差等级				
		N①②		P～ZC①	P	R	S	T	U
500	560	−44		在>IT7 的标准公差等级的基本偏差数值上增加一个 Δ 值	−78	−150	−280	−400	−600
560	630					−155	−310	−450	−660
630	710	−50			−88	−175	−340	−500	−740
710	800					−185	−380	−560	−840
800	900	−56			−100	−210	−430	−620	−940
900	1000					−220	−470	−680	−1050
1000	1120	−66			−120	−250	−520	−780	−1150
1120	1250					−260	−580	−840	−1300
1250	1400	−78			−140	−300	−640	−960	−1450
1400	1600					−330	−720	−1050	−1600
1600	1800	−92			−170	−370	−820	−1200	−1850
1800	2000					−400	−920	−1350	−2000
2000	2240	−110			−195	−440	−1000	−1500	−2300
2240	2500					−460	−1100	−1650	−2500
2500	2800	−135			−240	−550	−1250	−1900	−2900
2800	3150					−580	−1400	−2100	−3200

① 对于标准公差等级至 IT8 的 K、M、N 和标准公差等级至 IT7 的 P～ZC 的基本偏差的确定，应考虑 Δ 值。

② 公称尺寸不大于 1mm 时，不使用标准公差等级大于 IT8 的基本偏差 N。

表 D-5　轴 a～j 的基本偏差数值　　　　　　（单位：μm）

公称尺寸 /mm		基本偏差数值上极限偏差，es											下极限偏差，ei		
大于	至	所有公差等级											IT5 和 IT6	IT7	IT8
		a①	b①	c	cd	d	e	ef	f	fg	g	h	js	j	
—	3	−270	−140	−60	−34	−20	−14	−10	−6	−4	−2	0	偏差 = ±ITn/2，式中，n 是标准公差等级数	−2	−4	−6
3	6	−270	−140	−70	−46	−30	−20	−14	−10	−6	−4	0		−2	−4	
6	10	−280	−150	−80	−56	−40	−25	−18	−13	−8	−5	0		−2	−5	
10	14	−290	−150	−95	−70	−50	−32	−23	−16	−10	−6	0		−3	−6	
14	18															
18	24	−300	−160	−110	−85	−65	−40	−25	−20	−12	−7	0		−4	−8	
24	30															

（续）

公称尺寸 /mm		基本偏差数值上极限偏差,es												下极限偏差,ei		
		所有公差等级												IT5 和 IT6	IT7	IT8
大于	至	a[①]	b[①]	c	cd	d	e	ef	f	fg	g	h	js	j		
30	40	−310	−170	−120	−100	−80	−50	−35	−25	−15	−9	0		−5	−10	
40	50	−320	−180	−130												
50	65	−340	−190	−140		−100	−60		−30		−10	0		−7	−12	
65	80	−360	−200	−150												
80	100	−380	−220	−170		−120	−72		−36		−12	0		−9	−15	
100	120	−410	−240	−180												
120	140	−460	−260	−200		−145	−85		−43		−14	0		−11	−18	
140	160	−520	−280	−210												
160	180	−580	−310	−230												
180	200	−660	−340	−240		−170	−100		−50		−15	0		−13	−21	
200	225	−740	−380	−260												
225	250	−820	−420	−280												
250	280	−920	−480	−300		−190	−110		−56		−17	−0		−16	−26	
280	315	−1050	−540	−330												
315	355	−1200	−600	−360		−210	−125		−62		−18	0	偏差 = ±ITn/2, 式中, n 标准公差 等级数	−18	−28	
355	400	−1350	−680	−400												
400	450	−1500	−760	−440		−230	−135		−68		−20	0		−20	−32	
450	500	−1650	−840	−480												
500	560					−260	−145		−76		−22	0				
560	630															
630	710					−290	−160		−80		−24	0				
710	800															
800	900					−320	−170		−86		−26	0				
900	1000															
1000	1120					−350	−195		−98		−28	0				
1120	1250															
1250	1400					−390	−220		−110		−30	0				
1400	1600															
1600	1800					−430	−240		−120		−32	0				
1800	2000															
2000	2240					−480	−260		−130		−34	0				
2240	2500															
2500	2800					−520	−290		−145		−38	0				
2800	3150															

① 公称尺寸不大于 1mm 时，不使用基本偏差 a 和 b。

表 D-6　轴 k~zc 的基本偏差数值　　　　　　　　　　（单位：μm）

公称尺寸/mm		基本偏差数值下极限偏差, ei															
大于	至	IT4 至 IT7	≤IT3, >IT7	所有公差等级													
		k	k	m	n	p	r	s	t	u	v	x	y	z	za	zb	zc
—	3	0	0	+2	+4	+6	+10	+14		+18		+20		+26	+32	+40	+60
3	6	+1	0	+4	+8	+12	+15	+19		+23		+28		+35	+42	+50	+80
6	10	+1	0	+6	+10	+15	+19	+23		+28		+34		+42	+52	+67	+97
10	14	+1	0	+7	+12	+18	+23	+28		+33		+40		+50	+64	+90	+130
14	18	+1	0	+7	+12	+18	+23	+28		+33	+39	+45		+60	+77	+108	+150
18	24	+2	0	+8	+15	+22	+28	+35		+41	+47	+54	+63	+73	+98	+136	+188
24	30	+2	0	+8	+15	+22	+28	+35	+41	+48	+55	+64	+75	+88	+118	+160	+218
30	40	+2	0	+9	+17	+26	+34	+43	+48	+60	+68	+80	+94	+112	+148	+200	+274
40	50	+2	0	+9	+17	+26	+34	+43	+54	+70	+81	+97	+114	+136	+180	+242	+325
50	65	+2	0	+11	+20	+32	+41	+53	+66	+87	+102	+122	+144	+172	+226	+300	+405
65	80	+2	0	+11	+20	+32	+43	+59	+75	+102	+120	+146	+174	+210	+274	+360	+480
80	100	+3	0	+13	+23	+37	+51	+71	+91	+124	+146	+178	+214	+258	+335	+445	+585
100	120	+3	0	+13	+23	+37	+54	+79	+104	+144	+172	+210	+254	+310	+400	+525	+690
120	140	+3	0	+15	+27	+43	+63	+92	+122	+170	+202	+248	+300	+365	+470	+620	+800
140	160	+3	0	+15	+27	+43	+65	+100	+134	+190	+228	+280	+340	+415	+535	+700	+900
160	180	+3	0	+15	+27	+43	+68	+108	+146	+210	+252	+310	+380	+465	+600	+780	+1000
180	200	+4	0	+17	+31	+50	+77	+122	+166	+236	+284	+350	+425	+520	+670	+880	+1150
200	225	+4	0	+17	+31	+50	+80	+130	+180	+258	+310	+385	+470	+575	+740	+960	+1250
225	250	+4	0	+17	+31	+50	+84	+140	+196	+284	+340	+425	+520	+640	+820	+1050	+1350
250	280	+4	0	+20	+34	+56	+94	+158	+218	+315	+385	+475	+580	+710	+920	+1200	+1550
280	315	+4	0	+20	+34	+56	+98	+170	+240	+350	+425	+525	+650	+790	+1000	+1300	+1700
315	355	+4	0	+21	+37	+62	+108	+190	+268	+390	+475	+590	+730	+900	+1150	+1500	+1900
355	400	+4	0	+21	+37	+62	+114	+208	+294	+435	+530	+660	+820	+1000	+1300	+1650	+2100
400	450	+5	0	+23	+40	+68	+126	+232	+330	+490	+595	+740	+920	+1100	+1450	+1850	+2400
450	500	+5	0	+23	+40	+68	+132	+252	+360	+540	+660	+820	+1000	+1250	+1600	+2100	+2600
500	560	0	0	+26	+44	+78	+150	+280	+400	+600							
560	630	0	0	+26	+44	+78	+155	+310	+450	+660							
630	710	0	0	+30	+50	+88	+175	+340	+500	+740							
710	800	0	0	+30	+50	+88	+185	+380	+560	+840							
800	900	0	0	+34	+56	+100	+210	+430	+620	+940							
900	1000	0	0	+34	+56	+100	+220	+470	+680	+1050							
1000	1120	0	0	+40	+66	+120	+250	+520	+780	+1150							
1120	1250	0	0	+40	+66	+120	+260	+580	+840	+1300							
1250	1400	0	0	+48	+78	+140	+300	+600	+960	+1450							
1400	1600	0	0	+48	+78	+140	+330	+720	+1050	+1600							
1600	1800	0	0	+58	+92	+170	+370	+820	+1200	+1850							
1800	2000	0	0	+58	+92	+170	+400	+920	+1350	+2000							
2000	2240	0	0	+68	+110	+195	+440	+1000	+1500	+2300							
2240	2500	0	0	+68	+110	+195	+460	+1100	+1650	+2500							
2500	2800	0	0	+76	+135	+240	+550	+1250	+1900	+2900							
2800	3150	0	0	+76	+135	+240	+580	+1400	+2100	+3200							

三、优先、常用配合

表 D-7 和表 D-8 中的配合可满足普通工程机构需要，基于经济因素，如有可能，配合应优先选择框中的公差带代号。

表 D-7 基孔制配合的优先配合

基准孔	轴公差带代号		
	间隙配合	过渡配合	过盈配合
H6	g5 h5	js5 k5 m5	n5 p5
H7	f6 g6 h6	js6 k6 m6 n6	p6 r6 s6 t6 u6 x6
H8	e7 f7 h7	js7 k7 m7	s7 u7
	d8 e8 f8 h8		
H9	d8 e8 f8 h8		
H10	b9 c9 d9 e9 h9		
H11	b11 c11 d10 h10		

表 D-8 基轴制配合的优先配合

基准轴	孔公差带代号		
	间隙配合	过渡配合	过盈配合
h5	G6 H6	JS6 K6 M6	N6 P6
h6	F7 G7 H7	JS7 K7 M7 N7	P7 R7 S7 T7 U7 X7
h7	E8 F8 H8		
h8	D9 E9 F9 H9		
	E8 F8 H8		
h9	D9 E9 F9 H9		
	B11 C10 D10 H10		